高等职业教育系列教材

电路板设计与制作

——Protel DXP 2004 SP2应用教程

主编　郭　勇

参编　张苏嘉　谢延凯　邓　华

主审　孙学耕

机械工业出版社

本书主要介绍了印制电路板设计与制作的基本方法，采用的设计软件为Protel DXP 2004 SP2，包括印制电路板认知与制作，原理图标准化设计，原理图元器件和PCB库元器件设计，简单PCB设计，单、双面电子产品PCB仿制及有源音箱产品设计。全书采用练习、产品仿制和自主设计三阶段的模式逐步培养读者的设计能力，通过实际产品PCB的解剖和仿制，突出专业知识的实用性、综合性和先进性，使读者能迅速掌握软件的基本应用，具备PCB的设计能力。

全书案例丰富，每章之后均配备了详细的实训项目，内容由浅入深，配合案例逐渐提高难度，便于读者操作练习，提高设计能力。

本书可作为高等职业院校电子类、电气类、通信类、机电类等专业的教材，也可作为职业技术教育、技术培训及从事电子产品设计与开发的工程技术人员学习PCB设计的参考书。

本书配套授课电子教案，需要的教师可登录www.cmpedu.com免费注册、审核通过后下载，或联系编辑索取（QQ：1239258369，电话：010-88379739）。

图书在版编目（CIP）数据

电路板设计与制作——Protel DXP 2004 SP2应用教程／郭勇主编．—北京：机械工业出版社，2012.12（2023.7重印）
高等职业教育系列教材
ISBN 978-7-111-40357-9

Ⅰ．①电…　Ⅱ．①郭…　Ⅲ．①印刷电路—计算机辅助设计—应用软件—高等职业教育—教材　Ⅳ．①TN410.2

中国版本图书馆CIP数据核字（2012）第266529号

机械工业出版社（北京市百万庄大街22号　邮政编码100037）
责任编辑：王　颖
责任印制：常天培

北京机工印刷厂有限公司印刷

2023年7月第1版·第11次印刷
184mm×260mm·14.75印张·362千字
标准书号：ISBN 978-7-111-40357-9
定价：39.00元

电话服务
客服电话：010-88361066
010-88379833
010-68326294

网络服务
机　工　官　网：www.cmpbook.com
机　工　官　博：weibo.com/cmp1952
金　　书　　网：www.golden-book.com
机工教育服务网：www.cmpedu.com

高等职业教育系列教材
电子类专业编委会成员名单

出 版 说 明

党的二十大报告首次提出“加强教材建设和管理”，表明了教材建设国家事权的重要属性，凸显了教材工作在党和国家事业发展全局中的重要地位，体现了以习近平同志为核心的党中央对教材工作的高度重视和对“尺寸课本、国之大者”的殷切期望。教材作为教育目标、理念、内容、方法、规律的集中体现，是教育教学的基本载体和关键支撑，是教育核心竞争力的重要体现。建设高质量教材体系，对于建设高质量教育体系而言，既是应有之义，也是重要基础和保障。为落实立德树人根本任务，发挥铸魂育人实效，机械工业出版社组织国内多所职业院校（其中大部分院校入选“双高”计划）的院校领导和骨干教师展开专业和课程建设研讨，以适应新时代职业教育发展要求和教学需求为目标，规划并出版了“高等职业教育系列教材”丛书。

该系列教材以岗位需求为导向，涵盖计算机、电子信息、自动化和机电类等专业，由院校和企业合作开发，由具有丰富教学经验和实践经验的“双师型”教师编写，并邀请专家审定大纲和审读书稿，致力于打造充分适应新时代职业教育教学模式、满足职业院校教学改革和专业建设需求、体现工学结合特点的精品化教材。

归纳起来，本系列教材具有以下特点：

1）充分体现规划性和系统性。系列教材由机械工业出版社发起，定期组织相关领域专家、院校领导、骨干教师和企业代表开展编委会年会和专业研讨会，在研究专业和课程建设的基础上，规划教材选题，审定教材大纲，组织人员编写，并经专家审核后出版。整个教材开发过程以质量为先，严谨高效，为建立高质量、高水平的专业教材体系奠定了基础。

2）工学结合，围绕学生职业技能设计教材内容和编写形式。基础课程教材在保持扎实理论基础的同时，增加实训、习题、知识拓展以及立体化配套资源；专业课程教材突出理论和实践相统一，注重以企业真实生产项目、典型工作任务、案例等为载体组织教学单元，采用项目导向、任务驱动等编写模式，强调实践性。

3）教材内容科学先进，教材编排展现力强。系列教材紧随技术和经济的发展而更新，及时将新知识、新技术、新工艺和新案例等引入教材；同时注重吸收最新的教学理念，并积极支持新专业的教材建设。教材编排注重图、文、表并茂，生动活泼，形式新颖；名称、名词、术语等均符合国家有关技术质量标准和规范。

4）注重立体化资源建设。系列教材针对部分课程特点，力求通过随书二维码等形式，将教学视频、仿真动画、案例拓展、习题试卷及解答等教学资源融入到教材中，使学生学习课上课下相结合，为高素质技能型人才的培养提供更多的教学手段。

由于我国高等职业教育改革和发展的速度很快，加之我们的水平和经验有限，因此在教材的编写和出版过程中难免出现疏漏。恳请使用本系列教材的师生及时向我们反馈相关信息，以利于我们今后不断提高教材的出版质量，为广大师生提供更多、更适用的教材。

机械工业出版社

前　言

本书主要介绍了基于 Protel DXP 2004 SP2 的印制电路板设计与制作，通过实际产品的 PCB 解剖和仿制，突出专业知识的实用性、综合性和先进性，使读者能迅速掌握软件的基本应用，具备 PCB 的设计能力。

本书具有以下特点。

1）采用练习、产品仿制和自主设计三阶段的模式逐步培养读者的设计能力。

2）通过实际产品的解剖，介绍 PCB 的布局、布线原则和设计方法，重点突出布局、布线的原则说明，使读者能设计出合格的 PCB。

3）采用低频矩形 PCB、高密度 PCB、高频 PCB、双面 PCB 和异形双面贴片 PCB 等实际产品案例全面介绍常用类型的 PCB 设计方法。

4）全书案例丰富，内容由浅入深，案例难度逐渐提高，读者的设计能力也得到逐步提高。

5）每章之后均配备了详细的实训项目，便于读者操作练习。

全书共分为 7 章，主要内容包括印制电路板认知与制作，原理图标准化设计，原理图元器件和 PCB 库元器件设计，简单 PCB 设计，单、双面电子产品 PCB 仿制和相关实训项目及一个综合项目产品设计。总学时建议为 60 学时，其中讲授 24 学时，实训 36 学时。

课程安排上建议安排在“计算机应用基础”、“电工基础”、“电子线路”之后讲授，采用一体化教学模式进行授课。

本书由郭勇担任主编，张苏嘉、谢延凯、邓华参编，由孙学耕担任主审。其中第 2 章由张苏嘉编写，第 3 章由邓华编写，第 4 章由谢延凯编写，其余各章由郭勇编写，全书由郭勇统稿。在本书的编写过程中，企业专家朱铭、林巧娥、王水仙等参与了项目选型工作，精品课程建设小组成员蒋建军、陈开洪、卓树峰、程智宾参加了项目研讨工作，在此表示感谢。

本书纳入**“福建省高等职业教育教材建设计划”**，在编写过程中得到了福建省教育厅的大力支持，在此表示衷心感谢。

本书可作为高等职业院校电子类、电气类、通信类、机电类等专业的教材，也可作为职业技术教育、技术培训及从事电子产品设计与开发的工程技术人员学习 PCB 设计的参考。

为了保持与软件的一致性，本书中有些电路图保留了绘图软件的电路符号，部分电路符号与国标不符，附录中给出了书中非标准符号与国标的对照表。按照 Protel DXP 2004 SP2 软件的设计和业内习惯，长度单位使用了非法定单位 mil，$1\text{mil} = 10^{-3}\text{in} = 2.54\times10^{-5}\text{m}$。

由于编者水平所限，书中难免存在不足之处，恳请广大读者批评指正。

编　者

目　　录

第1章　印制电路板认知与制作

目标

- 认知印制电路板
- 了解印制电路板的分类
- 掌握印制电路板的热转印制板

1.1　认知印制电路板

图 1-1 为一块印制电路板的实物图，从图上可以看到电阻、电容、电感、晶体管、集成电路、接插件等元器件及 PCB 走线、焊盘、金属化孔、元器件孔等。这种上面有焊盘、元器件孔、PCB 走线等的板子即为印制电路板。

图 1-1　印制电路板的实物图

印制电路板（Printed Circuit Board，PCB）简称为印制板，是指以绝缘基板为基础材料加工成一定尺寸的板，在其上面至少有一个导电图形及所有设计好的孔（如元器件孔、机械安装孔及金属化孔等），以实现元器件之间的电气互连。

在电子设备中，印制电路板通常起 3 个作用。

1）为电路中的各种元器件提供必要的机械支撑。

2）提供电路的电气连接。

3）用标记符号将板上所安装的各个元器件标注出来，便于插装、检查及调试。

但是，更为重要的是，使用印制电路板有 4 大优点。

1）具有重复性。一旦印制电路板的布线经过验证，就不必再为制成的每一块板上的互连是否正确而逐个进行检验，所有板的连线与样板一致，这种方法适合于大规模工业化生产。

2）板的可预测性。通常，设计师按照“最坏情况”的设计原则来设计印制导线的长、宽、间距以及选择印制电路板的材料，以保证最终产品能通过试验条件。虽然此法不一定能准确地反映印制电路板及元器件使用的潜力，但可以保证最终产品测试的废品率很低，而且大大地简化了印制电路板的设计。

3）所有信号都可以沿导线任一点直接进行测试，不会因导线接触引起短路。

4）印制电路板的焊点可以在一次焊接过程中将大部分焊完。

在实际电路设计中，原理图的设计解决了电路中元器件的逻辑连接，而元器件之间的物理连接则是靠 PCB 上的铜箔实现的，最终需要将电路中的实际元器件安装并焊接在印制电路板上。

现代焊接方法主要有浸焊、波峰焊和回流焊接技术，前两者主要用于通孔式元器件的焊接，后者主要用于表面贴片式元器件（SMD 元器件）的焊接。现代焊接方法可以保证高速、高质量地完成焊接工作，减少了虚焊、漏焊，从而降低了电子设备的故障率。

正因为印制电路板有以上特点，所以从它面世的那天起，就得到了广泛的应用和发展，现代印制电路板已经朝着多层、精细线条的方向发展，特别是 20 世纪 80 年代开始推广的 SMD（表面封装）技术是高精度印制板技术与 VLSI（超大规模集成电路）技术的紧密结合，大大提高了系统安装密度与系统的可靠性，元器件安装朝着自动化、高密度方向发展，对印制电路板导电图形的布线密度、导线精度和可靠性要求越来越高。与此相适应，为了满足对印制电路板数量上和质量上的要求，印制电路板的生产也越来越专业化、标准化、机械化和自动化，如今已在电子工业领域中形成一门新兴的印制电路板制造工业。

1.1.1 印制电路板基本组成

印制电路板几乎会出现在每一种电子设备当中，在其上安装有各种元器件，通过印制导线、焊盘及过孔等进行线路连接，为了便于读识，板上还印制丝网图，用于元器件进行标识和说明。

1．认知 PCB 上的元器件

如图 1-2 所示，PCB 上的元器件主要有两大类，一类是通孔式元器件，通常这种元器件体积较大，且印制电路板上必须钻孔才能插装；另一类是表面贴片式元器件（SMD），这种元器件不必钻孔，利用钢模将半熔状锡膏倒入电路板上，再把 SMD 元器件放上去，通过回流焊将元器件焊接在印制电路板上。

2．认知 PCB 上的印制导线、过孔和焊盘

PCB 上的印制导线也称为铜膜线，用于印制电路板上的线路连接，通常印制导线是两个焊盘（或过孔）间的连线，而大部分的焊盘就是元器件的引脚，当无法顺利地连接两个焊盘时，往往通过跨接线或过孔实现连接。过孔（也称为金属化孔）用于连接不同层之间的印制导线。

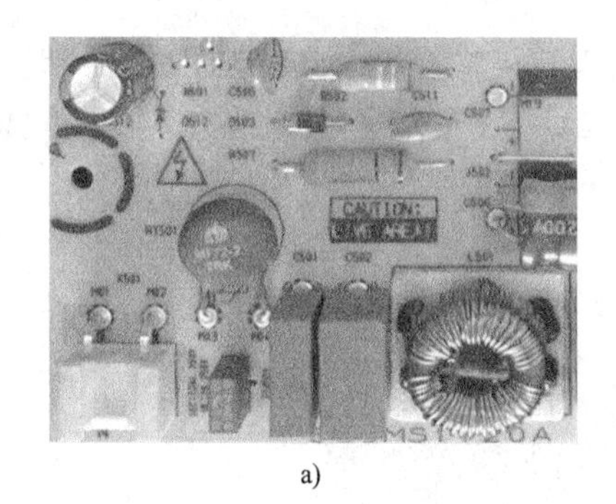

a)

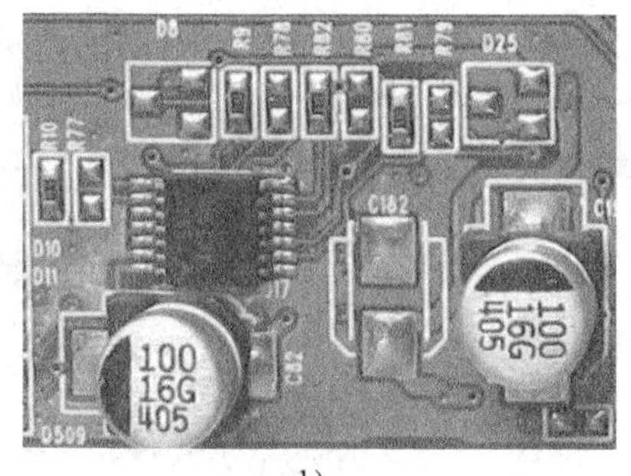

b)

图 1-2　PCB 上的元器件

a) 通孔式元器件　b) SMD 元器件

图 1-3 为印制导线的走线图，图中所示为双面板，两层之间印制导线通过过孔连接。

3．认知 PCB 上的阻焊与助焊

对于一个批量生产的电路板而言，通常在印制电路板上敷设一层阻焊，阻焊剂一般是绿色或棕色，所以成品 PCB 一般为绿色或棕色，这实际上是阻焊漆的颜色。

在 PCB 上，除了要焊接的地方外，其他地方根据电路设计软件所产生的阻焊图来覆盖一层阻焊剂，这样可以进行快速焊接，并防止焊锡溢出引起短路；而对于要焊接的地方，通常是焊盘，则要涂上助焊剂，以便于焊接，如图 1-4 所示。

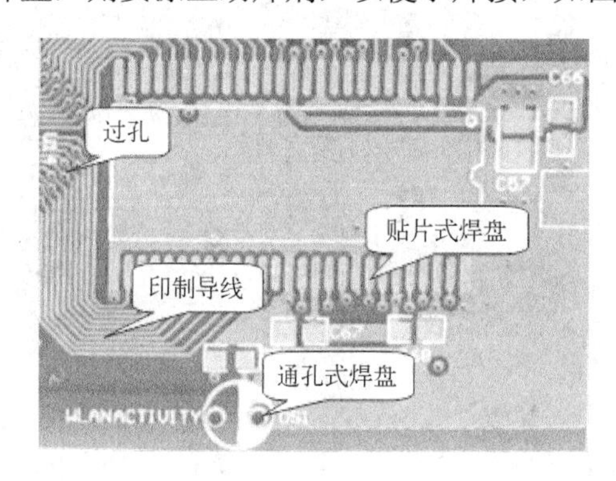

图 1-3　PCB 上的印制导线、过孔和焊盘

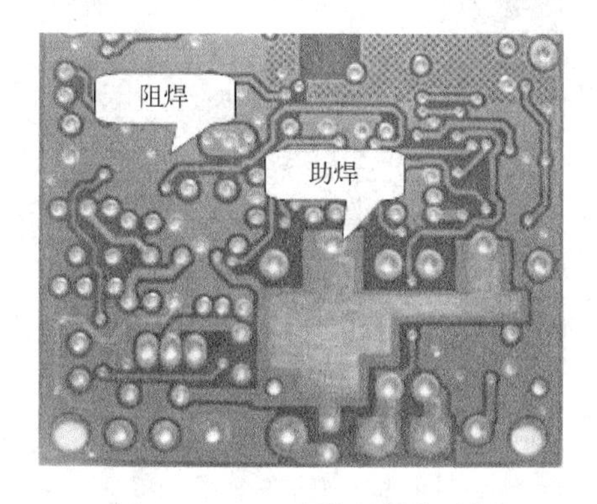

图 1-4　PCB 上的阻焊和助焊

4．认知 PCB 上的丝网

为了让印制电路板更具有可看性，便于安装与维修，一般在 PCB 上要印一些文字或图案，如图 1-5 中的 C501、C502 等。用于标示元器件的位置或进行说明电路的，通常将其称为丝网。丝网所在层成为丝网层，在顶层的称为顶层丝网层（Top Overlay），而在底层的则称为底层丝网层（Bottom Overlay）。

双面以上的板中丝网一般印制在阻焊层上。

5．认知 PCB 中的金手指

在 PCB 设计中有时需要把两块 PCB 相互连接，一般会用到俗称“金手指”的接口。

“金手指”由众多金黄色的导电触片组成，因其表面镀金而且导电触片排列如手指状，所以称为“金手指”。“金手指”实际上是在覆铜板上通过特殊工艺再覆上一层金，因为金的抗氧化性极强，而且传导性也很强，不过因为金昂贵的价格，目前较多采用镀锡来代替。

“金手指”在使用时必须有对应的插槽，通常连接时，将一块 PCB 上的“金手指”插进另一块 PCB 的插槽上。在计算机中，独立显卡、独立声卡、独立网卡或其他类似的界面卡，都是通过“金手指”与主板相连的。

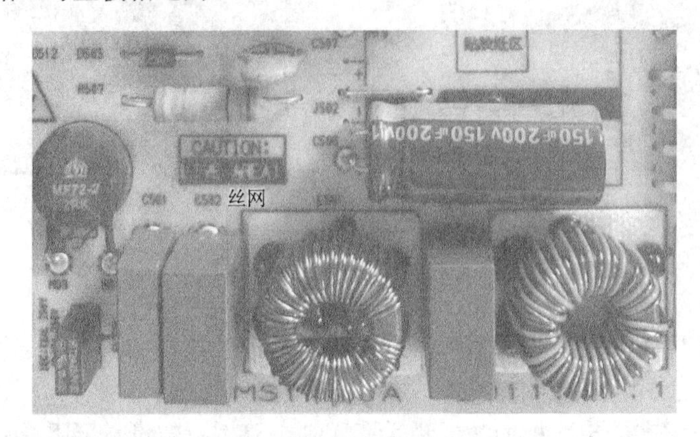

图 1-5　PCB 上的丝网

图 1-6 为显卡的“金手指”和计算机主板上的插槽。

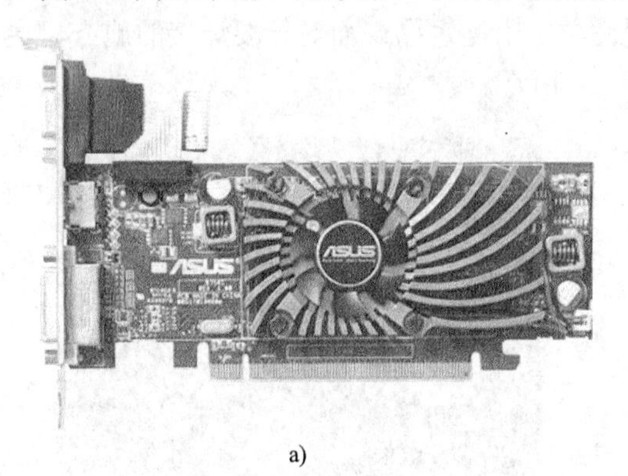

a)

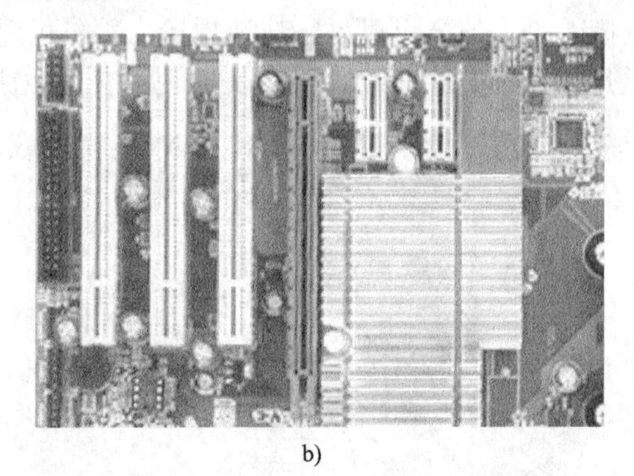

b)

图 1-6　金手指与插槽

a) 金手指　b) 插槽

1.1.2　印制电路板的种类

目前的印制电路板一般以铜箔覆在绝缘板（基板）上，故通常称为覆铜板。

1．根据 PCB 导电板层划分

1）单面印制电路板（Single Sided Print Board）。单面印制电路板指仅一面有导电图形的印制电路板，板的厚度为 0.2～5.0mm，它是在一面敷有铜箔的绝缘基板上，通过印制和腐蚀的方法在基板上形成印制电路，如图 1-7 所示。它适用于一般要求的电子设备，如收音机、CRT 电视机等。

2）双面印制电路板（Double Sided Print Board）。双面印制电路板指两面都有导电图形的印制电路板，板的厚度为 0.2～5.0mm，它是在两面敷有铜箔的绝缘基板上，通过印制和腐蚀的方法在基板上形成印制电路，两面的电气互连通过金属化孔实现，如图 1-8 所示。它适用于要求较高的电子设备，如计算机、电子仪表等，由于双面印制电路板的布线密度较高，所以可以减小设备的体积。

图 1-7　单面印制电路板样图

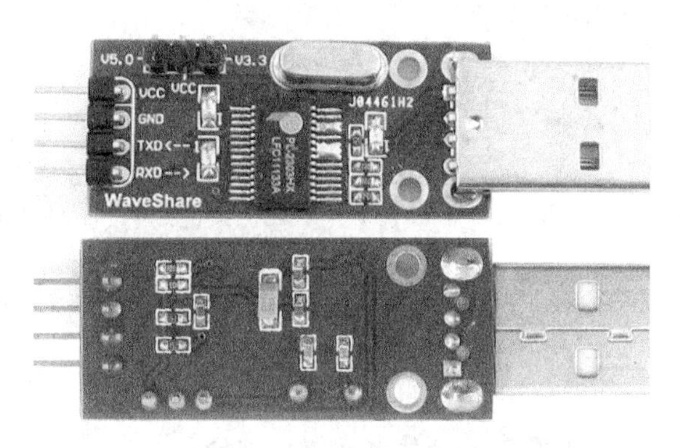

图 1-8　双面印制电路板样图

3）多层印制电路板（Multilayer Print Board）。多层印制电路板是由交替的导电图形层及绝缘材料层层压黏合而成的一块印制电路板，导电图形的层数在两层以上，层间电气互连通过金属化孔实现。多层印制电路板的连接线短而直，便于屏蔽，但印制电路板的工艺复杂，由于使用金属化孔，可靠性下降。它常用于计算机的板卡中，如图 1-9 和图 1-10 所示。

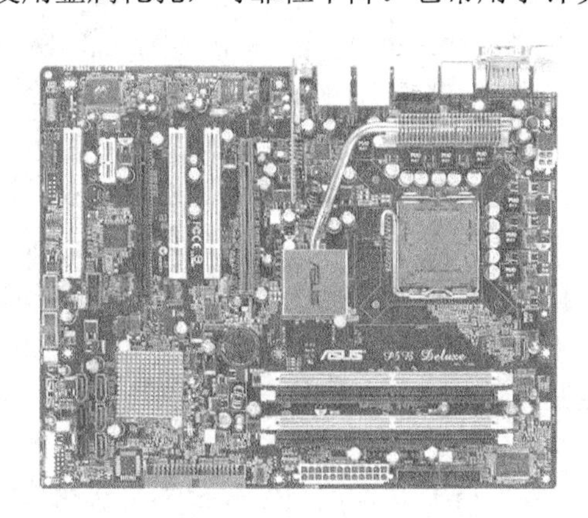

图 1-9　多层板样图

图 1-10　多层板示意图

对于印制电路板的制作而言，板的层数越多，制作程序就越多，废品率当然会增加，成本也相对提高，所以只有在高级的电路中才会使用多层板。目前以两层板最容易，市面上所谓的四层板，就是顶层、底层，中间再加上两个电源板层，技术已经很成熟；而六层板就是四层板再加上两层布线板层，只有在高级的主机板或布线密度较高的场合才会用到；至于八层板以上，制作就比较困难了。

图 1-11 为四层板剖面图。通常在印制电路板上，元器件放在顶层，所以一般顶层也称为元器件面，而底层一般是焊接用的，所以又称为焊接面。对于 SMD 元器件，顶层和底层都可以放元器件。图中的通孔式元器件通常体积较大，且印制电路板上必须钻孔才能插装；SMD 元器件，体积小，不必钻孔，通过回流焊将元器件焊接在印刷电路板上。SMD 元器件是目前商品化印制电路板的主要元器件，但这种技术需要依靠机器，采用手工插置、焊接元器件比较困难。

在多层板中，为减小信号线之间的相互干扰，通常将中间的一些层面都布上电源或地线，所以通常将多层板的板层按信号的不同分为信号层（Singal）、电源层（Power）和地线层（Ground）。

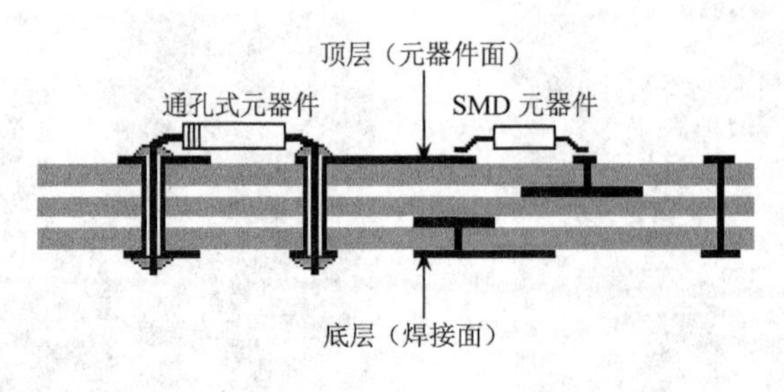

图 1-11　四层板剖面图

2．根据 PCB 所用基板材料划分

1）刚性印制电路板（Rigid Print Board）。刚性印制电路板是指以刚性基材制成的 PCB，常见的 PCB 一般都是刚性 PCB，如计算机中的板卡、家用电器中的印制电路板等，如图 1-7～图 1-9 所示。常用刚性 PCB 有以下几类。

① 纸基板：价格低廉、性能较差，一般用于低频电路和要求不高的场合。

② 玻璃布板：价格较贵，性能较好，常用做高频电路和高档家用电器产品中。

③ 合成纤维板：价格较贵，性能较好，常用做高频电路和高档家用电器产品中。

④ 当频率高于数百兆赫时，必须用介电常数和介质损耗更小的材料，如聚四氟乙烯和高频陶瓷做基板。

2）挠性印制电路板（Flexible Print Board）。挠性印制电路板也称为柔性印制板、软印制板，是以聚四氟乙烯、聚酯等软性绝缘材料为基材的 PCB。由于它能进行折叠、弯曲和卷绕，在三维空间里可实现立体布线，它的体积小、重量轻、装配方便，容易按照电路要求成形，提高了装配密度和板面利用率，因此可以节约 60%～90%的空间，为电子产品小型化、薄型化创造了条件，如图 1-12 所示。它在笔记本电脑、手机、打印机、自动化仪表及通信设备中得到广泛应用。

3）刚-挠性印制电路板（Flex-rigid Print Board）。刚-挠性印制电路板指利用软性基材，并在不同区域与刚性基材结合制成的 PCB，如图 1-13 所示。它主要应用于印制电路的接口部分。

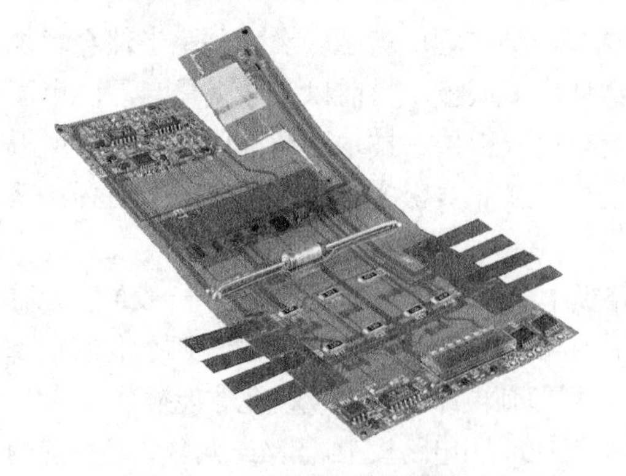

图 1-12　挠性印制电路板样图

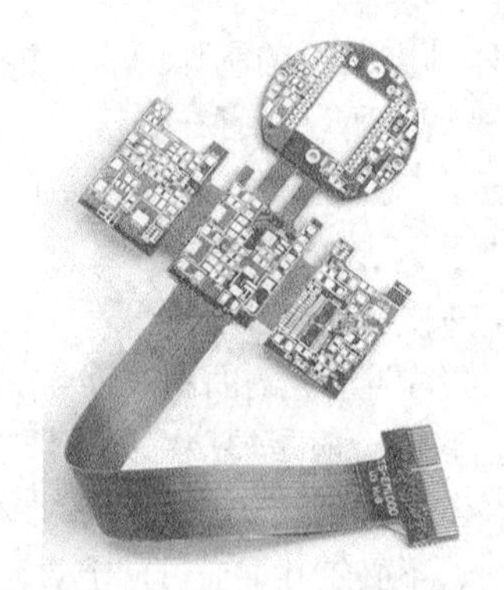

图 1-13　刚-挠性印制电路板样图

1.2 印制电路板生产制作

制造印制电路板最初的一道基本工序是将底图或照相底片上的图形转印到覆铜箔层压板上，最简单的一种方法是印制-蚀刻法，或称为铜箔腐蚀法，即用防护性抗蚀材料在敷铜箔层压板上形成正性的图形，那些没有被抗蚀材料防护起来的不需要的铜箔经化学蚀刻而被去掉，蚀刻后将抗蚀层除去就留下由铜箔构成的所需的图形。

1.2.1 印制电路板制作生产工艺流程

一般印制电路板的制作要经过 CAD 辅助设计、照相底板制作、图像转移、化学镀、电镀、蚀刻和机械加工等过程，图 1-14 为双面板图形电镀-蚀刻法的工艺流程图。

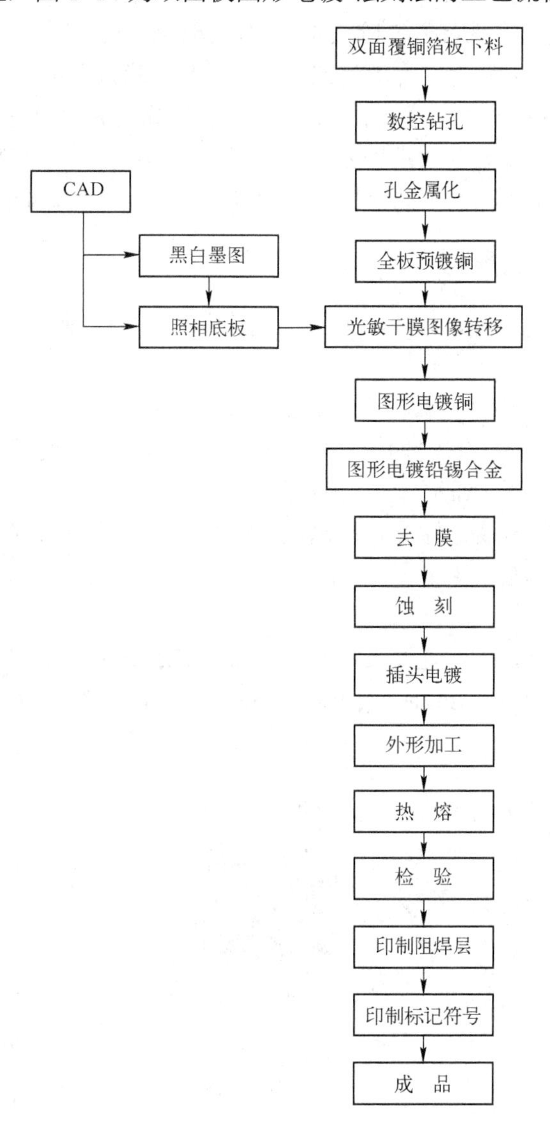

图 1-14 双面印制电路板制作工艺流程

单面印制电路板一般采用酚醛纸基覆铜箔板制作，也常采用环氧纸基或环氧玻璃布覆铜箔板，单面印制电路板图形比较简单，一般采用丝网漏印正性图形，然后蚀刻出印制电路板，也可以采用光化学法生产。

双面印制电路板通常采用环氧玻璃布覆铜箔板制造，双面印制电路板的制造一般分为工艺导线法、堵孔法、掩蔽法和图形电镀一蚀刻法。

多层印制电路板一般采用环氧玻璃布覆铜箔层压板。为了提高金属化孔的可靠性，应尽量选用耐高温的、基板尺寸稳定性好的、特别是厚度方向热线膨胀系数较小的，并和铜镀层热线膨胀系数基本匹配的新型材料。制作多层印制电路板，先用铜箔蚀刻法做出内层导线图形，然后根据设计要求，把几张内层导线图形重叠，放在专用的多层压机内，经过热压、黏合工序，就制成了具有内层导电图形的覆铜箔的层压板。

目前已定型的工艺主要有以下两种。

1）减成法工艺。通过有选择性地除去不需要的铜箔部分来获得导电图形的方法。减成法是印制电路板制造的主要方法，其最大优点是工艺成熟、稳定和可靠。

2）加成法工艺。在未覆铜箔的层压板基材上，有选择地淀积导电金属而形成导电图形的方法。加成法工艺的优点是避免大量蚀刻铜，降低了成本；生产工序简化，生产效率提高；镀铜层的厚度一致，金属化孔的可靠性提高；印制导线平整，能制造高精密度 PCB。

1.2.2　采用热转印方式制板

热转印制板的优点是直观、快速、方便、成功率高，但是对激光打印机要求高，需要专用的菲林纸或热转印纸。

热转印制板所需的主要材料有覆铜板、热转印纸、高温胶带、三氯化铁（或工业盐酸+双氧水）和松香水（松香+无水酒精）；设备工具有热转印机、激光打印机、裁板机、高速微型钻床、剪刀、锉刀、镊子、细砂纸和记号笔等。

热转印的具体操作流程为：激光打印出图→裁板→PCB 图热转印→修板→线路腐蚀→钻孔→擦拭、清洗→涂松香水。

1．激光打印出图

出图一般采用激光打印机，通过设计软件 Protel DXP 2004 SP2 将线路层打印在热转印纸的光滑面上，如图 1-15 所示。Protel DXP 2004 SP2 的打印功能将在后面的章节中介绍。

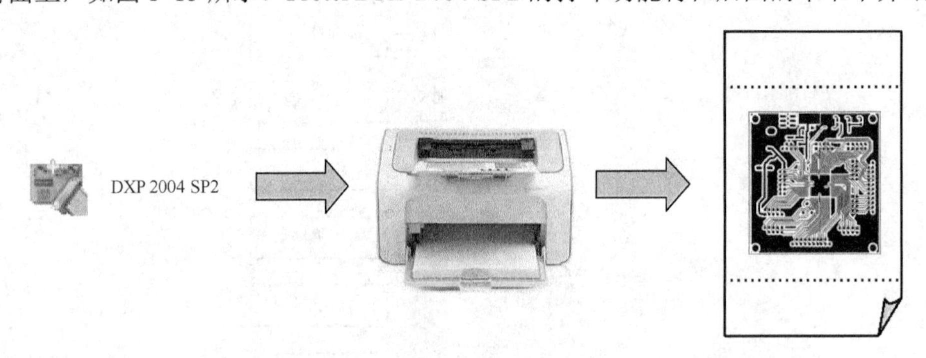

图 1-15　激光打印机出图

一般在打印时，为节约热转印纸，可将几个 PCB 图合并到同一个文件中再一起打印，打印完毕用剪刀将每一块印制电路板的图样剪开。

2. 裁板

板材准备又称为下料，在 PCB 制作前，应根据设计好的 PCB 图大小来确定所需 PCB 基的尺寸规格，然后根据具体需求进行裁板。

裁板机如图 1-16 所示，其中包括：上刀片、下刀片、压杆、底板、定位尺。裁板时调整好定位尺，将印制电路板放置在刀片上，下压压杆进行裁板。

裁板时，为了后续贴转印纸方便，印制电路板上一般要留出贴高温胶带的位置，一般比转印的 PCB 图长 1cm。

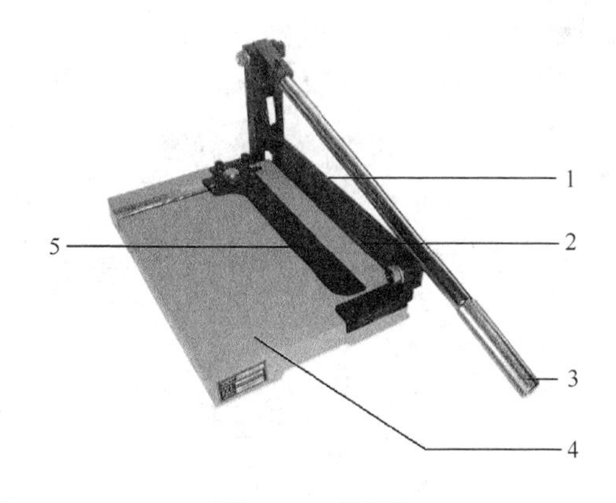

图 1-16 裁板机

1—上刀片；2—下刀片；3—压杆；4—底板；5—定位尺

3. PCB 图热转印

PCB 图热转印即通过热转机将热转印纸上的 PCB 图转印到印制电路板上。热转印的具体步骤如下所述。

1）覆铜板表面处理。在进行热转印前必须先对覆铜板进行表面处理，由于加工、储存等原因，在覆铜板的表面会形成一层氧化层或污物，将影响底图的转印，在转印底图前需用细砂纸打磨印制电路板。

2）热转印纸裁剪。使用剪刀将带底图的热转印纸裁剪到略小于覆铜板大小，以便进行固定。

3）高温胶带固定。通过高温胶带将底图的一侧固定在印制电路板上，如图 1-17 所示。

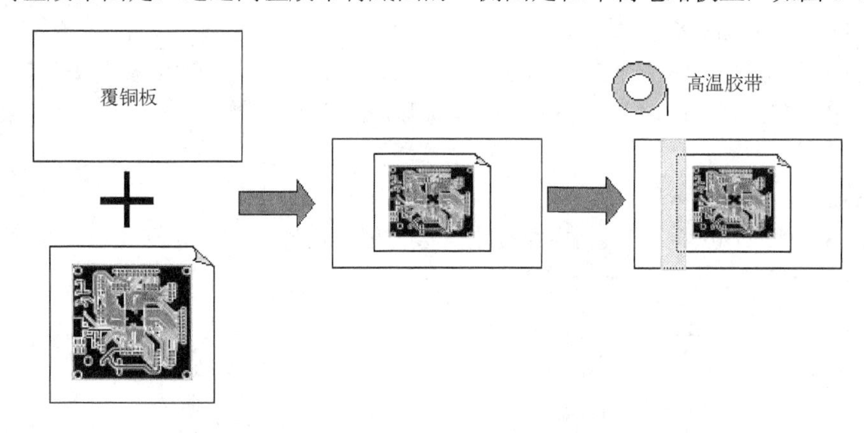

图 1-17 贴热转印纸

4）热转印。热转印是通过热转印机将热转印纸上的碳粉转印到覆铜板上，如图 1-18 所示。将热转印机进行预热，当温度达到 150℃左右时，将用高温胶带贴好热转印纸的覆铜板送入热转印机进行转印（注意贴胶带的位置先送入），热转印机的滚轴将步进转动进行转印。

热转印结束，热转印纸上的碳粉将转印到覆铜板上。

4. 揭热转印纸与板修补

热转印完毕，自然冷却覆铜板。当不烫手时，小心地揭开热转印纸，此时碳粉已经转印到覆铜板上。

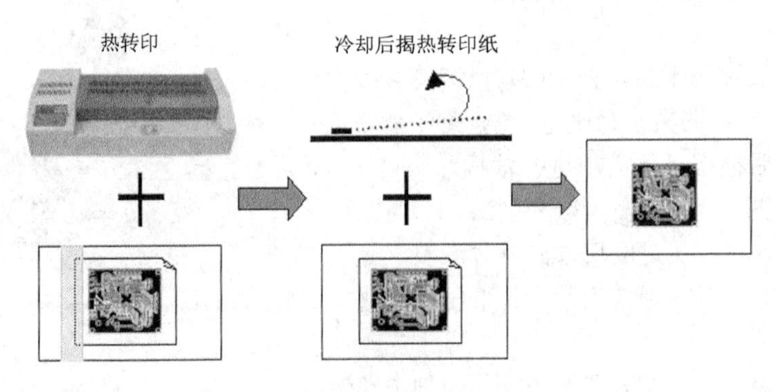

图 1-18　热转印及揭转印纸

揭开热转印纸后可能会出现部分地方没有转印好，此时需要进行修补，利用记号笔将没转印好的地方补描一下，晾干后即可进行电路腐蚀。

5. 线路腐蚀

电路腐蚀主要是通过腐蚀液将没有碳粉覆盖的铜箔腐蚀，而保留下碳粉覆盖部分，即设计好的 PCB 铜膜线。

电路腐蚀采用双氧水+盐酸+水混合液，双氧水和盐酸的比例为 3∶1，配制时必须先加水稀释双氧水，再混合盐酸。由于双氧水和盐酸溶液的浓度各不相同，腐蚀时可根据实际情况调整用量。这种腐蚀方法速度快，腐蚀液清澈透明，容易观察腐蚀程度。腐蚀完毕要迅速用竹筷或镊子将 PCB 捞出，再用水进行冲洗，最后烘干。

电路腐蚀也可以采用三氯化铁溶液进行。

腐蚀后的 PCB 如图 1-19 所示，图中的铜膜线上覆盖有碳粉。

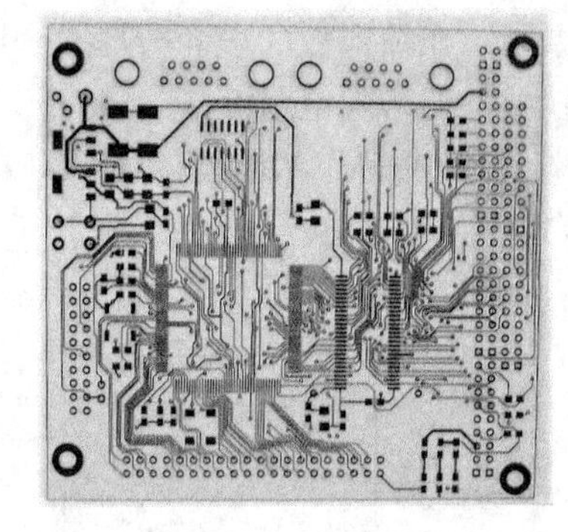

图 1-19　腐蚀后的印制电路板

6. 钻孔

钻孔的主要目的是为了在印制电路板上插装元器件，常用的手动打孔设备有高速视频钻床和高速微型台钻，如图 1-20 所示。

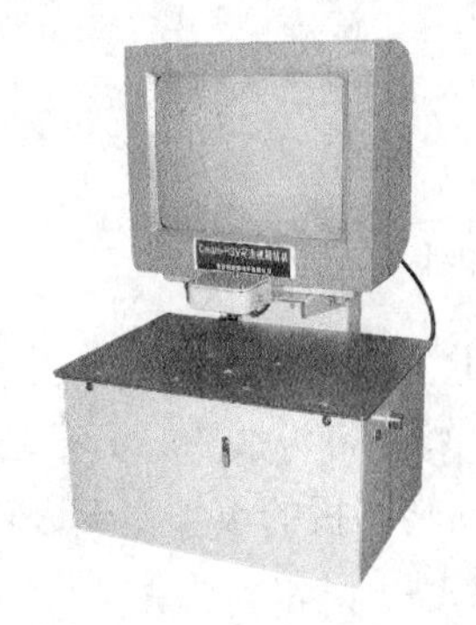

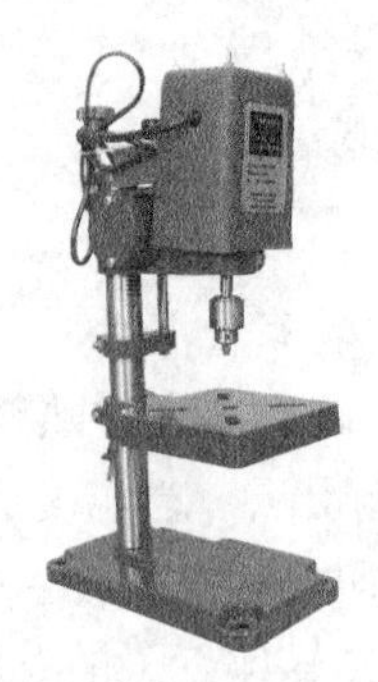

图 1-20　钻孔设备

a) 高速视频钻床　b) 高速微型台钻

钻孔时要对准焊盘中心，钻孔过程中要根据需要调整钻头的粗细。为便于钻孔时对准焊盘中心，在打印 PCB 图时，可将焊盘的孔设置为显示状态（Show Hole）。

7．后期处理

钻孔后，用细砂纸将印制电路板上的碳粉擦除，清理干净后涂上松香水，以便于后期的焊接，并防止氧化。

1.3 实训 热转印方式制板

1．实训目的

1）认识常用的印制电路板基材及类型。

2）认知印制电路板。

3）掌握热转印制电路板的方法。

4）手工制作一块印制电路板。

2．实训内容

1）识别纸基板、玻璃布板和合成纤维板。

2）认识单面板、双面板、多层板及挠性印制电路板。

3）认知印制电路板：元器件、焊盘、过孔、印制导线、阻焊、助焊和丝网等。

4）认知制板设备：激光打印机、热转印机、裁板机及高速微型台钻等。

5）认知制板辅材：热转印纸、高温胶带及细砂纸等。

6）采用热转印方式手工制作一块单面印制电路板。

3．思考题

1）热转印的图形应打印在热转印纸的光面或麻面？

2）如何配置双氧水+盐酸腐蚀液？

3）如何进行热转印制板？简述步骤。

1.4 习题

1．简述印制电路板的概念与作用。

2．按导电板层划分，印制电路板可分为哪几种？

3．按基板材料划分，印制电路板可分为哪几种？

4．简述热转印制板的步骤。

5．如何进行腐蚀液配制？

第 2 章　原理图标准化设计

目标

- 掌握原理图标准化设计基本方法
- 掌握元器件库设置及元器件查找方法
- 掌握总线、网络标号和层次电路的应用
- 掌握元器件封装的设置方法
- 掌握原理图输出方法

电路原理图设计是印制电路板设计的基础，它决定了后续设计工作的进展，本章通过实例介绍采用 Protel DXP 2004 SP2 进行原理图设计的方法。

2.1　Protel DXP 2004 SP2 软件安装与设置

2.1.1　安装 Protel DXP 2004 SP2

1）将 Protel DXP 2004 SP2 安装盘放入光驱，系统自动弹出安装向导界面，如图 2-1 所示。如果光驱没有自动执行，可以运行安装盘下 Setup 目录中的 setup.exe 进行安装。

2）单击“Next”按钮，屏幕弹出使用许可说明，如图 2-2 所示。选中“I accept the license argeement”后单击“Next”按钮进入下一步。

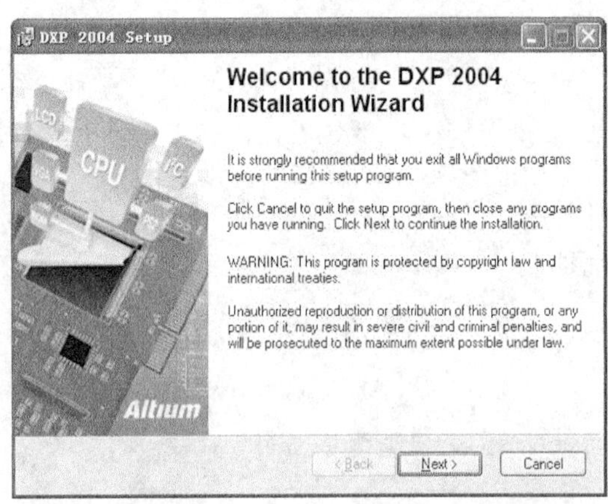

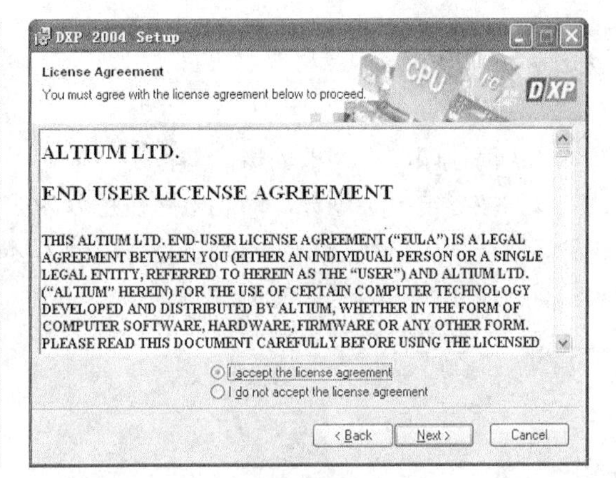

图 2-1　Protel 2004 安装初始界面　　　图 2-2　使用许可说明

3）单击“Next”按钮，屏幕弹出图 2-3 所示的“用户信息”对话框，在“Full Name”栏中输入用户名，在“Organization”栏中输入公司名称。

4）单击“Next”按钮，屏幕弹出图 2-4 所示的对话框，提示用户指定软件的安装路径，单击“Browse”按钮可以设置安装路径。

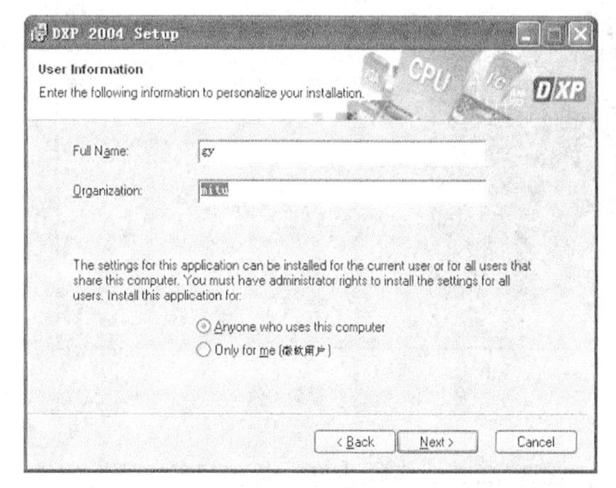

图 2-3 “用户信息”对话框

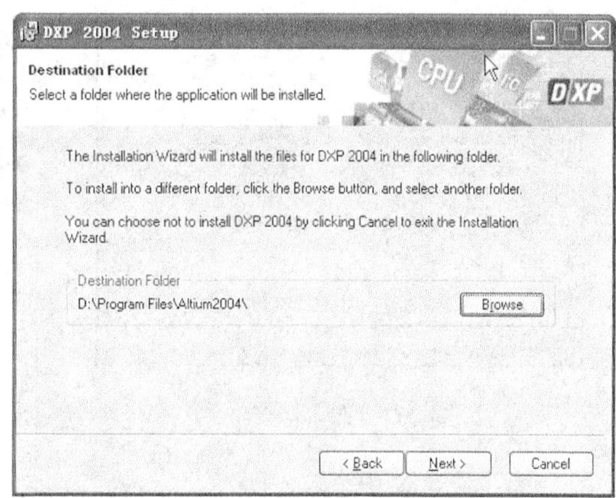

图 2-4 安装路径

5）设置完毕，单击“Next”按钮，屏幕弹出“准备安装”软件对话框，如图 2-5 所示。

6）单击“Next”按钮，向导程序会继续引导安装，系统安装结束，屏幕弹出图 2-6 所示的对话框，提示安装完毕，单击“Finish”按钮结束安装，至此 Protel DXP 2004 SP2 软件安装完毕。

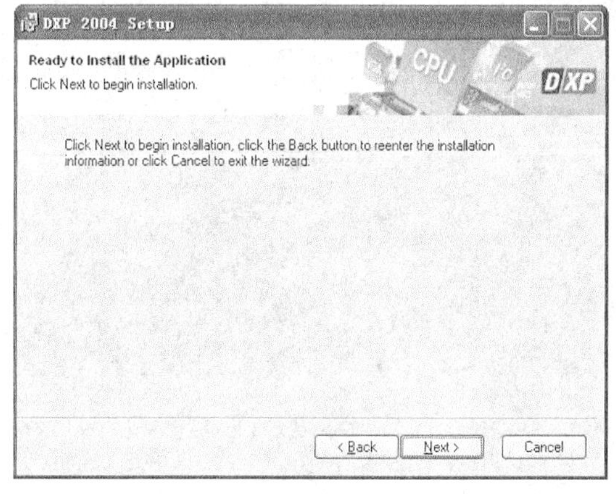

图 2-5 “准备安装”软件对话框

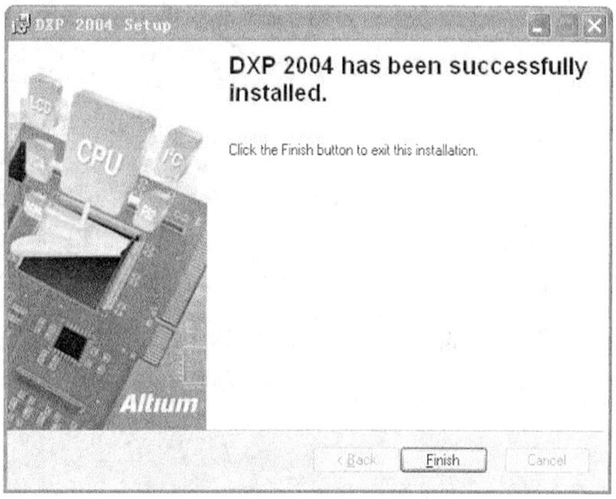

图 2-6 安装结束

7）安装 Protel DXP 2004 SP2 升级包。Protel DXP 2004 的用户可以从 Altium 公司的网站 www.altium.com 下载 SP2 升级包对软件进行升级。下载完 SP2 升级包后进行安装，屏幕出现安装界面，稍后弹出图 2-7 所示的安装许可协议，单击“I accept the terms of the End-User License agreement and wish to CONTINUE”，进入选择安装路径窗口，如图 2-8 所示，选择已经安装的 Protel DXP 2004 路径后，单击“Next”按钮继续安装，直至安装结束。

2.1.2 激活 Protel DXP 2004 SP2

执行“开始”→“程序”→“Altium SP2”→“DXP 2004 SP2”进入 Protel DXP 2004 SP2，屏幕弹出 DXP 软件许可窗口，如图 2-9 所示。

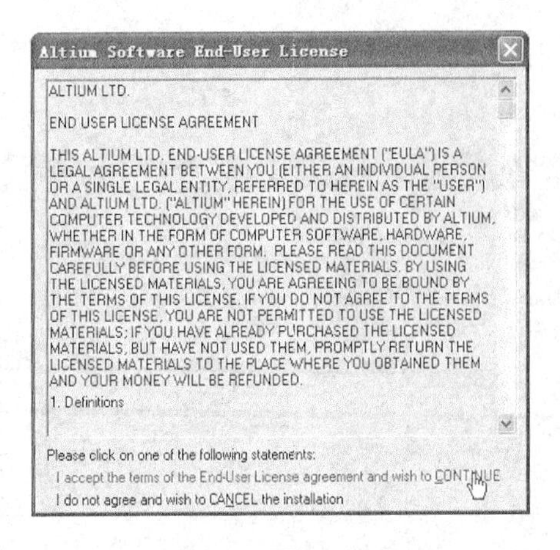

图 2-7　许可协议

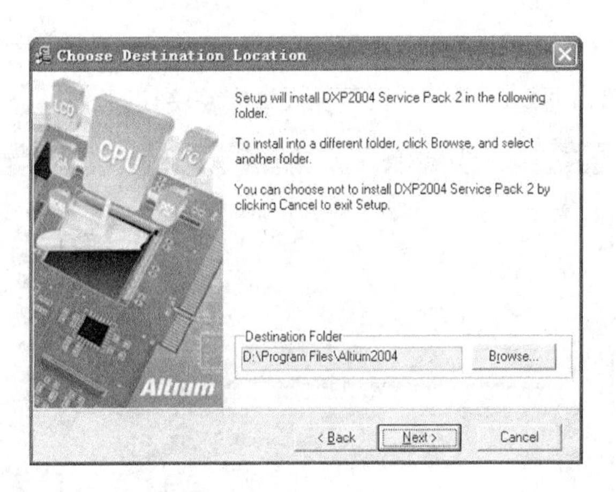

图 2-8　选择安装路径

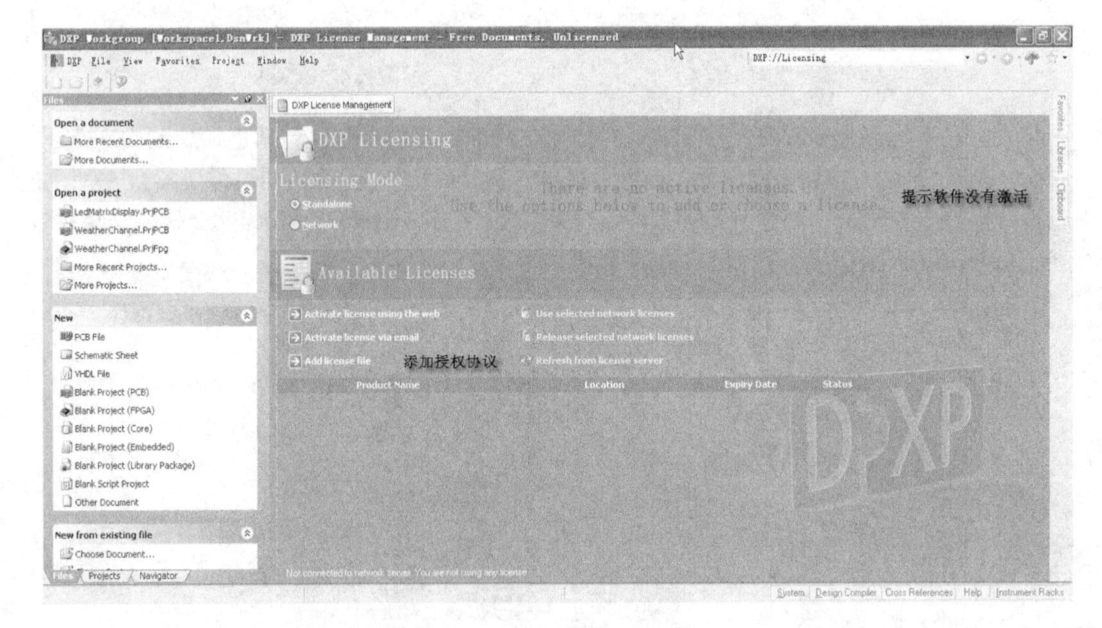

图 2-9　DXP 软件许可窗口

此时安装完的Protel DXP 2004 SP2还未激活，无法正常使用。

单击“Add license file”按钮，屏幕弹出图 2-10 所示的选择协议文件窗口，选择公司提供的用户使用授权协议文件（*.alf）后，单击“打开”按钮，完成激活。

至此，Protel DXP 2004 SP2 软件已经激活，可以正常使用。

图 2-10　选择协议文件

2.1.3　启动 Protel DXP 2004 SP2

启动 Protel DXP 2004 SP2 有两种常用方

法，具体如下所述。

1）在“开始”菜单中，单击 DXP 2004 SP2 快捷方式图标，启动 Protel DXP 2004 SP2。

2）执行“开始”→“程序”→“Altium SP2”→“DXP 2004 SP2”，启动 Protel DXP 2004 SP2。

启动程序后，屏幕出现 Protel DXP 2004 SP2 的启动界面，如图 2-11 所示。系统自动加载完编辑器、编译器、元器件库等模块后进入设计主窗口，如图 2-12 所示。

图 2-11　Protel DXP 2004 SP2 启动界面

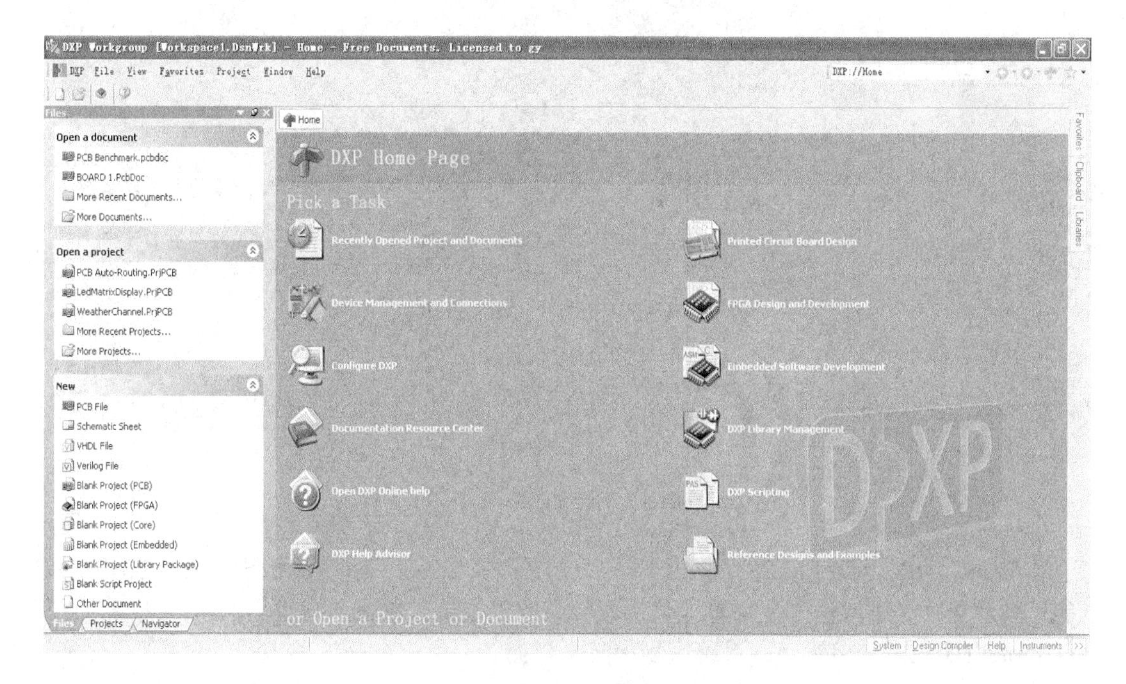

图 2-12　Protel DXP 2004 SP2 英文设计主窗口

2.1.4 Protel DXP 2004 SP2 中英文界面切换

Protel DXP 2004 SP2 默认的设计界面为英文，但它支持中文菜单方式，可以在“Preferences”（优先设定）中进行中英文菜单切换。

在图 2-12 所示的主界面中，单击左上角的“DXP”菜单，屏幕出现一个下拉菜单，如图 2-13 所示，选择“Preferences”子菜单，屏幕弹出“Preferences”对话框，在“DXP System”下选择“General”选项，在对话框正下方“Localization”区中，选中“Use localized resources”前面的复选框，单击“Apply”按钮完成界面转换，如图 2-14 所示。设置完毕，关闭 Protel DXP 2004 SP2 并重新启动后，系统的界面就切换为中文界面，如图 2-15 所示。

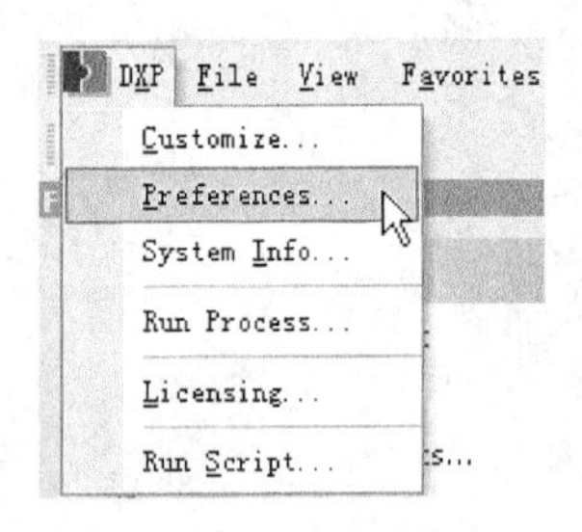

图 2-13 DXP 菜单

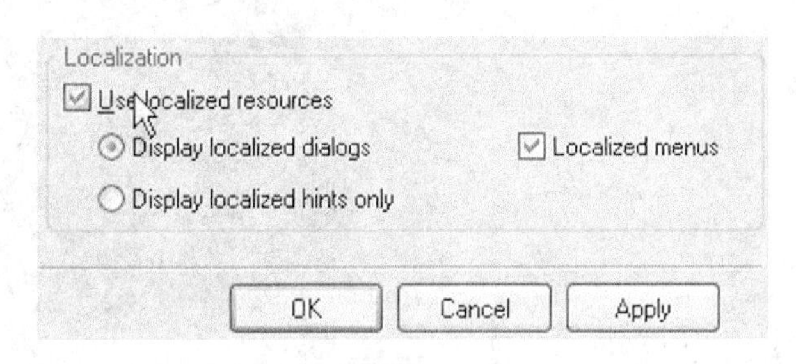

图 2-14 设置中文界面

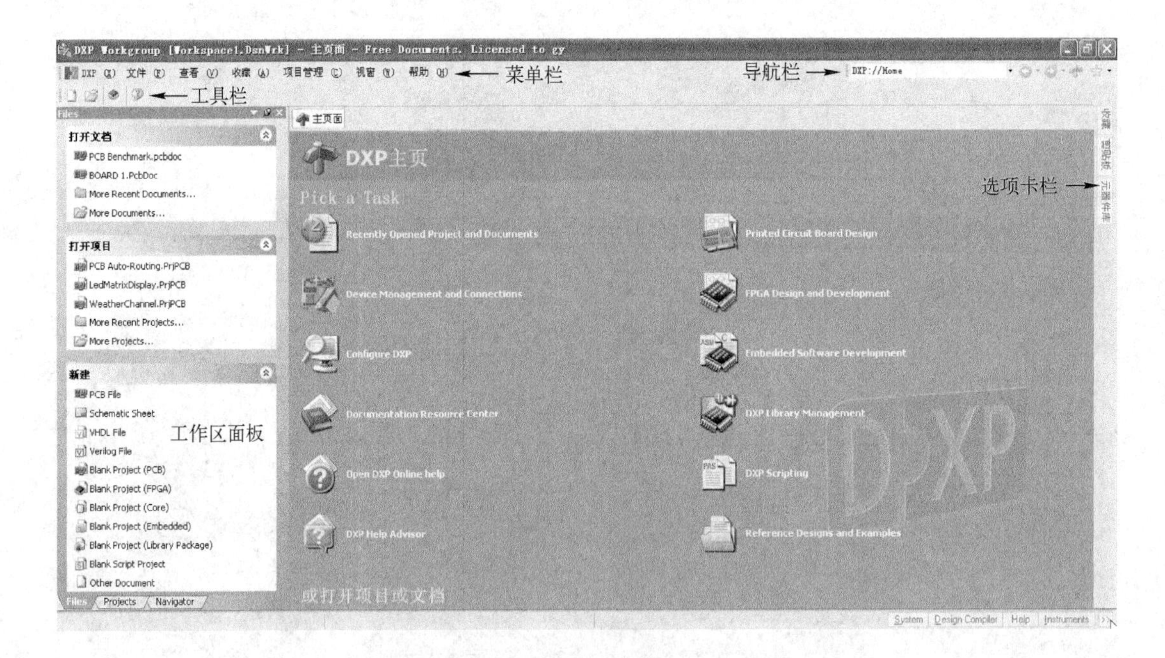

图 2-15 Protel DXP 2004 SP2 中文主窗口

在 Protel DXP 2004 SP2 中文主窗口下，选择菜单“DXP”→“优选设定”，在弹出对话框的“本地化”区中取消“使用本地化的资源”的复选框，单击“适用”按钮，关闭并重新启动 Protel DXP 2004 SP2 后，系统恢复为英文界面。

2.1.5 Protel DXP 2004 SP2 的工作环境

1. Protel DXP 2004 SP2 主窗口

启动 Protel DXP 2004 SP2 后屏幕出现图 2-15 所示的主窗口，主窗口的上方为菜单栏、工具栏和导航栏；左边为树形结构的文件工作区面板（Files Panels），包括打开文档、打开项目及新建等面板；中间为工作窗口，列出了常用的工作任务；右边是工作区面板选项卡栏，包括收藏、剪贴板及元器件库设置等选项卡；最下边的左侧为状态栏，右侧为工作区面板选项卡。

2. 工作区面板

工作区面板默认位于主窗口的左边，可以显示或隐藏，也可以被任意移动到窗口的其他位置。

（1）移动工作区面板

用鼠标左键点住工作区面板状态栏不放，拖动光标在窗口中移动，可以将工作区面板移动到所需的位置。

（2）工作区面板的选项卡切换

工作区面板通常有“Files”、“Projects”及“Navigator”等选项卡，一般位于面板的最下方，用鼠标左键单击所需的选项卡可以查看该选项卡的内容，如图 2-16 所示，图中选中的是“Files”选项卡。

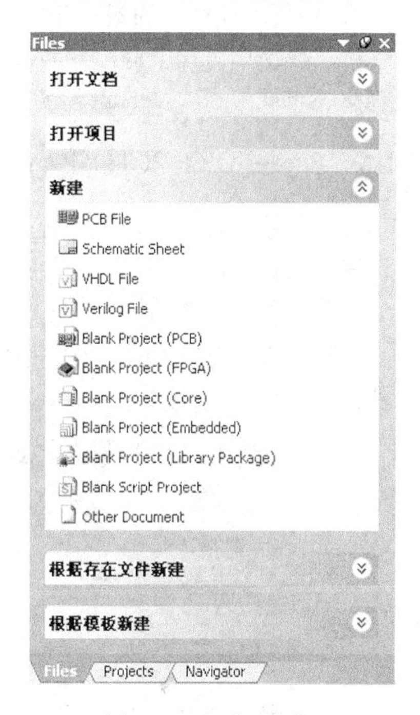

图 2-16 工作区面板

（3）工作区面板的显示与隐藏

单击图 2-16 所示工作区面板右上角的按钮，则按钮的形状变为，此时如果把鼠标移出工作区面板，则工作区面板将自动隐藏在窗口的最左边，并在主窗口左侧显示工作区面板各选项卡。

若用鼠标左键单击窗口左边的工作区面板选项卡，则对应的面板将自动打开。

如果不再隐藏工作区面板，则在面板显示时，用鼠标左键单击右上角的按钮，则按钮恢复为状态，此时工作区面板将不再自动隐藏。

3. DXP 主页工作窗口

Protel DXP 2004 SP2 启动后，工作窗口中默认的是 DXP 主页视图页面，页面上显示了设计项目的图标及说明，如表 2-1 所示，用户可以根据需要选择设计项目。

表 2-1 Protel DXP 2004 SP2 主页工作窗口设计项目说明

图　标	中英文功能说明	图　标	中英文功能说明
	Recently Opened Project and Documents 最近打开的项目设计文件和设计文档		Printed Circuit Board Design PCB 设计相关选项
	Device Management and Connections 元器件管理和连接		FPGA Design and Development FPGA 项目设计相关选项
	Configure DXP 配置 Protel DXP 系统		Embedded Software Development 嵌入式软件开发相关选项
	Documentation Resource Center 帮助文档资源中心		DXP Library Management Protel DXP 库文件管理

（续）

图　标	中英文功能说明	图　标	中英文功能说明
	Open DXP Online help Protel DXP 在线帮助系统		DXP Scripting Protel DXP 脚本编辑管理
	DXP Help Advisor Protel DXP 帮助向导		Reference Designs and Examples 参考设计实例

执行菜单“查看”→“主页”，可以打开 DXP 主页面。

4．恢复系统默认的初始界面

用户在使用过程中进行界面改动后可能无法返回初始的工作界面，可以执行菜单“查看”→“桌面布局”→“Default”恢复系统默认的初始界面。

2.1.6　Protel DXP 2004 SP2 系统自动备份设置

在项目设计过程中，为防止出现意外故障造成设计内容丢失，一般需要进行系统自动备份设置，以减小损失。

执行菜单“DXP”→“优先设定”，屏幕弹出“优先设定”对话框，选择“Backup”选项，屏幕出现图 2-17 所示的对话框，在其中可以设定自动备份的时间间隔、保存的版本数及备份文件保存的路径。

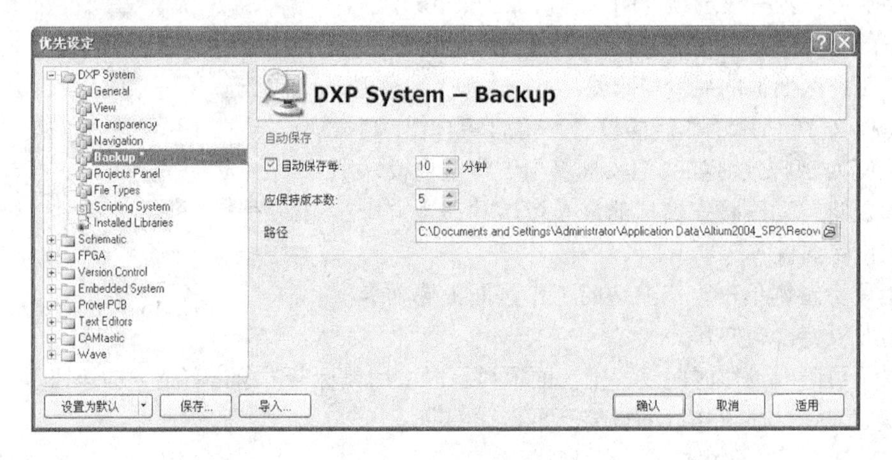

图 2-17　自动备份设置

2.2　PCB 工程项目文件操作

Protel DXP 2004 SP2 引入了工程项目的概念（*.PrjPcb），其中包含一系列的单个文件，项目文件的作用是建立与单个文件之间的链接关系，方便设计者组织和管理。

PCB 工程项目文件包括原理图设计文件（*.schdoc、*.sch）、PCB 设计文件（*.pcbdoc、*.pcb）、原理图库文件（*.schlib、*.lib）、PCB 元器件库文件（*.pcblib、*.lib）、网络报表文件（*.Net）、报告文件（*.rep、*.log、*.rpt）、CAM 报表文件（*.Cam）等。

图 2-18 所示的 PCB 工程项目文件中包含了原理图文件、PCB 文件、库文件及 CAM 报表文件等。

在项目设计过程中，通常将同一个项目的所有文件都保存在一个项目设计文件中，以便于文件管理。Protel DXP 2004 SP2 的 PCB 设计通常是先建立 PCB 工程项目文件，然后在该项目文件下建立原理图、PCB 等其他文件，建立的项目文件将显示在“Projects”选项卡中。

1. 新建 PCB 项目

执行菜单“文件”→“创建”→“项目”→“PCB 项目”，Protel DXP 2004 SP2 系统会自动创建一个名为“PCB_Project1.PrjPCB”的空白工程项目文件，如图 2-19 所示，此时的文件显示在“Projects”选项卡中，在新建的项目文件“PCB_Project1.PrjPCB”下显示的是没文件的空文件夹“No Documents Added”。

图 2-18　PCB 工程项目文件

图 2-19　新建 PCB 项目

2. 保存项目

建立 PCB 项目文件后，通常将项目文件另存为自己需要的文件名，并保存到指定的文件夹中。

执行菜单“文件”→“另存项目为”，屏幕弹出“另存项目”对话框，更改保存的文件夹和文件名后，单击“保存”按钮完成项目保存，如图 2-20 所示。

保存后的文件将重新显示在工作区面板中，图 2-21 所示为更名后的项目文件。

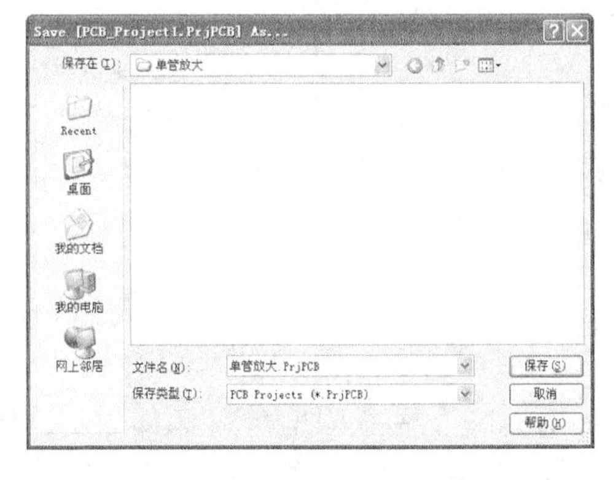

图 2-20　“另存项目”文件对话框

图 2-21　更名后的项目文件

3. 新建设计文件

在新建的空白项目中，没有原理图和 PCB 的任何文件，因此绘制原理图或 PCB 时必须在该项目中新建或追加对应的文件。

添加新原理图文件的方法有两种，可以执行菜单“文件”→“创建”→“原理图”添加或用鼠标右键单击项目文件名，在弹出的菜单中选择“追加新文件到项目中”→“Schematic”新建原理图。

建立好 PCB 项目设计主要文件后的工作区面板如图 2-18 所示，图中的“Source Documents”文件夹中保存的是原理图和印制电路板文件，“Libraries”文件夹中保存的是相应的元器件库。

4．追加已有的文件到项目中

有些电路在设计时并未放置在项目文件中，此时若要将它添加到项目文件中，可以用鼠标右键单击项目文件名，在弹出的菜单中选择“追加已有文件到项目中”菜单，屏幕弹出一个对话框，选择要追加的文件后，单击“打开”按钮实现文件追加。

5．打开项目文件

在电路设计中，有时需要打开已有的某个文件，可以执行菜单“文件”→“打开”，屏幕弹出“打开文件”对话框，选择所需的路径和文件后，单击“打开”按钮打开相应文件。

若只打开项目文件，则可以执行菜单“文件”→“打开项目”，对话框中只显示已有的项目。

6．关闭项目

用鼠标右键单击项目文件名，在弹出的菜单中选择“Close Project”菜单，关闭项目文件，若工作区的文件未保存过，屏幕将弹出一个对话框提示是否保存文件。若选择“关闭项目中的文件”菜单，则将该项目中的子文件关闭，而项目文件则保留。

7．项目文件与独立文件

在图 2-22 所示的工作区面板中，“单管放大.PRJPCB”是一个项目文件，其下包含 1 个文件“单管放大.SCHDOC”，它是通过“文件”→“创建”→“项目”→“PCB 项目”建立的；图中的“Free Documents”为独立文件，其下的文件为“Sheet1.Schdoc”，它不属于任何项目，它是在未建立项目文件的情况下通过“文件”→“创建”→“原理图”建立的。

图 2-22　项目文件与独立文件

在 Protel DXP 2004 SP2 的一些设计有时要求必须在项目下才能进行，如果是独立文件则某些操作无法执行，为解决该问题，可新建项目文件，然后将图 2-22 中的独立文件（如 Sheet1.Schdoc）拖到项目文件中即可。

2.3　单管放大电路原理图设计

本节通过图 2-23 所示单管放大电路原理图的设计，介绍原理图设计的基本方法。从图中可以看出，该原理图主要由元器件、连线、电源、端口、电路波形、电路说明等组成。

原理图设计大致可以按如下步骤进行。

1）新建项目文件和原理图文件。

2）设置图样尺寸和工作环境。

3）设置元器件库。

4）放置所需的元器件、电源符号、接口等。

5）元器件布局和连线。

6）元器件封装设置。

7）放置网络标号、说明文字等进行电路连接和标注说明。

8）进行电气规则检测、线路和标识调整与修改。

9）保存文件。

10）报表输出和电路输出。

本例中元器件较少，采用先放置元器件，然后布局调整，再进行连线，最后进行属性修改的模式进行设计。对于比较大的电路则可以边放置，边布局连线，最后调整。

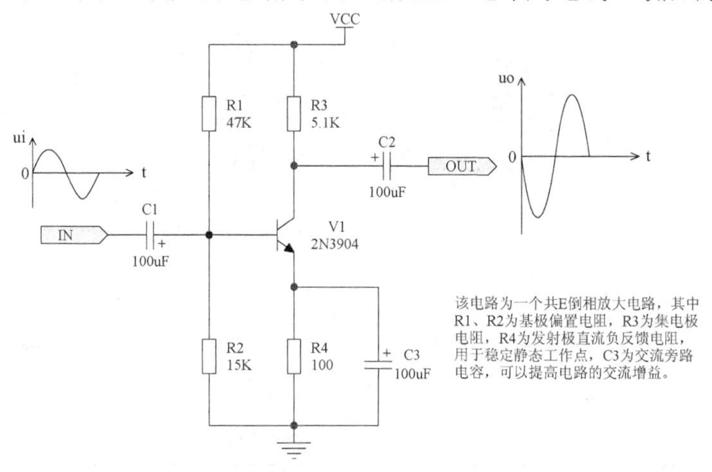

图 2-23　单管放大电路

2.3.1　新建原理图文件

1．新建 PCB 项目文件

在 Protel DXP 2004 SP2 主窗口下，执行菜单“文件”→“创建”→“项目”→“PCB 项目”，系统会自动创建一个名为“PCB_Project1.PrjPCB”的空白项目文件。

执行菜单“文件”→“另存项目为”，将项目另存为“单管放大”。

2．新建原理图文件

执行菜单“文件”→“创建”→“原理图”创建原理图文件，系统将自动在当前项目文件下新建一个名为“Source Documents”的文件夹，并在该文件夹下建立了原理图文件“Sheet1.SchDoc”，并进入原理图设计界面，如图 2-24 所示。

用鼠标右键单击原理图文件“Sheet1.SchDoc”，在弹出的菜单中选择“另存为”，屏幕弹出一个对话框，将文件更名保存为“单管放大.SCHDOC”。

3．原理图编辑器

图 2-24 所示的原理图编辑器中，工作区面板中已经建立了项目文件“单管放大.PrjPCB”和原理图文件“单管放大.SCHDOC”。

原理图编辑器由主菜单、原理图标准工具栏、配线工具栏、实用工具栏（包括绘图工具、电源工具、常用元器件工具等）、工作窗口、工作区面板、元器件库选项卡等组成。

4．原理图标准工具栏

Protel DXP 2004 SP2 提供有形象直观的工具栏，用户可以单击工具栏上的按钮来执行常用的命令。原理图标准工具栏的按钮功能如表 2-2 所示。

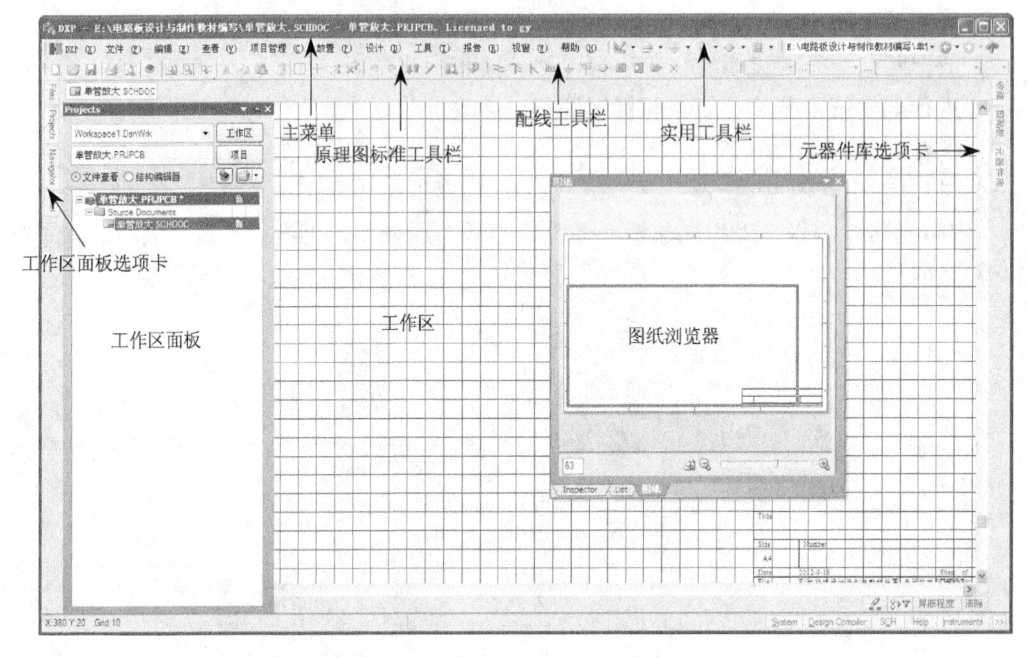

图 2-24　原理图编辑器

表 2-2　原理图标准工具栏按钮功能

按　钮	功　能	按　钮	功　能	按　钮	功　能	按　钮	功　能
	创建文件		显示整个工作面		橡皮图章		重做
	打开已有文件		缩放选择的区域		选取框选区的对象		主图、子图切换
	保存当前文件		缩放选定对象		移动被选对象		设置测试点
	直接打印文件		剪切		取消选取状态		浏览元器件库
	打印预览		复制		消除当前过滤器		帮助
	打开元器件视图页面		粘贴		取消		

执行菜单“查看”→“工具栏”→“原理图标准”可以打开或关闭原理图标准工具栏。

5．图纸浏览器

在图 2-24 中，其左侧的工作区面板显示的是当前的项目文件，工作窗口中有一个“图纸”窗口，该窗口用于浏览当前工作窗口中的内容，单击窗口中的按钮和按钮可以放大和缩小工作窗口的电路图，拖动红色的边框，可以对电路进行局部浏览。

执行菜单“查看”→“工作区面板”→“SCH”→“图纸”可以打开或关闭“图纸浏览器”窗口。

2.3.2　图纸设置

1．图纸格式设置

进入原理图编辑器后，一般要先设置图纸参数。图纸尺寸大小是根据电路图的规模和复杂程度确定的，图纸尺寸设置方法如下所述。

双击图纸边框或执行菜单“设计”→“文档选项”，屏幕弹出图2-25所示的“文档选项”对话框，选中“图纸选项”选项卡进行图纸设置。

图2-25 “文档选项”对话框

图中“标准风格区”是用来设置标准图纸尺寸，可在其后的下拉列表框选择；“自定义风格”区是用于自定义图纸尺寸，必须选中“使用自定义风格”复选框，系统默认最小单位为10mil（1英寸=1000mil）；“选项区”的“方向”下拉列表框用于设置图纸方向，有Landscape（横向）或Portrait（纵向）两种。

2. 单位制设置

Protel DXP 2004 SP2的原理图设计提供有英制（mil）和公制（mm）两种单位制，可在图2-25中选中“单位”选项卡进行设置，一般默认使用英制单位系统，单位是mil。

2.3.3 设置栅格尺寸

Protel DXP 2004 SP2的栅格类型主要有3种，即捕获栅格、可视栅格和电气栅格。捕获栅格是指光标移动一次的步长；可视栅格指的是图纸上实际显示的栅格之间的距离；电气栅格指的是自动寻找电气节点的半径范围。

图2-25中的“网格”区用于设置图样的栅格，其中“捕获”用于捕获栅格的设定，图中设定为10，即光标在移动一次的距离为10；“可视”用于可视栅格的设定，即图纸上栅格的间距，此项设置只影响视觉效果，不影响光标的位移量。例如“可视”设定为20，“捕获”设定为10，则光标移动两次走完一个可视栅格。

注意：原理图设计中默认栅格基数为10mil，故尺寸设置为10，实际上为100mil。

图2-25中“电气网格”区用于电气栅格的设定，选中“有效”前的复选框，在绘制导线时，系统会以“Grid”中设置的值为半径，以光标所在点为中心，向四周搜索电气节点。如

果在搜索半径内有电气节点，系统会将光标自动移到该节点上，并在该节点上显示一个圆点。

2.3.4 设置元器件库

在放置元器件之前，必须了解要放置的元器件在哪个库中，并将该元器件所在的元器件库载入内存。但如果一次载入的元器件库过多，将占用较多的系统资源，同时也会降低程序的运行效率，所以最好的做法是只载入必要的元器件库，而其他的元器件库在需要时再载入。

1．加载元器件库

单击图 2-24 的原理图编辑器右上方的“元器件库”选项卡，打开图 2-26 所示的“元器件库”控制面板，该控制面板中包含元器件库栏、元器件查找栏、元器件列表栏、当前元器件符号栏、当前元器件封装等参数栏和元器件封装图形等内容，用户可以在其中查看相应信息，判断元器件是否符合要求。其中元器件封装图形默认为不显示状态，用鼠标单击该区域将显示元器件封装图形。

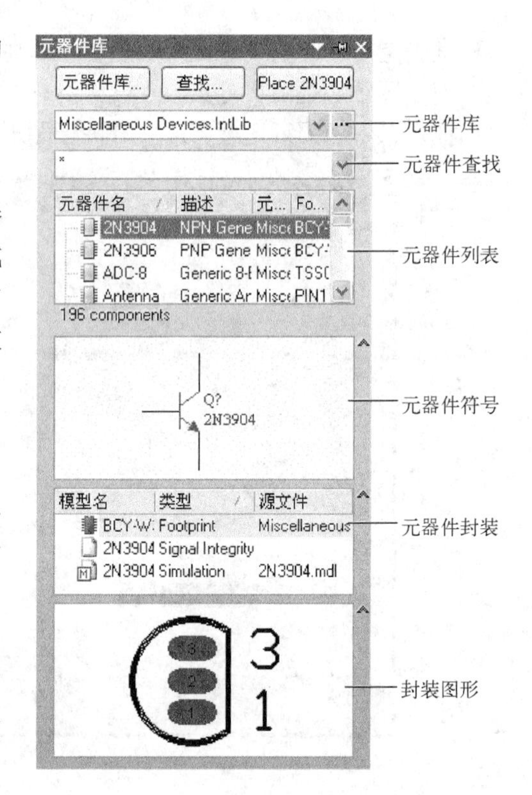

图 2-26　元器件库控制面板

单击图 2-26 中的“元器件库”按钮，屏幕弹出“可用元器件库”对话框，如图 2-27 所示，选择“安装”选项卡，窗口中显示当前已装载的元器件库。

单击图 2-27 中的“安装”按钮，屏幕弹出 “打开元器件库”对话框，如图 2-28 所示，此时可以根据需要选择元器件库，选中元器件库后单击“打开”按钮完成元器件库加载。

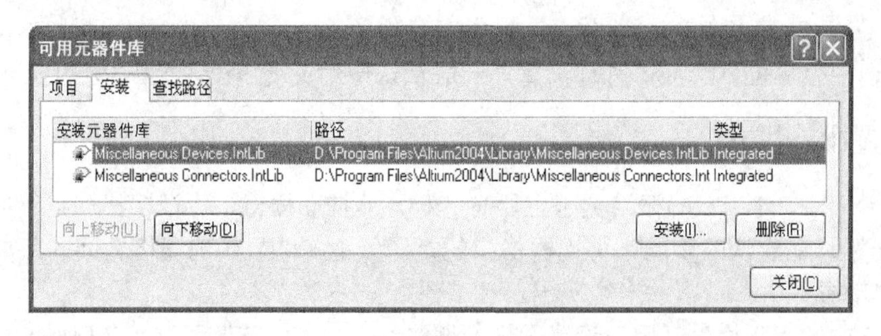

图 2-27　“可用元器件库”对话框

Protel DXP 2004 SP2 的元器件库是按厂商进行分类的，元器件库默认在 Altium2004 SP2\Library 目录下，选定某个厂商的文件夹，将列出该厂商的全部元器件库供选择。

图中“文件类型”中可选择*.INTLIB（集成元器件库，包含原理图和 PCB 元器件）、*.SCHLIB（原理图元器件库）、*.PCBLIB（PCB 元器件库，即封装库）及*.PCB3DLIB（PCB 3D 元器件库）等，在原理图设计时，通常选择*.INTLIB 或*.SCHLIB。

在原理图设计中，常用元器件库为“Miscellaneous Devices.IntLib”和“Miscellaneous

Connectors.IntLib”，库中包含了电阻、电容、二极管、晶体管、变压器、按键开关和接插件等常用元器件。

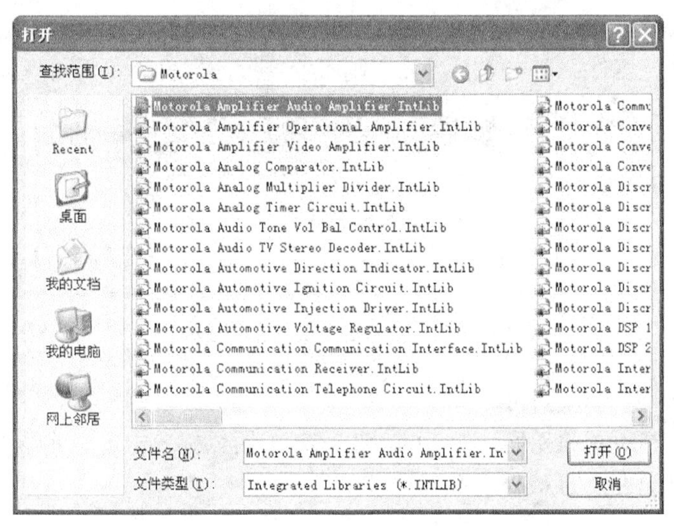

图 2-28 “打开元器件库”对话框

2．通过查找元器件方式设置元器件库

在原理图设计时，有时不知道元器件所在库，无法使用该元器件，可以采用查找元器件的方式来设置包含该元器件的元器件库。下面以设置调频发射芯片 MC2833 所在库为例进行介绍。

单击图 2-26 中的“查找”按钮，屏幕弹出“元器件库查找”对话框，在文本栏中输入“MC2833”（也可采用模糊查找，输入*2833，*代表任意字符，可以提高查找率），在“范围”区中选中“路径中的库”，“路径”采用系统默认，如图 2-29 所示，单击“查找”按钮开始查找，屏幕弹出正在查找的“元器件库”控制面板，查找结束，该面板中将显示查找到的元器件信息，如图 2-30 所示。

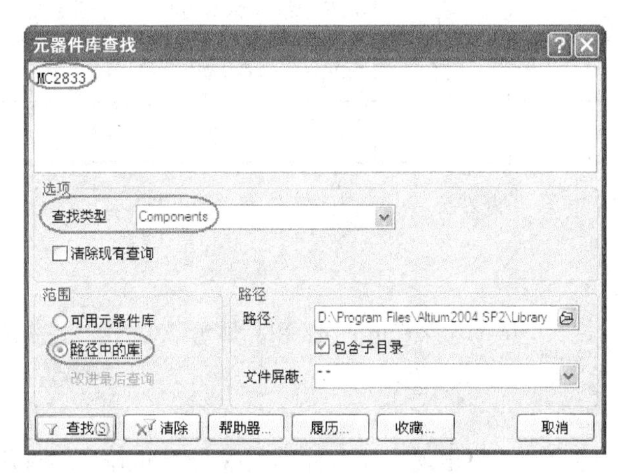

图 2-29 “元器件库查找”对话框

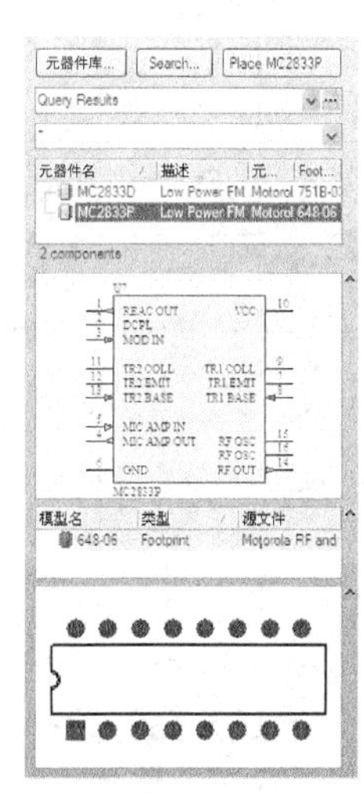

图 2-30 查找到的元器件

从查找结果中可以看出该元器件在“Motorola RF and IF Transmitter.IntLib”库中，由于该库尚未加载到当前库中，因此单击图 2-30 中的“Place MC2833P”按钮放置元器件 MC2833P 时，屏幕弹出图 2-31 所示的对话框，询问是否安装该元器件库，单击“是(Y)”按钮，安装该元器件库并放置元器件；单击“否”按钮则不安装该元器件库，但可以放置该元器件。

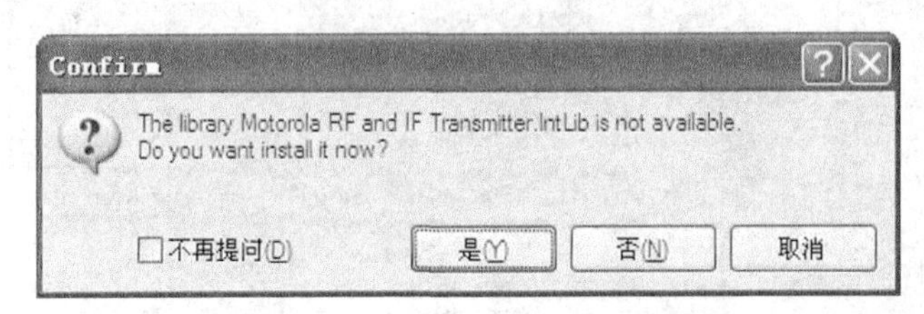

图 2-31 “是否安装库”对话框

3. 删除已经设置的元器件库

如果要删除已经设置的元器件库，可在图 2-27 中用鼠标单击选中元器件库，然后单击“删除”按钮，移去已经设置的元器件库。

2.3.5 原理图设计配线工具

Protel DXP 2004 SP2 提供有配线工具栏用于原理图的快捷绘制，如图 2-32 所示。

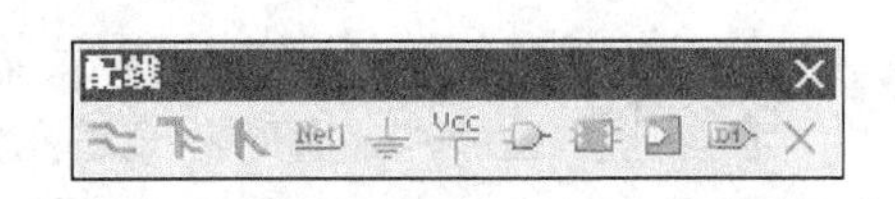

图 2-32 配线工具栏

配线工具栏可以放置原理图设计中常用电路元素具体功能详见表 2-3。

表 2-3 配线工具栏按钮功能

	放置导线		放置元器件
	放置总线		放置层次电路图
	放置总线入口（总线分支线）		放置层次电路图输入/输出端口
Net	放置网络标号	D1	放置电路的输入/输出端口
	放置 GND 接地端口		放置忽略 ERC 检查指示符
Vcc	放置 V_{CC} 电源端口		

配线工具栏的显示与隐藏可以执行菜单“查看”→“工具栏”→“配线”实现。

2.3.6 放置元器件

本例要用到 3 种元器件，即电阻 Res2、电解电容 Cap Pol2 和晶体管 2N3904，它们都在 Miscellaneous Devices.IntLib 库中，系统默认已安装该库。

1. 通过元器件库控制面板放置元器件

选中所需元器件库，该元器件库中的元器件将出现在元器件列表中，找到晶体管 2N3904，控制面板中将显示它的元器件符号和封装图等，如图 2-33 所示。

单击“Place 2N3904”按钮，将光标移到工作区中，此时元器件以虚框的形式粘在光标上，将元器件移动到合适位置后，单击鼠标左键，元器件放置在图样上，此时系统仍处于放置元器件状态，可继续放置该类元器件，单击鼠标右键退出放置状态，放置元器件的过程如图 2-34 所示。

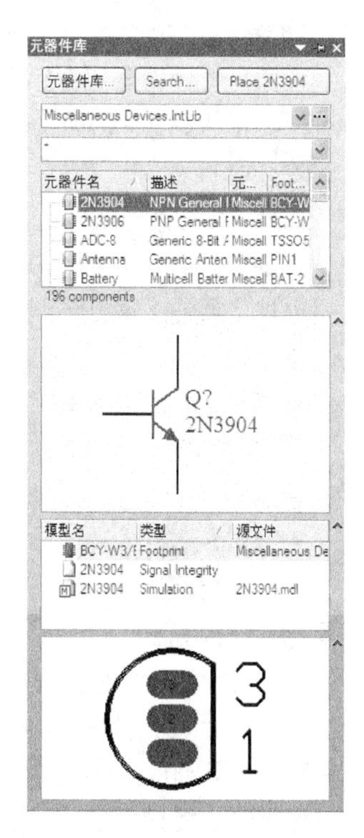

图 2-33　放置晶体管 2N3904

2．通过菜单放置元器件

执行菜单“放置”→“元器件”或单击配线工具栏的 按钮，屏幕弹出图 2-35 所示的“放置元器件”对话框，其中“库参考”栏中输入需要放置的元器件名称，如电阻为 RES2；“标识符”栏中输入元器件标号，如 R1；“注释”栏中输入标称值或元器件型号，如 10K；“封装”栏用于设置元器件的 PCB 封装形式，系统默认电阻封装为 AXIAL-0.4。

所有内容输入完毕，单击“确认”按钮，此时元器件出现在光标处，单击鼠标左键放置元器件。放置元器件后系统仍处于放置该类元器件状态，且元器件标号自动加 1，单击鼠标右键取消继续放置元器件。

若不了解元器件名称，可以单击库参考栏右侧浏览按钮“...”进行元器件浏览，从中可以查看元器件名与元器件图形的对应关系并选择元器件。

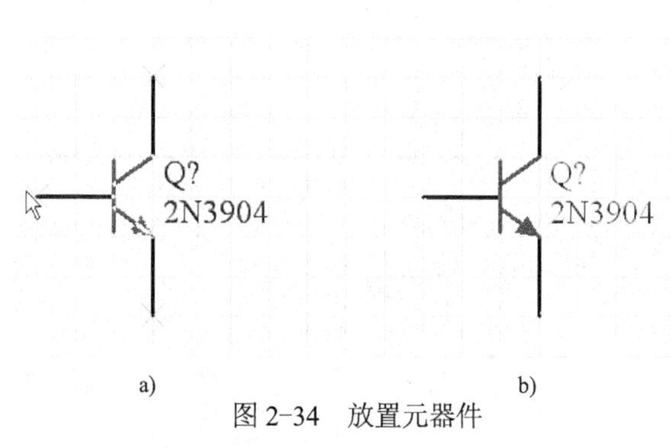

图 2-34　放置元器件

a) 放置元器件初始状态　b) 放置好的元器件

图 2-35　“放置元器件”对话框

本例通过元器件库控制面板放置元器件，放置完元器件的电路如图 2-36 所示。

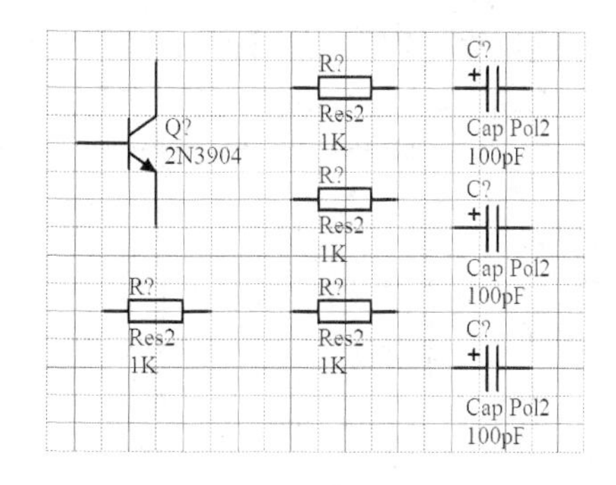

图 2-36　放置元器件后的原理图

2.3.7　调整元器件布局

元器件放置完毕，在连线前必须先调整其布局，实际上就是移动元器件到合适的位置。

1．选中元器件

对元器件等对象进行布局操作时，首先要选中对象，选中对象的方法有以下几种所述。

1）执行菜单“编辑”→“选择”，选择“区域内对象”或“区域外对象”可以通过拉框选中对象；选择“全部对象”则图上所有对象全选中；选择“切换选择”，则是一个开关命令，当对象处于未选取状态时，使用该命令可选取对象，当对象处于选取状态时，使用该命令可以解除选取状态。

2）利用工具栏按钮选取对象。单击主工具栏上的按钮，用鼠标拉框选取框内对象。

3）直接用鼠标点取。对于单个对象的选取可以用鼠标左键单击点取对象，被点取的对象周围出现虚线框，即处于选中状态，但用这种方法每次只能选取一个对象；若要同时选中多个对象，则可以在按住〈Shift〉键的同时，单击鼠标左键点取多个对象。

2．解除元器件选中状态

元器件被选中后，所选元器件的外边有一个绿色的外框，一般执行完所需的操作后，必须解除元器件的选取状态。在工作区空白处单击鼠标左键可以解除选中状态。

3．移动元器件

1）单个元器件移动。用鼠标左键点住要移动的元器件，将元器件拖到要放置的位置，松开鼠标左键即可。

2）一组元器件的移动。用鼠标拉框选中一组元器件或用〈Shift〉键和鼠标左键单击选中一组元器件，然后用鼠标点住其中的一个元器件，将这组元器件拖到要放置的位置，松开鼠标左键即可，如图2-37所示。

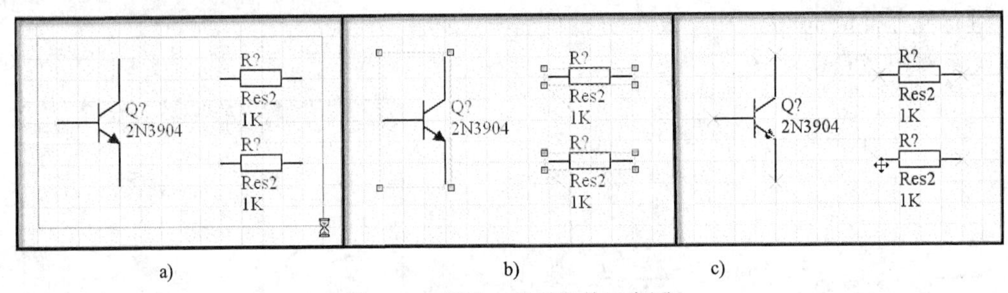

a)　　b)　　c)

图2-37　移动一组元器件示意图

a) 拉框选中一组元器件　b) 选中的一组元器件　c) 移动选中的元器件

4．元器件的旋转

对于放置好的元器件，在重新布局时可能需要对元器件的方向进行调整，可以通过键盘按键来调整元器件的方向。

用鼠标左键点住要旋转的元器件不放，按键盘上的〈空格〉键可以进行逆时针90°旋转，按〈X〉键可以进行水平方向翻转，按〈Y〉键可以进行垂直方向翻转，如图2-38所示。

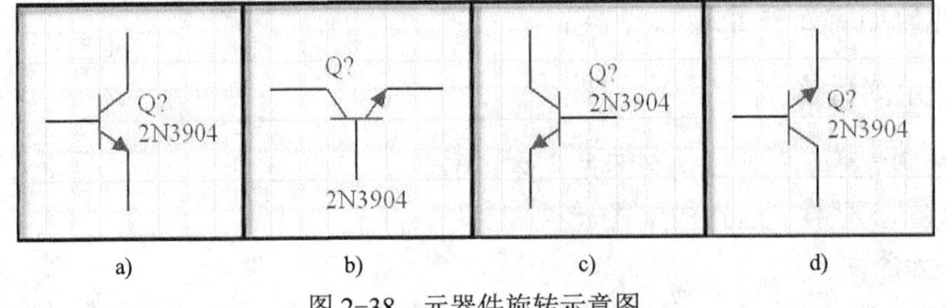

a)　　b)　　c)　　d)

图2-38　元器件旋转示意图

a) 原状态　b) 90° 旋转　c) 水平翻转　d) 垂直翻转

注意：*必须在英文输入法状态下按〈空格〉键、〈X〉键、〈Y〉键才可以进行旋转、翻转。*

5. 对象的删除

要删除某个对象，可用鼠标左键单击要删除的对象，此时元器件将被虚线框住，按键盘上的〈Delete〉键删除该对象。

6. 全局显示全部对象

元器件布局调整完毕，执行菜单“查看”→“显示全部对象”，全局显示所有对象，此时可以观察布局是否合理。完成元器件布局调整的单管放大电路如图 2-39 所示。

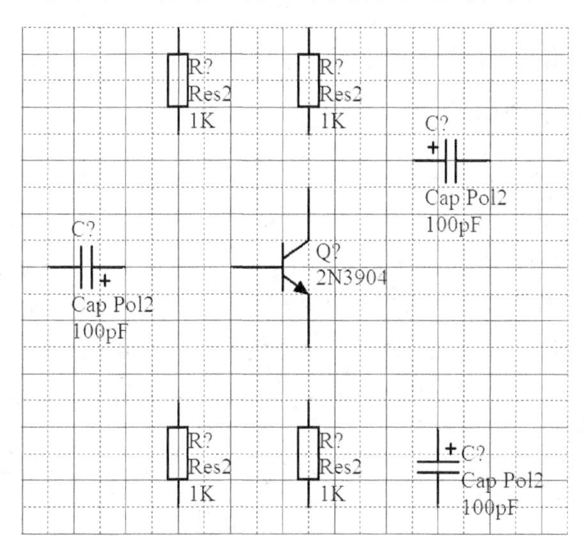

图 2-39 单管放大电路布局图

2.3.8 放置电源和接地符号

执行菜单“放置”→“电源端口”进入放置电源符号状态，此时光标上带着一个电源符号，按下〈Tab〉键，弹出图 2-40 所示的“属性设置”对话框，其中“Net”栏可以设置电源端口的网络名，通常电源符号设为 VCC，接地符号设置为 GND；用鼠标单击“风格”栏后的 Bar 处的下拉列表框，可以选择电源和接地符号的形状，共有 7 种符号，如图 2-41 所示。

设置完毕单击“确认”按钮，将光标移动到适当位置后单击鼠标左键放置电源符号。

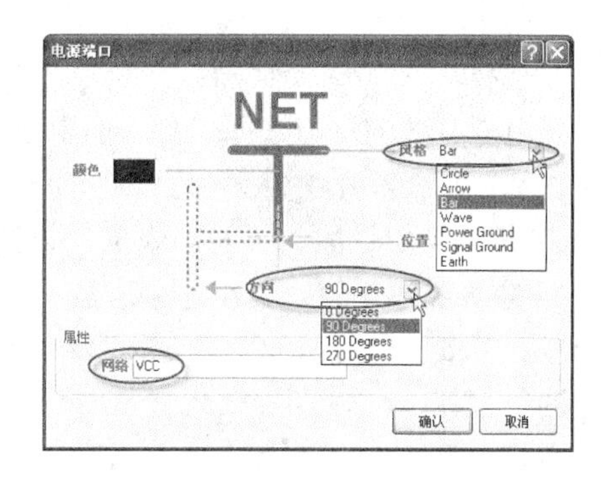

图 2-40 “电源端口”属性对话框

注意：*由于在放置电源端口时，初始出现的是电源符号，若要改为接地符号时，除了要修改符号图形外，还必须将网络名 Net 修改为 GND，否则在 PCB 布线时会出错。*

在实际设计时，一般直接单击配线工具栏的 VCC 按钮放置电源符号，单击配线工具栏的⏚按钮放置接地符号。

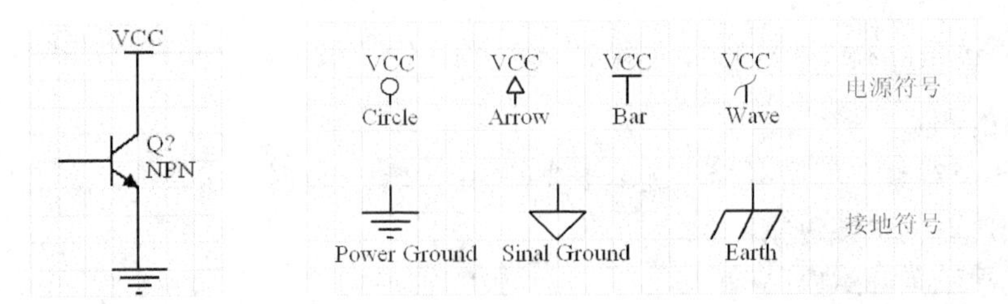

图 2-41　电源和接地符号

执行菜单“查看”→“工具栏”→“实用工具栏”打开实用工具栏，选中按钮，屏幕弹出各类电源符号和接地防符号，选中相应菜单可以放置对应的电源符号。

2.3.9　放置电路的 I/O 端口

I/O 端口通常表示电路的输入或输出，通过导线与元器件引脚相连，具有相同名称的 I/O 端口在电气上是相连接的。

执行菜单“放置”→“端口”或单击配线工具栏的按钮，进入放置电路 I/O 端口状态，光标上带着一个悬浮的 I/O 端口，将光标移动到所需的位置，单击鼠标左键，定下端口的起点，拖动光标可以改变端口的长度，调整到合适的大小后，再次单击鼠标左键，即可放置一个 I/O 端口，如图 2-42 所示，单击鼠标右键退出放置状态。

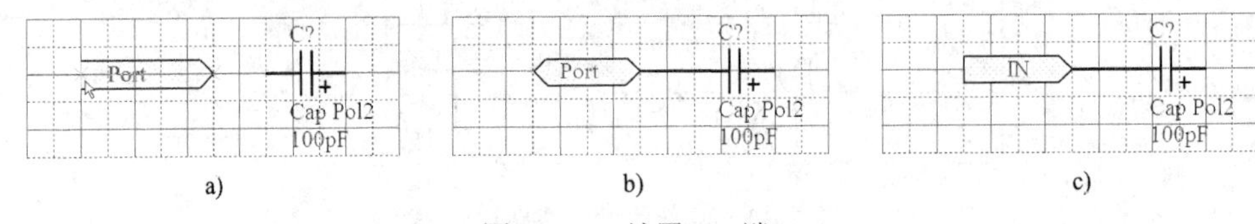

图 2-42　放置 I/O 端口

a) 悬浮状态的 I/O 端口　b) 放置并连线后的 I/O 端口　c) 定义属性后的 I/O 端口

双击 I/O 端口，屏幕弹出图 2-43 所示的“端口属性”对话框，对话框中的主要参数说明如下所述。

“名称”：设置 I/O 端口的名称，若要放置低电平有效的端口（即名称上有上画线），如 $\overline{RD}$，则输入方式为 R\D\。

“I/O 类型”后的下拉列表框：设置 I/O 端口电气特性，共有 4 种类型，分别为 Unspecified（未指明或不指定）、Output（输出端口）、Input（输入端口）、Bidirectional（双向型）。

本例中在电路的输入和输出端各放置一个端口，输入端口为 IN，输出端口为 OUT。

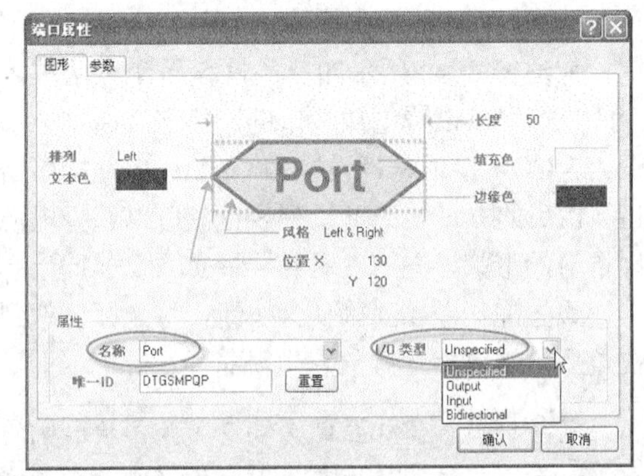

图 2-43　I/O“端口属性”设置对话框

2.3.10　电气连接

完成电路元器件布局即可开始对元器件进行连接，以实现电路功能。

1. 放置导线

执行菜单“放置”→“导线”，或单击配线工具栏的≈按钮，光标变为“×”形，此时系统处于画导线状态，按下〈Tab〉键，屏幕弹出“导线属性”对话框，可以修改连线粗细和颜色，一般情况下不修改。

将光标移至所需位置，单击鼠标左键，定义导线起点，将光标移至下一位置，再次单击鼠标左键，完成两点间的连线，单击鼠标右键，退出画线状态。

在连线中，当光标接近引脚时，会出现一个“×”形连接标志，此标志代表电气连接的意义，此时单击鼠标左键，这条导线就与引脚建立了电气连接，元器件连接过程如图 2-44 所示。

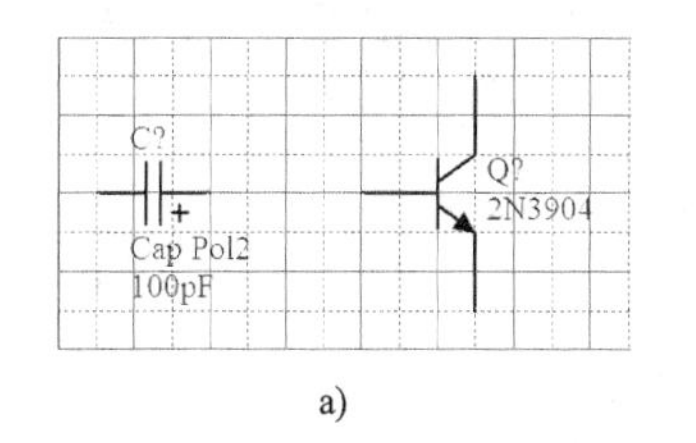

a)

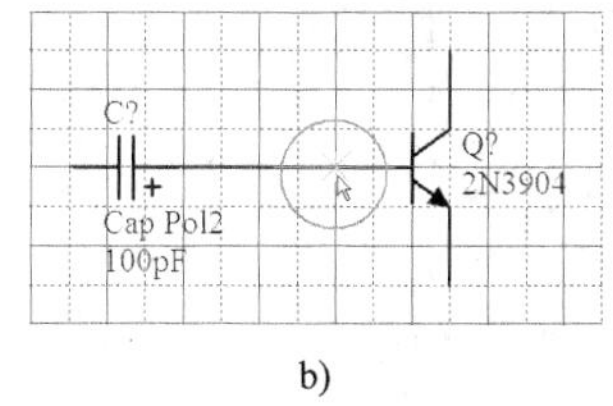

b)

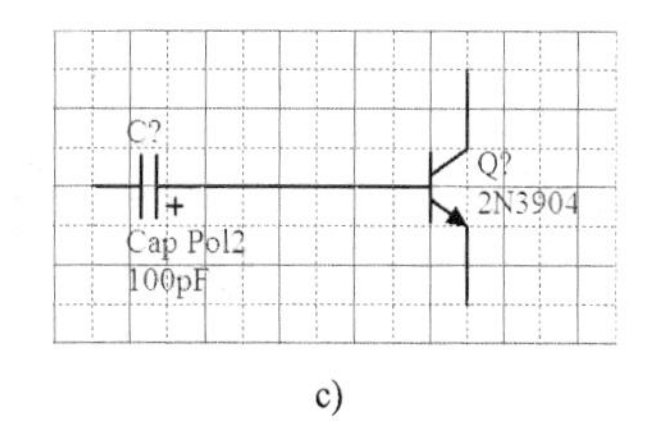

c)

图 2-44　放置导线示意图

a) 要连接的元器件　b) 连接标志　c) 连接后的元器件

2. 设置导线转弯形式

在放置导线时，系统默认的导线转弯方式为 90°，若要改变连线转角，可在放置导线状态下按〈Shift〉+〈空格〉键，依次切换为 90°转角、45°转角和任意转角，如图 2-45 所示。

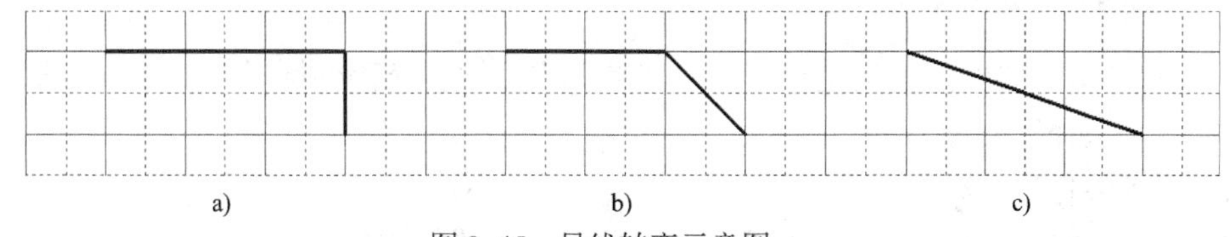

a)　　b)　　c)

图 2-45　导线转弯示意图

a) 90°转角　b) 45°转角　c) 任意转角

3. 放置节点

节点用来表示两条相交的导线是否在电气上连接。没有节点，表示在电气上不连接；有节点，则表示在电气上是连接的。

执行菜单“放置”→“手工放置节点”，进入放置节点状态，此时光标上带着一个悬浮的小圆点，将光标移到导线交叉处，单击鼠标左键即可放下一个节点，单击鼠标右键退出放置状态。当节点处于悬浮状态时，按下〈Tab〉键，弹出“节点属性”对话框，可设置节点大小。

当两条导线呈“T”相交时，系统将会自动放入节点，但对于呈“十”字交叉的导线，一般需要采用手动放置，如图 2-46 所示。

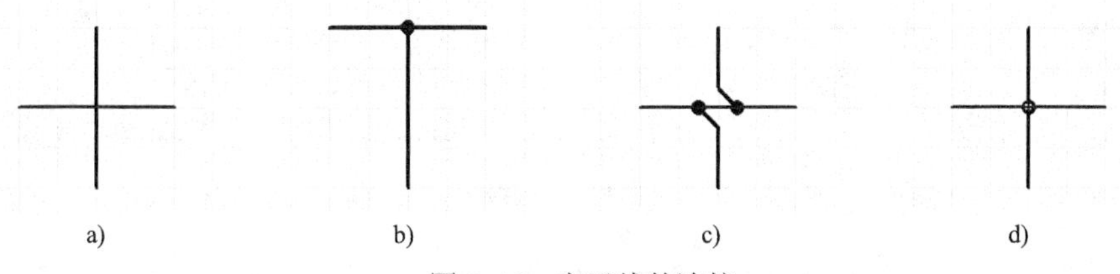

a)　　b)　　c)　　d)

图 2-46　交叉线的连接

a) 未连接的十字交叉　b) T 字交叉　c) 十字交叉自动连接　d) 放置节点的十字交叉

完成连线后的单管放大电路如图 2-47 所示。

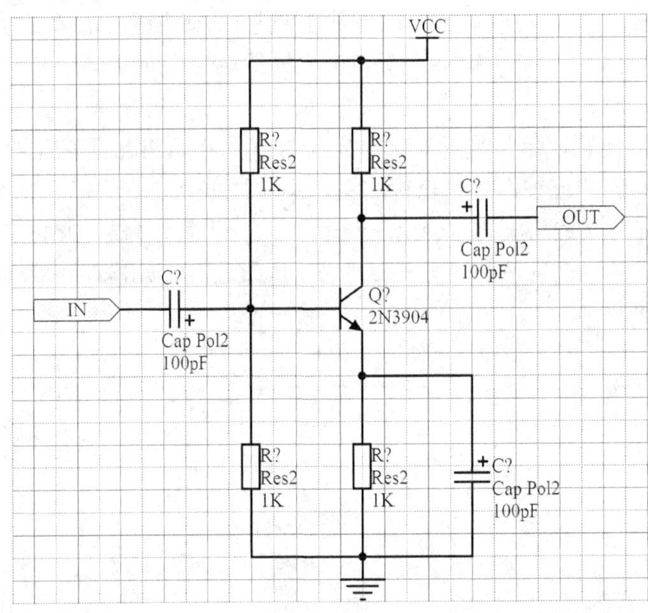

图 2-47　连线后的单管放大电路

2.3.11　元器件属性调整

从元器件浏览器中放置到工作区的元器件都尚未定义元器件标号、标称值等属性，因此必须逐个设置元器件参数。

1．元器件标号自动标注

在图 2-47 中，所有的元器件均没有设置标号，元器件的标号可以逐个设置，也可以自动标注。自动标注通过执行菜单“工具”→“注释”实现，系统将弹出图 2-48 所示的“元器件自动注释”对话框。

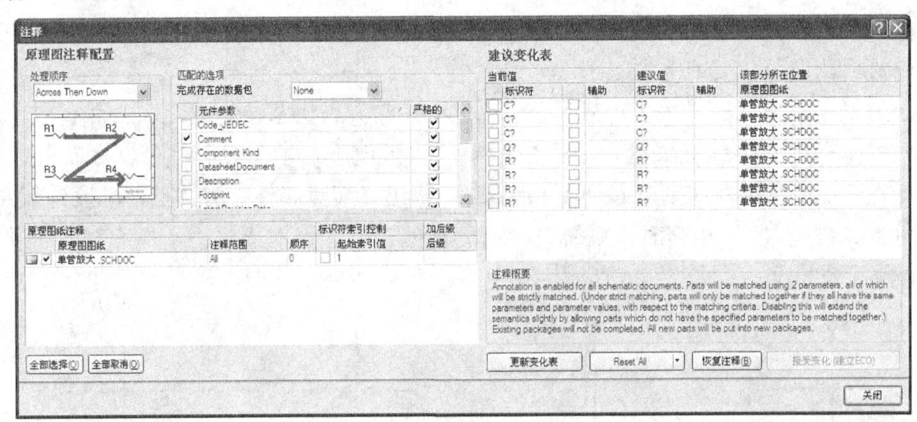

图 2-48　“元器件自动注释”对话框

图中“处理顺序”区的下拉列表框中有 4 种自动注释方式供选择，如图 2-49 所示，本例中选择“Down Then Across”的注释方式。

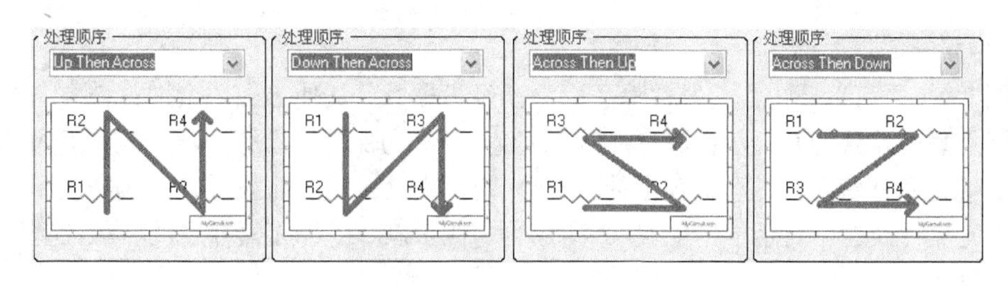

图 2-49　自动注释的 4 种顺序

选择自动注释的顺序后，用户还需选择需自动注释的原理图，在图 2-48 的“原理图纸注释”区中原理图图纸栏里打勾选中要注释的原理图，本例中只有一个原理图，系统自动选定。

“建议变化表”区显示所有需要标注的带问号的元器件标号，单击“更新变化表”按钮，系统弹出对话框提示更新的数量，单击“OK”按钮，系统自动进行标注，并将结果显示在建议值的“标识符”栏中，自动标注完成后，单击“接受变化（建立 ECO）”按钮进行注释确认，系统弹出“工程变化订单（ECO）”对话框，如图 2-50 所示，图中显示改动的情况。

图 2-50　“工程变化订单（ECO）”对话框

单击“执行变化”按钮，系统自动对注释状态进行检查，检查完成后，单击“关闭”按钮系统退回图 2-48 的“自动注释”对话框，单击“关闭”按钮完成自动标注，完成自动标注的电路如图 2-51 所示。

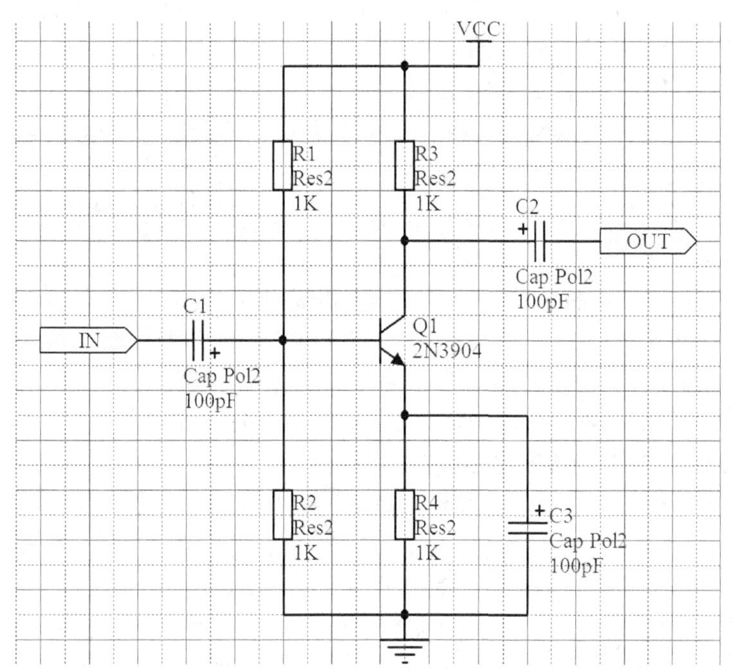

图 2-51　自动标注后的电路图

2. 设置元器件属性

从图2-51中可以看出，元器件除了标号已经设置外，其他参数还未进行调整。本例中晶体管的标号系统默认为Q？，自动标注后标号为Q1，为保持与国标一致，应将其改为V1。

在放置元器件状态时，按键盘上的〈Tab〉键，或者在元器件放置好后双击该元器件，屏幕弹出“元器件属性”对话框，图2-52所示为电阻RES2的“元器件属性”对话框，图中主要设置如下所述。

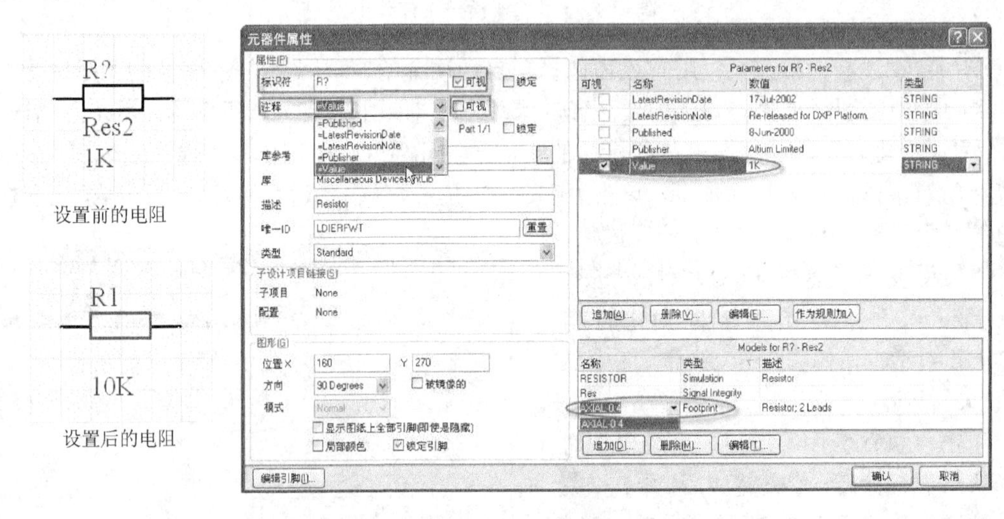

图2-52 电阻的“元器件属性”对话框

“标识符”栏用于设置元器件的标号，同一个电路中的元器件标号不能重复。

“注释”栏用于设置元器件的型号或标称值，对于电阻、电容等元器件，该栏与“Value”栏中的意义相同，用于设置元器件的标称值，单击其后的按钮，在下拉列表框中选中参数“=Value”，即与“Value”栏中设置的相同。

“Parameters”区中的“Value”栏用于设置元器件的标称值，可在其后输入元器件的标称值，若要显示标称值，则该栏前的“可视”要选中。

“Models”区中的“Footprint”栏用于设置元器件封装（即PCB中的元器件），单击右边的下拉箭头可以选择元器件的封装形式。

双击元器件的标号、标称值等，屏幕会弹出相应的对话框，也可以修改对应的属性。

例如设置一个电阻的属性，其标号R1、阻值10K，则参数依次设置为“标识符”栏为R1；“注释”栏设置“=Value”；“Value”栏为10K，选中“可视”。

参考图2-23设置元器件的标称值，设置后的电路如图2-53所示。

3. 利用全局修改功能设置元器件属性

在图2-53中，电阻和电容等的注释“=Value”在图上是多余的，需要将其隐藏，如果逐个在图2-52中“注释”栏去除“可视”进行修改，将耗费大量的时间。Protel DXP 2004 SP2提供有全局修改功能，下面介绍采用全局修改方式统一隐藏注释“=Value”的方法。

用鼠标右键单击注释“=Value”，屏幕弹出图2-54所示的菜单，选择“查找相似对象”子菜单，屏幕弹出“查找相似对象”属性对话框，如图2-55所示，在“Object Specific”区的“Value”显示为=Value，单击其后的▾按钮，选择“Same”，然后选中“选择匹配”。设置完成后，单击“确认”按钮，屏幕弹出“元器件属性统一设置”对话框，如图 2-56 所示，可以看到图中所有电阻的注释“=Value”都被选中，并高亮显示。

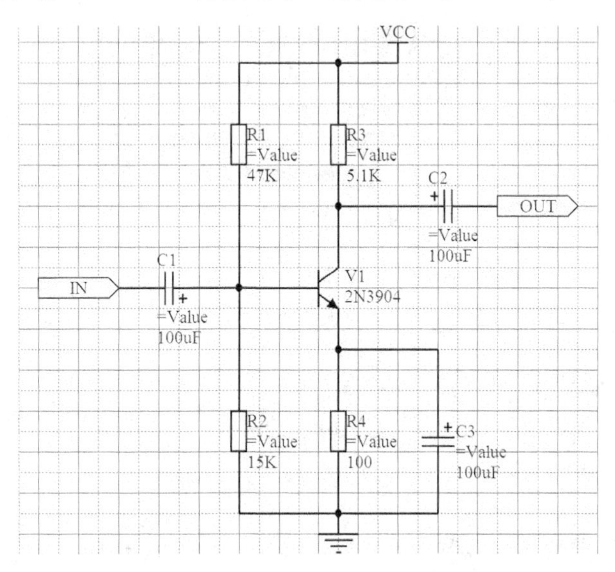

图 2-53　设置标称值后的电路图

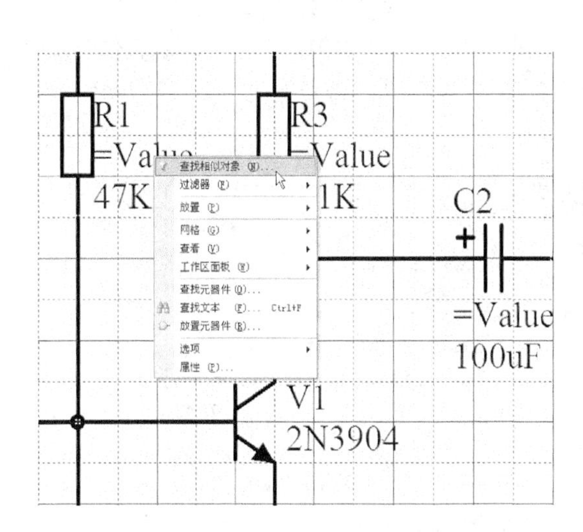

图 2-54 “查找相似对象”子菜单

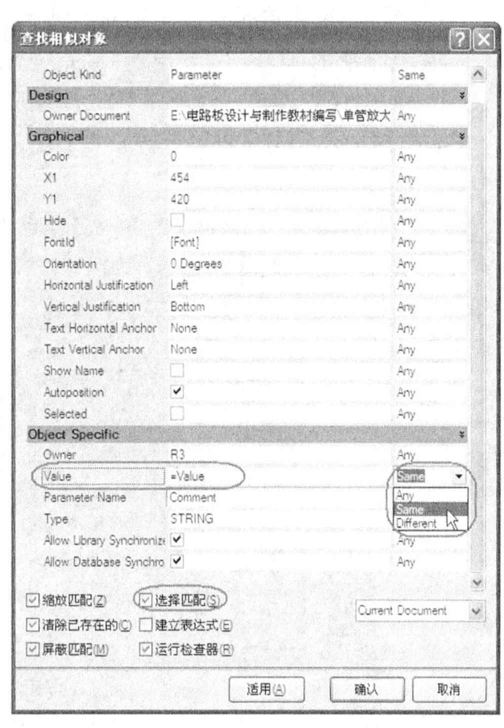

图 2-55 “查找相似对象属性”对话框

在图 2-56 中的“Graphical”区中单击“Hide”后的复选框，选中该项隐藏元器件的注释，此时整个原理图都是灰色显示，在编辑区单击鼠标右键，在弹出的菜单中执行“过滤器”→“清除过滤器”，原理图恢复正常显示。

隐藏注释后，适当调整元器件标号和标称值的位置，元器件属性设置好的电路如图 2-23 所示。

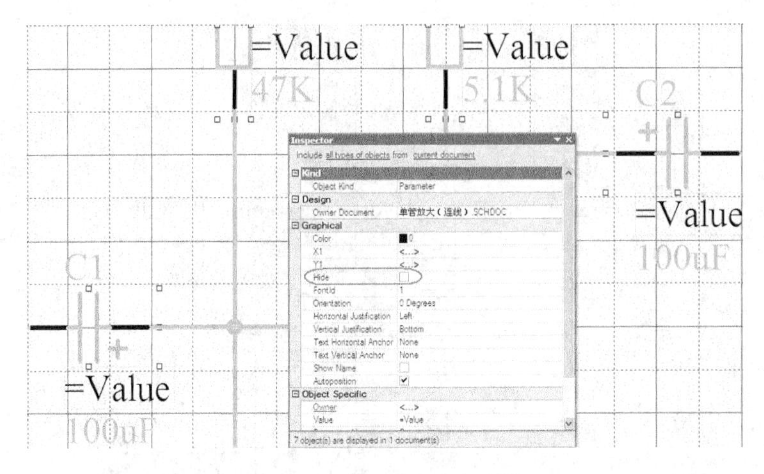

图 2-56　全局修改隐藏注释

4．多功能单元元器件属性调整

如果某个元器件由多个功能单元器件组成(如 1 个 SN74ALS00AN 中包含有 4 个与非门)，在进行元器件属性设置时要按实际元器件中的功能单元数合理设置元器件标号。

如某电路使用了 3 个与非门，则定义元器件标号时应将 3 个与非门的标号分别设置为 U1A、U1B、U1C，即这 3 个与非门同属于 U1，在 PCB 设计时只需调用 1 个元器件封装；若 3 个与非门的标号分别设置为 U1A、U2A、U3A，则在 PCB 设计时将调用 3 个元器件封装，这样造成浪费。

设置多功能单元元器件时，可双击元器件，屏幕弹出“属性”对话框，如图 2-57 所示，其中“标识符”设置元器件标号，如 U1；“>”按钮选择第几套功能单元，具体显示在后面的“Part2/4”中，其中“4”表示共有 4 个功能单元，“2”表示当前选择第 2 套，即元器件标号显示为 U1B。

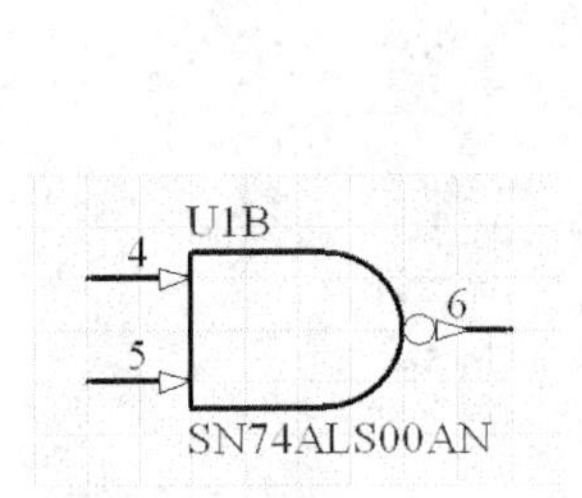

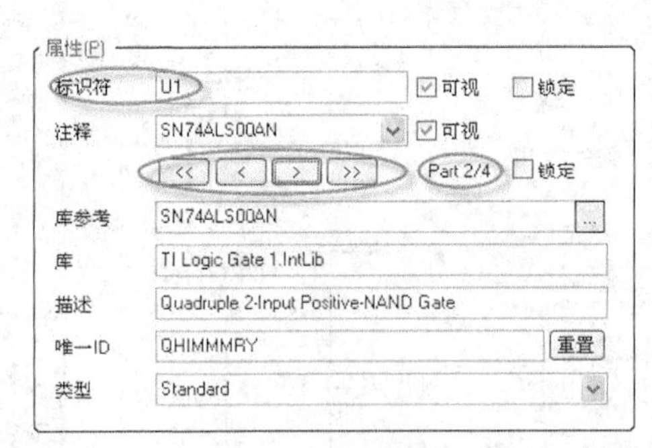

图 2-57　多功能单元元器件设置

2.3.12　为元器件添加新封装

Protel DXP 2004 SP2 中元器件的封装已经集成在元器件中，对于初学者只要在其中选取即可，对于比较熟练的设计者则可以自行设置元器件的封装形式，常用元器件的封装形式如

表 2-4 所示。

表 2-4 常用元器件的封装形式

元器件封装型号	元器件类型	元器件封装型号	元器件类型
AXIAL-0.3~AXIAL-1.0	通孔式电阻、电感等无极性元器件	VR1~VR5	可变电阻
RAD-0.1~RAD-0.4	通孔式无极性电容、电感、跨接线等	IDC*、HDR*、MHDR*、DSUB*	接插件、连接头等
CAPPR*-*x*、RB.*/.*	通孔式电解电容等	POWER*、SIP*、HEADER*X*	电源连接头
DIODE-0.4~DIODE-0.7	通孔式二极管	*-0402~*-7257	贴片电阻、电容、二极管等
TO-*、BCY-*/*	通孔式晶体管、FET 与 UJT	SO-*/*、SOT23、SOT89	贴片晶体管
DIP-4~DIP-64	双列直插式集成块	SO-*、SOJ-*、SOL-*	贴片双排元器件
SIP2~SIP20、HEADER*	单列封装的元器件或连接头		

在原理图设计中有时元器件自带的封装不符合当前设计的需求，必须更改元器件的封装，此时可以在图 2-52 的“元器件属性”对话框中的“Models”区进行追加，下面以追加晶体管 2N3904 的封装为例进行介绍。

如图 2-58 所示，系统默认晶体管 2N3904 的封装形式为 BCY-W3/E4，其焊盘编号顺序为 1、2、3，为配合晶体管的管型，将元器件封装的焊盘编号顺序改为 1、3、2，则可以使用封装 TO92-132。

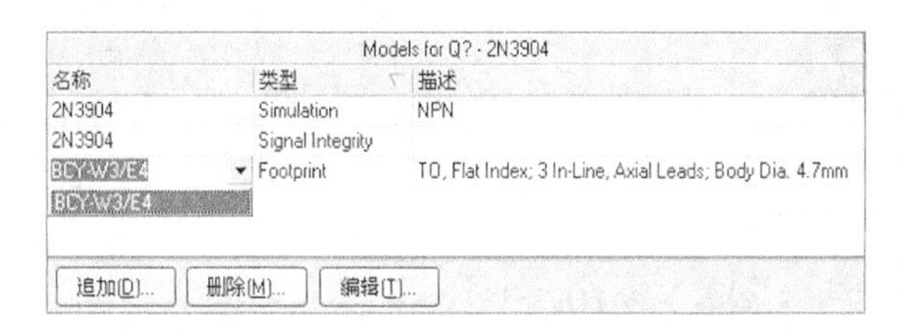

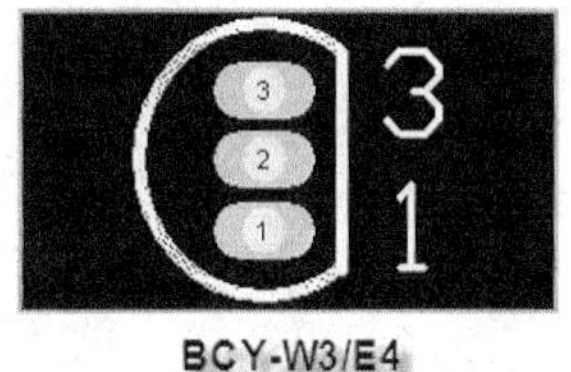

图 2-58 2N3904 封装设置为 BCY-W3/E4

1. 直接设置元器件封装

在改变封装前，应通过元器件查找方式将该封装所在的元器件库设置为当前库，否则追加元器件封装 TO92-132 后，在“Models”区的“描述”栏中会显示“Footprint not found”提示封装未找到，这会影响到后期的 PCB 设计。

本例中封装 TO92-132 在 ST Power Mgt Voltage Regulator.IntLib 库中，追加封装前应在元器件库设置中将该库设置为当前库。

单击图 2-58 中的“追加”按钮，屏幕弹出“加新的模型”对话框，选择“Footprint”后单击“确认”按钮，屏幕弹出“PCB 模型”对话框，在其中的“名称”栏中输入 TO92-132，“PCB 库”选择“任意”，此时对话框中将显示封装的详细信息和封装的图形，确认无误后，单击“确认”按钮完成设置，如图 2-59 所示。

设置后的封装信息如图 2-60 所示，此时“Models”区中有两种封装供选择，选中 TO92-132，单击“确认”按钮完成设置，这样该元器件就有两个封装形式供选择。

2. 通过查找元器件封装方式添加封装

在设计中如果不知道封装在哪个元器件库中，则可以通过浏览并查找元器件封装的方式进行设置。

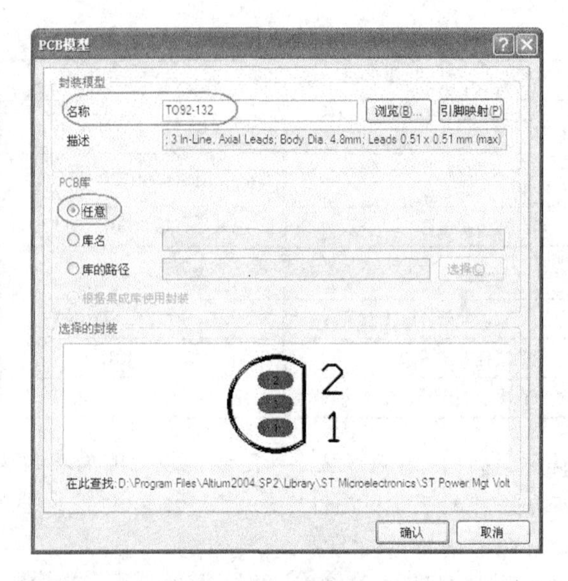

图 2-59 “PCB 模型”对话框

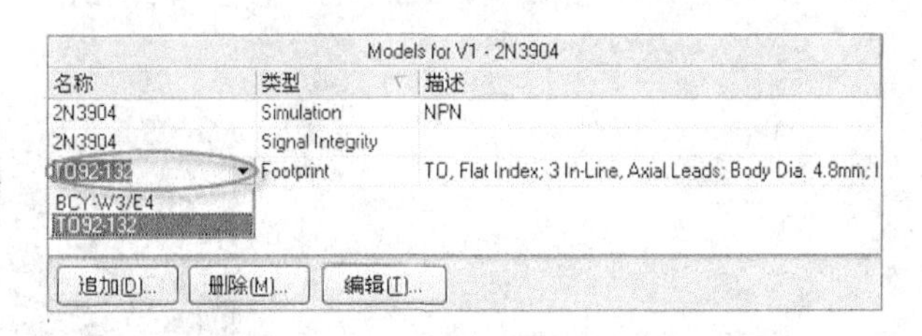

图 2-60 设置封装 TO92-132

单击图 2-59 中的“浏览(B)”按钮，屏幕弹出图 2-61 所示的“库浏览”对话框，单击“查找”按钮，屏幕弹出图 2-62 所示的“元器件库查找”对话框，在查找区输入“TO92”（由于系统不允许查找时出现字符“-”，故查找的关键词不能设置为 TO92-132），选中“路径中的库”前的复选框，单击“查找”按钮进行封装查找。

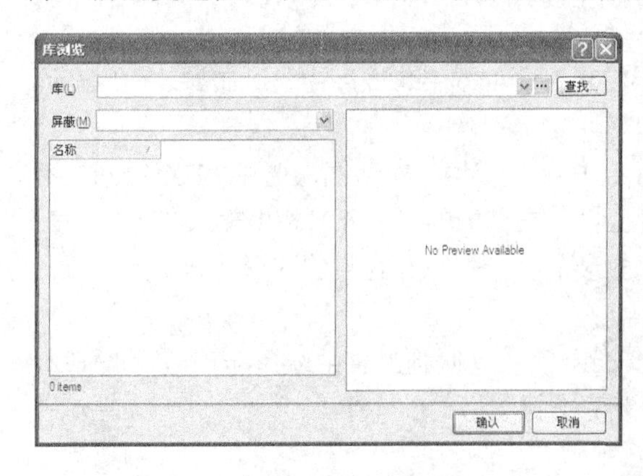

图 2-61 “库浏览”对话框

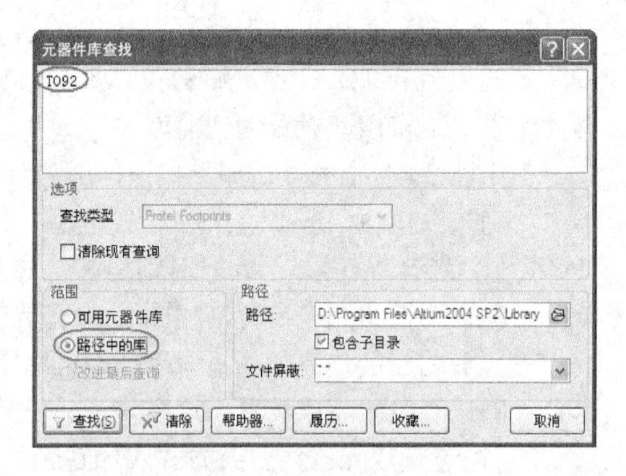

图 2-62 “元器件库查找”对话框

系统将所有含有TO92的封装全部搜索出来，在其中选择TO92-132进行设置。找到封装后，系统将在图2-61的“库浏览”对话框中显示找到的封装名和封装图形，如图2-63所示，在其中可以查看封装图形是否符合要求。

选中封装后单击“确认”按钮，系统弹出一个对话框提示是否将该库设置为当前库，单击“Yes”按钮将该库设置为当前库，系统返回图2-59所示的“PCB模型”对话框，单击“确认”按钮完成封装设置。

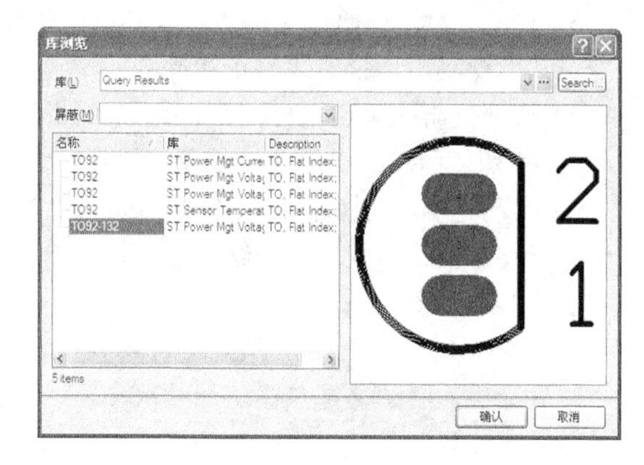

图2-63　元器件封装查找结果

2.3.13　绘制电路波形

在实际绘制原理图中，有时需要放置一些波形示意图，而这些图形均不具有电气特性，要使用“实用工具栏”中的“描画工具”中的相关按钮或执行菜单“放置”→“描画工具”下的相关子菜单完成，它们属于非电气绘图。

实用工具栏可执行菜单“查看”→“工具栏”→“实用工具”打开，描画工具栏按钮功能如表2-5所示。

表2-5　描画工具栏按钮功能

按　钮	功　能	按　钮	功　能	按　钮	功　能
	画直线		画多边形		画椭圆弧线
	画贝塞尔曲线		放置说明文字		放置文本框
	画矩形		画圆角矩形		画椭圆
	画饼图		放置图片		设定粘贴队列

1. 绘制正弦曲线

下面以绘制正弦曲线为例来说明此工具栏的应用，绘制过程如图2-64所示。

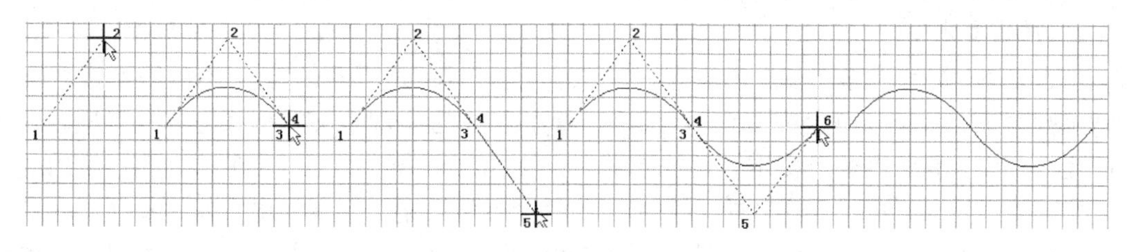

图2-64　绘制正弦波示意图

单击描画工具按钮，进入画贝塞尔曲线状态。

1）将鼠标移到指定位置，单击鼠标左键，定下曲线的第一点。

2）移动光标到图示的2处，单击鼠标左键，定下第二点，即曲线正半周的顶点。

3）移动光标，此时已生成了一个弧线，将光标移到图示的 3 处，单击鼠标左键，定下第三点，从而绘制出正弦曲线的正半周。

4）在 3 处再次单击鼠标左键，定义第四点，以此作为负半周曲线的起点。

5）移动光标，在图示的 5 处单击鼠标左键，定下第五点，即曲线负半周的顶点。

6）移动光标，在图示的 6 处单击鼠标左键，定下第六点，完成整条曲线的绘制，此时光标仍处于绘制曲线的状态，可继续绘制，单击鼠标右键退出画曲线状态。

2．绘制坐标

图 2-23 中除了绘制正弦波形外，还要绘制坐标轴，绘制坐标轴通过画直线按钮进行，为了画好箭头，必须将捕获栅格尺寸减小，一般设置为 1。

由于系统默认的画直线转弯模式为 90°，故在绘制直线过程中同时按键盘上的〈Shift〉键+〈空格〉键将直线的转弯模式设置为任意转角。

放置直线后，双击直线可以修改该直线的属性，主要有线宽、颜色和线风格，线宽有 4 种选择；线风格有 3 种选择，分别为 Solid（实线）、Doshed（虚线）和 Dotted（点线）。

注意：“描画工具”是非电气绘图工具，为一般的说明性图形，不具备电气连接关系，如图 2-23 中的波形图；而“配线工具栏”放置的是包含电气信息的电路元素，表示电气连接的属性，如图 2-23 中的电路连线。

2.3.14　放置文字说明

在电路中，有时需要加入一些文字来说明电路原理，可以通过放置说明文字的方式实现。

1．放置文本字符串

执行菜单“放置”→“文本字符串”，或单击按钮，将光标移动到工作区，光标上黏附着一个文本字符串（一般为前一次放置的字符串），按下键盘上的〈Tab〉键，调出“文本注释”属性设置对话框，如图 2-65 所示，在“文本”栏中填入需要放置的文字（最大为 255 个字符）；在“字体”栏中，按下“变更”按钮，可改变文本的字体、字型和字号，单击“确认”按钮完成设置。将光标移到需要放置说明文字的位置，单击鼠标左键放置文字，单击鼠标右键退出放置状态。

若字符串已经放置好，双击该字符串也可以调出“文本注释”属性设置对话框。

图 2-23 中，坐标轴中的文字就是通过放置文本字符串的方式实现的。

2．放置文本框

由于文本字符串只能放置一行，当所用文字较多时，可以采用放置文本框的方式解决。

执行菜单“放置”→“文本框”，或单击按钮，进入放置文本框状态，将光标移动到工作区，光标上黏附着一个文本框，按下键盘上的〈Tab〉键，屏幕弹出图 2-66 所示的“文本框”属性设置对话框，单击“文本”右边的“变更”按钮，屏幕弹出文本编辑区，在其中输入文字（最多可输入 32000 个字符），完成输入后，单击“确认”按钮退出，将光标移动到适当的位置，单击鼠标左键定义文本框的起点，移动光标到所需位置设置文本框大小后再次单击鼠标左键定义文本框尺寸并放置文本框，单击鼠标右键退出放置状态。

若文本框已经放置好，双击该文本框也可以调出“文本框”属性设置对话框。

图 2-23 中放置的电路说明文字就是通过放置文本框实现的，至此单管放大电路设计

完毕。放置文本框后若发现出现乱码，可调整文本框大小消除乱码现象。

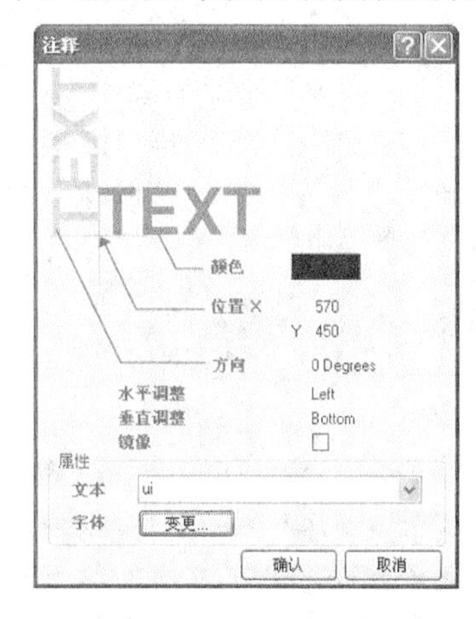

图 2-65　注释属性设置

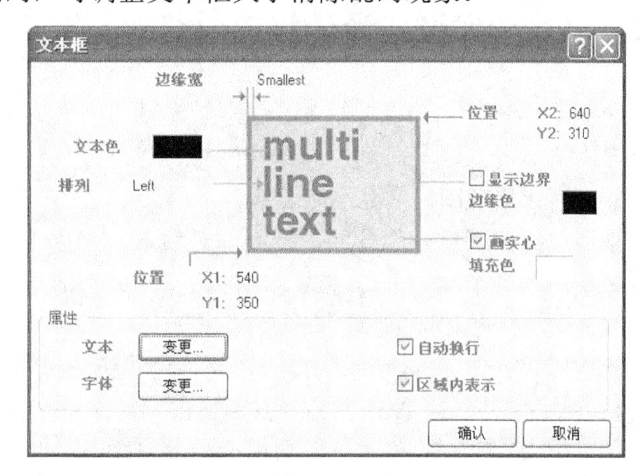

图 2-66　“文本框”属性设置对话框

2.3.15　文件的存盘与退出

1. 文件的保存

执行菜单“文件”→“保存”或单击主工具栏上的图标，可自动按原文件名保存，同时覆盖原先的文件。

在保存文件时如果不希望覆盖原文件，可以采用另存的方法，执行菜单“文件”→“另存为”，在弹出的对话框中输入新的存盘文件名后单击“保存”按钮即可。

2. 文件的退出

若要退出当前原理图编辑状态，可执行菜单 “文件”→“关闭”，若文件已修改未保存过，则系统会提示是否保存。

若要关闭项目文件，可用鼠标右键单击项目文件名，在弹出的菜单中选择“Close Project”关闭项目文件，若项目中的文件未保存过，屏幕弹出确认“选择保存文件”对话框，如图 2-67 所示，在其中可以设置是否保存文件，设置完毕单击“确认”按钮完成操作，系统退回原理图设计主窗口。

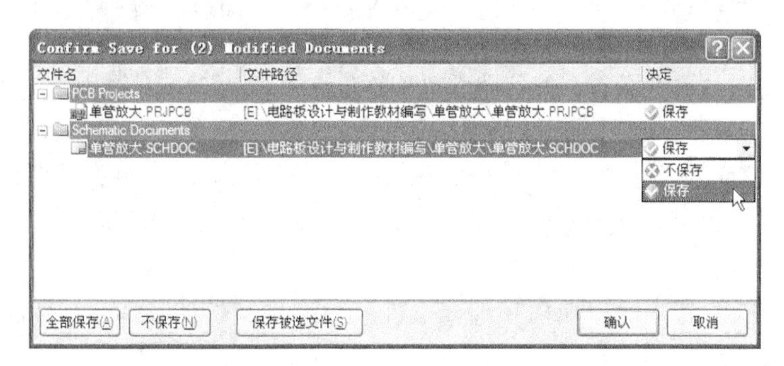

图 2-67　“选择保存文件”对话框

若要退出 Protel DXP 2004 SP2，可执行菜单“文件”→“退出”，若文件未保存，系统弹出图 2-67 所示的对话框提示选择要保存的文件。

2.4 采用总线形式设计接口电路

总线是代表数条并行导线的一条线。总线本身没有实质的电气连接意义，电气连接的关系要靠网络标号来定义。利用总线和网络标号进行元器件之间的电气连接不仅可以减少图中的导线，简化原理图，而且清晰直观。

使用总线来代替一组导线，需要与总线入口相配合，总线与一般导线的性质不同，必须由总线接出的各个单一入口导线上的网络标号来完成电气意义上的连接，具有相同网络标号的导线在电气上是相连的。

下面以设计图 2-68 所示的接口电路为例介绍设计方法。

1）建立文件。在 Protel DXP 2004 SP2 主窗口下，执行菜单“文件”→“创建”→“项目”→“PCB 项目”，建立“接口电路”项目文件；执行菜单“文件”→“创建”→“原理图”创建“接口电路”原理图文件并保存。

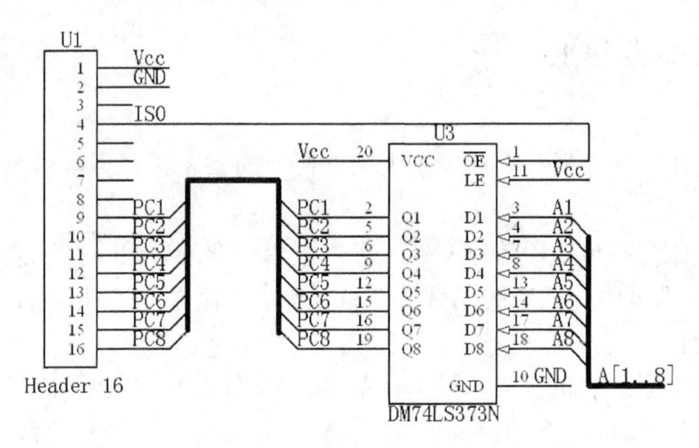

图 2-68　接口电路

2）设置元器件库。本例中 DM74LS373N 位于 NSC Logic Latch.IntLib 库中，16 脚接插件 Header16 位于 Miscellaneous Connectors.IntLib 库中，将上述元器件库设置为当前库。

3）放置元器件。执行菜单“放置”→“元器件”，在工作区放置 DM74LS373N 和 16 脚接插件 Header16 各 1 个。

4）元器件布局与属性设置。执行菜单“编辑”→“移动”→“移动”，根据图 2-68 进行元器件布局，将元器件移动到合适的位置。

双击元器件设置元器件的标号，设置 Header16 的标号为 U1，并在“图形”区，勾选方向为“被镜向的”使元器件水平翻转；DM74LS373N 的标号设置为 U3，将 U3 设置为“被镜向的”。

5）执行菜单“文件”→“保存”，保存当前文件，此后使用总线和网络标号进行连线。

2.4.1 放置总线

1. 放置总线

在放置总线前，一般通过工具栏上按钮 ≈ 先绘制元器件引脚的引出线，然后再绘制总线。

执行菜单“放置”→“总线”或单击工具栏上按钮，进入放置总线状态，将光标移至合适的位置，单击鼠标左键，定义总线起点，将光标移至另一位置，单击鼠标左键，定义总线的下一点，如图 2-69 所示。连线完毕，双击鼠标右键退出放置状态。一般总线与引脚引出线之间间隔 10，以便放置总线入口。

在画线状态时，按键盘上的〈Tab〉键，屏幕弹出“总线属性”对话框，可以修改线宽和颜色。

2. 放置总线入口

元器件引脚的引出线与总线的连接通过总线入口实现，总线入口是一条倾斜的短线段。

执行菜单“放置”→“总线入口”，或单击工具栏上按钮，进入放置总线入口的状态，此时光标上带着悬浮的总线入口线，将光标移至总线和引脚引出线之间，按〈空格〉键变换倾斜角度，单击鼠标左键放置总线分支线，如图 2-70 所示，单击鼠标右键退出放置状态。

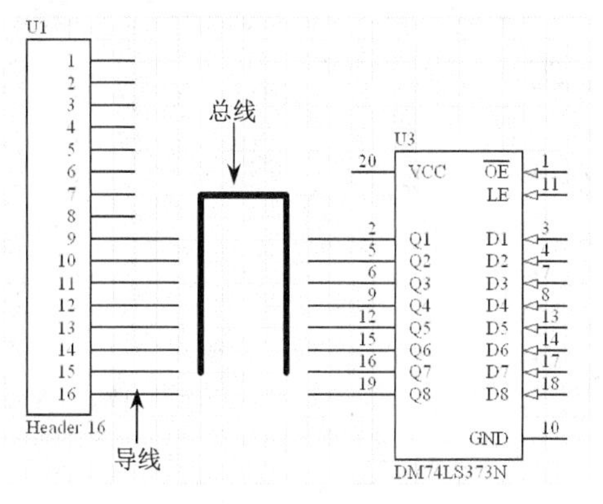

图 2-69 放置总线

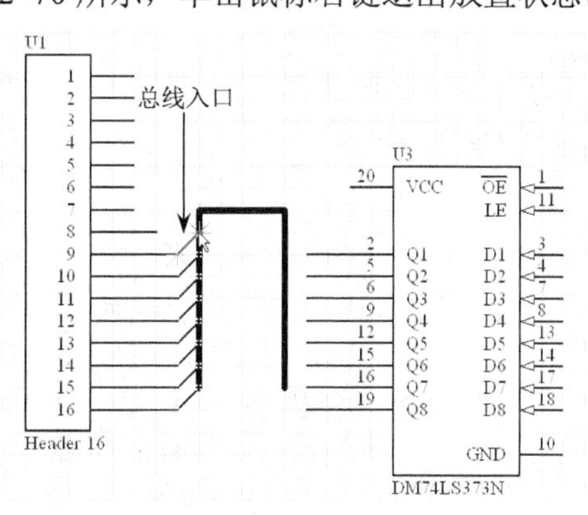

图 2-70 放置总线入口

2.4.2 放置网络标号

网络标号通过执行菜单“放置”→“网络标号”或单击工具栏上按钮实现，系统进入放置网络标号状态后光标上黏附着一个默认网络标号“Netlabel1”，按键盘上的〈Tab〉键，系统弹出图 2-71 所示的属性对话框，可以修改网络标号名、标号方向等，图中将网络标号改为 PC1，将网络标号移动至需要放置的导线上方，当网络标号和导线相连处光标上的“×”变为红色，表明与该导线建立电气连接，单击鼠标左键放下网络标号，如图 2-72 所示。

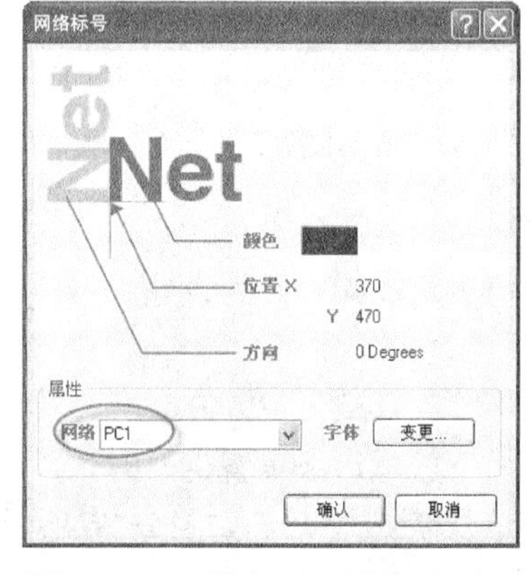

图 2-71 “网络标号”属性对话框

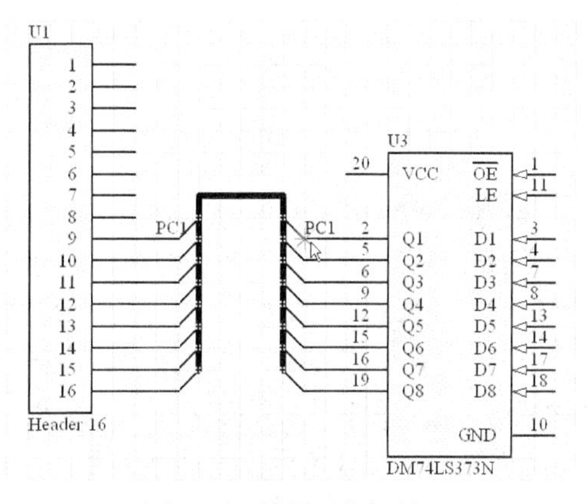

图 2-72 放置网络标号

图 2-72 中，U1 的 9 脚和 U3 的 2 脚均放置了网络标号 PC1，在电气特性上它们是相连的。

注意：网络标号和文本字符串是不同的，前者具有电气连接功能，后者只是说明文字。

图 2-68 中有两种类型网络标号，一类是在引脚上的，如 A1，另一类是在总线上的，如 A[1..8]。在总线上的网络标号称为总线网络标号，它的基本格式为“*[N1..N2]”，其中“*”为该类网络标号中的共同字符，如 A1～A8 中共同字符为 A，N1 为该类网络标号的起始数字，如 1，N2 为该类网络标号的最终数字，如 8，故其总线网络标号为 A[1..8]。

2.4.3 阵列式粘贴

从上面的操作中可以看出，放置引脚引出线、总线分支线和网络标号需要多次重复，如果采用阵列式粘贴，可以一次完成重复性操作，大大提高绘制原理图的速度。

阵列式粘贴通过执行菜单“编辑”→“粘贴队列”或单击描画工具栏的按钮实现。

1）在元器件 U3 放置连线、总线入口及网络标号 PC1，如图 2-73 所示。

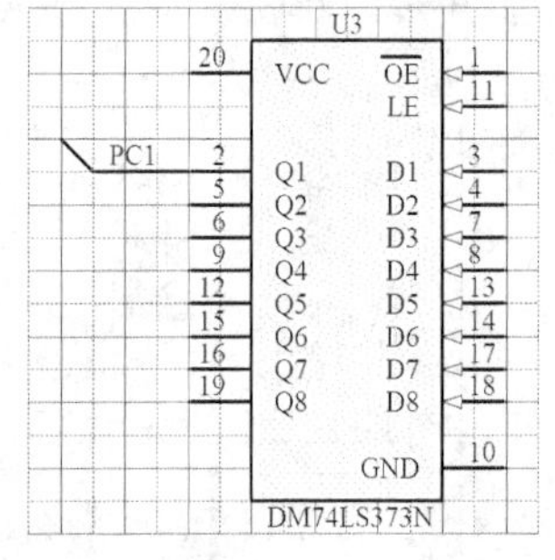

图 2-73　连线并放置网络标号

2）用鼠标拉框选中要复制的连线和网络标号，如图 2-74 所示。

3）执行菜单“编辑”→“复制”，复制要粘贴的内容。

4）执行菜单“编辑”→“粘贴队列”，屏幕上弹出图 2-75 所示的“设定粘贴队列”对话框，主要设置如下所述。

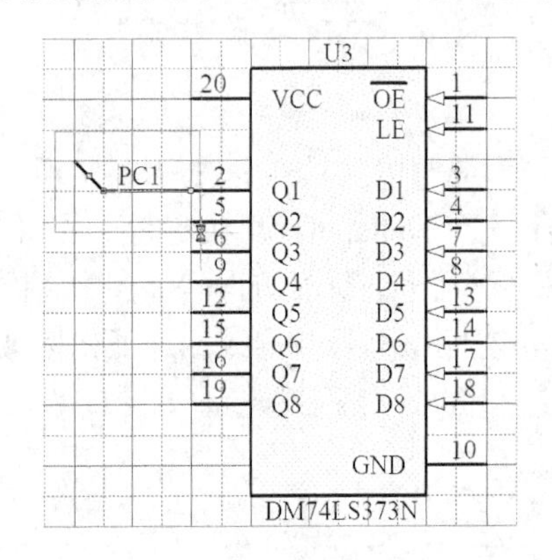

图 2-74　选中要复制的对象

图 2-75　“设定粘贴队列”对话框

- 项目数：设置重复放置的次数，本例中要再放置 7 次，故此处设置为 7。
- 主增量：设置文字的跃变量，正值表示递增，负值表示递减。此处设置为 1，即网络标号依次递增 1，即为 PC2、PC3、PC4 等。
- 水平：设置图件水平方向的间隔。此处水平方向不移动，故设置为 0。
- 垂直：设置图件垂直方向的间隔。此处由于从上而下放置，故设置为-10。

5）设置参数后，将光标移至粘贴的起点，单击鼠标左键完成粘贴，如图 2-76 所示。

采用相同的方法绘制其他电路，最后完成的电路图如图 2-68 所示。

2.5 有源功率放大器层次电路图设计

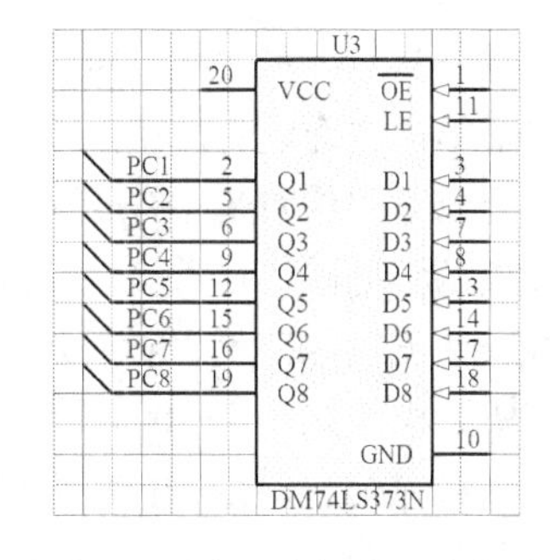

图 2-76 阵列式粘贴后的电路

当电路图比较复杂时，用一张原理图来绘制整个电路显得比较困难，此时可以采用层次型电路来进行简化，层次型电路将一个庞大的电路原理图分成若干个子电路，通过主图连接各个子电路，这样可以使电路图变得更简洁。层次电路图按照电路的功能区分，主图相当于框图，子图模块代表某个特定的功能电路。

如图 2-77 所示，层次电路图的结构与操作系统的文件目录结构相似，选择工作区面板的“Projects”选项卡可以观察到层次图的结构，图中所示为“有源功放”的层次电路结构图，在一个项目中，处于最上方的为主图，一个项目只有一个主图，在主图下方所有的电路图均为子图，图中有 5 个子图，单击文件名前面的⊞或⊟可以打开或关闭子图结构。

图 2-77 层次电路结构

下面以有源功率放大器为例，介绍层次电路图设计。

2.5.1 功放层次电路主图设计

在层次式电路中，通常主图是由若干个框图组成，它们之间的电气连接通过 I/O 端口、连线和网络标号实现。

下面以图 2-78 所示的功放主图为例，介绍层次电路主图设计。

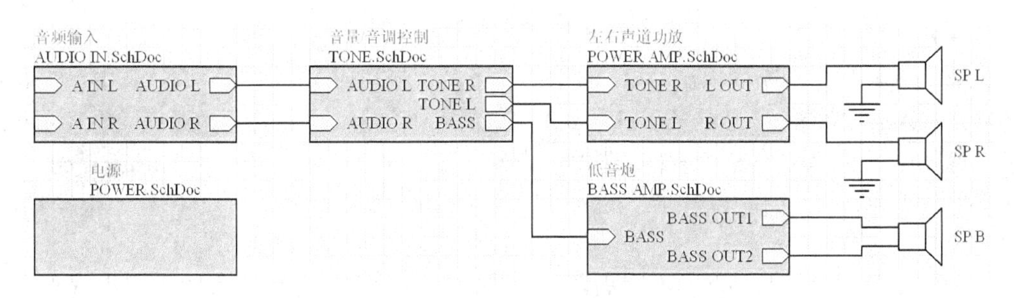

图 2-78 有源功放主图

在 Protel DXP 2004 SP2 主窗口下，执行菜单“文件”→“创建”→“项目”→“PCB 项目”，建立“有源功放”项目文件；执行菜单“文件”→“创建”→“原理图”创建“有源功放”主图原理图文件并保存。

1. 电路框图设计

电路框图也称为子图符号（图纸符号），是层次电路中的主要组件，它对应着一个具体的内层电路，即子图。图 2-78 所示的有源功放主图中由 5 个电路框图组成。

执行菜单“放置”→“图纸符号”，或单击配线工具栏上按钮，光标上黏附着一个悬浮的子图符号，按键盘上的〈Tab〉键，屏幕弹出“图纸符号”属性对话框，如图 2-79 所示。在“标识符”栏中填入子图符号名，如“音频输入”，在“文件名”栏中填入子图文件的名称

（含扩展名），如“AUDIO IN.SchDoc”，设置完毕单击“确认”按钮，关闭对话框，将光标移至合适的位置后，单击鼠标左键定义方块的起点，移动鼠标，改变其大小，大小合适后，再次单击鼠标左键，放下子图符号。放置子图模块过程图如图 2-80 所示。

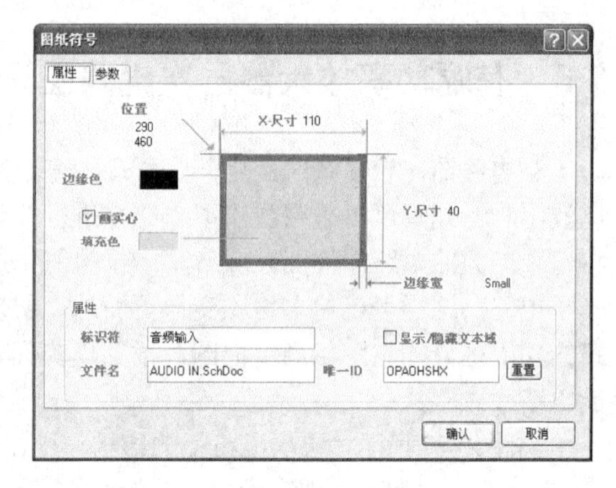

图 2-79 “图纸符号”属性对话框

2. 放置子图符号的 I/O 接口

执行菜单“放置”→“加图纸入口”，或单击配线工具栏上按钮，将光标移至子图符号内部，在其边界上单击鼠标左键，此时光标上出现一个悬浮的 I/O 端口，该 I/O 端口被限制在子图符号的边界上，光标移至合适位置后，再次单击鼠标左键，放置 I/O 端口，此时可以继续放置 I/O 端口，单击鼠标右键退出放置状态。

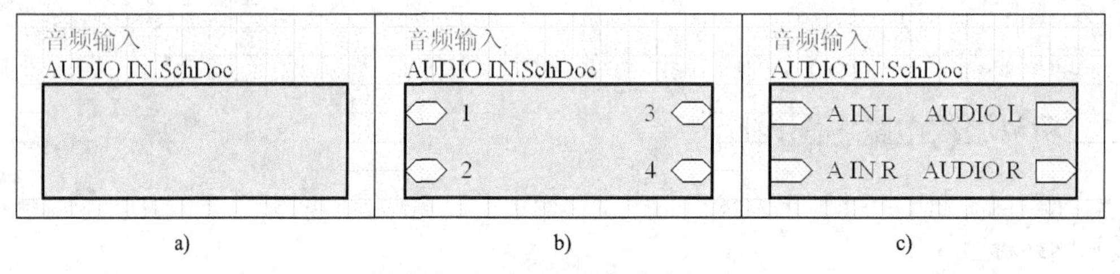

图 2-80 放置子图模块过程图

a) 放置子图符号 b) 放置图样入口 c) 设置后的子图符号

双击 I/O 端口，屏幕弹出图 2-81 所示的“子图符号端口”属性对话框，其中：“名称”栏设置端口名；“位置”栏设置子图符号 I/O 端口的上下位置，以左上角为原点，数值（如 10）表示下移 10；“I/O 类型”栏设置端口的电气特性，共有 4 种类型，分别为 Unspecified（未指明或不指定）、Output（输出端口）、Input（输入端口）、Bidirectional（双向型），根据实际情况选择端口的电气特性。

若要放置低电平有效的端口名，如 $\overline{\mathrm{CE}}$，则将“名称”栏的端口名设置为“C\E\”。

根据图 2-80 设置好各子图符号的端口，端口 I/O 类型如下：端口 A IN L、A IN R 为输入；端口 AUDIO L、AUDIO R 为输出。

根据图 2-79，按同样的方法放置其他 4 个子图模块。

3. 连接子图符号

图 2-78 中，连路的连接通过执行菜单“放置”→“导线”进行，扬声器的元器件名为“Speaker”。

如果子图模块中存在总线，则执行菜单“放置”→“总线”，连接子图模块中的总线端口。

4. 由子图符号生成子图文件

执行菜单“设计”→“根据符号创建图纸”，将光标移到子图符号上，单击鼠标左键，屏幕弹出“I/O 端口特性转换”对话框，如图 2-82 所示。选择“Yes”按钮，生成的电路图中的

I/O 端口的输入输出特性将与子图符号 I/O 端口的特性相反；选择“No”按钮，则生成的电路图中的 I/O 端口的输入输出特性将与子图符号 I/O 端口的出特性相同，一般选择“No”按钮。

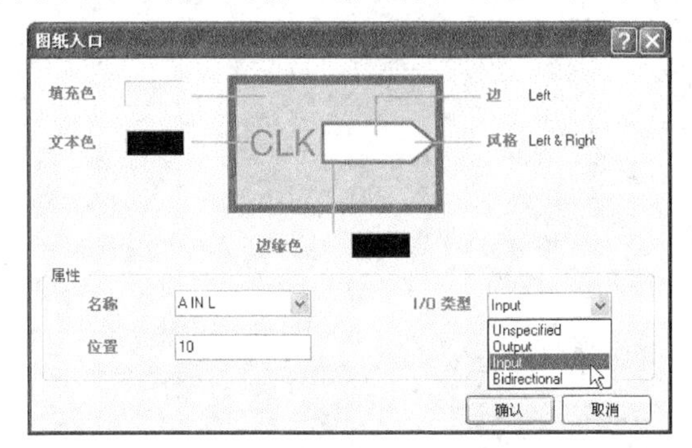

图 2-81 “子图符号端口”属性对话框

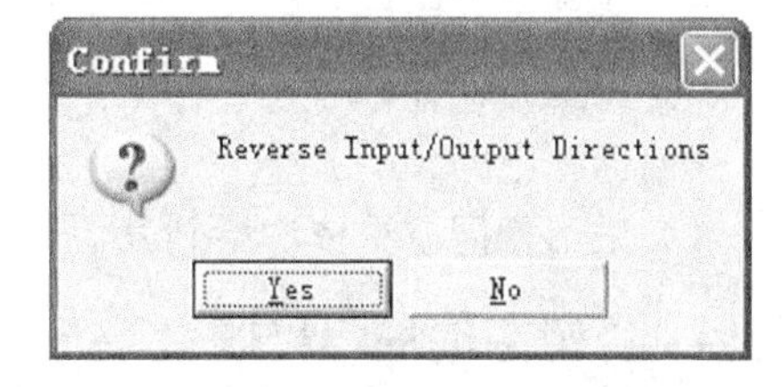

图 2-82 “I/O 端口特性转换”对话框

此时 Protel DXP 2004 SP2 自动生成一张新电路图，电路图的文件名与子图符号中的文件名相同，同时在新电路图中，已自动生成对应的 I/O 端口。

本例中依次在五个子图符号上创建图纸，分别生成子电路图 AUDIO IN.SchDoc、TONE.SchDoc、POWER AMP.SchDoc、BASS AMP.SchDoc 及 POWER.SchDoc，系统在电路图中自动生成对应的 I/O 端口。

5．层次电路的切换

在层次电路设计中，有时要在各层电路图之间相互切换，切换的方法主要有两种。

1）利用工作区面板，用鼠标左键单击所需文档，便可在右边工作区中显示该电路图。

2）执行菜单“工具”→“改变设计层次”或单击主工具栏上按钮⇩⇧，将光标移至需要切换的子图符号上，单击鼠标左键，即可将上层电路切换至下一层的子图；若是从下层电路切换至上层电路，则是将光标移至下层电路的 I/O 端口上，单击鼠标左键进行切换。

2.5.2 功放层次电路子图设计

下面以图 2-83 所示的子图 BASS AMP.SchDoc 为例介绍层次电路子图的绘制方法，子图绘制与普通原理图设计方法相同。

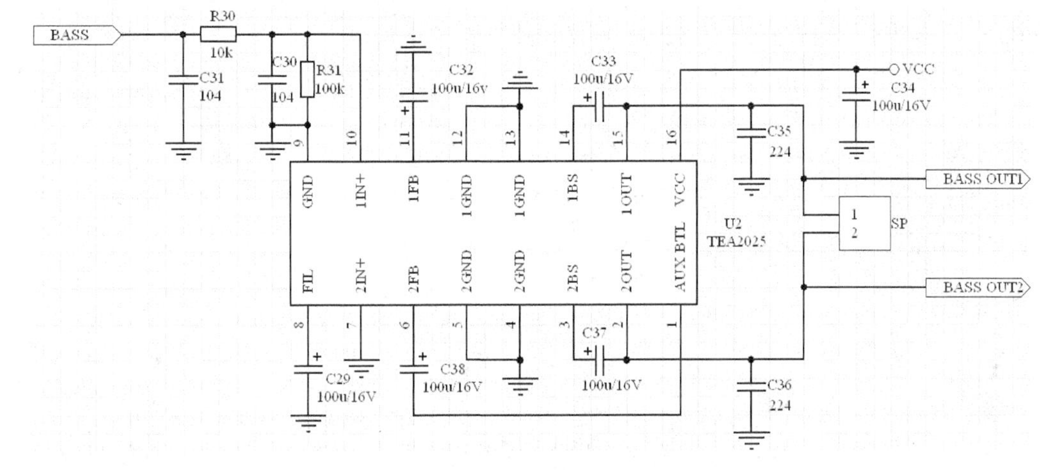

图 2-83 子图 BASS AMP.SchDoc

1）载入元器件库。本例中的分立元器件在 Miscellaneous Devices.IntLib 库中，接插件在 Miscellaneous Connectors.IntLib 库中，集成电路为自行设计的元器件，将上述元器件库均设置为当前库。

2）根据图 2-83 放置元器件并进行布局调整。

3）采用“放置”→“导线”连接电路。

4）移动子图中已有的端口并进行连接。

5）调整元器件标号和标称值到合适的位置。

6）保存电路。

7）采用相同方法依次绘制其他子图电路，最后保存项目文件。

2.5.3 设置图纸标题栏信息

主图和子图绘制完毕，一般要添加图纸信息，设置好原理图的编号和原理图总数。下面以设置主图的图纸信息为例进行说明，主图原理图编号为 1，项目原理图总数为 6。

标题栏位于工作区的右下角，主图标题栏信息如图 2-84 所示。

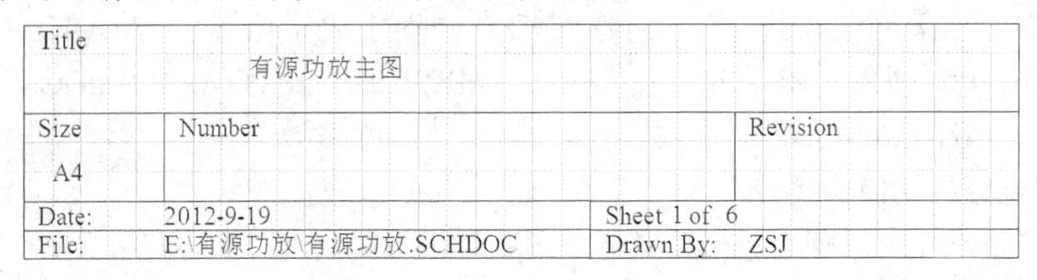

Title			
有源功放主图			
Size	Number		Revision
A4			
Date:	2012-9-19	Sheet 1 of 6	
File:	E:\有源功放\有源功放.SCHDOC	Drawn By: ZSJ	

图 2-84　主图标题栏信息

图 2-84 所示标题栏中设置的主要参数有：Title（标题）、SheetNumber（原理图编号）、SheetTotal（原理图总数）及 DrawnBy（绘图者）。

（1）放置标题栏参数字符串

执行菜单“放置”→“文本字符串”，光标上粘着一个字符串，按键盘上的〈Tab〉键，屏幕弹出“字符串”属性对话框，如图 2-85 所示，单击“文本”后的下拉列表框，在其中选择所需的参数，移动到指定位置后单击鼠标左键放置参数字符串。

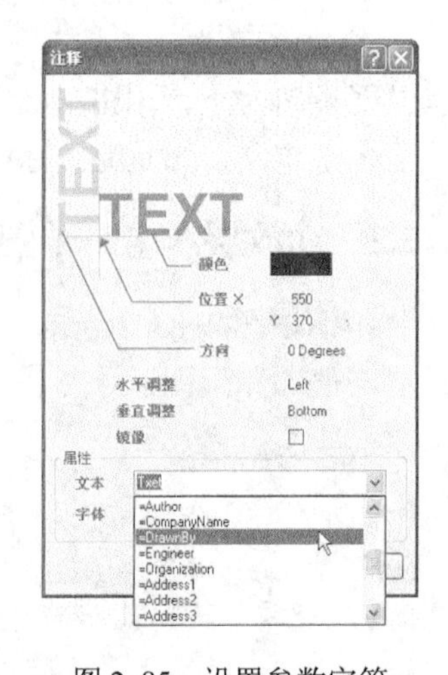

图 2-85　设置参数字符

本例中在 Title 后设置参数“=Title”，在 Sheet 后设置参数“=SheetNumber”，在 of 后设置参数“=SheetTotal”，在 Drawn By 后设置参数“=DrawnBy”，如图 2-86 所示。图中由于 SheetNumber 和 SheetTotal 参数字符较长，出现重叠，但不影响功能。图中的 Data 和 Files 是由系统根据当前情况自动定义的。

Title			
=Title			
Size	Number		Revision
A4			
Date:	2012-9-19	Sheet = SheetNumber of = SheetTotal	
File:	E:\有源功放\有源功放.SCHDOC	Drawn By: =DrawnBy	

图 2-86　设置标题栏参数

（2）设置参数内容

图 2-87　图纸参数值设置

在工作窗口中单击鼠标右键，在弹出的菜单中选择“选项”→“图纸”，屏幕弹出图 2-25 所示的“文档选项”对话框，选择“参数”选项卡，设定相关参数值，如图 2-87 所示，系统默认的参数值为“*”，用鼠标左键单击对应参数名称处的“数值”框，输入需修改的信息后完成设置。

本例中具体参数值如下所述。

Title：有源功放主图

SheetNumber：1

SheetTotal：6

DrawnBy：ZSJ

（3）查看标题栏信息

参数位置和内容设置完毕，标题栏中显示的是当前定义的参数，无法直接显示已设定好的参数内容。

若要查看当前设置后的标题栏信息，可以执行菜单“工具”→“原理图优先设定”，屏幕弹出“优先设定”对话框，选中“Graphical Editing”选项卡，选中“转换特殊字符串”复选框，如图 2-88 所示，单击“确认”按钮完成设置。

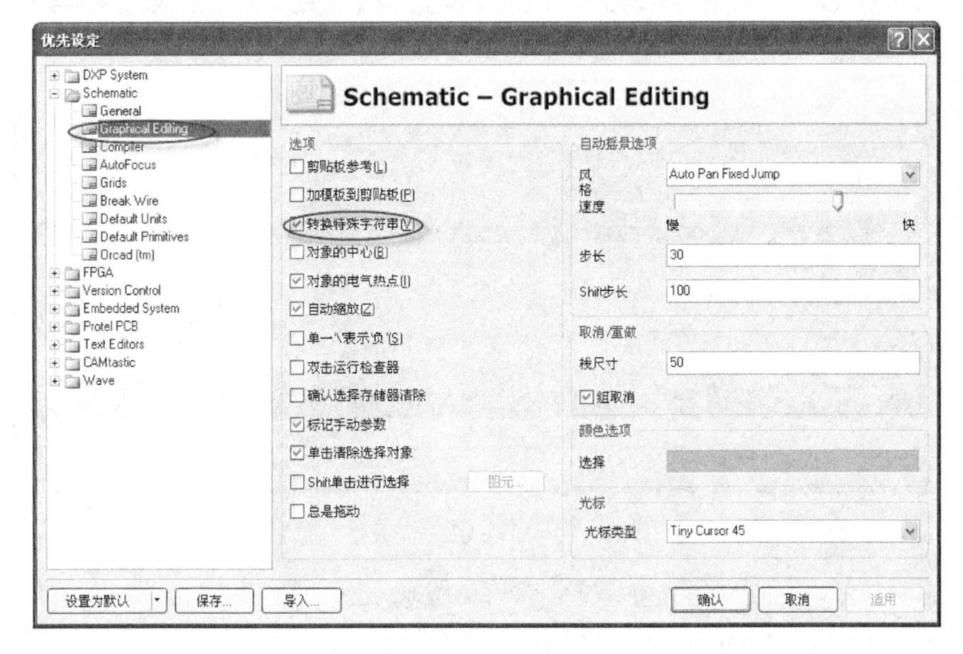

图 2-88　设定显示参数信息

以上设定结束，标题栏中将显示已设置好的参数值，未设参数值的则显示为系统默认的“*”。

采用同样方法设置其他 5 个子图电路的图纸参数并保存项目，至此层次电路设计完毕。

2.6　电气检查与网络表生成

原理图设计的最终目的是 PCB 设计，其正确性是 PCB 设计的前提，原理图设计完毕，必须对原理图进行电气检查，找出错误并进行修改。

电气检查通过原理图编译实现，对于项目文件中的原理图电气检查可以设置电气检查规则，而对于独立的原理图电气检查则不能设置电气检查规则，只能直接进行编译。

在一个工程项目中，一般还需要输出报表文件，用于说明电路中的主要信息。

2.6.1　项目文件原理图电气检查

在进行项目文件原理图电气检查之前一般根据实际情况设置电气检查规则，生成方便用户阅读的检查报告。

1．设置检查规则

执行菜单“项目管理”→“项目管理选项”，打开“项目管理选项”对话框，单击“Error Reporting”选项卡设置违规选项，如图 2-89 所示，可以报告的错误项主要有如下几类所述。

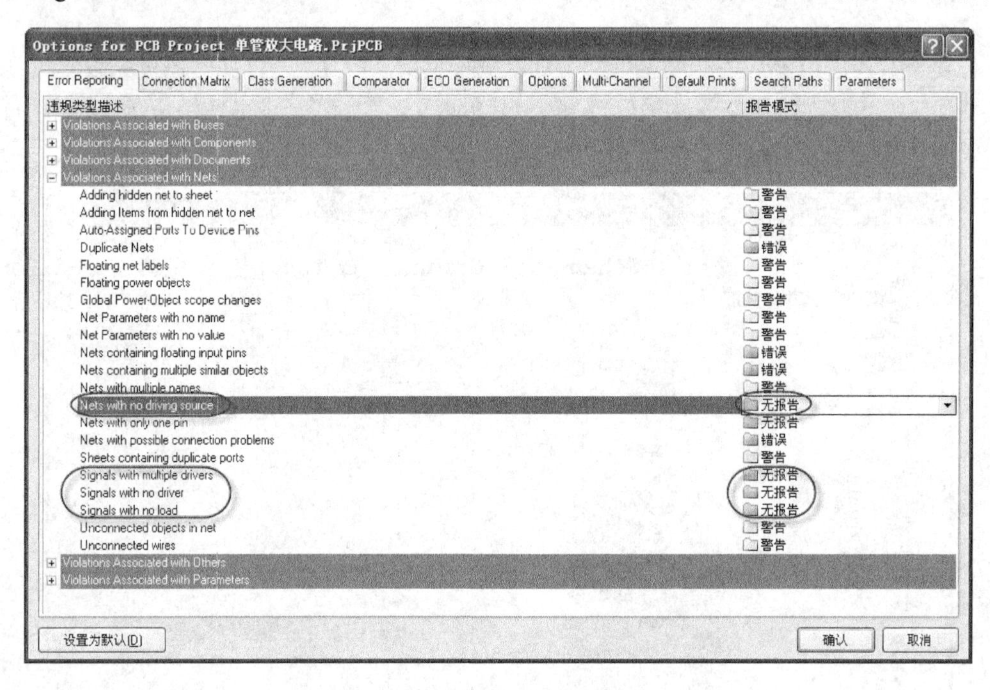

图 2-89　电气规则检查设置

Violations Associated with Buses：与总线有关的规则。

Violations Associated with Components：与元器件有关的规则。

Violations Associated with Documents：与文档有关的规则。

Violations Associated with Nets：与网络有关的规则。

Violations Associated with Others：与其他有关的规则。

Violations Associated with Parameters：与参数有关的规则。

每项都有多个条目，即具体的检查规则，在条目的右侧设置违反该规则时的报告模式，有“无报告”、“警告”、“错误”和“致命错误”4 种。

电气检查规则各选项卡一般情况下选择默认。

本例中由于信号驱动问题主要用于电路仿真检查，与 PCB 设计无关，故去除有关驱动信号和驱动信号源的违规信息，可以将它们的报告模式设置为“无报告”，如图 2-89 所示。

2. 通过原理图编译进行电气规则检查

如图 2-90 所示的原理图中可以看出违规的内容是：有两个电容的标号都是 C1，有 1 个未连接的接地符号。

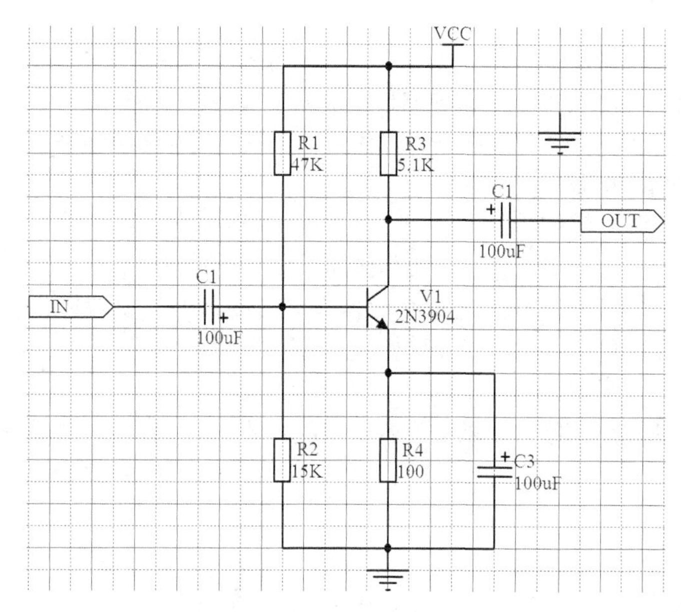

图 2-90　违规的电路

执行菜单“项目管理”→“Compile PCB Project 单管放大.PrjPCB”，系统自动检查电路，并弹出“Messages”对话框，显示当前检查中的违规信息，如图 2-91 所示。

单击图中某项违规信息，屏幕弹出编译错误窗口，显示违规元器件标号，同时违规处将高亮显示。

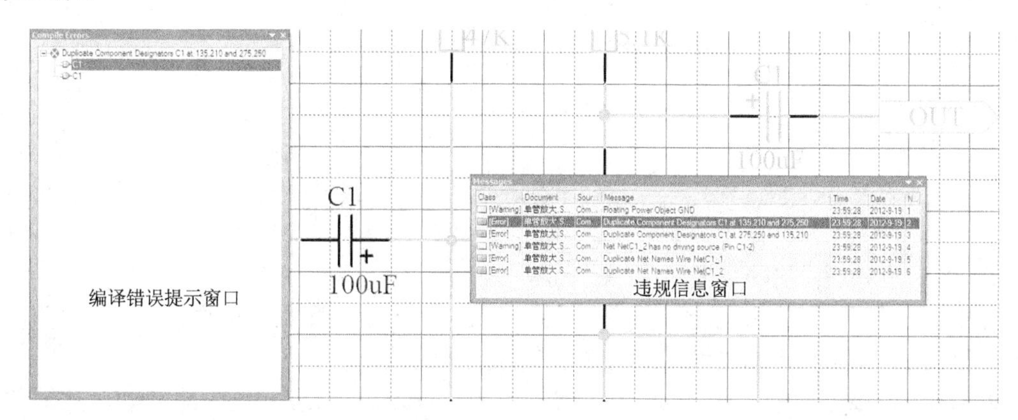

图 2-91　违规信息显示

从图中可以获得违规元器件的坐标位置，这样可以迅速找到违规元器件并进行修改，修改电路后再次进行编译，直到编译无误为止。

本例中按照系统提示的错误情况修改电路图，将图 2-90 中 V1 集电极的电容 C1 标号改为 C2，删除多余的接地符号，然后再次进行电气检查，错误消失。

注意：在编译过程中，可能出现不显示“Messages”对话框的问题，可以执行菜单“查看”→“工作区面板”→“System”→“Message”，打开“Messages”对话框。

2.6.2 生成网络表

网络表文件（*.Net）是一张电路图中全部元器件和电气连接关系的列表，它主要说明电路中的元器件信息和连线信息，是原理图与印刷电路板设计的接口，也是电路板自动布线的灵魂。用户可以由原理图文件生成网络表，也可以由项目文件生成网络表。

1. 生成文档的网络表

执行菜单“设计”→“文档的网络表”→“Protel”，系统自动生成 Protel 格式的网络表，系统默认生成的网络表不显示，必须在工作区面板中打开网络表文件（*.NET）。

在网络表中，以“[”和“]”将每个元器件单独归纳为一项，每项包括元器件名称、标称值和封装形式；以“(”和“)”把电气上相连的元器件引脚归纳为一项，并定义一个网络名。

下面是单管放大电路网络表的部分内容。（其中“【”与“】”中的内容是编者添加的说明文字）

```
[                   【元器件描述开始符号】
R1                  【元器件标号（Designator）】
AXIAL-0.4           【元器件封装（Footprint）】
47k                 【元器件型号或标称值（Part Type）】
                    【3 个空行用于对元器件作进一步说明，可用可不用】
]                   【元器件描述结束符号】
……
 (                  【一个网络的开始符号】
NetC1_1             【网络名称】
C1-1                【网络连接点：C1 的 1 脚】
R1-1                【网络连接点：R1 的 1 脚】
……
)                   【一个网络结束符号】
……
```

2. 生成设计项目的网络表

对于存在多个原理图的设计项目，如层次电路图，一般要采用生成设计项目网络表的方式产生网络表文件，这样才能保证网络表文件的完整性。

执行菜单“设计”→“设计项目的网络表”→“Protel”，系统自动生成 Protel 格式的网络表，在工作区面板中可以打开网络表文件（*.NET）。

2.7 原理图及元器件清单输出

2.7.1 原理图输出

1．打印预览

执行菜单“文件”→“打印预览”，屏幕弹出图 2-92 所示的“打印预览”对话框，从图中可以观察打印的输出效果。单击对话框下方的“打印”按钮，系统弹出“打印文件”对话框，可以进行电路打印。

2．打印输出

执行菜单“文件”→“打印”，或单击图 2-92 中的“打印”按钮，屏幕弹出图 2-93 所示的“打印文件”对话框，可以进行打印设置，并打印输出原理图。

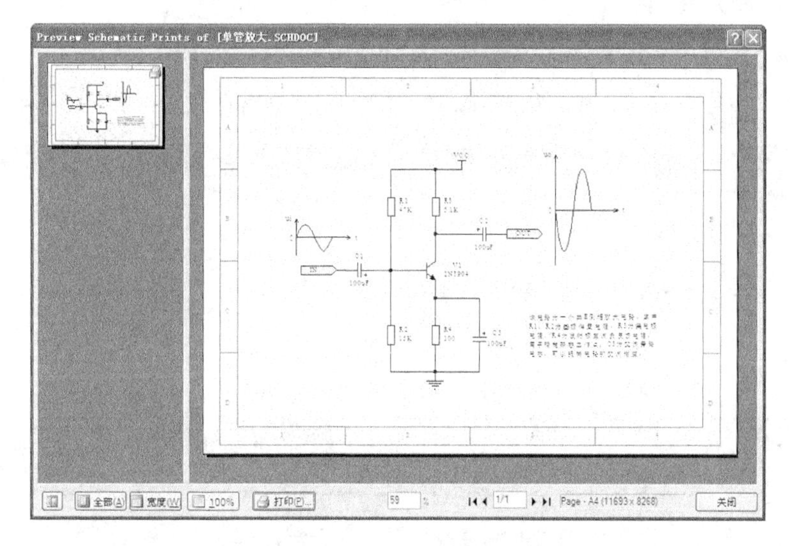

图 2-92 “打印预览”对话框

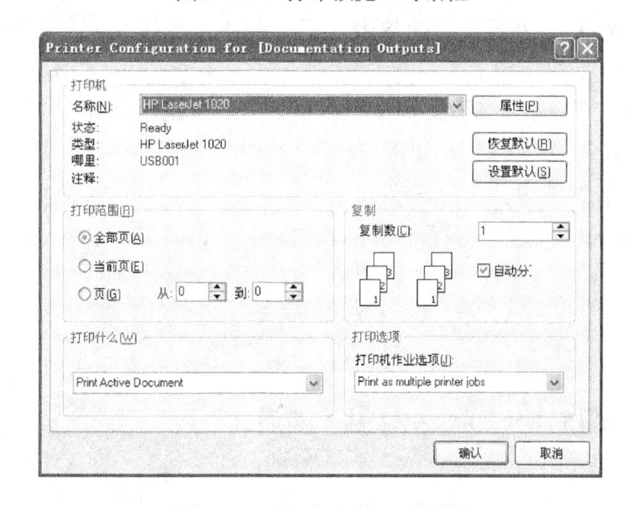

图 2-93 “打印文件”对话框

对话框中各项说明如下所述。

“打印机”区中，“名称”下拉列表框：用于选择打印机。

“打印范围”区可选择打印输出的范围。

“复制”区设置打印的份数，一般要选中“自动分页”。

“打印什么”区用于设置要打印的文件，有 4 个选项，说明如下所述。

Print All Valid Documents：打印整个项目中的所有图。

Print Active Document：打印当前编辑区的全图。

Print Selection：打印编辑区中所选取的图。

Print Screen Region：打印当前屏幕上显示的部分。

“打印选项”区设置打印工作选项，一般采用默认。

所有设置完毕，单击“确认”按钮打印输出原理图。

2.7.2 生成元器件清单

一般电路设计完毕，需要生成一份元器件清单。

执行菜单“报告”→“Bill of Materials”，系统生成元器件清单，如图 2-94 所示。

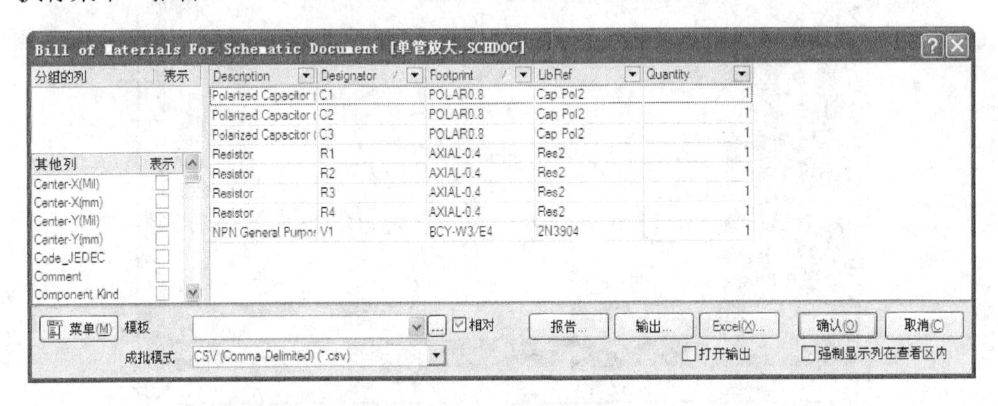

图 2-94 单管放大电路元器件清单

图中“其他列”可以选择要输出的报表内容。图中给出了元器件的标号、标称、描述、封装、库元器件名及数量等信息。

单击图中的“报告”按钮，屏幕弹出“报告预览”对话框，可以打印报告文件，也可以将文件另存为电子表格形式（*.xls）、PDF 格式（*.pdf）等。

单击图中的“输出”按钮，可以导出输出文件。

单击图中的“Excel”按钮，可以输出 Excel 文件。

2.8 实训

2.8.1 实训 1 Protel DXP 2004 SP2 基本操作

1. 实训目的

1）掌握 Protel DXP 2004 SP2 的启动。

2）掌握 Protel DXP 2004 SP2 的基本设置。

3）学会建立 Protel DXP 2004 SP2 的项目文件。

2. 实训内容

1）启动 Protel DXP 2004 SP2。在“开始”菜单中，单击 DXP 2004 SP2 快捷方式图标 DXP 2004 SP2，启动 Protel DXP 2004 SP2。

2）中英文菜单切换。在中文菜单状态，执行菜单“DXP”→“优选设定”，在弹出对话框的“本地化”区中取消“使用本地化的资源”的复选框，关闭并重新启动 Protel DXP 2004 SP2 后，系统恢复为英文界面。

在英文菜单状态，执行菜单“DXP”→“Preferences”菜单，在弹出对话框的“Localization”区中，选中“Use localized resources”前面的复选框，单击“OK”按钮，关闭并重新启动 Protel DXP 2004 SP2，更换系统界面为中文界面。

3）自动备份设置。执行菜单“DXP”→“优先设定”→“Backup”，将自动备份时间间隔设定为 15 分钟、将保存的版本数设置为 3，将备份文件保存路径设置为 D:\My Design。

4）工作区面板的显示与隐藏。用鼠标左键单击工作区面板右上角的按钮或按钮，实现工作区面板的自动隐藏或显示。

5）用鼠标左键点住工作区面板状态栏不放，拖动光标在窗口中移动，将工作区面板移动到所需的位置。

6）用鼠标右键单击“主页面”选项卡，在弹出的菜单中选择“Close 主页面”关闭 DXP 主页面；执行菜单“查看”→“主页”，打开 DXP 主页面。

7）恢复系统默认的初始界面。执行菜单“查看”→“桌面布局”→“Default”恢复系统默认的初始界面。

8）新建项目文件。执行菜单“文件”→“创建”→“项目”→“PCB 项目”，创建项目文件“PCB_Project1.PrjPCB”，并将其另存为“My Design.PrjPCB”。

9）在项目文件“My Design.PrjPCB”中追加一个原理图文件和一个 PCB 文件。

10）保存项目文件。

3. 思考题

1）如何将工作区面板的元器件库选项卡设置为显示状态？

2）如何追加已有的 PCB 文件到项目文件中？

2.8.2 实训 2 原理图设计基本操作

1. 实训目的

1）掌握 Protel DXP 2004 SP2 的基本操作。

2）掌握原理图编辑器的基本操作。

3）学会设计简单的电路原理图。

2. 实训内容

1）新建项目文件，将文档另存为“单管放大.PrjPCB”

2）新建原理图文件，将文档另存为“单管放大.SCHDOC”。

3）参数设置。设置电路图大小为 A4、横向放置、标题栏选用标准标题栏，捕获栅格和可视栅格均设置为 10。

4）载入元器件库 Miscellaneous Devices.IntLib 和 Miscellaneous Connectors.IntLib。

5）放置元器件。如图 2-95 所示，从元器件库中放置相应的元器件到电路图中，并对元器件做移动、旋转等操作，同时进行属性设置，其中无极性电容的封装采用 RAD-0.1，电解电容的封装采用 CAPPR1.5-4×5，电阻的封装采用 AXIAL-0.4。

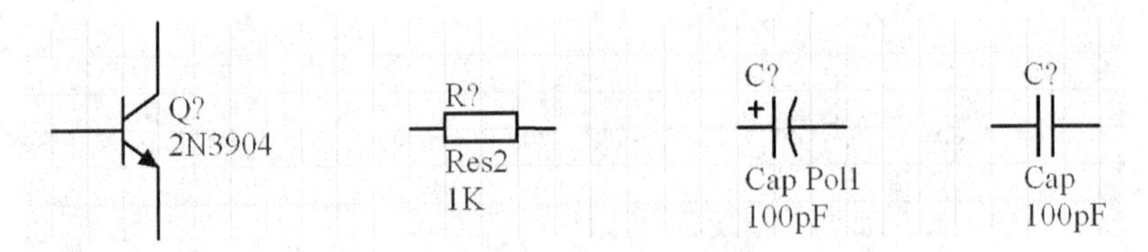

图 2-95　元器件放置

6）全局修改。图 2-95 中各元器件的标号和标称值的字体改为 12 号宋体，设置元器件“注释”为“=Value”，并隐藏“注释”，观察元器件变化。

7）选中所有元器件，将元器件删除。

8）绘制图 2-23 所示的单管放大电路，元器件封装使用默认，完成后将文件存盘。

9）如图 2-23 所示，在电路图上使用画图工具栏的绘制波形。

10）如图 2-23 所示，在电路图上放置说明文字和文本框。

11）保存文件。

3．思考题

1）为什么要给元器件定义封装形式？是否所有原理图中的元器件都要定义封装形式？

2）在进行电路连接时应注意哪些问题？

3）如何查找元器件？

4）如何实现全局修改和局部修改？

2.8.3　实训 3　绘制接口电路图

1．实训目的

1）进一步掌握原理图编辑器的基本操作。

2）掌握较复杂电路图的绘制。

3）掌握总线和网络标号的使用。

4）掌握电路图的编译校验、电路错误修改和网络表的生成。

2．实训内容

1）新建项目文件，将文档另存为“接口电路.PrjPCB”。

2）新建一张电路图，将文档另存为“接口电路.SCHDOC”。

3）绘制接口电路图。设置图纸大小选择为 A4，绘制图 2-96 所示的电路，其中元器件标号、标称值及网络标号均采用五号宋体，完成后将文件存盘。

4）对完成的电路图进行编译校验，修改图 2-96 中存在的错误，直到校验无原则性错误。

5）生成电路的网络表文件，并查看网络表文件，看懂网络表文件的内容。

6）生成元器件清单。

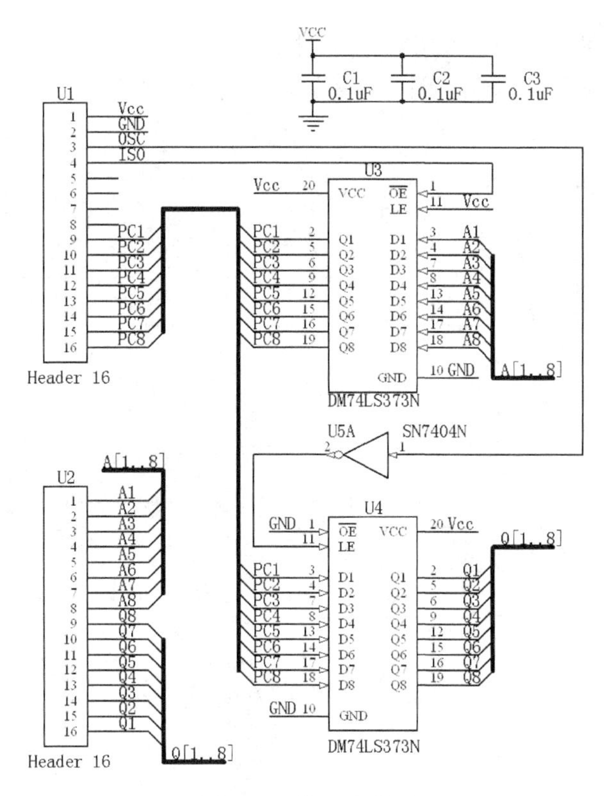

图 2-96　接口电路图

3．思考题

1）使用网络标号时应注意哪些问题？

2）如何查看编译检查的内容？它主要包含哪些类型的错误？

3）总线和一般连线有何区别？使用中应注意哪些问题？

4）网络表文件能否直接编辑形成？如能，应注意哪些问题？

2.8.4　实训 4　绘制有源功放层次电路图

1．实训目的

1）熟练掌握原理图编辑器的操作。

2）掌握层次式电路图的绘制方法，能够绘制较复杂的层次式电路。

3）进一步熟悉编译校验和网络表的生成。

2．实训内容

1）新建项目文件，将文档另存为“有源功放.PrjPCB”。

2）载入自行设计的含有 TEA2025 的元器件库。

3）新建原理图，将文档另存为“有源功放.SCHDOC”，设置图纸大小设置为 A4，参照图 2-78 完成层次式电路图主图的绘制，主图电路设计完毕，保存文件。

4）执行菜单“设计”→“根据符号创建图纸”，将光标移到子图符号“低音炮”上，单击鼠标左键，屏幕弹出“I/O 端口特性转换”对话框，选择“No”，使生成的电路图中的 I/O 端口的输入输出特性将与子图符号 I/O 端口的出特性相同，系统自动建立一个新电路图，在产生的新电路图上参照图 2-83 绘制第一张子图并存盘。

5）采用同样方法，依次参照图 2-97～图 2-100 绘制其余子图并保存。

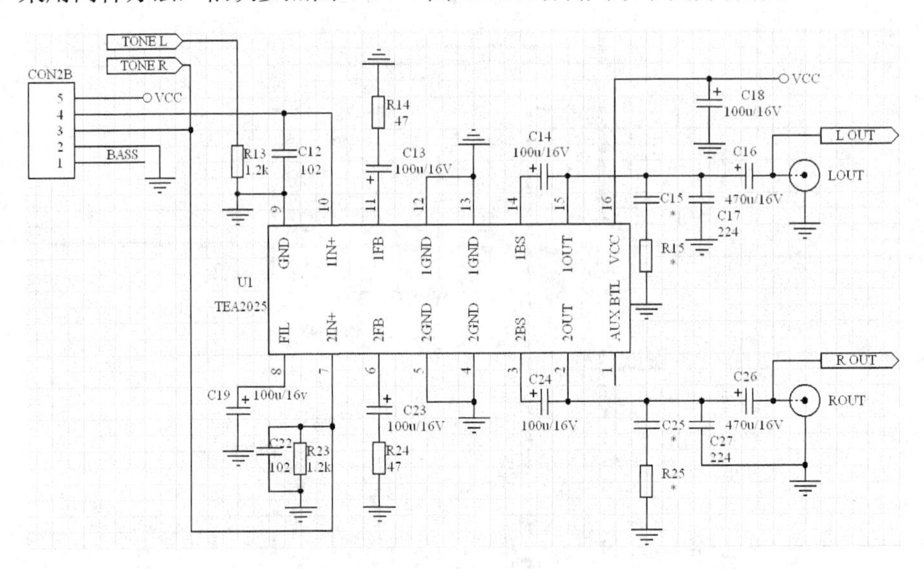

图 2-97　子图 POWER AMP.SCHDOC

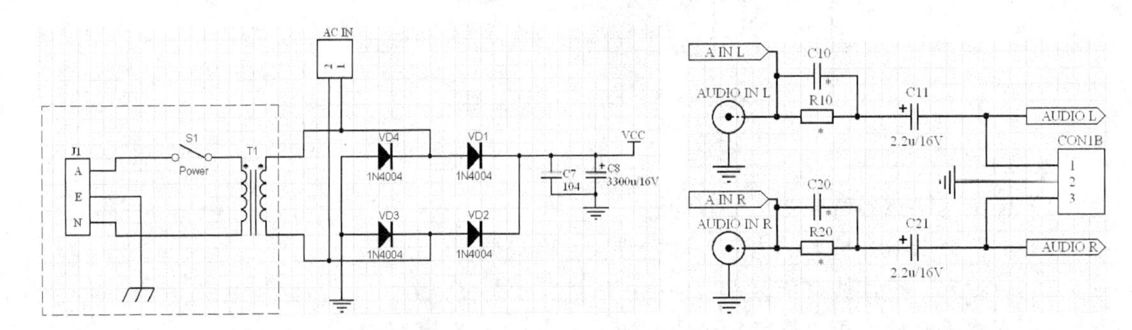

图 2-98　子图 POWER.SCHDOC

图 2-99　子图 AUDIO IN.SCHDOC

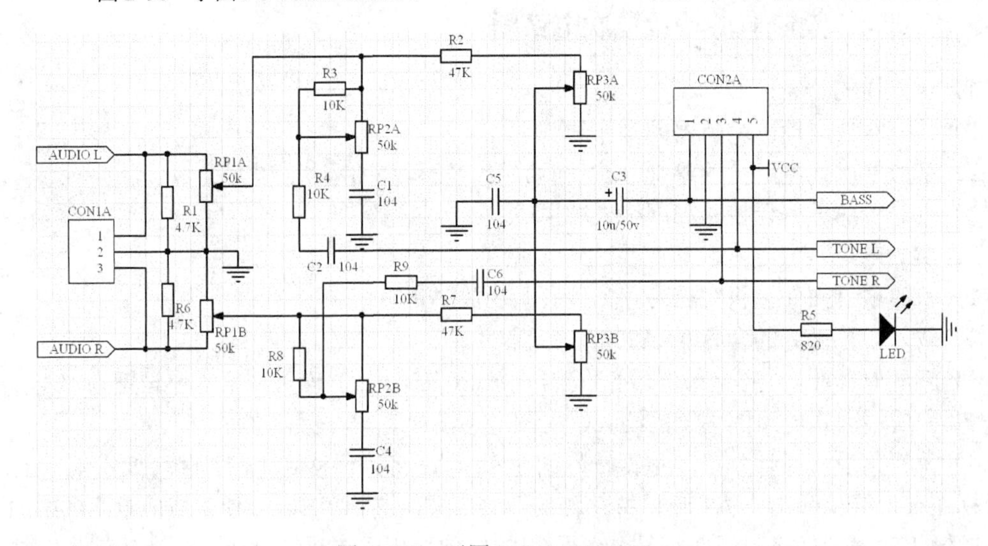

图 2-100　子图 TONE.SCHDOC

6）执行菜单“设计”→“文档选项”，在弹出的对话框中选中“参数”选项卡，在其中设置标题栏参数。以主图“有源功放.SCHDOC”为例，其中参数“Title”设置为“有源功放主图”，参数“SheetNumber”设置为“1”（表示第 1 张图），参数“SheetTotal”设置为“6”（表示共有 6 张图），设置完毕单击“确认”按钮结束。采用同样方法依次将其余 5 张子图的编号设置为 2～6，图纸总数均为 6，设置完毕保存项目文件。

7）对整个层次式电路图进行编译校验，若有错误则加以修改，观察编译结果中的警告信息，查看警告的原因。

8）生成此层次式电路的网络表，检查网络表各项内容，是否与电路图相符合。

3. 思考题

1）简述设计层次式电路图的步骤。

2）设计层次式电路图时应注意哪些问题？

※知识拓展※　自定义标题栏设计

Protel DXP 2004 SP2 提供了两种预先设定好的标题栏，分别是 Standard 和 ANSI 形式，在“图纸明细栏”后的下拉列表框中可以选择，但该标题栏的格式是固定的，无法自行修改。

在原理图设计中，有时需要个性化的标题栏，可以采用自定义标题栏的方式进行。

标题栏一般定义在图纸的右下方。自定义标题栏效果图如图 2-101 所示，标题栏为 220×60 的长方形，行间距为 10。

公司	泉州信息学院		
地址	泉州市博东路235号		
文档名	单管放大电路	版本	1.0
文档编号	1	文档总数	1
设计者	ZSJ	设计时间	2012-9-20
校验者	GY	校验时间	2012-9-23

图 2-101　自定义标题栏效果图

1. 去除系统默认标题栏

执行菜单“设计”→“文档选项”，屏幕弹出“文档选项”对话框，选中“图纸选项”选项卡，去除“图纸明细栏”复选框，图纸上将不显示系统默认标题栏。

2. 绘制标题栏边框

执行菜单“放置”→“描画工具”→“直线”进入画线状态，在标题栏的起始位置单击鼠标左键定义直线的起点，移动光标，光标上将拖着一根直线，移至终点位置单击鼠标左键放置直线，继续移动光标可继续放置直线，单击鼠标右键结束本次连线，可以继续定义下一条直线，双击鼠标右键则退出连线状态。边框绘制完毕的标题栏如图 2-102 所示。

3. 放置 logo

执行菜单“放置”→“描画工具”→“图形”，在弹出的对话框中选中所需的企业 logo，并放置在适当位置，如图 2-102 所示。

4. 放置信息项字符串

标题栏绘制完毕，可以在其中添加说明该电路设计情况所需的信息项字符串。

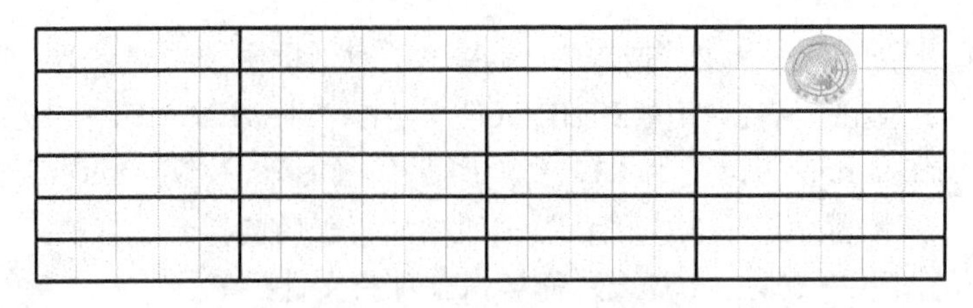

图 2-102　定义标题栏边框

执行菜单“放置”→“文本字符串”，屏幕上出现的光标上带着字符串，单击键盘上的〈Tab〉键，屏幕弹出“设置字符串”对话框，在“文本”栏中输入相应内容（如“公司”）后单击“确认”按钮，移动光标到所需位置，单击鼠标左键放置字符串，单击鼠标右键结束放置。放置完毕的标题栏如图 2-103 所示。

公司			
地址			
文档名		版本	
文档编号		文档总数	
设计者		设计时间	
校验者		校验时间	

图 2-103　放置信息项字符串

5. 放置标题栏参数字符串

设定好标题栏中主要的信息项后，可在其后设置对应的标题栏参数，以便显示相应信息。标题栏参数功能如表 2-6 所示。

表 2-6　标题栏参数功能

参 数 名 称	功　能	参 数 名 称	功　能
Address1～4	设置单位地址	DrawnBy	设置绘图人姓名
ApprovedBy	设置批准人姓名	Engineer	设置工程师姓名
Author	设置设计者姓名	ModifiedData	设置修改日期
CheckedBy	设置审校人姓名	Organization	设置设计机构名称
CompanyName	设置公司名称	Revision	设置版本号
Current Date	系统默认当前日期	Rule	设置信息规则
Current Time	系统默认当前时间	SheetNumber	设置原理图编号
Date	设置日期	SheetTotal	设置项目中原理图总数
DocumentFullPathAndName	系统默认文件名及保存路径	Time	设置时间
DocumentName	系统默认文件名	Title	设置原理图标题
DocumentNumber	设置文件数量或编号		

执行菜单“放置”→“文本字符串”，光标上粘着一个字符串，按键盘上的〈Tab〉键，屏幕弹出“字符串”属性对话框，单击“文本”栏的下拉列表框，可以在其中选择所需的参数，移动到适当位置后单击鼠标左键放置参数字符串。依次将参数放置到指定位置后，即可完成标题栏参数设置。完成后的标题栏如图 2-104 所示。

公司	=Organization		
地址	=Address1		
文档名	=title	版本	=Revision
文档编号	=SheetNumber	文档总数	=SheetTotal
设计者	=DrawnBy	设计时间	=Date
校验者	=CheckedBy	校验时间	=CurrentDate

图 2-104　定义参数后的标题栏

6．设置显示参数信息

执行菜单“工具”→“原理图优先设定”，屏幕弹出“优先设定”对话框，选中“Graphical Editing”选项卡，选中“转换特殊字符串”复选框，单击“确认”按钮完成设置。

由于校验时间的参数设置为“=Current Date”，故该栏显示为当前时间“2012-9-23”，其他参数位置均显示系统默认的“*”，如图 2-105 所示。

公司	*		
地址	*		
文档名	*	版本	*
文档编号	*	文档总数	*
设计者	*	设计时间	*
校验者	*	校验时间	2012-9-23

图 2-105　标题栏参数值显示

7．设置参数内容

在工作窗口中单击鼠标右键，在弹出的菜单中选择“选项”→“图纸”，屏幕弹出“文档选项”对话框，选择“参数”选项卡，用鼠标单击对应名称处的“数值”框，输入需修改的信息后完成设置，本例中参数内容如下所述。

Organization：泉州信息学院　　Address1：泉州市博东路 235 号

Title：单管放大电路　　Revision：1.0

Sheett Number：1　　Sheet Total：1

Drawn By：ZSJ　　Date：2012-9-20

Checked By：GY　　Current Date：本项系统默认，无需输入

以上设定结束，单击“确认”按钮，标题栏中将显示已设置好的参数内容，此时可以微调字符串的位置，提高美观度，设计结束的自定义标题栏如图 2-101 所示。

2.9　习题

1．如何设置 Protel DXP 2004 SP2 为中文菜单界面？

2．如何设置自动备份时间？

3．在 D:\下新建一个名为 AMP.PrjPCB 的 PCB 项目文件，并在其中新建一个原理图文件，启动原理图编辑器。

4．采用元器件搜索的方式将 ADC-8、74LS00、4011 所在的元器件库设置为当前库。

5．新建一张原理图，设置图纸尺寸为 A4，图纸纵向放置，图纸标题栏采用标准型。

6．绘制图 2-23 所示的单管放大电路。

7．根据图 2-106 所示的串联调整型稳压电源电路。

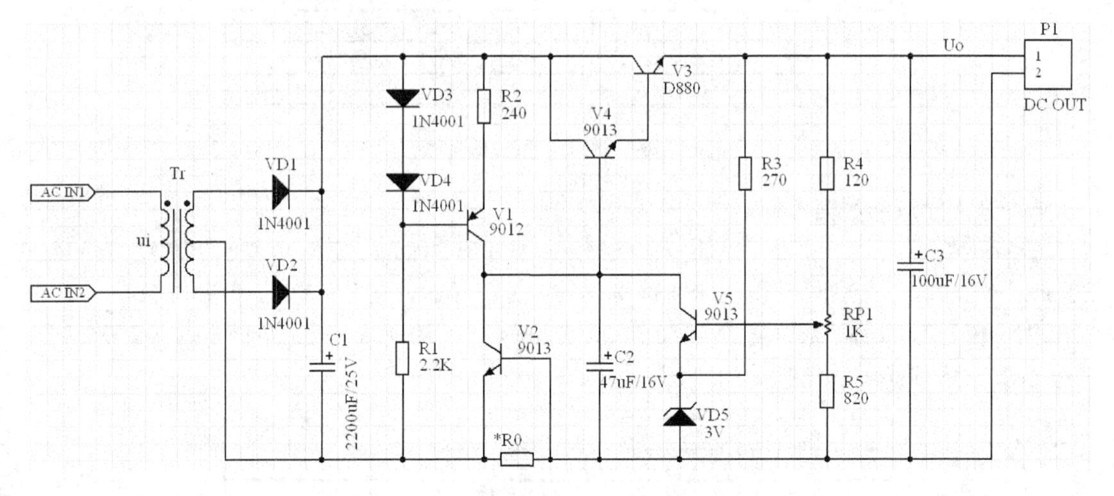

图 2-106　串联调整型稳压电源

8．绘制图 2-107 所示的电路，并说明总线的使用方法。

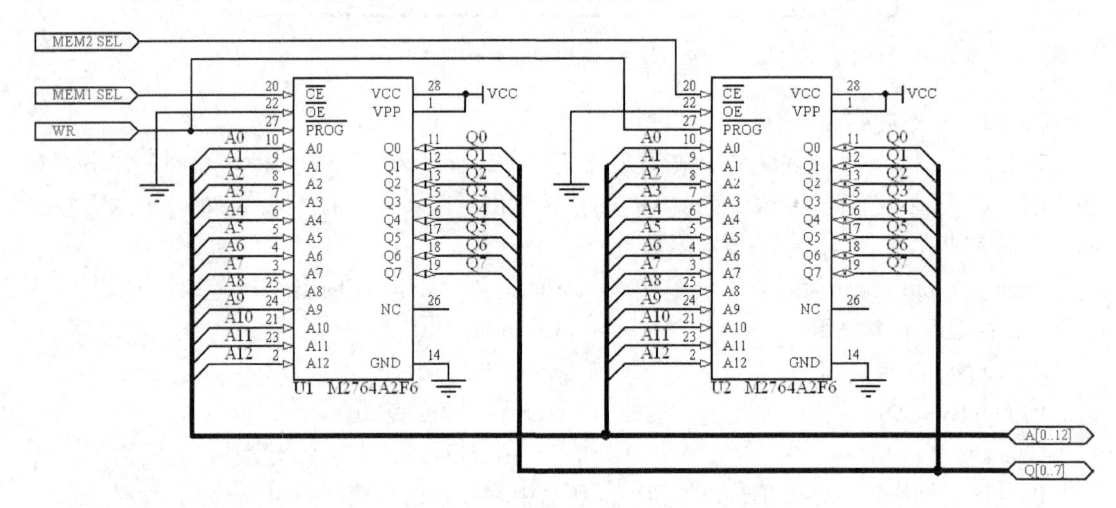

图 2-107　存储器电路

9．绘制一个正弦波波形。

10．网络标号与标注文字有何区别？使用中应注意哪些问题？

11．根据图 2-78、图 2-83、图 2-97、图 2-98、图 2-99 和图 2-100 绘制有源功率放大器层次电路。

12．如何从原理图生成网络表文件？

13．如何进行原理图编译？哪些编译信息可以忽略？

14．如何生成元器件清单？

15．如何打印输出原理图？

第 3 章　原理图元器件设计

目标

- 了解原理图库编辑器的使用方法
- 掌握规则元器件、不规则元器件及多功能元器件的设计方法
- 学会设置元器件属性

随着新型元器件不断推出，在电路设计中有时会碰到一些新的元器件，而这些新的元器件在系统的元器件库中没有提供，这就需要用户自己动手创建元器件的电气图形符号，或者到 Altium 公司的网站下载最新的元器件库。

3.1　原理图元器件库编辑器

原理图元器件设计必须在原理图库编辑器中进行，其基本操作界面与原理图编辑界面相似，但增加了专门用于元器件设计的工具。

3.1.1　启动元器件库编辑器

进入 Protel DXP 2004 SP2，执行菜单“文件”→“创建”→“库”→“原理图库”，系统打开原理图库编辑器，并自动产生一个原理图库文件“Schlib1.SchLib”，如图 3-1 所示。

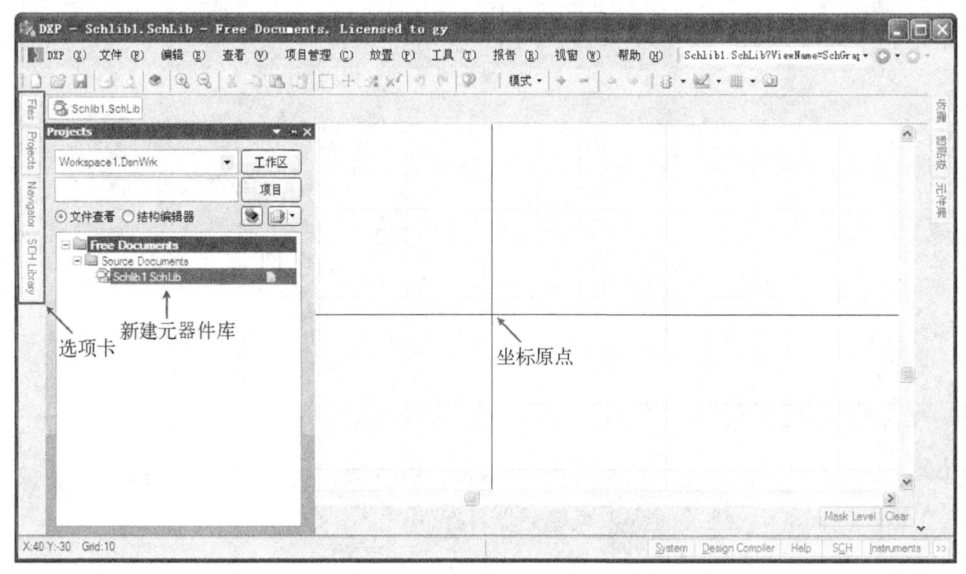

图 3-1　元器件库编辑器主界面

图中元器件库编辑器的工作区划分为 4 个象限，像直角坐标一样，其中心位置坐标为（0，

0)，编辑元器件通常在第四象限进行。

执行菜单“文件”→“保存”，将该库文件保存到指定文件夹中。

3.1.2 元器件库编辑管理器的使用

单击图 3-1 中编辑器左侧的选项卡“SCH Library”，屏幕弹出原理图元器件库编辑管理器面板，系统默认建立新元器件“Component_1”，如图 3-2 所示。库管理器面板主要包含 4 个区域，即“元件”、“别名”、“Pins”和“模型”，各区域主要功能如下所述。

- “元件”区：用于选择元器件，设置元器件信息。
- “别名”区：用于设置选中元器件的别名，一般不设置。
- “Pins”区：用于元器件引脚信息的显示及引脚设置。
- “模型”区：用于设置元器件的 PCB 封装、信号的完整性及仿真模型等。

图 3-2 中由于元器件还未进行设计，故所有区域的内容都是空的。

图 3-3 所示为集成元器件库 Miscellaneous Devices.IntLib 中的原理图元器件库编辑管理器，从图中可以看到各区域的相关信息。

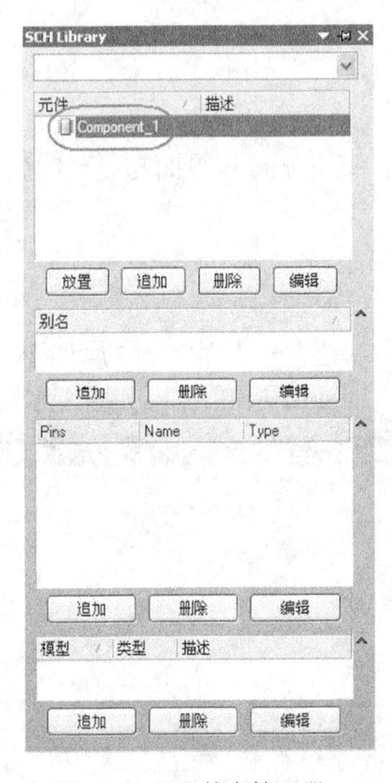

图 3-2　元器件库管理器

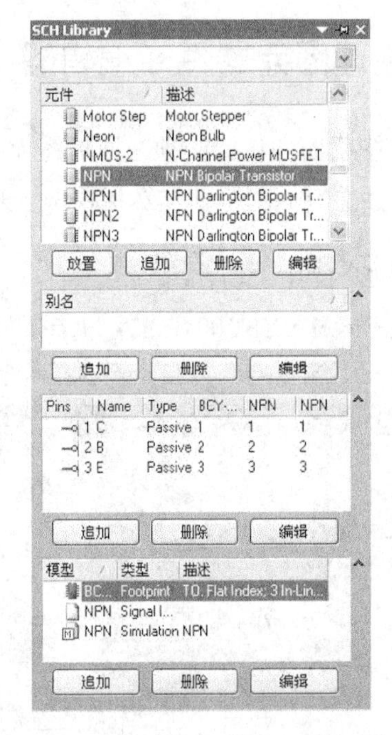

图 3-3　含有元器件信息的库管理器

3.1.3 元器件绘制工具

原理图元器件设计需要使用绘制工具，Protel DXP 2004 SP2 提供有绘图工具、IEEE 符号工具及“工具”菜单下的相关命令来完成元器件绘制。

1. 绘图工具栏

(1) 打开实用工具栏

执行菜单“查看”→“工具栏”→“实用工具栏”打开实用工具栏，该工具栏中包含 IEEE

工具栏、绘图工具栏及栅格设置工具栏等。

（2）绘图工具栏的功能

绘图工具栏如图 3-4 所示，利用绘图工具栏可以新建元器件，增加元器件的功能单元，绘制元器件的外形和放置元器件的引脚等，大多数按钮的作用与原理图编辑器中描画工具栏对应按钮的作用相同。

与绘图工具栏相应的菜单命令均位于“放置”菜单下，绘图工具栏的按钮功能如表 3-1 所示。

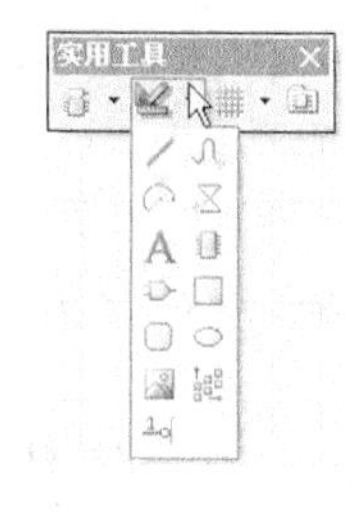

图 3-4　绘图工具栏

表 3-1　绘图工具栏的按钮功能

图　标	功　能	图　标	功　能	图　标	功　能
	绘制直线		新建元器件		绘制椭圆
	绘制曲线		增加功能单元		放置图片
	绘制椭圆弧线		绘制矩形		阵列式粘贴
	绘制多边形		绘制圆角矩形		放置引脚
A	放置说明文字				

2. IEEE 符号工具

IEEE 工具栏用于为元器件符号加上常用的 IEEE 符号，主要用于逻辑电路。放置 IEEE 符号可以执行菜单“放置”→“IEEE 符号”进行，如图 3-5 所示。（图中为了显示方便，将菜单裁成两截，并平行放置）

3. “工具”菜单

用鼠标单击主菜单栏的“工具”，系统弹出“工具”菜单，如图 3-6 所示，该菜单可以对元器件库进行管理，常用命令的功能如下所述。

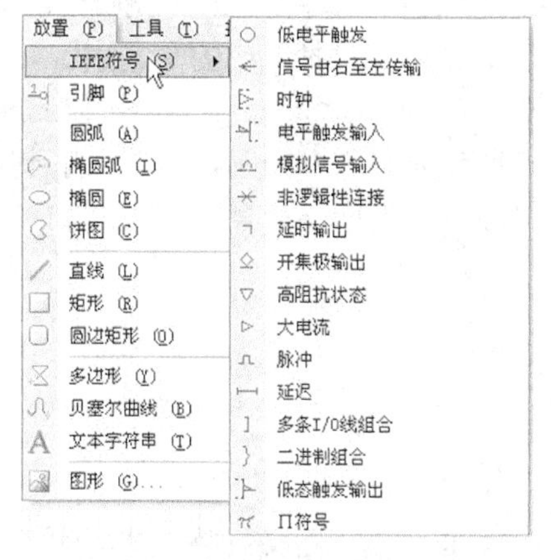

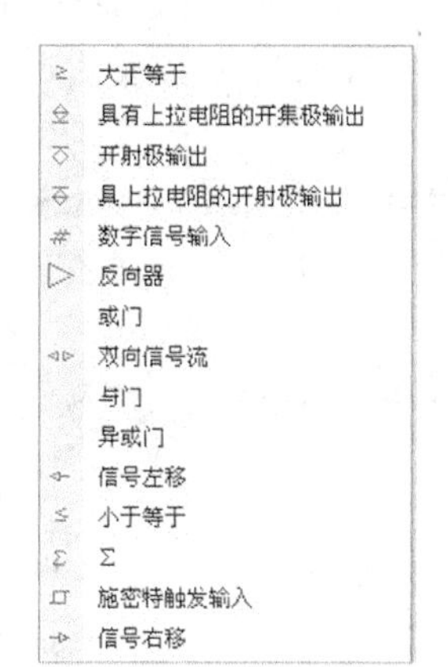

图 3-5　IEEE 符号

图 3-6　“工具”菜单

- 新元件(C)：在当前编辑的元件库中建立新元件。
- 删除元件(R)：删除在元件库管理器中选中的元件。
- 删除重复(S)...：删除元件库中的同名元件。
- 重新命名元件(E)...：修改选中元件的名称。
- 复制元件(Y)...：将元件复制到当前元件库中。
- 移动元件(M)...：将选中的元件移动到目标元件库中。

- 创建元件(W)：给当前选中的元件增加一个新的功能单元（部件）。
- 删除元件(T) ：删除当前元件的某个功能单元（部件）。
- 模式：用于增减新的元件模式，即在一个元器件中可以定义多种元件符号供选择。
- 元件属性(I)...：设置元件的属性。

3.2 规则的集成电路元器件设计——ADC0803CN

设计元器件的一般步骤如下所述。

1）新建元器件库。

2）设置工作参数。

3）新建元器件并修改元器件名称。

4）在第四象限的原点附近绘制元器件外形。

5）放置元器件引脚。

6）设置元器件属性。

7）设置元器件封装。

8）保存元器件。

3.2.1 设计前的准备

在设计原理图元器件前必须了解元器件的基本图形和引脚的尺寸，以保证设计出的元器件与 Protel DXP 2004 SP2 自带库中元器件的风格基本相同，保证图样的一致性。

1. 查看自带库中元器件信息

下面以集成元器件库“Miscellaneous Devices.IntLib”中的元器件为例查看元器件信息。由于该库是集成库，即把原理图库和 PCB 库集成在一起，所以必须抽取库的源文件。

执行菜单“文件”→“打开”，系统弹出“选择打开文件”对话框，在“Altium2004 SP2\Library”文件夹下选择集成元器件库“Miscellaneous Devices.IntLib”，如图 3-7 所示，单击“打开”按钮，屏幕弹出“抽取源码或安装”对话框，如图 3-8 所示，本例中要查看库的源文件，故单击“抽取源”按钮调用该库。

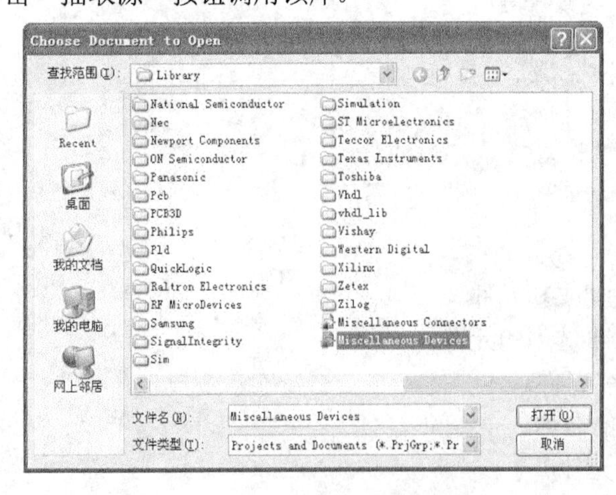

图 3-7 “选择打开文件”对话框

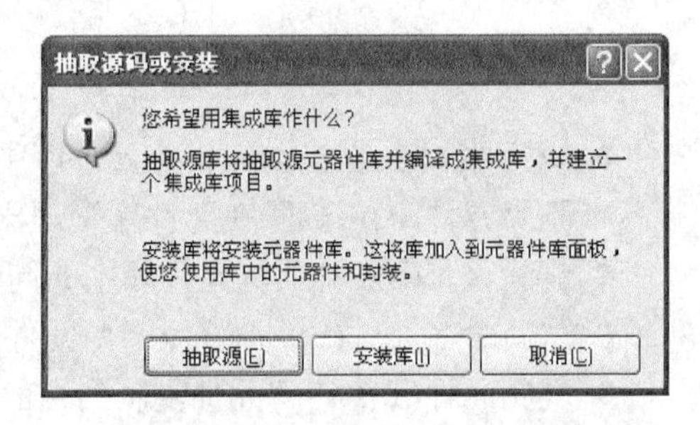

图 3-8 “抽取源码或安装”对话框

选中该库，单击编辑区左侧的选项卡“SCH Library”，屏幕弹出元器件库管理器，在其中可以浏览元器件的图形及引脚的定义方式。

下面以电容（CAP）、电阻（RES2）、二极管（DIODE）、晶体管（NPN）和集成电路（ADC-8）为例查看元器件的图形和引脚特点，如图 3-9 所示。

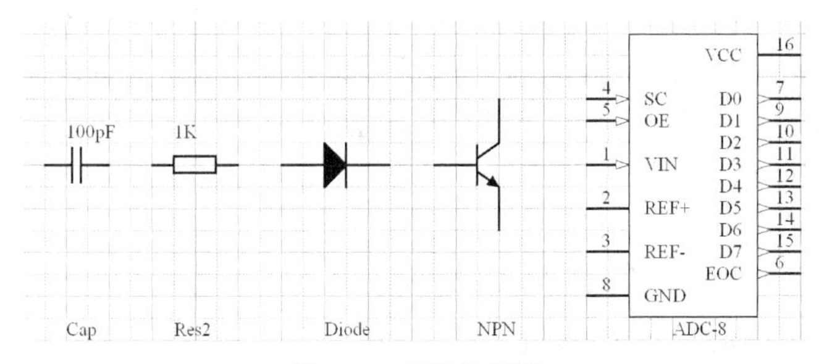

图 3-9　元器件样例

图中每个小栅格的间距为 10，从图中可以看出各元器件图形和引脚的设置方法各不相同，具体如表 3-2 所示。

表 3-2　元器件图形和引脚的设置特点

类型	元器件名	图形尺寸	引脚尺寸	引脚间距	图形设计	引脚状态
不规则	Cap	10	10	----	采用直线绘制，默认引脚	隐藏引脚名称和引脚号
不规则	Res2	20	10	----	采用直线绘制，默认引脚	隐藏引脚名称和引脚号
不规则	Diode	10	20	----	采用直线和多边形绘制，默认引脚	隐藏引脚名称和引脚号
不规则	NPN	10	20	----	采用直线和多边形绘制，默认引脚	隐藏引脚名称和引脚号
规则	ADC-8	根据 IC 定	20	最小 10	采用矩形绘制，引脚设置电气特性	显示引脚名称和引脚号

2. 将光标定位到坐标原点

在绘制元器件图形时，一般要在坐标原点处开始设计，而实际操作中由于光标移动造成偏离坐标原点，影响元器件设计。

执行菜单“编辑”→“跳转到”→“原点”，光标将跳回坐标原点。

3. 设置栅格尺寸

执行菜单“工具”→“文档选项”，打开“库编辑器工作区”对话框，在“网格”区中设置捕获栅格和可视栅格尺寸，一般均设置为 10。

在绘制不规则图形时，有时还需要适当减小捕获栅格的尺寸以便完成图形绘制，绘制完毕需将栅格还原为 10。

4. 关闭自动滚屏

执行菜单“工具”→“原理图优先设置”，屏幕弹出“优先设定”对话框，选择“Schematic”下的“Graphical Editing”选项，在“自动摇景选项”的“风格”下拉列表框中选中“Auto Pan Off”取消自动滚屏。

3.2.2　新建元器件库和元器件

1. 新建元器件库

执行菜单“文件”→“创建”→“库”→“原理图库”，新建原理图元器件库 Schlib1.Schlib。

2. 新建元器件

新建元器件库后，系统会自动在该库中新建一个名为 Component_1 的元器件。

若要再增加元器件，可以执行菜单“工具”→“新元件”，屏幕弹出“元器件重新命名”对话框，输入元器件名后单击“确认”按钮新建元器件。

3. 元器件更名

系统自动给定的元器件名为 Component_1，通常需要对其进行更名。

在元器件库编辑管理器中选中元器件 Component_1，执行菜单“工具”→“重新命名元件”，屏幕弹出“元器件重新命名”对话框，输入新元器件名后单击“确认”按钮更改元器件名。

本例中将元器件名设置为“ADC0803CN”。

3.2.3 绘制元器件图形与放置引脚

集成电路 ADC0803CN 元器件图形比较规则，只需画出矩形框，并定义好引脚及其属性，设置好元器件属性即可，其设计过程如图 3-10 所示。

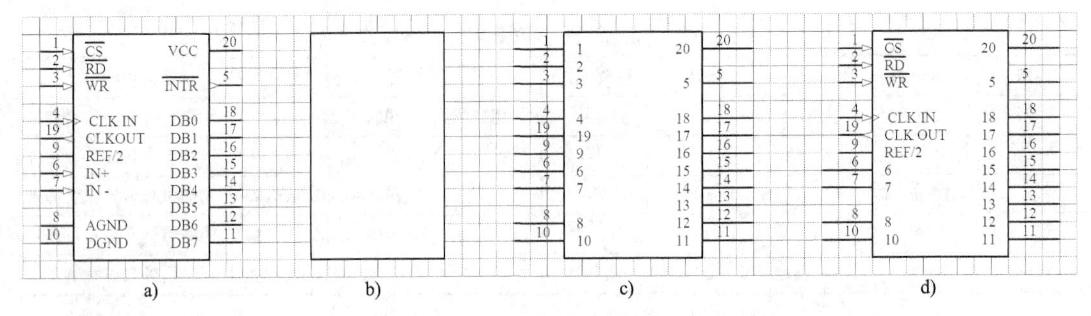

图 3-10　ADC0803CN 设计过程图

a) 设计好的元器件　b) 放置矩形　c) 放置引脚　d) 设置引脚属性

1. 绘制元器件图形

执行菜单“放置”→“矩形”，在坐标原点单击鼠标左键定义矩形块起点，移动光标在第四象限拉出 80×130 的矩形块，再次单击鼠标左键确定矩形块的终点完成矩形块放置，单击鼠标右键退出放置状态。

2. 放置引脚

执行菜单“放置”→“引脚”，光标上黏附着一个引脚，单击键盘的〈空格〉键可以旋转引脚的方向，移动光标到要放置引脚的位置，单击鼠标左键放置引脚。本例中在图上相应位置放置引脚为 1～20。

由于引脚只有一端具有电气特性，在放置时应将带有引脚编号的一端与元器件图形相连。

3. 设置引脚属性

双击某个元器件引脚（如引脚 1），屏幕弹出如图 3-11 所示的“引脚属性”对话框，其中“显示名称”设置为“C\S\”，表示引脚显示为 $\overline{\text{CS}}$（即低电平有效）；“标识符”设置为“1”，表示引脚号为“1”；“电气类型”设置为“Input”，表示输入引脚；“长度”设置为“20”。

图 3-11　设置“引脚属性”对话框

参考图 3-10 设置其他引脚属性，其中引脚 2、3、4、6、7 的“电气类型”为“Input”（输入）；引脚 5、19 脚的“电气类型”为“Output”（输出）；引脚 8、10、20 的“电气类型”为“Power”（电源）；引脚 9 的“电气类型”为“Passive”（无源）；引脚 11～18 的“电气类型”为“Hiz”（高阻）。设置引脚 2、3、5 的“显示名称”为 R\D\、W\R\、I\N\T\R\，其他引脚参考图 3-10；设置引脚 4 的“内部边沿”为“Clock”，其他引脚默认；设置全部引脚的“引脚长度”为 20。

3.2.4　设置元器件属性

单击编辑器左侧的选项卡“SCH Library”，在工作区中打开原理图元器件库编辑管理器，选中元器件 ADC0803CN，单击“元件”区的“编辑”按钮，屏幕弹出“元器件属性设置”对话框，在其中根据图 3-12 所示设置元器件属性。

图 3-12　“元器件属性设置”对话框

1. 元器件属性设置

图中“属性”区的“Defaul Designator”栏用于设置元器件默认的标号，图中设置为“U？”，即在原理图中放置元器件后屏幕上显示的元器件标号为 U?；“注释”栏一般用于设置元器件的型号或标称值，图中设置为“ADC0803CN”；“描述”栏用于设置元器件信息说明，可以不设置，图中设置为“8-Bit Analog-to-Digital Converter with Differential Inputs”。

以上设置完毕，调用元器件 ADC0803CN 时，除显示元器件图形外，还显示“U？”和“ADC0803CN”。

“Parameters”区用于设置元器件的参数模型，用于电路仿真，在 PCB 设计中可以不进行设置。

2. 元器件封装设置

ADC0803CN 是一个 20 脚的集成电路，有两种封装形式，即通孔式的 DIP20 和贴片式的 SO20。

单击图 3-12 中“Models”区的“追加”按钮，屏幕弹出“追加新的模型”对话框，选中“Footprint”，单击“确认”按钮，屏幕弹出图 3-13 所示的“PCB 模型”对话框，可在其中设置元器件的封装。

图 3-13　设置“PCB 模型”对话框

（1）直接设置元器件封装

如果已经知道元器件封装在哪个元器件库中，可以直接进行封装设置。

本例中通孔式封装 DIP20 在 ST Logic Register.IntLib 库中，贴片式封装 SO20 在 ST Logic Buffer Line Driver.IntLib 库中。

下面以设置 DIP20 封装为例说明设置方法。

在图 3-13 中的“名称”栏输入封装名“DIP20”，选中“库名”前的复选框，在其后输入封装所在库“ST Logic Register.IntLib”，单击“确认”按钮完成设置，系统返回图 3-12 所示的元器件属性设置菜单，此时可在“Models”区的“名称”下方看到已经设置好的封装名。

本例中还需设置贴片封装 SO20，单击图 3-12 中的“追加”按钮，屏幕弹出“追加新的模型”对话框，选中“Footprint”，单击“确认”按钮，屏幕弹出图 3-13 所示的“PCB 模型”对话框，采用前述方法设置封装 SO20，封装全部设置完毕单击图 3-12 中的“确认”按钮完成设置。

（2）通过查找元器件封装方式添加封装

在设计中如果不知道封装在哪个元器件库中，则可以通过浏览并查找元器件封装的方式进行设置。

单击图 3-13 中的“浏览(B)”按钮，屏幕弹出图 3-14 所示的“库浏览”对话框，单击“查找”按钮，屏幕弹出图 3-15 所示的“元件库查找”对话框，在查找区输入“DIP20”，选中“路径中的库”前的复选框，单击“查找”按钮进行封装查找。

图 3-14 “库浏览”对话框

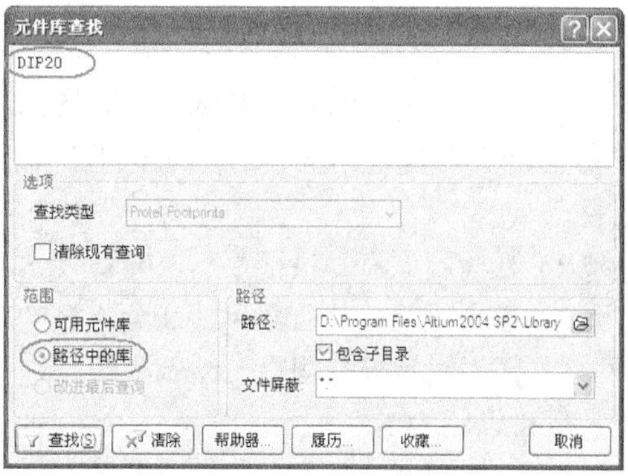

图 3-15 “元件库查找”对话框

找到封装后，系统将在图 3-14 的“库浏览”对话框中显示找到的封装名和封装图形，如图 3-16 所示，在其中可以查看封装图形是否符合要求。

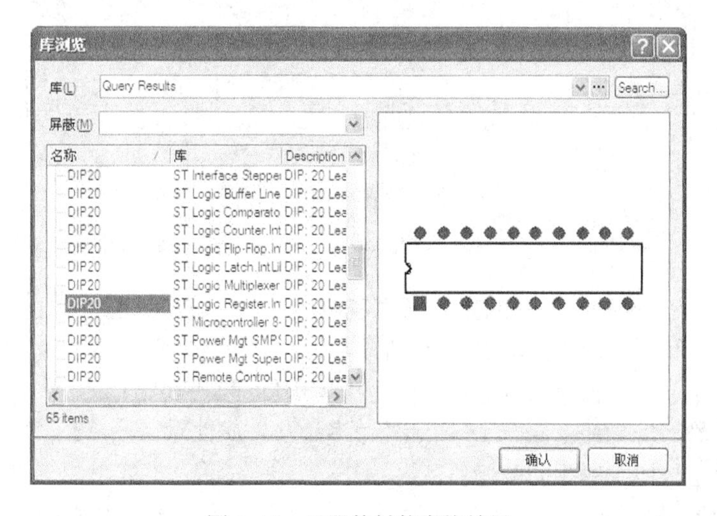

图 3-16 元器件封装查找结果

选中封装后单击“确认”按钮，系统弹出一个对话框提示是否将该库设置为当前库，单击“Yes”按钮将该库设置为当前库，系统返回图 3-13 所示的“PCB 模型”对话框，单击“确认”按钮完成封装设置。

采用同样方法设置贴片式封装 SO20，封装全部设置完毕，单击“确认”按钮完成元器件封装设置。

最后保存元器件完成 ADC0803CN 设计。

3.3　不规则分立元器件设计

上节介绍的元器件 ADC0803CN 是一个规则的元器件，元器件图形比较简单，而对于不规则元器件来说，元器件图形就复杂得多，下面以 PNP 型晶体管和行输出变压器为例介绍设计方法。

3.3.1　PNP 型晶体管设计

1）在上节建立的元器件库 Schlib1.Schlib 中新建元器件。执行菜单“工具”→“新元件”，屏幕弹出“设置新元器件名”对话框，输入元器件名“PNP”后单击“确认”按钮新建元器件。

2）光标回原点。执行菜单“编辑”→“跳转到”→“原点”，光标将自动回到坐标原点。

3）设置栅格。执行菜单“工具”→“文档选项”，打开“库编辑器工作区”对话框。在“网格”区中设置捕获栅格，绘制直线时，捕获栅格设置为默认的 10；绘制斜线和多边形时，捕获栅格设置为 1。

4）放置直线。执行菜单“放置”→“直线”，绘制晶体管的外形，在走线过程中单击键盘的〈空格〉键，切换直线的转弯方式，设计过程如图 3-17 所示。

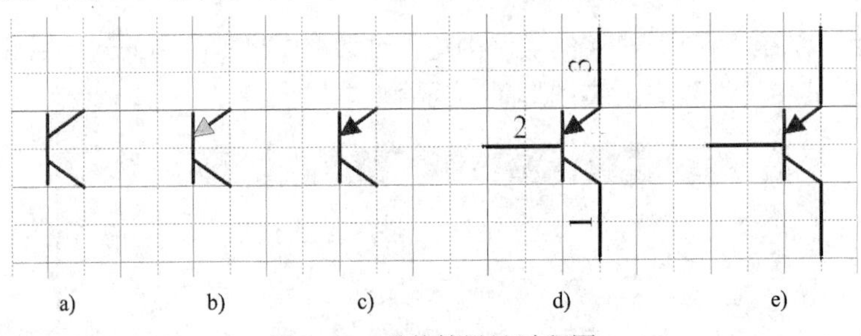

图 3-17　晶体管设计过程图

a) 画直线　b) 画多边形　c) 修改颜色　d) 放置引脚　e) 完成设置的晶体管

5）放置多边形。执行菜单“放置”→“多边形”，系统进入放置多边形状态，按键盘上的〈Tab〉键，屏幕弹出“多边形”属性对话框，将“边缘宽”设置为“Smallest”，如图 3-18 所示，移动光标在图中绘制箭头符号，绘制完毕单击鼠标右键退出。

双击箭头符号，屏幕弹出图 3-18 所示的“多边形”属性对话框，在“填充色”中，双击色块将颜色设置为与边缘色相同的颜色。

6）放置引脚。执行菜单“放置”→“引脚”，光标上黏附着一个引脚，单击键盘的〈空格〉键可以旋转引脚的方向，移动光标到要放置引脚的位置，单击鼠标左键放置引脚。

由于引脚只有一端具有电气特性，在放置时应将不具有电气特性（即无光标符号端）的一端与元器件图形相连，如图 3-19 所示。采用相同方法放置元器件的其他两个引脚。

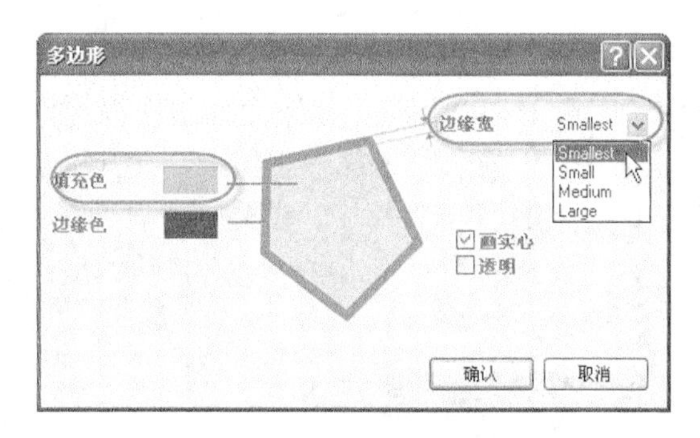

图 3-18 “多边形”属性对话框

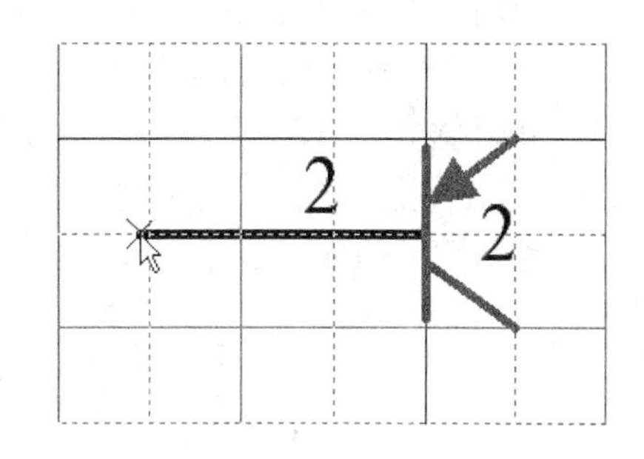

图 3-19 放置元器件引脚

双击晶体管基极的引脚，屏幕弹出“引脚属性”对话框，将“显示名称”（即引脚名称，可以不设置）设置为“B”，将“标识符”（即引脚号，必须填写）设置为“2”，将“长度”设置为“20”，去除“显示名称”和“标识符”的可视状态，将其隐藏，最后单击“确认”按钮完成设置。

采用同样的方法设置好发射极（“显示名称”为“E”，“标识符”为“1”）和集电极（“显示名称”为“C”，“标识符”为“3”），完成元器件引脚设置。

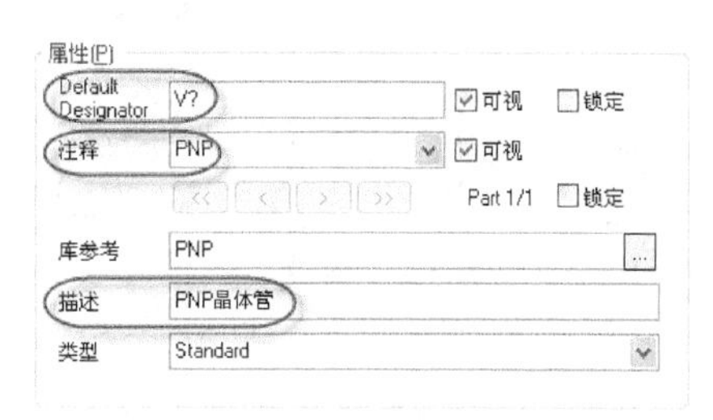

图 3-20 设置元器件属性

7）元器件属性设置。单击库编辑器左侧的选项卡“SCH Library”，在工作区中打开元器件库编辑管理器，选中元器件 PNP，单击“元件”区的“编辑”按钮，屏幕弹出“元器件属性设置”对话框，在其中可以设置元器件的常用信息，如图 3-20 所示。

图中“属性”区的“Defaul Designator”栏设置为“V？”；“注释”栏设置为“PNP”；“描述”栏设置为“PNP 晶体管”。

8）设置元器件封装。元器件封装的设置可以调用 PCB 库中的封装，也可以使用集成库中的封装，若采用集成库中的封装则在元器件中不会显示元器件封装图。PNP 晶体管有 3 种管型，即 EBC、ECB 和 BCE，本例中为 PNP 晶体管设置 3 个封装与其对应，即 TO92、TO92-132 和 BCY-W3/231，前两个封装在集成库“ST Power Mgt Voltage Regulator.IntLib”中，最后一个封装在 PCB 元器件库“Cylinder with Flat Index.PcbLib”中。封装设置后前两个封装由于是在集成库中，不会显示封装图形；而最后一个封装存在于 PCB 库中，会显示封装图形。

单击图 3-12 中“Models”区的“追加”按钮，屏幕弹出“追加新的模型”对话框，选中“Footprint”，单击“确认”按钮，屏幕弹出图 3-13 所示的“PCB 模型”对话框，可在其中设置元器件的封装。

单击“浏览(B)”按钮，屏幕弹出图 3-14 所示的“库浏览”对话框，单击“查找”按钮，屏幕弹出图 3-15 所示的“元器件库查找”对话框，在查找区输入“TO92”，选中“路径中的库”前的复选框，单击“查找”按钮进行封装查找，找到并选中封装后单击“确认”按钮，系统弹出一个对话框提示是否将该库设置为当前库，单击“Yes”按钮将该库设置为当前库，系统返回“PCB 模型”对话框，单击“确认”按钮完成封装设置。

采用同样方法设置封装TO92-132。

封装BCY-W3/231的设置方法与前面的相似，由于在查找时系统不允许出现符号“-”，所以查找时输入“BCY”即可，系统将所有含有BCY的封装全部搜索出来，在其中选择BCY-W3/231进行设置。由于封装BCY-W3/231在PCB元器件库中，设置封装后可在“选择的封装”区中看到封装图形，如图3-21所示。设置完毕，单击“确认”按钮完成封装设置。

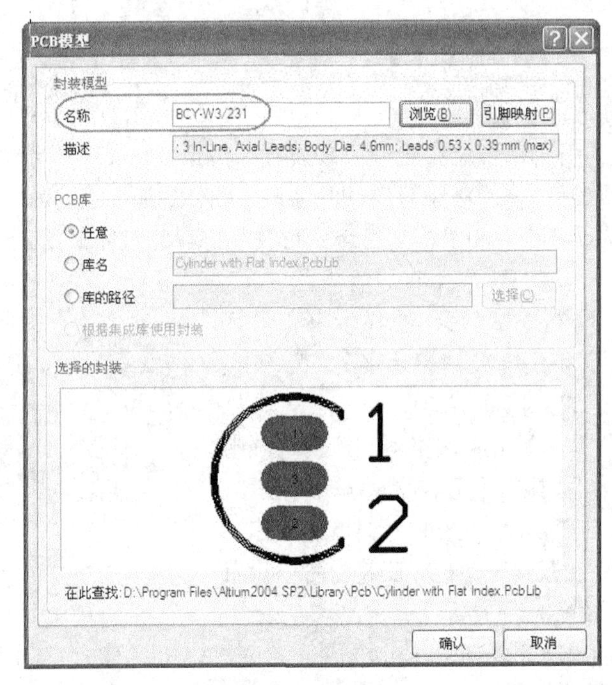

图3-21　设置封装BCY-W3/231

9）执行菜单“文件”→“保存”，保存元器件，完成设计工作。

3.3.2　行输出变压器设计

行输出变压器是一种一体化多级一次升压结构的脉冲功率变压器，是CRT电视机行扫描电路中的一个重要元器件，其设计过程如图3-22所示。

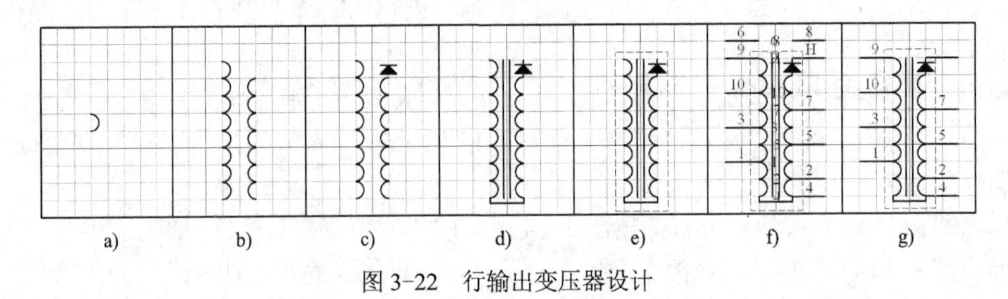

图3-22　行输出变压器设计

a) 放置半圆弧　b) 复制半圆弧　c) 放置多边形　d) 放置直线　e) 放置虚线　f) 放置引脚　g)完成的元器件

1）在Schlib1.Schlib库中新建元器件FBT。

2）设置栅格尺寸，可视栅格为10，捕获栅格为5。

3）将光标定位到坐标原点。

4）执行菜单“放置”→“圆弧”，放置半径为 5 的半圆弧。

5）用鼠标拉框选中半圆弧，执行菜单“编辑”→“复制”，复制该半圆弧。

6）执行菜单“编辑”→“粘贴”， 粘贴半圆弧，根据图 3-22 的位置共放置 15 个半圆弧，移动圆弧位置使之连接正常。

7）执行菜单“放置”→“多边形”，根据图中位置和大小放置三角图形，并将多边形的边缘色和填充色设置成相同的颜色。

8）设置捕获栅格为 1。

9）执行菜单“放置”→“直线”，根据图中位置放置直线。

10）设置捕获栅格为 10，执行菜单“放置”→“引脚”，如图放置 11 个引脚。

11）设置引脚属性。

双击引脚，屏幕弹出“引脚属性”对话框，参考图 3-23 设置引脚 1、2、3、4、5、7、9、10、H 的属性，“显示名称”隐藏，引脚长度为 20，引脚 H 的属性中取消“标识符”后的“可视”，隐藏引脚号为 H。

引脚 6、8 为空脚，用于固定器件，不需要对外连接，其属性设置如图 3-24 所示，选中“隐藏”后的复选框，将引脚 6 和 8 隐藏。

图 3-23 “引脚属性”设置对话框

图 3-24 隐藏引脚设置

12）设置元器件属性。单击库编辑器左侧的选项卡“SCH Library”，打开原理图元器件库编辑管理器，选中元器件 FBT，单击“元件”区的“编辑”按钮，在弹出的对话框中设置“Default Designator”为“T？”。

13）保存元器件，完成设计。

由于行输出变压器规格各不相同，故无须设置封装形式，在 PCB 设计时根据实际情况再进行设置。

3.4 多功能单元元器件设计

在某些集成电路中含有多个相同的功能单元（如 DM74LS02 中含有 4 个相同的 2 输入或非门，双联电位器中含有两个相同的电位器），其图形符号都是一致的，对于这样的元器件，只需设计一个基本符号，通过适当的设置即可完成元器件设计。

3.4.1 DM74LS02 设计

下面以 DM74LS02 为例介绍多功能单元元器件设计，该元器件含有 4 套相同的或非门，设计过程如图 3-25 所示。

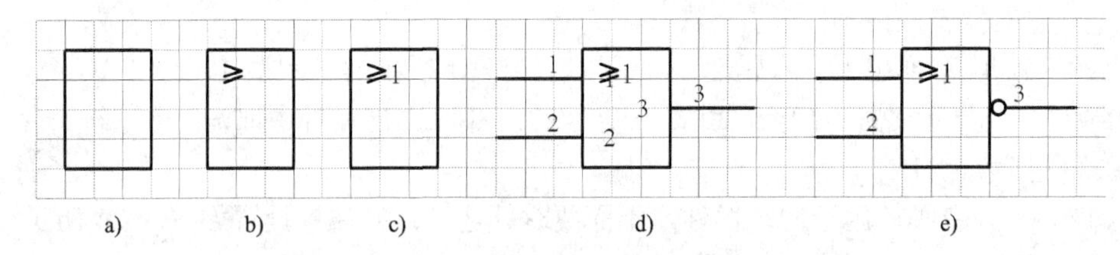

图 3-25　DM74LS02 设计过程图

a) 放置直线　b) 绘制≥　c) 放置文本 1　d) 放置引脚　e) 定义属性后的引脚

1）在 Schlib1.Schlib 库中新建元器件 DM74LS02。

2）设置栅格尺寸，可视栅格为 10，捕获栅格为 10。

3）将光标定位到坐标原点。

4）执行菜单“放置”→“直线”，绘制元器件矩形外框，尺寸为 30×40。

5）设置捕获栅格为 1，执行菜单“放置”→“直线”，绘制符号“≥”。

6）执行菜单“放置”→“文本字符串”，放置字符串为“1”。

7）执行菜单“放置”→“引脚”，在图上对应位置放置引脚为 1～3。

8）双击元器件引脚，屏幕弹出“引脚属性”对话框，设置输入引脚 1、2 的“显示名称”分别为“A”、“B”，“电气类型”为“Passive”；设置输出引脚 3 的“显示名称”分别为 Y，“电气类型”为“Passive”，“外部边沿”为“Dot”（表示低电平有效，在引脚上显示一个小圆圈）。至此第一套功能单元设计结束。

9）由于元器件 DM74LS02 中包含有 4 个相同的功能单元，可以采用复制的方式绘制第二套功能单元。

用鼠标拉框选中第一个与非门的所有图元，执行菜单“编辑”→“复制”，所有图元均被复制入剪切板。

执行菜单“工具”→“创建元件”，这是屏幕出现了一张新的工作窗口，在元器件库管理器中可以观察到当前是“Part B”（即第二套功能单元）。

执行菜单“编辑”→“粘贴”，将光标定位到坐标（0，0）处单击鼠标左键，将剪切板中的图件粘贴到新窗口中。

双击元器件引脚，将引脚 1 的“标识符”由 1 改为 4，将引脚 2 的“标识符”由 2 改为 5，将引脚 3 的“标识符”由 3 改为 6，完成第二套功能单元的绘制，如图 3-26 所示。

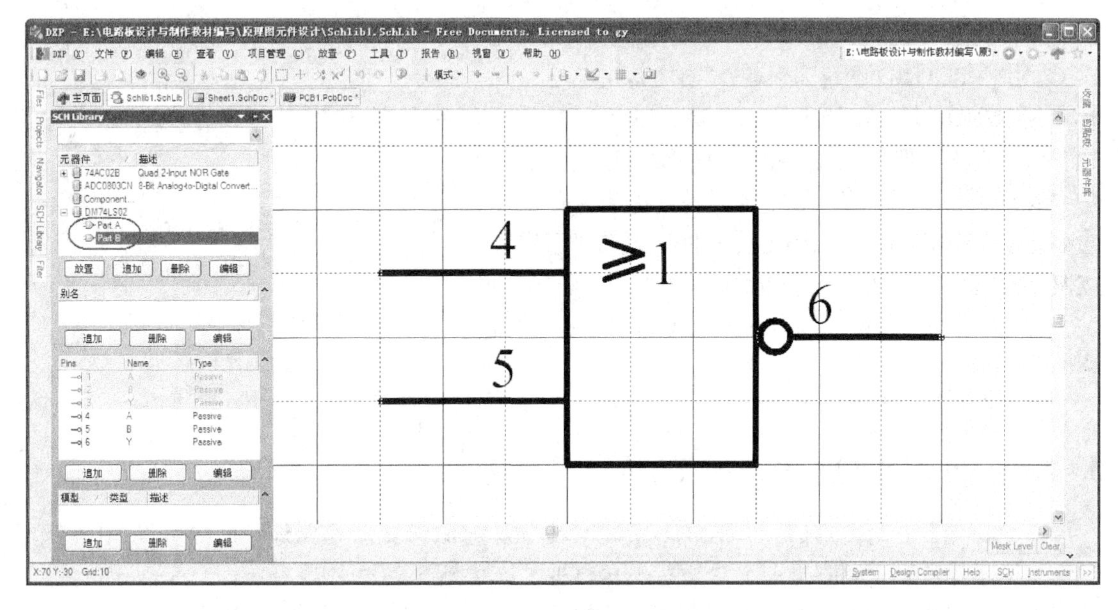

图 3-26　第二套功能单元设计

10）按照同样的方法，绘制完成其他两个功能单元。其中 Part C 中引脚 8、9 为输入端，引脚 10 为输出端；Part D 中引脚 11、12 为输入端，引脚 13 为输出端。

11）在 Part D 中放置隐藏的电源引脚。执行菜单“放置”→“引脚”，按下〈Tab〉键，屏幕弹出“引脚属性”对话框中，参考图 3-27 设置电源 VCC，引脚号为 14，设置完毕放置电源脚为 14；参考图 3-28 放置并设置接地脚 GND，引脚号为 7。

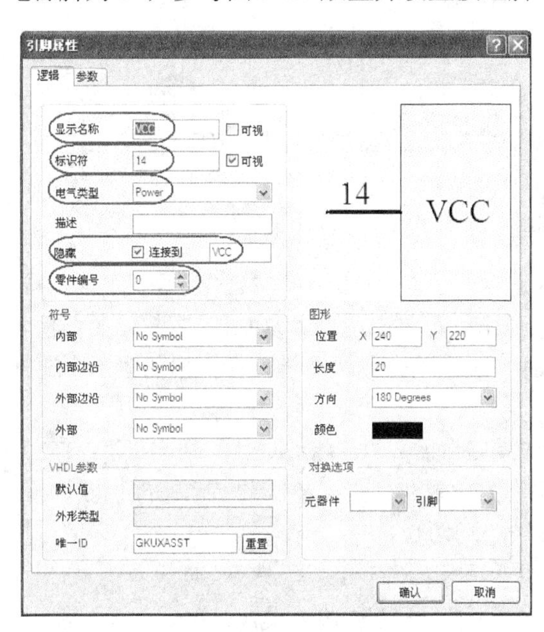

图 3-27　设置隐藏的电源端 VCC

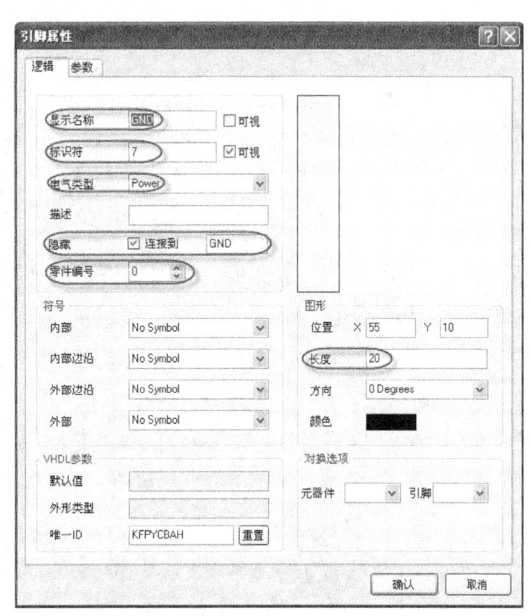

图 3-28　设置隐藏的电源端 GND

图中取消“显示名称”的“可视”；“电气类型”设置为“Power”；选中“隐藏”，“连接到”设置为 VCC（或 GND），该脚将自动隐藏并与 VCC 网络（或 GND 网络）相连；“零件编号”设置为 0，这样 GND 和 VCC 属于每一个功能单元。

12）设置元器件属性。单击库编辑器左侧的选项卡“SCH Library”，打开原理图元件库编辑管理器，选中元器件 DM74LS02，单击“元件”区的“编辑”按钮，根据图 3-29 所示设置元器件属性。

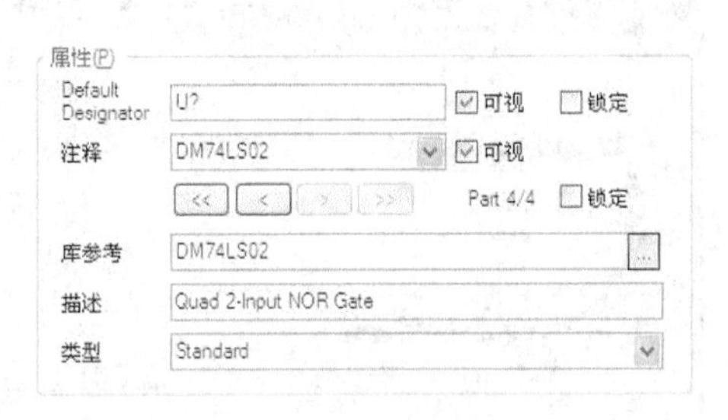

图 3-29　设置元器件属性

13）采用与上节相同的方法设置 DM74LS02 的封装为 DIP-14 和 SOP14。

14）保存设计好的元器件。

3.4.2　利用库中的电阻设计双联电位器

在绘制元器件时，有时只想在原有元器件上做些修改得到新元器件，此时可以在抽取源后将该元器件符号复制到当前库中进行编辑修改，产生新元器件。

下面以双联电位器 POT2 为例介绍设计方法，元器件设计过程如图 3-30 所示，元器件封装由于要根据实际元器件尺寸设定，此处不设置。

1）从“Miscellaneous Devices.IntLib”库中复制电阻 RES2 的图形到“Schlib1.Schlib”库中。

执行菜单“文件”→“打开”，系统弹出“选择打开文件”对话框，在“Altium2004 SP2\Library”文件夹下选择集成元器件库“Miscellaneous Devices.IntLib”，单击“打开”按钮，屏幕弹出“抽取源码或安装”对话框，单击“抽取源”按钮，调用该库。

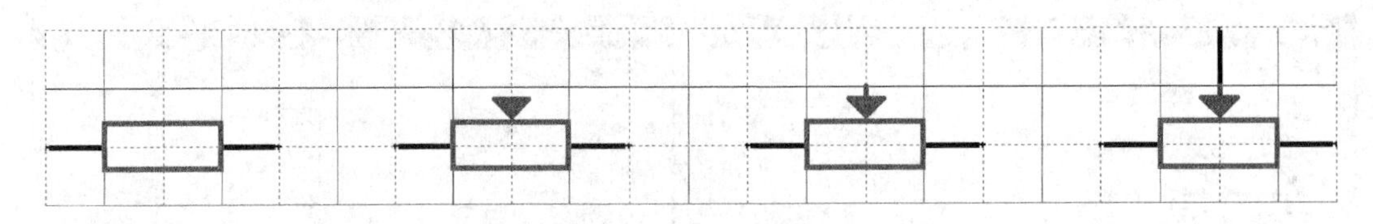

图 3-30　双联电位器设计过程图

在库编辑器中选中该库，单击编辑区左侧的选项卡“SCH Library”，打开元器件库管理器，在其中选中元器件“RES2”，单击鼠标右键，在弹出的菜单中选择“复制”，复制该元器件。将元器件库切换到“Schlib1.Schlib”，在“元器件”区中单击鼠标右键，在弹出的菜单中选择“粘贴”，将 RES2 粘贴到当前库中。

2）选中元器件 RES2，执行菜单“工具”→“重新命名元件”将“RES2”更名为“POT2”。

3）执行菜单“放置”→“多边形”，在电阻上方放置三角形，绘制前适当修改捕获栅格。

4）执行“放置”→“引脚”，在三角形上方放置引脚。

5）双击新放置的引脚，设置引脚属性，其中“显示名称”和“标识符”均设置为“3”，可视状态取消；“电气特性”设置为“Passive”；“长度”设置为 10，设置结束保存元器件。

6）执行菜单“工具”→“创建元件”，增加一套功能单元“Part B”，将前面设计好的电位器复制到当前功能单元中。

7）双击元器件的引脚，修改引脚属性，从左到右，将 3 个引脚的“显示名称”和“标识符”依次修改为“4”、“6”、“5”。

8）设置元器件属性。“Default Designator”设置为“Rp？”

9）保存元器件，双联电位器设计完毕。

3.5 实训 原理图库元器件设计

1. 实训目的

1）掌握元器件库编辑器的功能和基本操作。

2）掌握规则和不规则元器件设计方法。

3）掌握多功能单元元器件设计。

4）掌握库元器件的复制方法。

2. 实训内容

1）新建元器件库，将库文件另存为 NewSchlib.Scblib。

2）设计规则元器件 TEA2025。该器件为一个双列直插式 16 脚集成块，封装设置为通孔式的 DIP-16。

① 新建元器件 TEA2025。执行菜单“工具”→“新元件”，屏幕弹出“设置新元件名”对话框，输入元器件名“TEA2025”。

② 设置可视栅格为 10，捕获栅格为 10。

③ 将光标定位到坐标原点。

④ 参考图 3-31 绘制元器件 TEA2025，元器件矩形块的尺寸为 80×230；元器件引脚间距为 30，引脚的“显示名称”和“标识符”如图示；引脚“电气特性”如下所述 1IN+、2IN+、1FB、2FB 的“电气类型”为“Input”。1OUT、2OUT 的“电气类型”为“Output”。VCC、GND、1GND、2GND 的“电气类型”为“Power”。FIL、1BS、2BS、AUX BTL 的“电气类型”为“Passive”。“引脚长度”为 20。

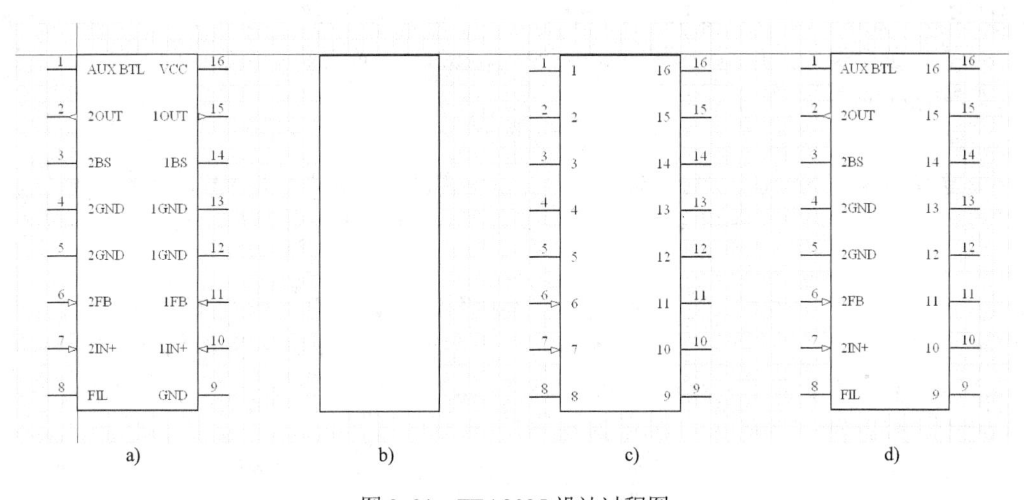

图 3-31 TEA2025 设计过程图

a) 设计好的元器件 b) 放置矩形 c) 放置引脚 d) 设置引脚属性

⑤ 设置元器件属性。“Default Designator” 设置为“U？”，“注释”设置为“TEA2025”，“描述”设置为“音频功放”。

⑥ 设置元器件的封装为“Dual-In-Line Package.PcbLib”库中的DIP-16。

⑦ 保存元器件，完成设计工作。

3）设计发光二极管LED。设计图3-32所示的发光二极管LED，元器件名设置为LED，封装名设置为LED-1。

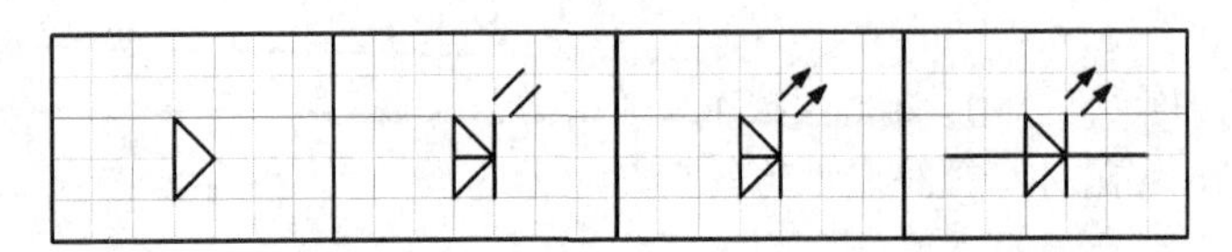

图3-32　元器件LED设计过程图

① 新建元器件LED。

② 设置可视栅格为10，捕获栅格为1。

③ 根据图3-32绘制元器件LED的图形，其中三角形采用“多边形”绘制，大三角形的“填充色”设置为无色“233”，箭头三角形的“填充色”设置为蓝色“229”，其他采用“直线”绘制。

④ 放置元器件引脚。

二极管正端引脚的“显示名称”设置为“A”，可视状态取消；“标识符”设置为“1”，可视状态取消；“电气特性”设置为“Passive”；“长度”设置为20。

二极管负端引脚的“显示名称”设置为“K”，可视状态取消；“标识符”设置为“2”，可视状态取消；“电气特性”设置为“Passive”；“长度”设置为20。

⑤ 设置元器件属性。“Default Designator”设置为“VD？”。

⑥ 设置元器件的封装形式为“Miscellaneous Devices PCB.PcbLib”库中的LED-1。

⑦ 保存元器件。

4）设计双联电位器POT。设计双联电位器POT，即在一个元器件中绘制两套功能单元，元器件图形设计过程如图3-30所示，封装由于要根据实际元器件尺寸设定，故不设置封装。

① 在库编辑器中打开“Miscellaneous Devices.IntLib”库，将其中的电阻RES2复制到当前库“NewSchlib.Scblib”中。

② 选中“NewSchlib.Scblib”库进入库编辑。

③ 选中元器件RES2，执行菜单“工具”→“重新命名元件”将RES2更名为POT。

④ 执行菜单“放置”→“多边形”，在电阻上方放置三角形；执行“放置”→“引脚”，在三角形上方放置引脚。

⑤ 双击新放置的引脚，设置引脚属性，其中“显示名称”和“标识符”均设置为“3”，可视状态取消；“电气特性”设置为“Passive”；“长度”设置为10，设置结束保存元器件。

⑥ 执行菜单“工具”→“创建元件”，增加一套功能单元 “Part B”，将前面设计好的电位器复制到当前功能单元中。

⑦ 双击元器件的引脚，修改引脚属性，从左到右，将3个引脚的“显示名称”和“标识符”依次修改为“4”、“6”、“5”。

⑧ 设置元器件属性。“Default Designator”设置为“Rp？”。

⑨ 保存元器件。

5）将设计好的 3 个元器件依次放置到电路图中，观察设计好的元器件是否正确及双联电位器两个功能单元的区别。

3. 思考题

1）如何判别元器件引脚哪端具有电特性？

2）规则元器件设计与不规则元器件设计有何区别？

3）设计多套部件单元的元器件时，应如何操作？

4）如何在原理图中选用多功能单元元器件的不同功能单元？

※知识拓展※　网络收集信息设计元器件与元器件直接编辑

1. 通过网络收集信息设计元器件

本例通过收集USB2.0微控制器CY7C68013系列中的一款CY7C68013-56PVC 的元器件信息进行元器件设计。元器件的具体信息可以通过上网搜索元器件手册获得，本例中搜索关键词为“CY7C68013-56PVC PDF”，通过查看元器件手册可知该元器件的具体信息。

元器件手册中与原理图元器件设计有关的信息如图 3-33 和图 3-34 所示，该芯片有 56 个引脚，采用 SSOP 封装，其设计过程图如图 3-35 所示。

1）新建原理图元器件库 Schlib1.Schlib。

2）在 Schlib1.Schlib 库中新建元器件 CY7C68013-56PVC。

3）设置栅格尺寸，可视栅格为 10，捕获栅格为 10。

4）将光标定位到坐标原点。

5）执行菜单“放置”→“矩形”，放置尺寸为 140×290 的矩形。

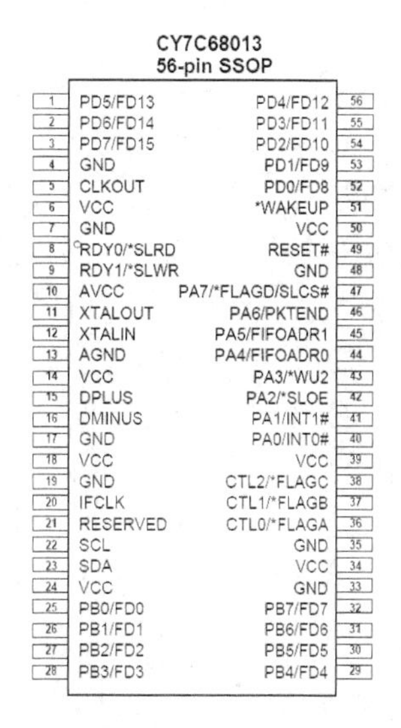

图 3-33　元器件图形

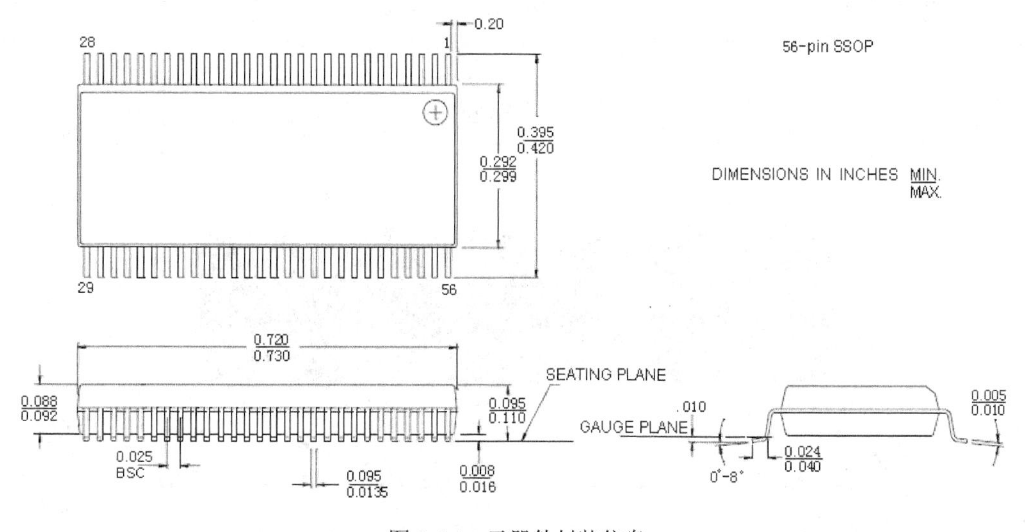

图 3-34　元器件封装信息

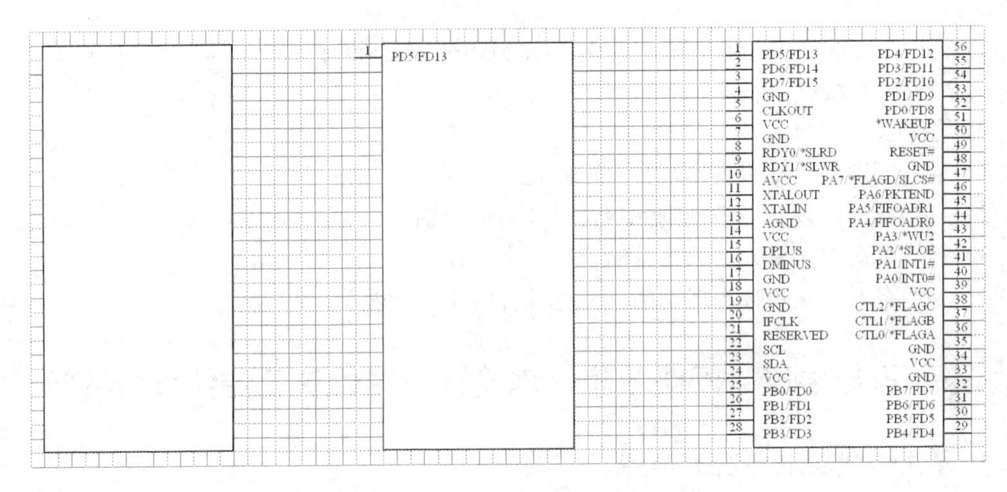

图 3-35　CY7C68013-56PVC 设计过程图

6）执行菜单“放置”→“引脚”，在放置状态下按键盘上的〈Tab〉键，屏幕弹出“引脚属性”对话框，设置“显示名称”为“PD5/FD13”，选中“可视”；设置“标识符”为“1”，选中“可视”；设置“电气类型”为“Passive”；设置“引脚长度”为 20。

设置完毕单击“确认”按钮，将光标移动到合适位置，放置引脚 1。

7）采用相同的方法放置引脚为 2～56，注意电源和地的“电气类型”设置为“Power”。

8）设置元器件属性。“Default Designator”设置为“U？”，“注释”设置为“CY7C68013-56PVC”，“描述”设置为“USB2.0 Microcontroller，56pins，3.3v，8KRAM”。

9）从图 3-34 的元器件封装信息中可以看出该元器件使用的是 SSOP 封装，此时可以在 PCB 模型中浏览选择符合要求的封装，根据图 3-36 设置元器件封装。

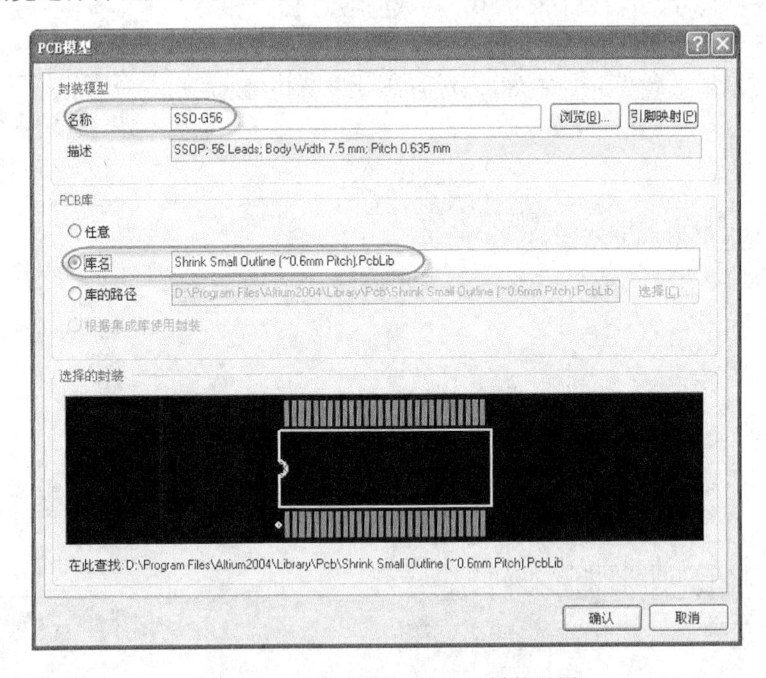

图 3-36　CY7C68013-56PVC 封装设置

10）保存元器件，完成设计。

2. 在原理图中直接编辑元器件

有时在设计电路原理图过程中，由于元器件较多，排列紧密，造成连线困难，想缩短元器件引脚以增加连线的空间，但重新进行原理图元器件设计耗时较多，影响设计进度。

在 Protel DXP 2004 SP2 中，用户可以在原理图编辑器中直接进行元器件编辑。下面以缩短晶体管的引脚长度为例介绍编辑方法。

如图 3-37 所示，原理图库中晶体管的引脚长度定义为 20，若进行连接，图中的空间不足，会造成元器件引脚的重叠，为消除这种情况出现，图中将晶体管的引脚长度设置为 10，解决了空间不足的问题。

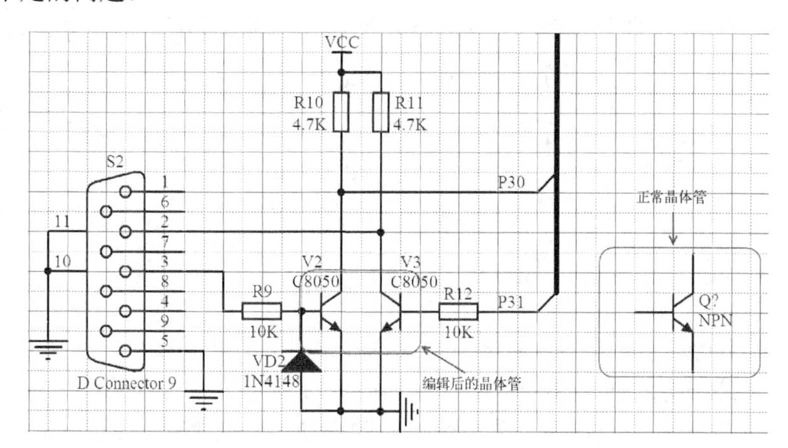

图 3-37　晶体管编辑前后示意图

在原理图中直接编辑元器件的方法如下所述。

双击要编辑的元器件，屏幕弹出“元器件属性”对话框，单击对话框左下角的“编辑引脚”按钮，屏幕弹出“元件引脚编辑器”对话框，如图 3-38 所示。

选中要编辑的引脚，如图中的“1”，单击“编辑”按钮，屏幕弹出图 3-11 所示的“引脚属性”对话框，将“图形”区的“长度”设置为 10，设置完毕单击“确认”按钮返回“元件引脚编辑器”，再次单击“确认”按钮完成引脚长度修改。

元件引脚编辑器

标识... /	名称	Desc	BCY-W3	NPN	NPN	类型	所有...	表示	编号	名称
1	C		1	1	1	Passive	1	✔	☐	☐
2	B		2	2	2	Passive	1	✔	☐	☐
3	E		3	3	3	Passive	1	✔	☐	☐

追加(A)...　删除(R)...　编辑(E)...

确认　取消

图 3-38　“元件引脚编辑器”对话框

采用同样方法修改其他两个引脚长度完成晶体管引脚编辑。

采用直接编辑元器件的方法不会改变库中的元器件，只改变当前原理图上被编辑的元器件。如果需要修改的量比较大，建议在库元器件编辑器中进行元器件修改，然后执行菜单“工具”→“更新原理图”进行全图更新。

3.6 习题

1. 叙述设计元器件的基本步骤。

2. 创建一个新元器件库 MYLIB.Schlib，从 Miscellaneous Devices.InLib 库中复制元器件 RES2、CAP、PNP、ADC-8 及 DIODE，组成新库。

3. 如何在原理图中设置多功能单元元器件的不同单元？

4. 绘制图 3-39 所示的 74LS08，该集成块中有 4 个 2 输入与门，元器件名为 74LS08，封装设置为 DIP-14，电源 7 脚、14 脚设置为隐藏。

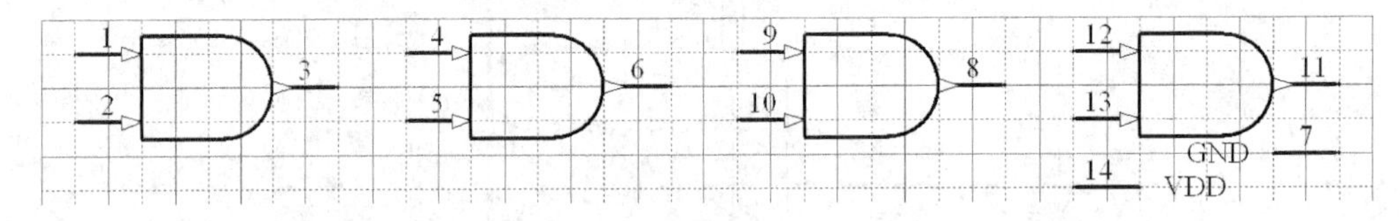

图 3-39　74LS08 元器件图

5. 如何进行多功能单元元器件的电源脚的隐藏和连接网络设置？

6. 绘制图 3-22 所示的行输出变压器，元器件名为 FBT，封装不设。

7. 绘制图 3-40 所示的 4006，元器件封装设置为 DIP-14。其中，1 脚、3～6 脚为输入引脚；8～13 脚为输出引脚；7 脚为地，隐藏；14 脚为电源，隐藏。

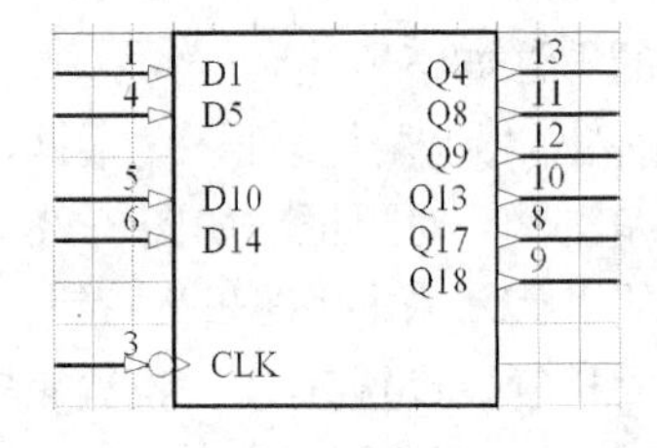

图 3-40　4006

第 4 章　简单 PCB 设计与元器件封装设计

目标

- 了解印制电路板的工作层面与相关组件
- 掌握 Protel DXP 2004 SP2 的 PCB 设计基本操作和设置方法
- 掌握 PCB 设计的基本方法
- 认知元器件的封装，掌握 PCB 封装的设计方法

4.1　PCB 编辑器

4.1.1　启动 PCB 编辑器

进入 Protel DXP 2004 SP2 主窗口，执行菜单“文件”→“创建”→“项目”→“PCB 项目”，建立新的 PCB 工程项目文件，执行菜单“文件”→“创建”→“PCB 文件”，系统自动产生一个 PCB 文件，默认文件名为 PCB1.PcbDoc，并进入 PCB 编辑器状态，如图 4-1 所示。

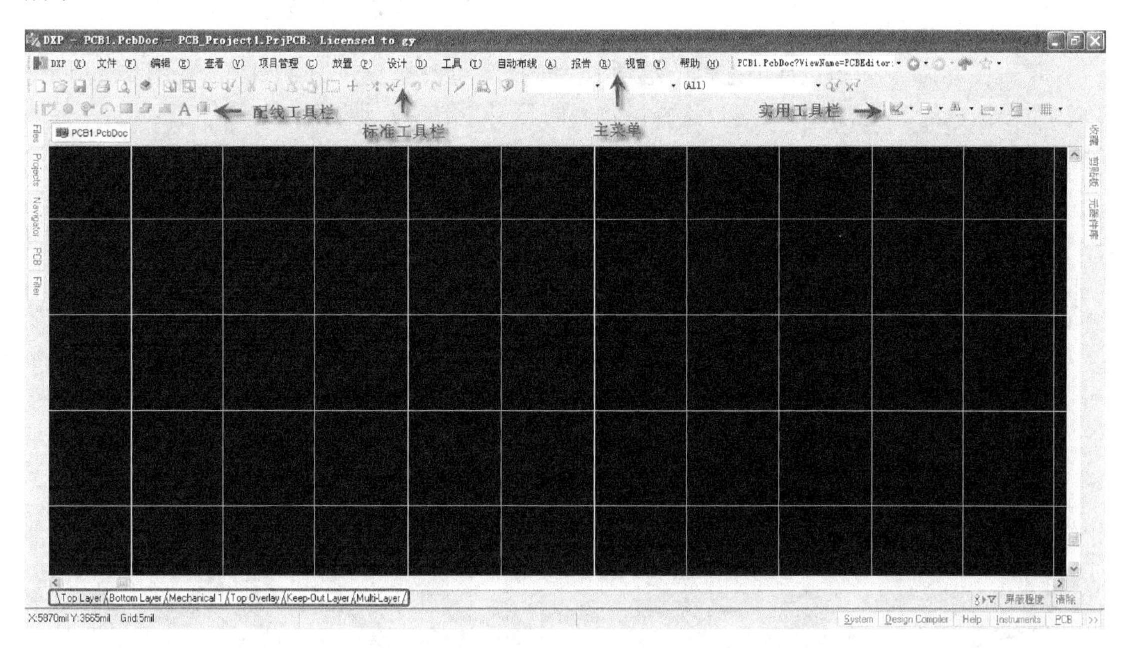

图 4-1　PCB 编辑器主界面

1. 主菜单

PCB 编辑器的主菜单与原理图编辑器的主菜单基本相似，操作方法也类似。在绘制原理

图中主要是对元器件的操作和连接，而在进行 PCB 设计中主要是针对元器件的封装、焊盘、过孔等的操作和布线工作。

2. 工具栏

PCB 编辑器的工具栏主要有 PCB 标准工具栏、配线工具栏和实用工具栏等，其中实用工具栏中包括实用工具、调准工具、查找选择、放置尺寸、放置 Room 空间及网格等 6 个工具。

执行菜单“查看”→ “工具栏”下的相关菜单，可以设置打开或关闭相应的工具栏。

4.1.2 PCB 编辑器的管理

1. PCB 窗口管理

在 PCB 编辑器中，窗口管理可以执行菜单“查看”下的子菜单实现，常用如下所述。

执行菜单“查看”→“整个 PCB”，可以实现 PCB 全板显示，用户可以快捷地查找线路。

执行菜单“查看”→“指定区域”，用户可以用鼠标拉框选定放大的区域。

执行菜单“查看”→“显示三维 PCB”，可以显示整个印制电路板的 3D 模型，一般在电路布局或布线完毕，使用该功能观察元器件的布局或布线是否合理。

2. 坐标系

PCB 编辑器的工作区是一个二维坐标系，其绝对原点位于电路板图的左下角，一般在工作区的左下角附近开始设计印制电路板。

用户可以自定义新的坐标原点，执行菜单“编辑”→“原点”→“设定”，将光标移到要设置为新的坐标原点的位置，单击鼠标左键，即可设置新的坐标原点。

执行菜单“编辑”→“原点”→“重置”，可恢复到绝对坐标原点。

3. PCB 浏览器使用

单击在 PCB 编辑器主界面左侧的选项卡“PCB”，可以打开 PCB 浏览器，如图 4-2 所示。在浏览器顶端的下拉列表框中可以选择浏览器的类型，常用类型如下所述。

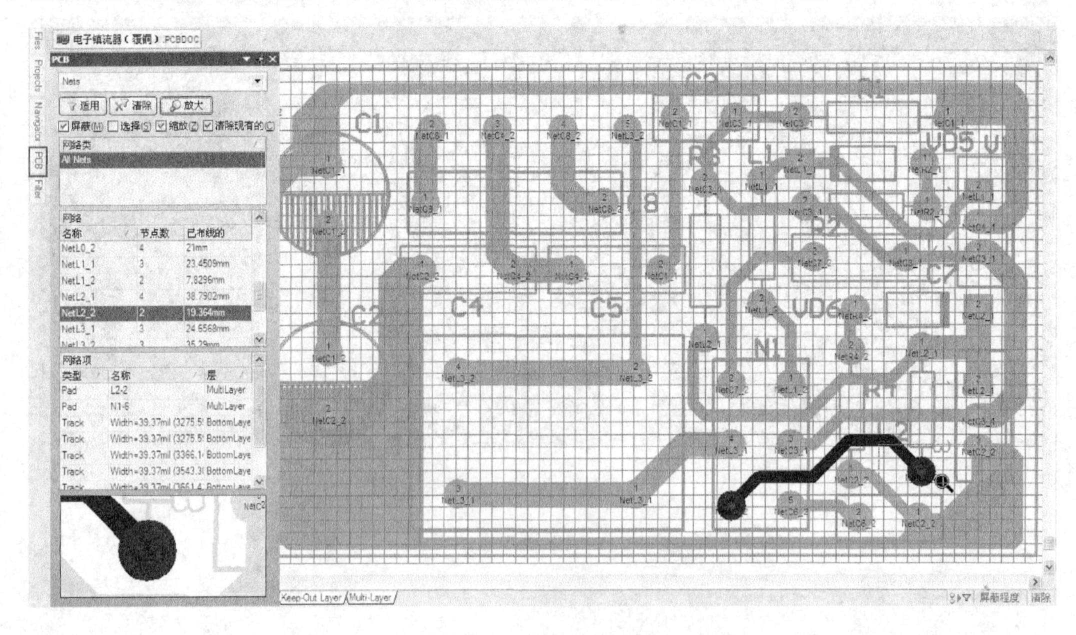

图 4-2　PCB 浏览器使用

1）Nets。网络浏览器，显示板上所有网络名。图 4-2 所示即为网络浏览器，在“网络类”区中双击“All Nets”，在“网络”区中将显示所有网络，选中某个网络（图中为 NetL2_2），在“网络项”区中将显示与此网络有关的焊盘和连线的信息，同时工作区中与该网络有关的焊盘和连线将高亮显示。

在 PCB 浏览器的最下方，还有一个微型监视器屏幕，在监视器中显示全板的结构，并以虚线框的形式显示当前工作区中的工作范围。

单击 PCB 浏览器上方的 放大 按钮，光标变成了放大镜形状，将光标在工作区中移动，便可在监视器中放大显示光标所在的工作区域。

2）Component。元器件浏览器，它将显示当前 PCB 中的所有元器件名称和选中元器件的所有焊盘。

3）Rules。选取此项设置为设计规则浏览器，可以查看并修改设计规则和提示当前 PCB 中的违规信息。

4）From-To Editor。选取此项设置为飞线编辑器，可以查看并进行编辑元器件的网络节点和飞线。

5）Split Plane Editor。选取此项设置为内电层分割编辑器，可在多层板中对电源层进行分割。

4. 关闭自动滚屏

有时在进行线路连接或移动元器件时，会出现窗口中的内容自动滚动的问题，这样不利于操作，主要原因在于系统默认的设置为“自动滚屏”。

要消除这种现象，可以关闭“自动滚屏”功能。执行菜单“工具”→“优先设定”，系统弹出如图 4-3 所示的对话框，在“屏幕自动移动选项”区的“风格”下拉列表框中将其设置为“Disable”即可关闭自动滚屏功能。

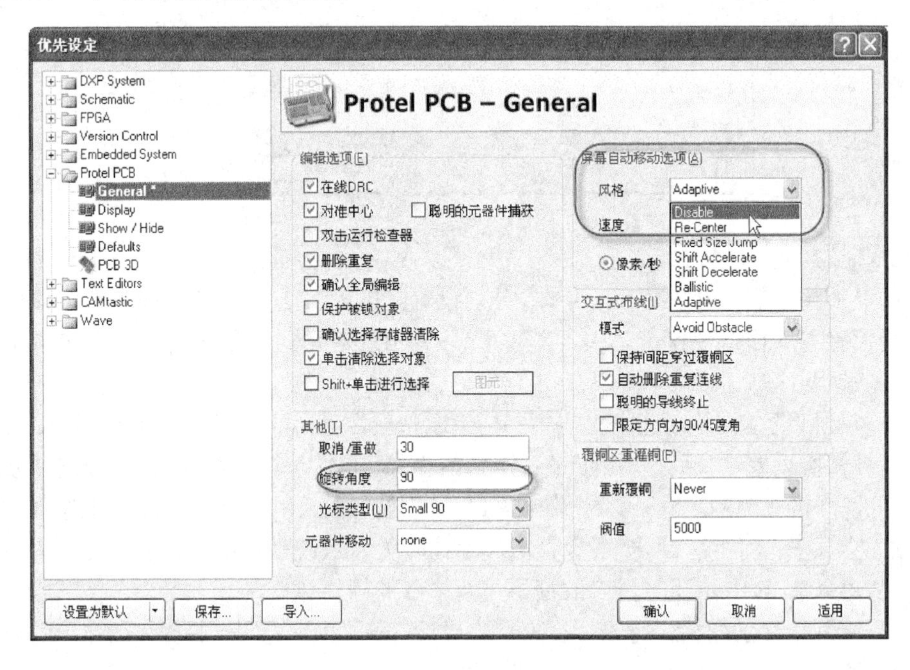

图 4-3 “优先设定”对话框

5. 设置图件旋转角度

在 PCB 设计时，有时板的尺寸很小，元器件排列无法做到横平竖直，需要有特殊的旋转角度以满足实际要求，而系统默认的旋转角度为 90°，此时需重新设置旋转角度。

设置旋转角度在图 4-3 所示的对话框中的“其他”区进行，在“旋转角度”后键入所需的图件旋转一次的角度值即可。

4.1.3 设置单位制和布线栅格

1. 单位制设置

Protel DXP 2004 SP2 的 PCB 设计中设有两种单位制，即 Imperial（英制，单位为 mil）和 Metric（公制，单位为 mm），执行菜单“查看”→“切换单位”可以实现英制和公制的切换。

单位制的设置也可以执行菜单“设计”→“PCB 选择项”，在弹出的对话框的“测量单位”区中的“单位”下拉列表框中可以选择所需的单位制。

2. 设置栅格

执行菜单“设计”→“PCB 选择项”，系统弹出图 4-4 所示的“PCB 选择项”对话框，可以进行捕获栅格、元器件移动栅格、电气栅格、可视栅格、图样及单位制设置等。

图 4-4 “PCB 选择项”对话框

1）捕获栅格设置。其中“X”、“Y”分别设置光标在 X 方向、Y 方向上的位移量。

2）元器件移动栅格设置。其中“X”、“Y”分别设置元器件在 X 方向、Y 方向上的位移量。

3）电气栅格设置。必须选中“电气网格”复选框，然后再设置电气栅格间距。

4）可视栅格设置。“标记”用于设置栅格的样式，有 Dots（点状）和 Lines（线状）两种供选择；可视栅格有两种尺寸，其中“网格 1”一般设置的尺寸比较小，只有工作区放大到一定程度时才会显示；“网格 2”一般设置的尺寸比较大，系统默认的显示状态是只显示网格 2 的栅格，故进入 PCB 编辑器时看到的栅格是网格 2 的栅格。

若要显示网格 1 的栅格，可以执行菜单“设计”→“PCB 层次颜色”，在弹出的对话框中的“系统颜色”区，选中“Visible Grid 1”后的复选框。

4.2 认知印制电路板的基本组件和工作层面

4.2.1 PCB 设计中的基本组件

1. 板层

板层（Layer）分为敷铜层和非敷铜层，平常所说的几层板是指敷铜层的层面数。一般在敷铜层上放置焊盘、线条等完成电气连接；在非敷铜层上放置元器件描述字符或注释字符等；还有一些层面（如禁止布线层）用来放置一些特殊的图形来完成一些特殊的作用或指导生产。

敷铜层一般包括顶层（又称为元器件面）、底层（又称为焊接面）、中间层、电源层、地线层等；非敷铜层包括印记层（又称为丝网层、丝印层）、板面层、禁止布线层、阻焊层、助焊层、钻孔层等。

对于一个批量生产的印制电路板而言，通常在印制电路板上敷设一层阻焊剂，阻焊剂一般是绿色或棕色，除了要焊接的地方外，其他地方根据电路设计软件所产生的阻焊图来覆盖一层阻焊剂，这样可以快速焊接，并防止焊锡溢出引起短路；而对于要焊接的地方，通常是焊盘，则要涂上助焊剂，如图 4-5 所示。

为了让电路板更具有直观性，便于安装与维修，一般在顶层上要印一些文字或图案，如图 4-6 中的 R1、C1 等，这些文字或图案属于非布线层，用于说明电路的，通常称为丝网层，在顶层的称为顶层丝网层（Top Overlay），而在底层的则称为底层丝网层（Bottom Overlay）。

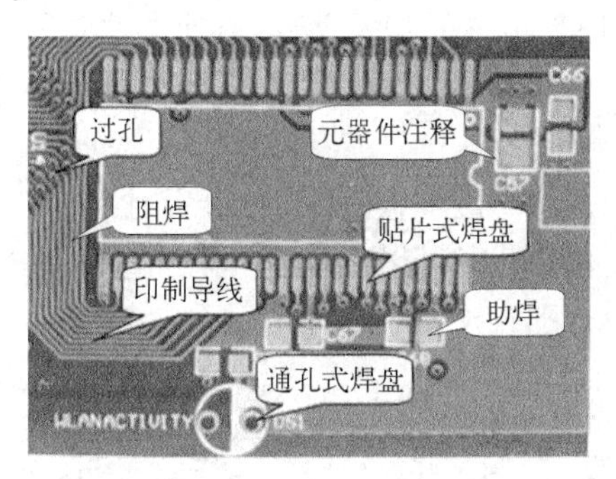

图 4-5 某电路局部 PCB

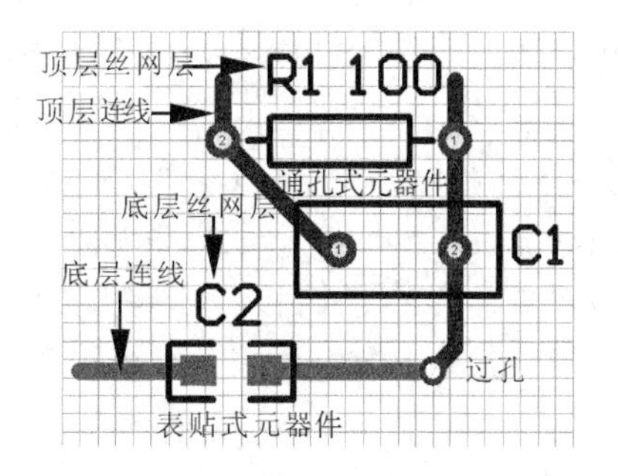

图 4-6 某双面板局部电路图

2. 元器件封装

元器件封装（Component Package）是指实际元器件焊接到印制电路板时所指示的元器件外形轮廓和引脚焊盘的间距。不同的元器件可以使用同一个元器件封装，同种元器件也可以有不同的封装形式。元器件的封装是显示元器件在 PCB 上的布局信息，为装配、调试及检修提供方便，其图形符号在丝印层（也称丝网层）上，如图 4-6 的 R1、C2 的图形符号。

在进行电路设计时要分清原理图和印制电路板中的元器件，原理图中的元器件是一种电路符号，有统一的标准，而印制电路板中的元器件代表的是实际元器件的物理尺寸和焊盘，集成电路的尺寸一般是固定的，而分立元器件一般没有固定的尺寸，可根据需要设定，如图 4-7 所示。

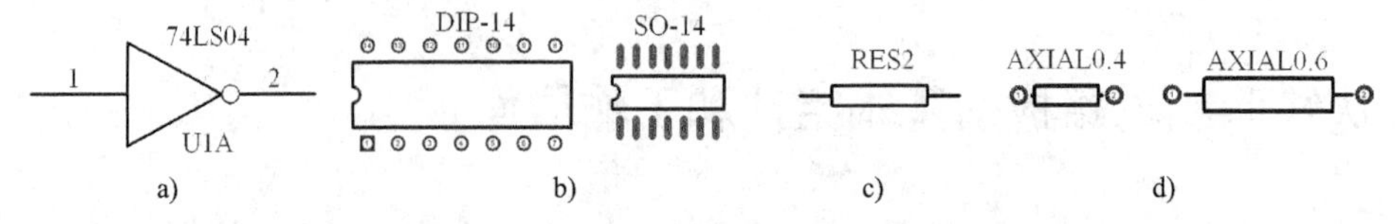

图 4-7　原理图元器件与 PCB 元器件对照图

a) 原理图元器件　b) PCB 元器件　c) 原理图元器件　d) PCB 元器件

元器件的封装主要分为两大类：通孔式元器件封装（THT）和表面安装式封装（SMT），如图 4-8 所示为双列 14 脚集成块的封装图，它们的区别主要在焊盘上。通孔式元器件封装（THT）是针对直插类元器件的，这种类型的元器件在焊接时先要将元器件引脚插入焊盘导孔中，然后再焊接。由于导孔贯穿整个印制电路板，所以在焊盘属性中，其板层属性为 Multi Layer；表面安装式封装（SMT）的焊盘只限于表面板层，即顶层（Top Layer）或底层（Bottom Layer），在焊盘属性中，其板层属性必须是单一的层面。

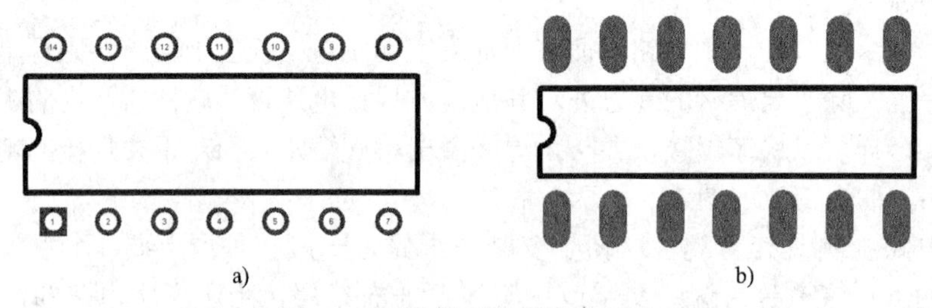

图 4-8　两种类型的元器件封装

a) 通孔式元器件封闭　b) 表面安装式封装

元器件封装的命名原则一般为：元器件类型+焊盘距离（或焊盘数）+元器件外形尺寸。通常可以通过元器件封装名来判断封装的规格，在元器件封装的描述栏中会提供元器件的尺寸信息。

如电阻封装 AXIAL-0.3，表示此元器件封装为轴状，两焊盘间距为 0.3 英寸或 300mil（1 英寸=1000mil=2.54cm）；封装 DIP-8 表示双列直插式元器件封装，8 个焊盘引脚；RB7.6-15 表示极性电容类元器件封装，焊盘间距为 7.6mm，元器件的直径为 15mm。

元器件封装中数值的意义如图 4-9 所示。

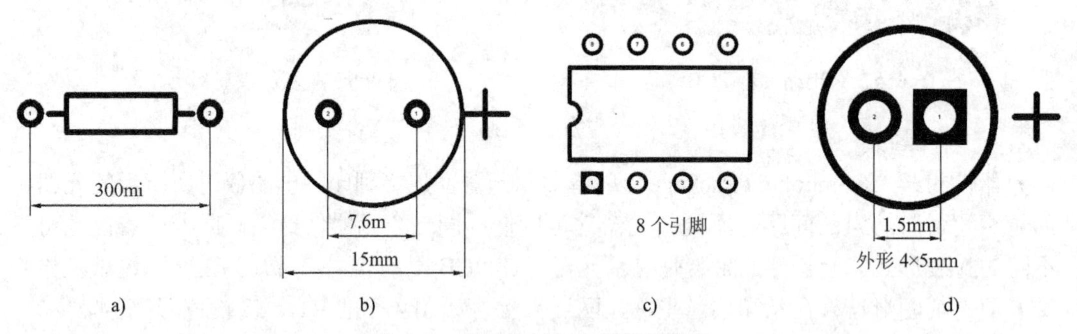

图 4-9　元器件封装中数值的意义

a) AXIAL-03　b) RB7.6-15　c) DIP-8　d) CAPPR1.5-4×5

常用的分立元器件封装有电阻类（AXIAL-0.3～AXIAL-1.0），二极管（DIODE-0.4～DIODE-0.7），极性电容类（RB5-10.5 ～RB7.6-15、CAPPR*-*×*），无极性电容（RAD-0.1～

RAD-0.4），可变电阻类（VR1～VR5），晶体管类（封装很多，常用 BCY-W3/E4），这些封装都在 Miscellaneous Devices PCB.PCBLib 元器件库中。

常用元器件的封装图形对照表如表 4-1 所示。

表 4-1　常用元器件的封装图形对照表

元器件封装型号	元器件类型	元器件封装图形
AXIAL-0.3～AXIAL-1.0	通孔式电阻或无极性轴状元器件等	
RAD-0.1～RAD-0.4	通孔式无极性电容、电感等	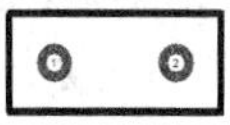
RB*-*、CAPPR*-*×*	通孔式电解电容等	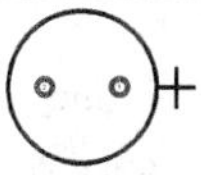
DIODE-0.4～DIODE-0.7	通孔式二极管	
TO-3～TO-220 BCY-*/*	通孔式晶体管、FET 与 UJT	
DIP-*	双列直插式集成块	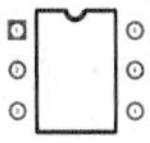
SIP*、SIL-*	单列直插封装的元器件	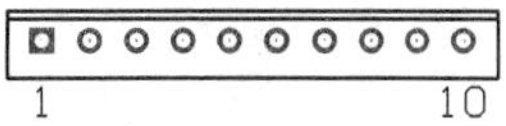
IDC*、HDR*、MHDR*、DSUB*	接插件、连接头等	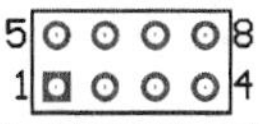
VR1～VR5	可变电阻器	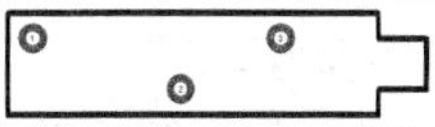
-0402～-7257	贴片电阻、电容、二极管等	
SO-*/*、SOT23、SOT89 等	贴片晶体管	
SO-*、SOJ-*、SOL-*	贴片双排元器件	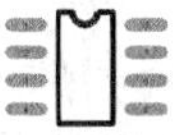

3. 焊盘

焊盘（Pad）用于固定元器件引脚或用于引出连线、测试线等，它有圆形、方形等多种形状。焊盘的参数有焊盘编号、X 方向尺寸、Y 方向尺寸、钻孔孔径尺寸等。

焊盘可分为通孔式及表面贴片式两大类，其中通孔式焊盘必须钻孔，而表面贴片式焊盘无须钻孔，图 4-10 所示为焊盘示意图。

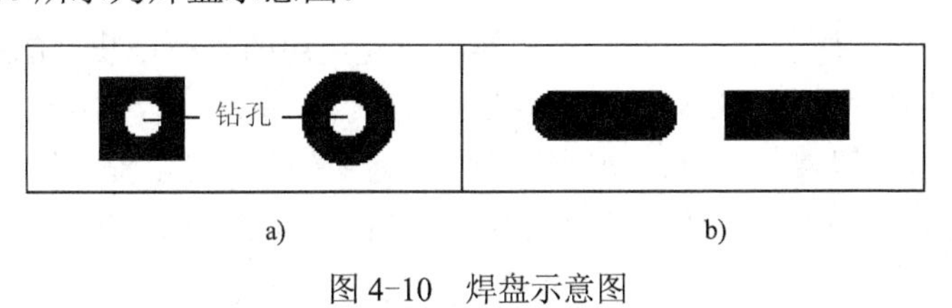

图 4-10　焊盘示意图

a) 通孔式焊盘　b) 表面贴片式焊盘

4. 金属化孔

金属化孔（Via）也称为过孔，在双面板和多层板中，为连通各层之间的印制导线，通常在各层需要连通的导线的交汇处钻上一个公共孔，即过孔，在工艺上，过孔的孔壁圆柱面上用化学沉积的方法镀上一层金属，用以连通中间各层需要连通的铜箔，而过孔的上下两面做成圆形焊盘形状，过孔的参数主要有孔的外径和钻孔尺寸。

过孔不仅可以是通孔，还可以是掩埋式。所谓通孔式过孔是指穿通所有敷铜层的过孔；掩埋式过孔则仅穿通中间几个敷铜层面，仿佛被其他敷铜层掩埋起来。图 4-11 为六层板的过孔剖面图，包括顶层、电源层、中间 1 层、中间 2 层、地线层和底层。

5. 连线

连线（Track、Line）是指有宽度、有位置方向（起点和终点）、有形状（直线或弧线）的线条。在敷铜面上的线条一般用来完成电气连接，称为印制导线或铜膜导线；在非敷铜面上的连线一般用作元器件描述或其他特殊用途。

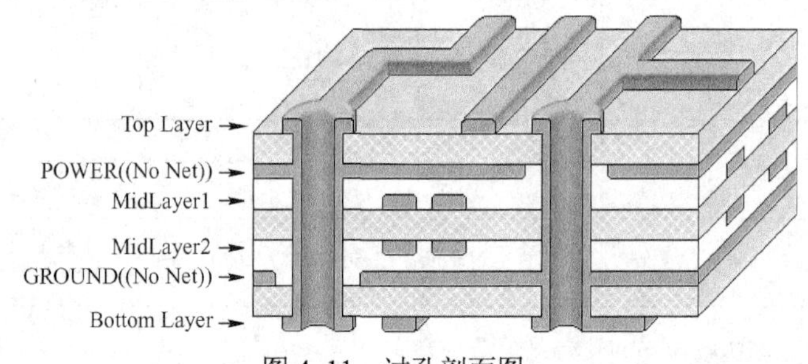

图 4-11　过孔剖面图

印制导线用于印制电路板上的线路连接，通常印制导线是两个焊盘（或过孔）间的连线，而大部分的焊盘就是元器件的引脚，当无法顺利连接两个焊盘时，通过跨接线或过孔实现连接。

焊盘、过孔、印制导线如图 4-5 所示。

图 4-6 所示为双面板印制导线走线图，采用垂直布线法，一层水平走线，另一层垂直走线，两层间印制导线的连接通过过孔实现。

6. 网络和网络表

从一个元器件的某一个引脚到其他引脚或其他元器件的引脚的电气连接关系称作网络（Net）。每一个网络均有唯一的网络名称，有的网络名是人为添加的，有的是系统自动生成的，系统自动生成的网络名由该网络内两个连接点的引脚名称构成。

网络表（Netlist）描述电路中元器件特征和电气连接关系，一般可以从原理图中获取，它是原理图和 PCB 之间的纽带。

7. 飞线

飞线（Connection）是在电路进行自动布线时供观察用的类似橡皮筋的网络连线，网络飞线不是实际连线。通过网络表调入元器件并进行布局后，就可以看到该布局下的网络飞线的交叉状况，不断调整元器件的位置，使网络飞线的交叉最少，可以提高自动布线的布通率。

自动布线结束，未布通的网络上仍然保留网络飞线，此时可用手工连接的方式连通这些网络。

8. 安全间距

在进行印制电路板设计时，为了避免导线、过孔、焊盘及元器件之间的相互干扰，必须在它们之间留出一定的间距，这个间距称为安全间距（Clearance）。安全间距可以在设计规则中进行设置。

9. 栅格

栅格（Grid）用于 PCB 设计时的位置参考和光标定位，栅格有公制和英制两种单位制，可视栅格、捕获栅格、元器件栅格和电气栅格 4 种类型。

4.2.2 印制电路板的工作层面

1. 工作层类型

在 Protel DXP 2004 SP2 的 PCB 设计中，系统提供了多个工作层面，主要工作层面类型如下所述。

1）信号层（Signal layers）。信号层主要用于放置与信号有关的电气元素，共有 32 个信号层。其中顶层（Top layer）和底层（Bottom layer）可以放置元器件和铜膜导线，其余 30 个为中间信号层（Mid layer1～30），只能布设铜膜导线，置于信号层上的元器件焊盘和铜膜导线代表了印制电路板上的敷铜区。系统为每层都设置了不同的颜色以便区别。

2）内部电源/接地层（Internal plane layers）。共有 16 个电源/接地层（Plane1～16），专门用于系统供电，信号层内需要与电源或地线相连接的网络通过过孔实现连接，这样可以大幅度缩短供电线路的长度，降低电源阻抗。同时，专门的电源层在一定程度上隔离了不同的信号层，有利于降低不同信号层间的干扰，只有在多层板中才用到该层，一般不布线，由整片铜膜构成。

3）机械层（Mechanical layers）。共有 16 个机械层（Mech1～16），一般用于设置印制电路板的物理尺寸、数据标记、装配说明及其他机械信息。

4）丝印层（Silkscreen layers）。也称为丝网层，主要用于放置元器件的外形轮廓、元器件标号和元器件注释等信息，包括顶层丝印层(Top Overlay)和底层丝印层（Bottom Overlay）两种。

5）阻焊层（Solder mask layers）。阻焊层是负性的，放置其上的焊盘和元器件代表印制电路板上未敷铜的区域，分为顶层阻焊层和底层阻焊层。设置阻焊层的目的是防止焊锡的粘连，避免在焊接相邻焊点时发生意外短路，所有需要焊接的焊盘和铜箔都需要该层，是制造 PCB 的要求。

6）锡膏防护层（Paste mask layers）。主要用于 SMD 元器件的安装，锡膏防护层是负性的，放置其上的焊盘和元器件代表印制电路板上未敷铜的区域，分为顶层防锡膏层和底层防锡膏层。Paste Mask 是 SMD 钢网层，是需要回流焊的焊盘使用的，Paste mask 是 PCB 组装的要求。

7）钻孔层（Drill Layers）。钻孔层提供制造过程的钻孔信息，包括钻孔指示图（Drill Guide）和钻孔图（Drill Drawing）。

8）禁止布线层（Keep Out Layer）。禁止布线层用于定义放置元器件和布线的区域范围，一般禁止布线区域必须是一个封闭区域。

9）多层（Multi Layer）。用于放置印制电路板上所有的通孔式焊盘和过孔。

10）网络飞线层（Connection and Form Tos）。网络飞线是具有电气连接的两个实体之间的预拉线，表示两个实体是相互连接的。网络飞线不是真正的连接导线，实际导线连接完成后飞线将消失。

2. 打开或关闭工作层

执行菜单“设计”→“PCB 层颜色”，屏幕弹出“板层和颜色设置”对话框，如图 4-12 所示。

在图中，去除各层后的“表示”复选框的选中状态可以关闭该层，选中则打开该层。若要打开所有正在使用的层，可以单击鼠标左键选中“选择使用的”复选框。

系统默认设置的工作层面为“Top Layer”和“Bottom Layer”，并设置为打开状态；默认机械层面为 Mechanical 1。

如果要增加信号层和电源层可以执行菜单“设计”→“层堆栈管理器”进行设置，如果要增加机械层面则去除图 4-12 中的“只显示有效的机械层”复选框，屏幕显示所有机械层，从中可以设置所需的机械层。

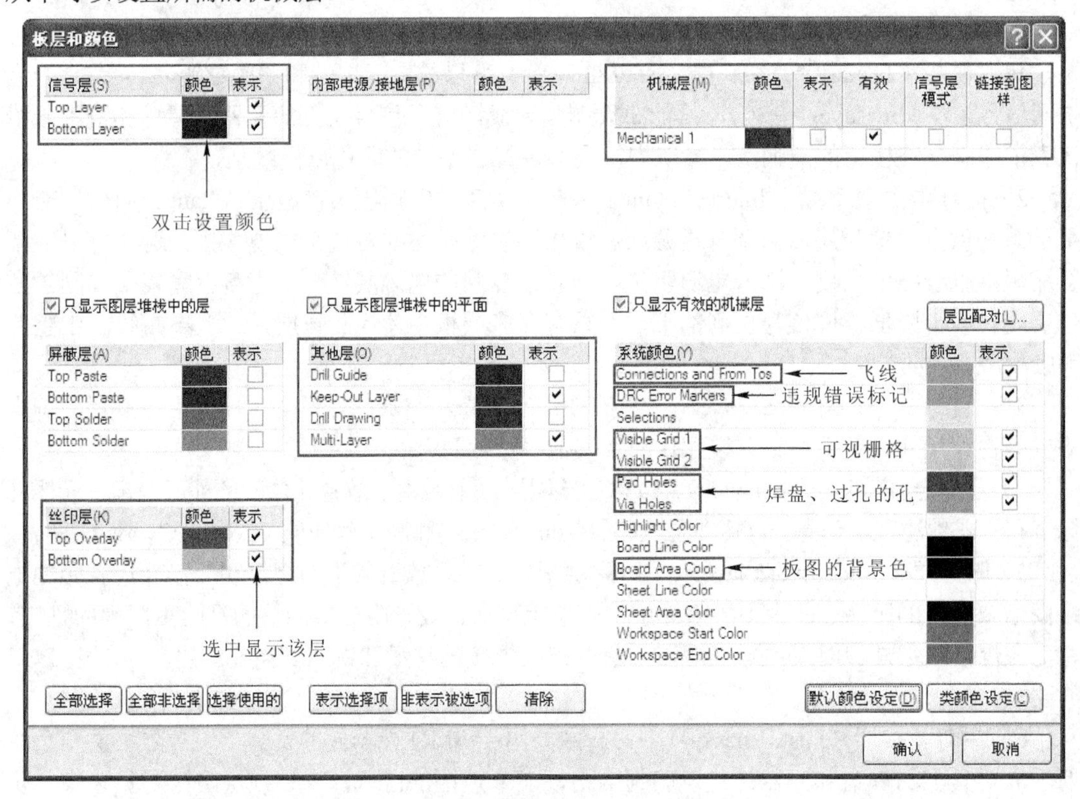

图 4-12 “板层和颜色”设置对话框

3. 设置工作层显示颜色

在 PCB 设计中，由于层数多，为区分不同层上的铜膜线，必须将各层设置为不同颜色。

在图 4-12 中，单击工作层名称右边的色块，系统弹出“选择颜色”对话框，在其中可以修改工作层的颜色。

在“系统颜色”区中，“Board Area Color”用于设置板图工作区的背景颜色；“Connections and From Tos”用于设置网络飞线的颜色，“DRC Error Makers”用于设置违规错误标记颜色。

一般情况下，使用系统默认的颜色，单击“默认颜色设定”按钮可恢复系统默认颜色。

4. 当前工作层选择

在进行布线时，必须先选择相应的工作层，然后再进行布线。

设置当前工作层可以用鼠标左键单击工作区下方工作层选项卡栏上的某一个工作层实现，如图 4-13 所示，图中选中的工作层为 Bottom Layer。

TopLayer BottomLayer Mechanical1 TopOverlay KeepOutLayer MultiLayer

图 4-13　设置当前工作层

当前工作层的转换也可以使用快捷键实现，按下小键盘上的〈*〉键，可以在所有打开的信号层间进行切换；按下小键盘上的〈+〉键和〈-〉键可以在所有打开的板层间进行切换。

4.3　简单 PCB 设计——单管放大电路

手工设计 PCB 是用户直接在 PCB 编辑器中根据原理图进行手工放置元器件、焊盘等，并进行线路连接的操作过程，这种方法适用于元器件较少的电路。

手工设计的一般步骤如下所述。

1）规划印制电路板，设置元器件库。

2）放置元器件、焊盘、过孔等图件。

3）元器件布局。

4）手工布线。

5）电路调整。

下面以如图 4-14 所示单管放大电路为例介绍手工布线方法。

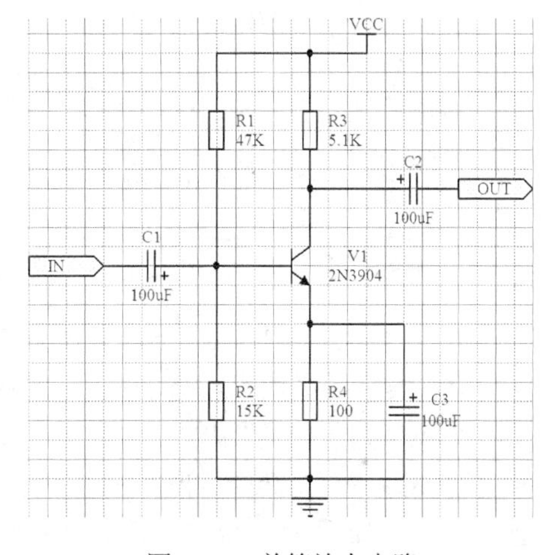

图 4-14　单管放大电路

图中有 3 类元器件，封装形式均在 Miscellaneous Device.IntLIB 库中，其中电阻的封装选择 AXIAL-0.4，晶体管的封装选择 BCY-W3/E4，电解电容的封装选择 CAPPR2-5x6.8。

PCB 尺寸为 50mm×40mm。

4.3.1　规划 PCB 尺寸

在进行 PCB 设计前首先需要规划 PCB 的外观形状和尺寸，大多数情况下 PCB 采用矩形。规划 PCB 实际上就是定义印制电路板的机械轮廓和电气轮廓。

印制电路板的机械轮廓是指印制电路板的物理外形和尺寸，机械轮廓定义在机械层上，比较合理的规划机械层的方法是在一个机械层上绘制印制电路板的物理轮廓，而在其他的机械层上放置物理尺寸、队列标记和标题信息等。

印制电路板的电气轮廓是指印制电路板上放置元器件和布线的范围，电气轮廓一般定义在禁止布线层（Keep Out Layer）上，是一个封闭的区域，一般的电路设计仅规划 PCB 的电气轮廓即可。

本例中先建立 PCB 文件“单管放大.PcbDoc”，采用公制规划尺寸，具体步骤如下所述。

1）执行菜单“设计”→“PCB 板选择项”，设置单位制为 Metric（公制）；设置可视栅格 1、2 分别为 1mm 和 10mm；捕获栅格 X、Y 和元器件网格 X、Y 均为 0.5mm，电气网格为

0.25mm，如图 4-15 所示。

2）执行菜单“设计”→“PCB 层次颜色”，设置显示可视栅格 1（Visible Grid1）。

3）执行菜单“工具”→“优先设定”，屏幕弹出“优先设定”对话框，选中“Display”选项，在“表示”区中选中“原点标记”复选框，显示坐标原点。

4）执行菜单“编辑”→“原点”→“设定”，在图样左下角定义相对坐标原点，设定后，沿原点往右为+X 轴，往上为+Y 轴。

5）用鼠标单击工作区下方选项卡中的 Keep-Out Layer，将当前工作层设置为 Keep Out Layer。

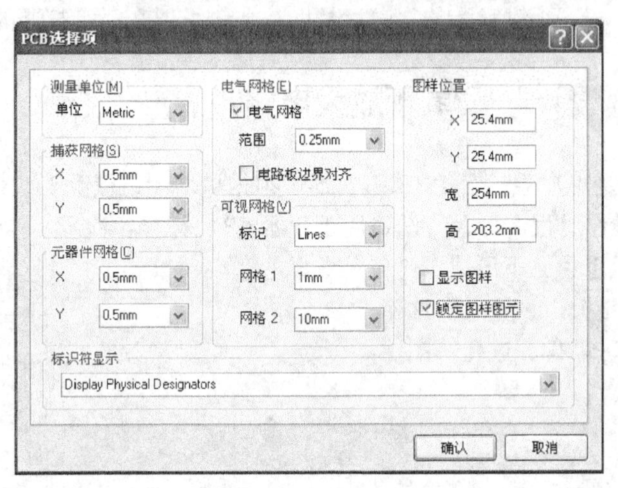

图 4-15　栅格设置

6）执行菜单“放置”→“直线”进行边框绘制，将光标移到坐标原点（0，0），单击鼠标左键，确定导线起点，移动鼠标到某位置，双击鼠标左键确定连线，采用同样方法继续连线，任意绘制一个矩形框。

7）定义为 50mm×40mm 的电气轮廓。双击矩形框下方的连线，屏幕弹出“导线”对话框，如图 4-16 所示，设置“开始”X 为 0、Y 为 0，“结束”X 为 50、Y 为 0，表示该线为以（0，0）为起点的 50mm 水平线。采用同样方法编辑其他 3 条导线，坐标依次为（50，0）、（50，40）；（0，40）、（50，40）及（0，0）、（0，40）。

至此 50mm×40mm 的闭合电气轮廓绘制完毕，如图 4-17 所示，此后放置元器件和 PCB 布线都要在此边框内部进行。

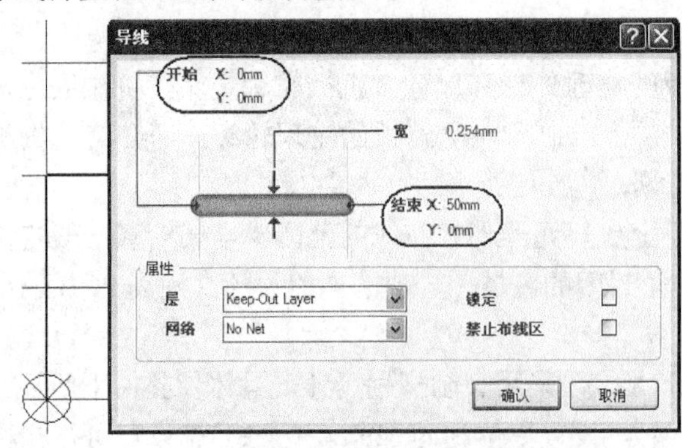

图 4-16　设置“导线”属性对话框

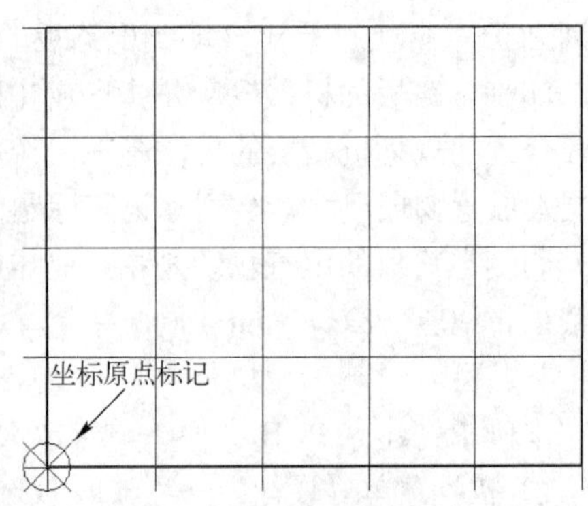

图 4-17　规划 PCB

4.3.2 放置焊盘、过孔和定位孔

1. 放置焊盘

焊盘有通孔式的，也有仅放置在某一层面上的贴片式（主要用于表面封装元器件），外形有圆形（Round）、正方形（Rectangle）和正八边形（Octagonal）等，如图 4-18 所示。

执行菜单“放置”→“焊盘”或单击放置工具栏上按钮◉，进入放置焊盘状态，移动光标到合适位置后，单击鼠标左键，放下一个焊盘，此时仍处于放置状态，可继续放置焊盘，每放置一个焊盘，焊盘编号自动加 1，放置完毕，单击鼠标右键，退出放置状态。

图 4-18　通孔式焊盘的 3 种基本形状

在焊盘处于悬浮状态时，按下键盘上的〈Tab〉键，调出“焊盘”属性对话框，如图 4-19 所示。在对话框中主要设置孔径、尺寸、形状、标识符（焊盘编号）、所在层、所在的网络、电气类型及焊盘的钻孔壁是否要镀铜等，一般自由焊盘的编号设置为 0。

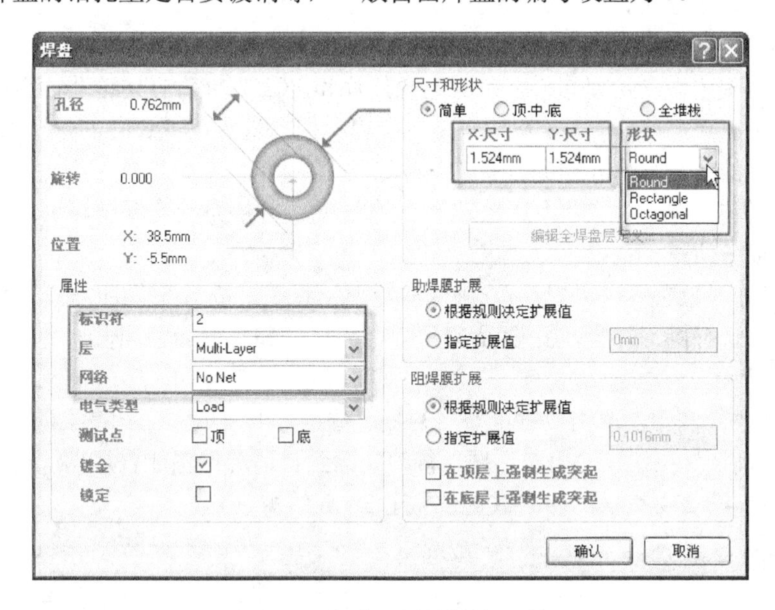

图 4-19　“焊盘”属性设置对话框

若要设置焊盘为表面封装的焊盘，将其“孔径”设置为 0，将“层”设置为所需的工作层，如顶层贴片焊盘选择 Top Layer，底层底层贴片焊盘则选择 Bottom Layer。

在自动布线中，必须对独立焊盘进行网络设置，这样才能完成布线。设置网络的方法为在图 4-19 中的“网络”下拉列表框中选定所需的网络。在没有网络的手工布线中，Net 下拉列表框中为 Not Net（没有网络）。

对于已经放置好的焊盘，双击焊盘也可以调出属性对话框。

用鼠标单击选中的焊盘，用鼠标左键点住控点，可以移动焊盘。

本例中，必须添加 6 个通孔式焊盘，其中输入 2 个焊盘、电源端及接地端 2 个焊盘，输出 2 个焊盘，以便与外部连接。

2. 放置过孔

过孔用于连接不同层上的印制导线，过孔有 3 种类型，分别是通透式（Multi-layer）、隐藏式（Buried）和半隐藏式（Blind）。通透式过孔导通底层和顶层，隐藏式过孔导通相邻内部层，半隐藏式过孔导通表面层与相邻的内部层。

执行菜单“放置”→“过孔”或用单击放置工具栏上按钮，进入放置过孔状态，移动光标到合适位置后，单击鼠标左键，放下一个过孔，此时仍处于放置过孔状态，可继续放置过孔。

在放置过孔状态下，按下键盘的〈Tab〉键，调出图 4-20 所示的“过孔”属性对话框，可以设置孔径、直径、过孔起始层和终止层及过孔所在网络等。

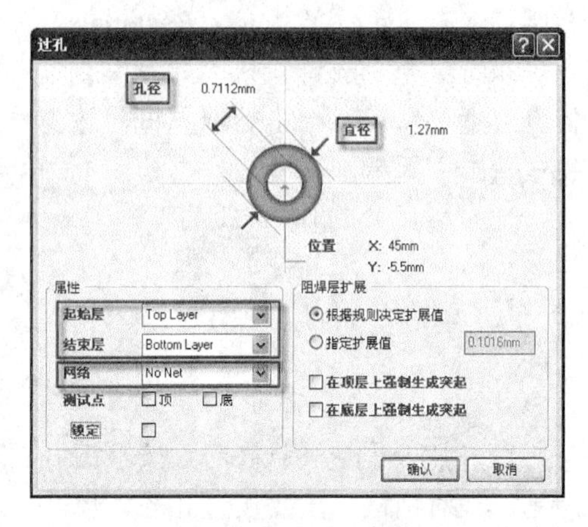

图 4-20 “过孔”属性对话框

本例中由于是单面板设计，无须使用过孔。

3. 制作螺钉孔等定位孔

在印制电路板中，经常要用螺钉来固定散热片和 PCB，或者打定位孔，它们与焊盘或过孔不同，一般无需导电部分。在实际设计中，可以利用放置焊盘或过孔的方法来制作螺钉孔。下面以放置焊盘的方法为例介绍螺钉孔的制作过程。

一般焊盘的里层是通孔的孔径，在孔壁上有覆铜，外层是一圈铜箔，利用它来制作螺钉孔的具体步骤如下所述。

1）执行菜单“放置”→“焊盘”，进入放置焊盘状态，按下键盘的〈Tab〉键，出现焊盘的属性对话框，选择圆形焊盘，并设置 X 尺寸、Y 尺寸和孔径为相同值，目的是不要表层铜箔，如图 4-21 所示。

2）在“属性”区中，取消“镀金”后的复选框，目的是取消在孔壁上的铜。

3）单击“确认”按钮，退出对话框，移动光标到合适的位置放置焊盘，此时放置的就是一个螺钉孔。图 4-22 中在板的四周放置了 4 个 3mm 的螺钉孔。

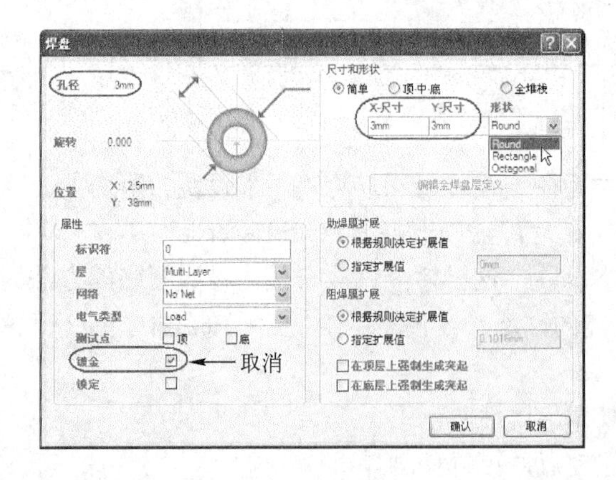

图 4-21 定义螺钉孔

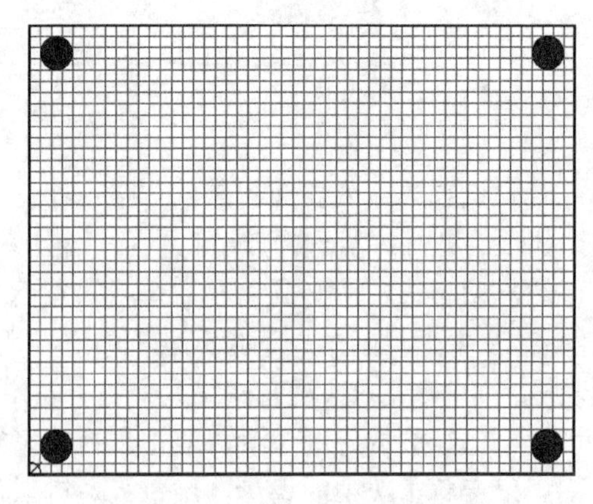
图 4-22 放置螺钉孔后的 PCB

螺钉孔也可以通过放置过孔的方法来制作，具体步骤与利用焊盘方法相似，只要在过孔的属性对话框中设置直径和孔径为相同值即可。

4.3.3 设置 PCB 元器件库

在进行 PCB 手工设计前，首先要知道使用的元器件封装在哪一个元器件库中，有些特殊的元器件可能系统的元器件封装库中没有提供，用户还必须使用系统提供的 PCB 元器件库编辑器自行设计元器件，并将这些元器件所在的库添加进当前库（Libraries）中，这样才能调用。

1. 设置元器件库显示封装名和封装图形

Protel DXP 2004 SP2 中元器件库“*.IntLib”是集成的，它将原理图元器件库和 PCB 元器件库集成在一起，包含元器件图形、元器件封装、元器件参数等信息，进入 PCB 设计系统后，元器件库默认显示原理图元器件库的信息。

用鼠标单击工作区右侧的“元件库”选项卡，系统弹出“元件库”面板，如图 4-23 所示，面板上显示集成库中原理图元器件库信息，如元器件名、元器件图形、参数及系统默认的元器件封装等。

用鼠标单击图 4-23 中的“…”按钮，屏幕弹出一个小窗口用于选择元器件库显示信息，如图 4-24 所示，去除“元件”复选框、选中“封装”复选框，单击“Close”按钮，屏幕显示图 4-25 所示的“元件库”面板，此时面板中显示的为元器件封装信息，可以通过面板放置元器件封装。

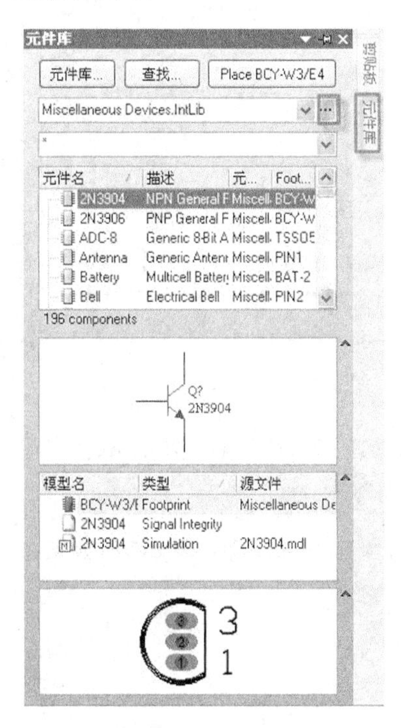

图 4-23 “元件库”面板

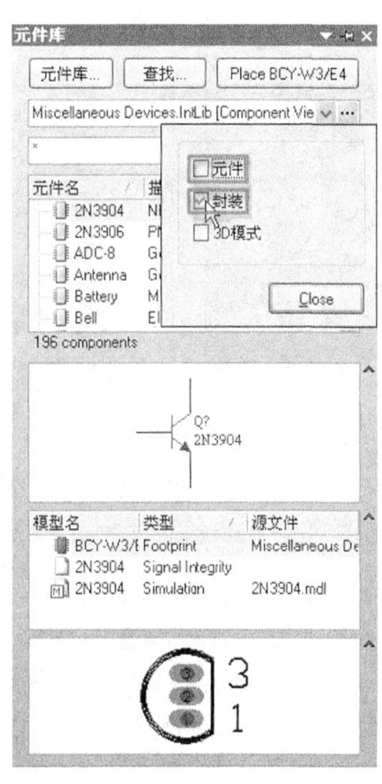

图 4-24 设置显示信息

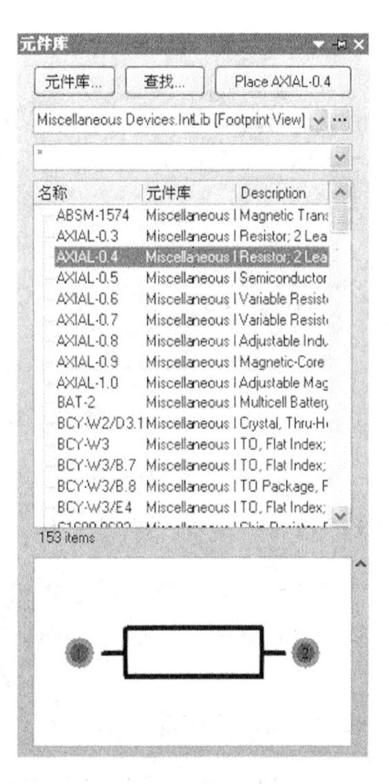

图 4-25 浏览封装信息

2. 加载元器件库

在 Protel DXP 2004 SP2 中，PCB 库文件一般集成在集成库中，文件的扩展名为“.IntLib”，在绘制完原理图后即可直接选择元器件的封装形式。该软件也提供了一些未集成的 PCB 库，文件的扩展名为“.PcbLib”，位于 Altium2004 SP2\Library\Pcb 目录下。

元器件封装也可以自行设计，调用自行设计的元器件封装时必须先加载自定义的元器件库。

安装元器件库的方法与原理图设计中的相同，可以单击图 4-23 中的“元件库”按钮进行元器件库设置，本例的元器件封装均在 Miscellaneous Device.IntLib 库中。

3. 设置指定路径下所有元器件库为当前库

有时不知道某些元器件封装所在的库和元器件封装的名字，可以通过设置路径的方式，将所有的库设置为当前库，以便从中查找所需的元器件封装图形和名称。

单击图 4-23 中的“元件库”按钮，屏幕弹出 “可用元器件库”对话框，选中“查找路径”选项卡，单击“路径”按钮，屏幕弹出图 4-26 所示的“PCB 项目选项”对话框。

单击图 4-26 中的“追加”按钮，屏幕弹出“编辑查找路径”对话框，单击“…”按钮，屏幕弹出“浏览文件夹”对话框，用于设置元器件库所在的路径，本例中路径选择“Altium2004 SP2\Library\Pcb”，如图 4-27 所示。

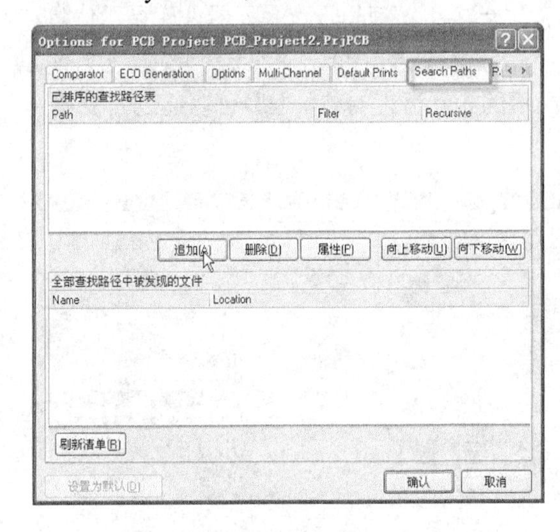

图 4-26 追加路径

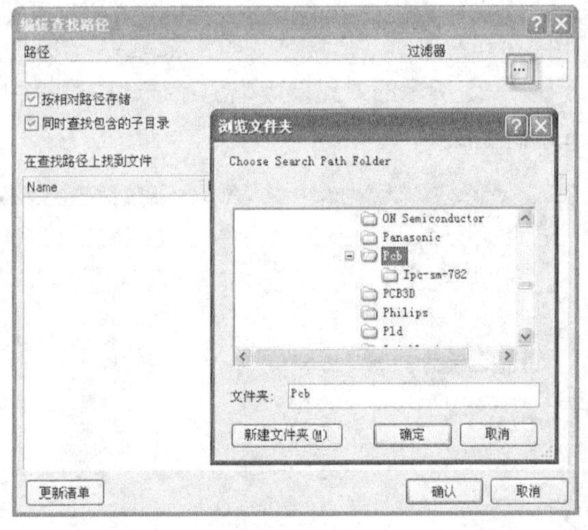

图 4-27 设置路径

选好路径后单击“确认”按钮完成设置，系统返回“编辑查找路径”对话框，单击“确认”按钮完成全部设置工作，将该目录下的元器件库设置成当前库。

注意：如果路径设置中选择“Altium2004 SP2\Library\Pcb”，只包含 PCB 封装库；如果选择“Altium2004 SP2\Library”，则包含集成元器件库和 PCB 封装库。

4.3.4 放置元器件封装

1. 通过菜单或相应按钮放置元器件

执行菜单“放置”→“元件”或单击配线工具栏上按钮，屏幕弹出“放置元件”对话框，如图 4-28 所示，以放置晶体管封装为例，在“封装”栏中输入元器件封装名，如图中的 BCY-W3/E4；在“标识符”栏中输入元器件标号，如图中的 V1；在“注释”栏中输入元器件的型号或标称值，如图中的 2N3904。参数设置完毕，单击“确认”按钮，将元器件移动到适当的位置单击鼠标左键放置元器件。

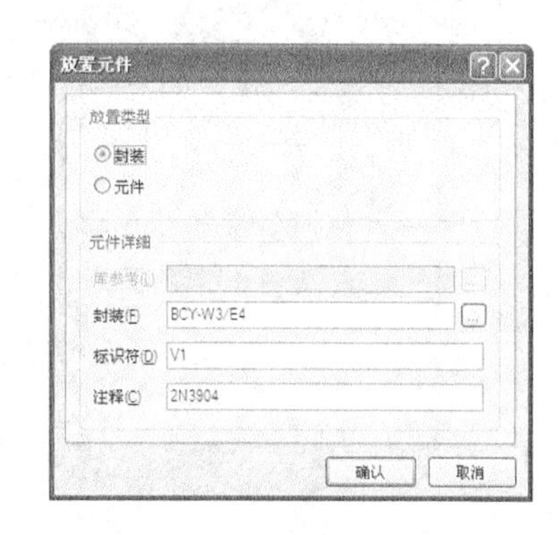

图 4-28 “放置元件”对话框

单击“封装”栏后的“…”按钮进行浏览，屏幕弹出浏览元器件对话框，可以浏览当前库中的所有元器件封装。

放置元器件后，光标上粘贴着一个相同的元器件，可继续放置元器件，标号自动加 1（如 V2）。

若要退出当前放置状态，单击鼠标右键，屏幕弹出“放置元件”对话框，可以设置要放置的新元器件封装；单击“取消”按钮则退出放置状态。

本例中，在图 4-22 所示的禁止布线区中，根据图 4-14 所示的单管放大电路，依次放置电阻 AXIAL-0.4，电解电容 CAPPR2-5×6.8 和晶体管 BCY-W3/E4，如图 4-29 所示。

2. 从元器件库中直接放置

有时在进行 PCB 设计时，不知道元器件封装名，可以通过“元件库”面板上的图形浏览窗逐个浏览元器件，并从中选择所需的封装，如图 4-30 所示。

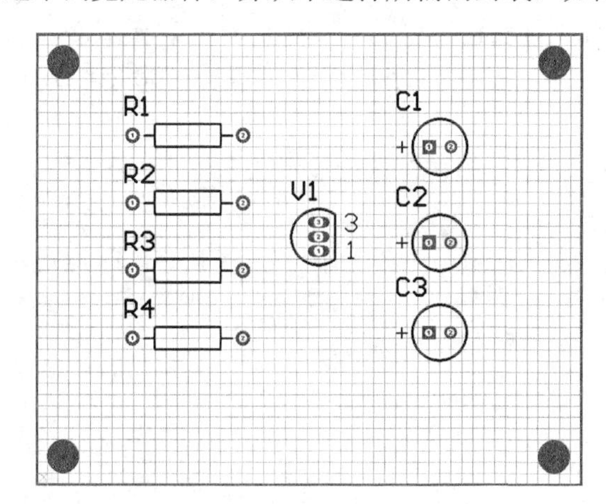

图 4-29 放置封装后的 PCB

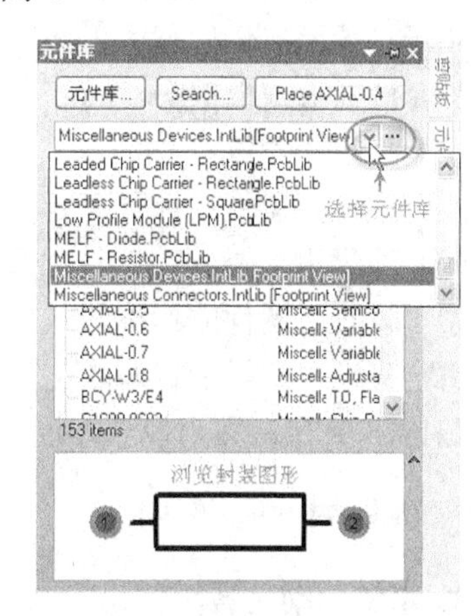

图 4-30 从元件库中放置元器件

用鼠标单击元器件库面板上方的下拉列表框按钮⌄，屏幕列出已经设置的所有元器件库，可在其中选择要浏览的元器件库。

选中元器件库后，下方的元器件名称和封装图形都会跟随着发生变化，此时可以用键盘上的〈↑〉键和〈↓〉键在其中逐个浏览所需的元器件封装。

选择好封装，单击右上角的放置按钮 Place AXIAL-0.4 ，放置元器件。（选择元器件后，放置按钮的“Place”后会自动加上元器件的封装名，如 AXIAL-0.4）

3. 设置元器件属性

双击元器件封装，屏幕弹出图 4-31 所示的属性对话框，可以进行元器件封装属性设置，主要内容如下所述。

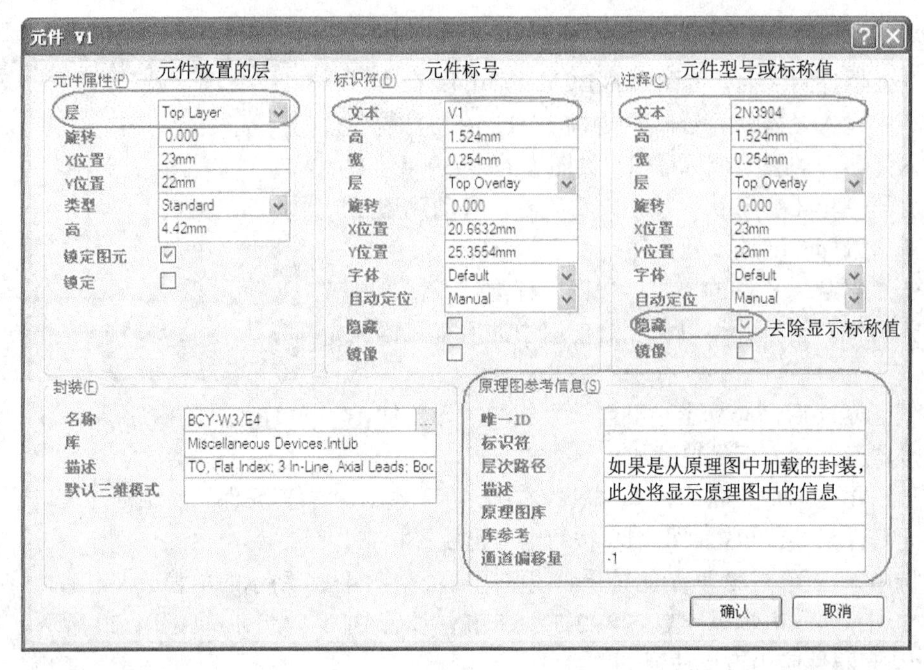

图 4-31　元器件封装属性设置

（1）元器件所在层设置

用于设置元器件放置的工作层，对于单面板，设置为顶层（Top Layer）；对于双面以上采用贴片元件的板则根据实际的放置情况，可设置为顶层（Top Layer）或底层（Bottom Layer）。

（2）标识符设置

用于设置元器件的标号，元器件标号必须是唯一的，默认为显示状态。

（3）注释设置

用于设置元器件的标称值或型号，默认状态为隐藏。一般为了便于 PCB 装配时识别元器件，需将其设置为显示状态。

根据图 4-14，逐个检查并设置好图 4-29 中元器件封装的属性。

4.3.5　元器件手工布局

1. 手工移动元器件

（1）用鼠标移动元器件

元器件移动有多种方法，比较快捷的方法是直接使用鼠标进行移动，即将光标移到元器件上，按住鼠标左键不放，将元器件拖动到目标位置。

（2）使用菜单命令移动元器件

执行菜单“编辑”→“移动”→“元件”，光标变为“十”字，移动光标到需要移动的元器件处，单击该元器件，移动光标即可将该元器件移动到所需的位置，单击鼠标左键放置元器件。

执行该命令后，在板上的空白处单击鼠标左键，屏幕弹出“选择元件”对话框，显示板上的元器件清单，在其中选择要移动的元器件后单击“确认”按钮选中元器件。此法在板上元器件数量比较多时便于查找元器件。

（3）拖动元器件和连线

对于已连接印制导线的元器件，有时希望移动元器件时，印制导线也跟着一起移动，则在进行移动前，必须进行拖动连线设置，使移动元器件时工作在拖动连线状态，设置方法如下所述。

执行菜单“工具”→“优先设定”，屏幕弹出“优先设定”对话框，选择“General”选项，在“其他”区的“元件移动”下拉列表框，选中“Connected Tracks”设定拖动连线。

此时执行菜单“编辑”→“移动”→“拖动”，可以实现元器件和连线的拖动。

（4）在 PCB 中快速定位元器件

在 PCB 较大时，查找元器件比较困难，此时可以采用“跳转到”命令进行元器件定位。

执行菜单“编辑”→“跳转到”→“元件”，屏幕弹出一个对话框，提示输入要查找的元器件标号，输入标号后，单击“确认”按钮，光标跳转到指定元器件上。

2. 旋转元器件

用鼠标单击选中元器件，按住鼠标左键不放，同时按下键盘的〈X〉键进行水平翻转；按〈Y〉键进行垂直翻转；按〈空格〉键进行指定角度旋转，旋转的角度可以通过执行菜单“工具”→“优先设定”进行设置，在弹出的对话框中选择“General”选项，在“其他”区的“旋转角度”栏中设置旋转角度，系统默认为 90°。

图 4-32 所示为布局调整后的 PCB 图。

3. 调整元器件标注

元器件布局调整后，往往元器件标注文字的位置过于杂乱，尽管并不影响电路的正确性，但电路的可读性差，在进行电路装配或维修时不易识别元器件，所以布局结束还必须对元器件标注进行调整。

元器件标注文字一般要求排列要整齐，文字方向要一致，不能将元器件的标注文字放在元器件的框内或压在焊盘或过孔上。元器件标注的调整采用移动和旋转的方式进行，与元器件的操作相似；修改标注尺寸可直接双击该标注文字，在弹出的对话框中修改“高”和“宽”的值。

在 Protel DXP 2004 SP2 中，系统默认的注释是处于隐藏状态，实际使用时为了便于读图，应将其设置为显示状态。双击要修改的元器件，屏幕弹出如图 4-31 所示的“元器件属性”对话框，在“注释”区取消“隐藏”即可。

图 4-32 所示的元器件布局图中，元器件的标注文字未调好，为保证 PCB 的可读性，必须手工移动好元器件的标注，经过调整标注后的电路布局如图 4-33 所示。

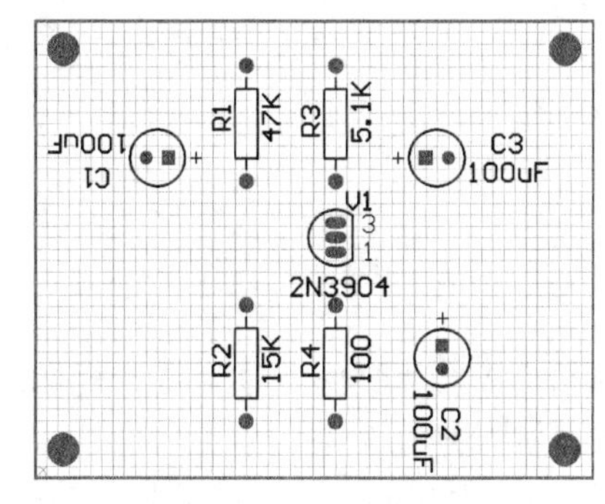

图 4-32　元器件布局图

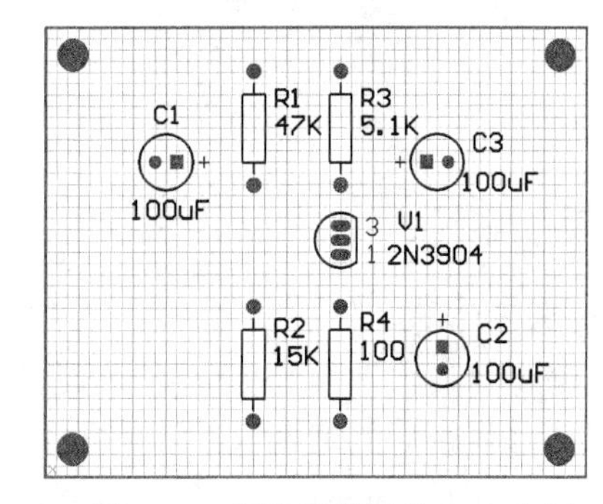

图 4-33　标注调整后的 PCB 布局

4.3.6 3D 预览

Protel DXP 2004 SP2 提供有 3D 预览功能，可以在计算机上直接预览 PCB 的设计效果，根据预览的情况可以重新调整元器件布局。3D 预览是以系统默认的 PCB 的形状进行显示的，为保证 3D 预览的效果，一般要将 PCB 的形状定义与电气边框一致。

执行菜单“设计”→“PCB 形状”→“重新定义 PCB 形状”，屏幕出现“十”字光标，移动鼠标到电气边框的顶点，单击鼠标左键确定起点，依次移动到电气边框的其他顶点单击鼠标左键确定画线，根据电气边框重新定义与电气边框相同 PCB 形状。

PCB 形状设计完毕就可以开始显示 3D 印制电路板。

执行菜单“查看”→“显示三维 PCB”，对印制电路板进行 3D 预览，系统自动产生 3D 预览文件，如图 4-34 所示，图中晶体管 V1 在 PCB3D 库中没有元器件模型，故未显示晶体管的 3D 图形。

图 4-34 调整好布局的 3D 预览图

单击工作区面板的“PCB3D”选项卡打开 PCB3D 面板，在“显示”区选中“元器件”显示元器件，选中“丝印层”显示丝印层，选中“铜”显示敷铜层，选中“文本”显示标注文字，选中“电路板”显示印制电路板。拖动视图小窗口的坐标轴可以旋转 PCB 的 3D 视图，如图 4-35 所示。

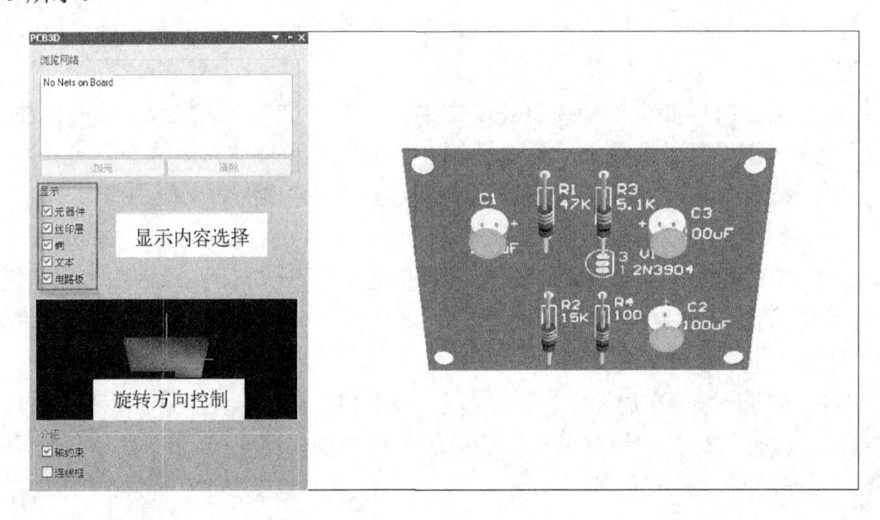

图 4-35 3D 显示控制

4.3.7 手工布线

1. 设置工作层

执行菜单“设计”→“PCB 层次颜色”，屏幕弹出“板层和颜色”对话框，在要设置为显示状态的工作层中后的“表示”复选框内单击打勾，选中该层。

本例中采用单面布线，元器件采用通孔式元器件，故选中 Bottom Layer（底层）、Top Overlay

（顶层丝网层）、Keep-out Layer（禁止布线层）及 Multi-Layer（焊盘多层）。

PCB 单面布线的布线层为 Bottom Layer，故在工作区的下方单击“Bottom Layer”选项卡，将工作层设置为 Bottom Layer，以便在其上进行布线。

2. 为手工布线设置栅格

在进行手工布线时，如果栅格的设置不合理，布线可能出现锐角，或者印制导线无法连接到焊盘中心，因此必须合理地设置捕获栅格尺寸。

设置捕获栅格尺寸可以在电路工作区中单击鼠标右键，在弹出的菜单中选择“捕获栅格”子菜单，从中可以选择捕获栅格尺寸，本例中选择 0.500mm。

3. 通过“放置直线”的方式布线

在 Protel DXP 2004 SP2 的 PCB 设计中，有两种放置印制导线的方式，即放置直线布线和交互式布线，它们的适用场合和操作方式不同，交互式布线需要网络配合，本例中无网络，故不能使用交互式布线。

通过“放置直线”方式放置的印制导线可以放置在 PCB 的信号层和非信号层上，当放置在信号层上时，就具有电气特性，称为印制导线；当放置在其他层时，代表无电气特性的绘图标志线，在规划印制电路板尺寸时就是采用这种方式放置导线。

执行菜单“放置”→“直线”，进入放置 PCB 导线状态，系统默认放置线宽为 10mil 的连线，若在放置连线的初始状态时，单击键盘上的〈Tab〉键，屏幕弹出如图 4-36 所示的“线约束”对话框，在其中可以修改线宽和线的所在层。修改线宽后，其后均按此线宽放置导线。

图 4-36 线宽设置

单击鼠标左键定下印制导线起点，移动光标，拉出一条线，到需要的位置后再次单击鼠标左键，即可定下一条印制导线，若要结束连线，单击鼠标右键，此时光标上还呈现“十”字，表示依然处于连线状态，还可以再决定另一个线条的起点，如果不再需要连线，再次单击鼠标右键，结束连线操作，如图 4-37 所示。

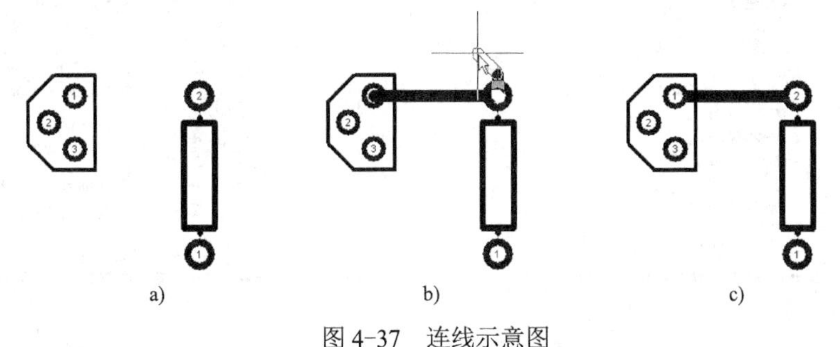

图 4-37 连线示意图

a) 连线前 b) 连线后，光标上继续连着线条 c) 完成连线的线条

在放置印制导线过程中，同时按下〈Shift〉+〈空格〉键，可以切换印制导线转折方式，共有 6 种，分别是 45°、弧线、90°、圆弧角、任意角度和 1/4 圆弧转折，如图 4-38 所示。

本例中设计的是单面板，故布线层为Bottom Layer（底层），印制导线的线宽设置为1.2mm，为熟悉布线转弯方式，采用了 45°、圆弧角和 1/4 圆弧 3 种转折方式。

本例中为信号输入、信号输出和电源添加了 6 个焊盘，用于与外部链接，其中接地焊盘采用圆形焊盘，其他焊盘采用方形焊盘。手工布线后的电路如图 4-39 所示。

在 Protel DXP 2004 SP2 中，系统设置了在线 DRC 检查，默认布线必须有网络表，而本例中 PCB 的设计是没有通过网络表进行，因此在连线时，导线会高亮显示，提示违反规则，此时可以将 DRC 错误标记设置为不显示，设置方法为：执行菜单"设计"→"PCB 层次颜色"，在弹出的窗口中去除"DRC Error Markers"后的复选框。

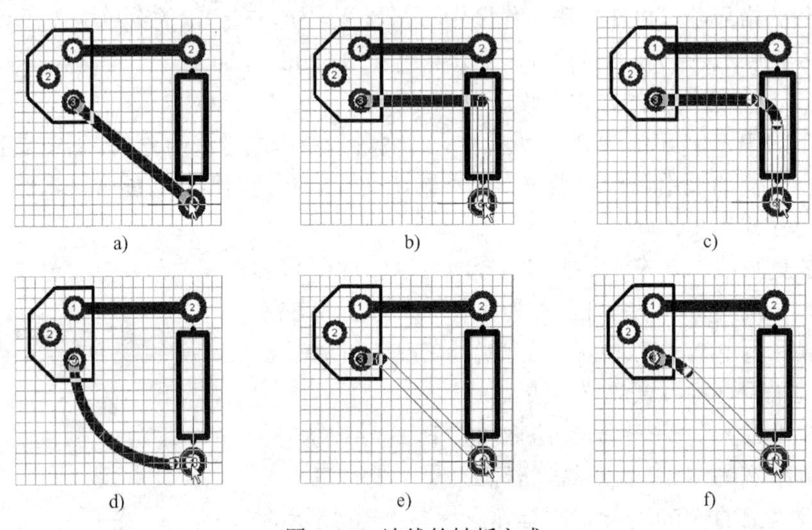

图 4-38　连线的转折方式

a) 任意角度转折　b) 90°转折　c) 圆弧角转折　d) 1/4 圆弧转折　e) 45°转折　f) 弧线转折

在 PCB 设计中一般要求焊盘要比线宽，本例中焊盘偏小，可以通过全局修改将阻容的焊盘的"X-尺寸"和"Y-尺寸"全部改为 1.6mm，晶体管的焊盘间的间距较小，故其"X-尺寸"设置为 2mm，"Y-尺寸"设置为 1mm。修改焊盘并减小标注文字尺寸后的 PCB 如图 4-40 所示。

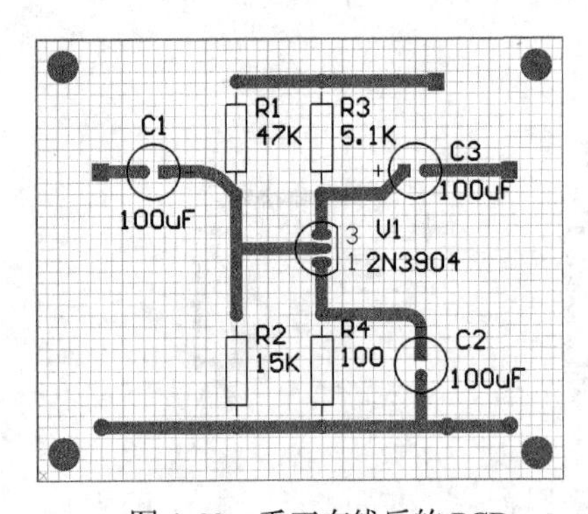

图 4-39　手工布线后的 PCB

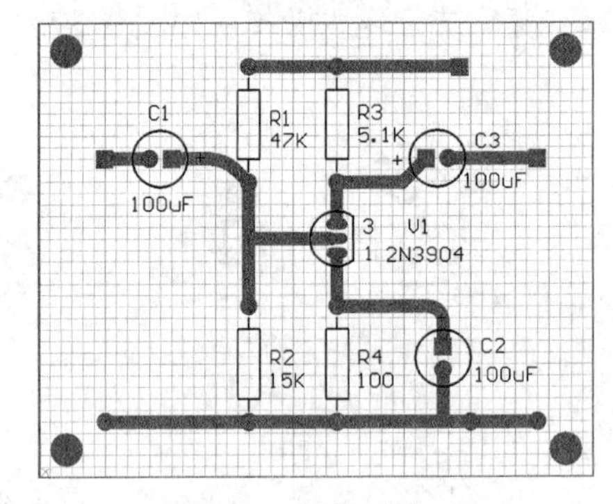

图 4-40　调整后的 PCB

4. 编辑印制导线属性

双击 PCB 中的印制导线，屏幕弹出图 4-41 所示的印制"导线"属性对话框，在其中可以修改印制导线的属性。

"宽"设置印制导线的线宽；"层"下拉列表框设置印制导线所在层，本例为单面板，选择 Bottom Layer；"网络"下拉列表框用于选择印制导线所属的网络，在手工布线，由于不存在网络，所以是 No Net（在自动布线中，由于装载了网络，可以在其中选择具体的网络名）；“锁定”复选框用于设置铜膜是否锁定，锁定后的连线在移动时，屏幕会弹出一个对话框提示是否确认移动。所有设置修改完毕，单击“确认”按钮结束。

5. 放置填充区

在印制电路板设计中，一般地线要加宽一些，加宽地线可以可以执行菜单“放置”→“矩形填充”，在相应地线位置单击鼠标左键定义矩形填充区的起始位置，移动鼠标拉出一个合适的矩形填充区后再次单击鼠标左键确认放置。

本例中在地线上放置高度为 2.5mm 的填充区，至此单管放大电路 PCB 设计完毕，如图 4-42 所示。

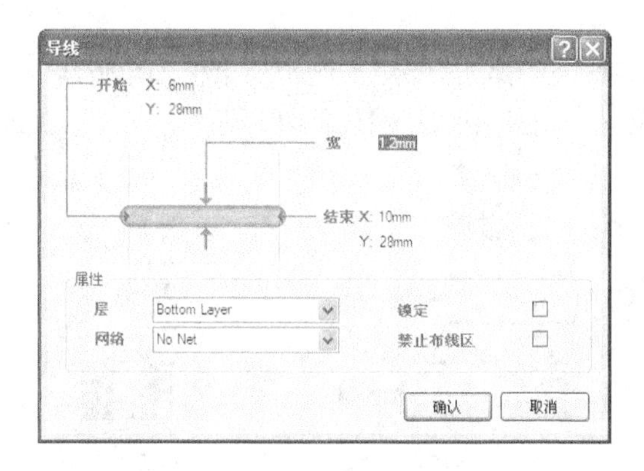

图 4-41 “导线”属性设置对话框

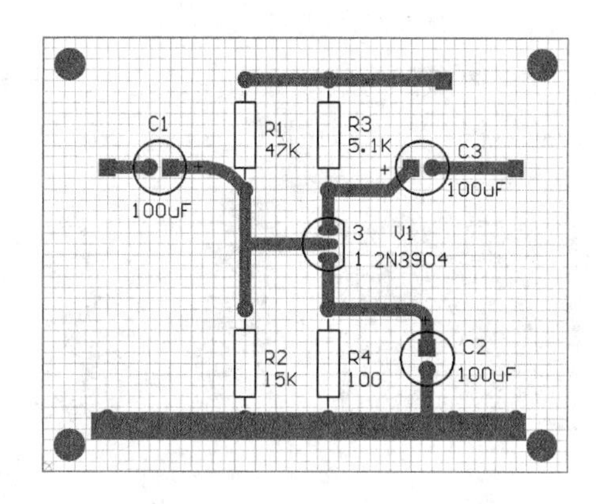

图 4-42 加宽地线后的 PCB

4.4 PCB 元器件封装设计

PCB 元器件封装通常习惯称为封装形式（Footprint），简称为封装。PCB 封装实际上就是由元器件外观和元器件引脚组成的图形，它们大都由两部分组成：外形轮廓和元器件引脚，仅仅是空间的概念。外形轮廓在 PCB 上是以丝网的形式体现，元器件引脚在 PCB 上是以焊盘的形式体现。因此，各引脚的间距就决定了该元器件相应焊盘的间距，这与原理图元器件图形的引脚是不同的。例如：一个 1/8W 的电阻与一个 1W 的电阻在原理图中的元器件图形是没有区别的，而其在 PCB 中元器件却有外形轮廓的大小和焊盘间距的大小之分。

设计印制电路板需要用到元器件的封装，虽然 Protel DXP 2004 SP2 中提供了大量的元器件集成库和元器件封装库，但随着电子技术的迅速发展，新型元器件层出不穷，不可能由元器件库全部包容，这就需要用户自己设计元器件的封装。

4.4.1 认知元器件封装形式

1. 设计元器件封装前的准备工作

在开始设计封装之前，首先要做的准备工作是收集元器件的封装信息。

封装信息主要来源于元器件生产厂家提供的用户手册。如果没有所需元器件的用户手册，可以上网查找元器件信息，一般通过访问该元器件的厂商或供应商网站可以获得相应信息，在查找中也可以通过搜索引擎进行。

如果有些元器件找不到相关资料，则只能依靠实际测量，一般要配备游标卡尺，测量时要准确，特别是引脚间距。标准的元器件封装的轮廓设计和引脚焊盘间的位置关系必须严格按照实际的元器件尺寸进行设计的，否则在装配印制电路板时可能因焊盘间距不正确而导致元器件不能安装到印制电路板上，或者因为外形尺寸不正确，而使元器件之间发生相互干涉。若元器件的外形轮廓画得太大，浪费了 PCB 的空间；若画得太小，元器件则可能无法安装。

2. 常用元器件及其封装形式

电子元器件种类繁多，对应的封装形式复杂多样。对于同种元器件可以有多种不同的封装形式，不同的元器件也可以采用相同的封装形式，因此在选用封装时要根据 PCB 的要求和元器件的实际情况进行选择。

（1）固定电阻

固定电阻的封装尺寸主要决定于其额定功率及工作电压等级，这两项指标的数值越大，电阻的体积就越大，电阻常见的封装有通孔式和贴片式两类，如图 4-43 所示。

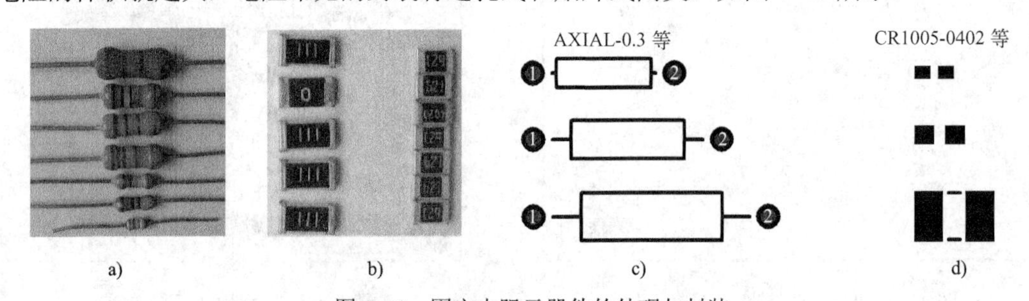

图 4-43 固定电阻元器件的外观与封装

a) 通孔式电阻 b) 贴片电阻 c) 通孔式封装 d) 贴片式封装

在 Protel DXP 2004 SP2 中，通孔式的电阻封装常用 AXIAL-0.3～AXIAL-1.0，贴片式电阻封装常用 CR1005-0402～CR6332-2512。

（2）二极管

常见的二极管的尺寸大小主要取决于额定电流和额定电压，从微小的贴片式、玻璃封装、塑料封装到大功率的金属封装，尺寸相差很大，如图 4-44 所示。

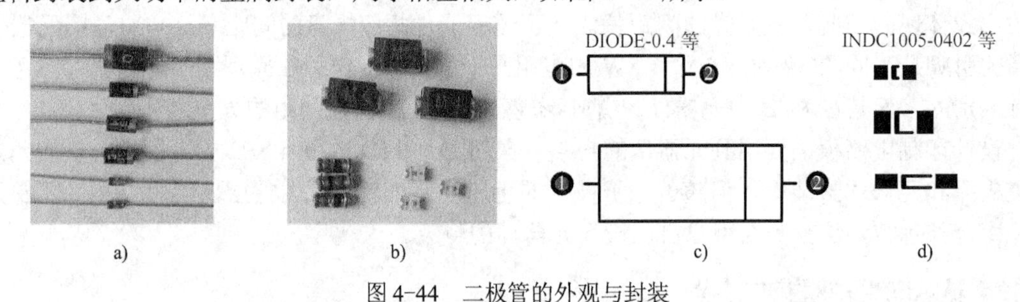

图 4-44 二极管的外观与封装

a) 通孔式二极管 b) 贴片式二极管电阻 c) 通孔式封装 d) 贴片式封装

在 Protel DXP 2004 SP2 中，通孔式的二极管封装常用 DIODE-0.4、DIODE-0.7，贴片式二极管封装常用 INDC1005-0402～INDC4510-1804。

（3）发光二极管与 LED 七段数码管

发光二极管与 LED 数码管主要用于状态显示和数码显示，其封装差别较大，Protel DXP

2004 SP2 中提供了大量的封装，如不能符合需求，则要自行设计，常用外观如图 4-45 所示。

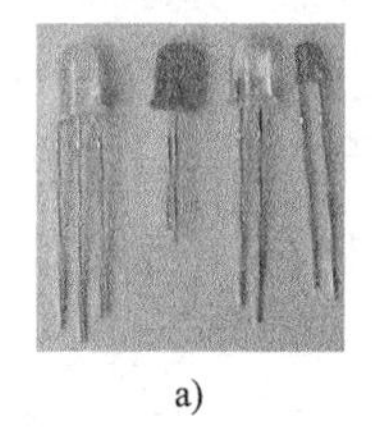

a)

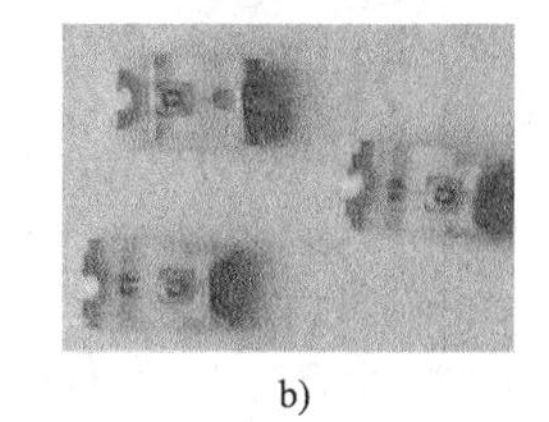

b)

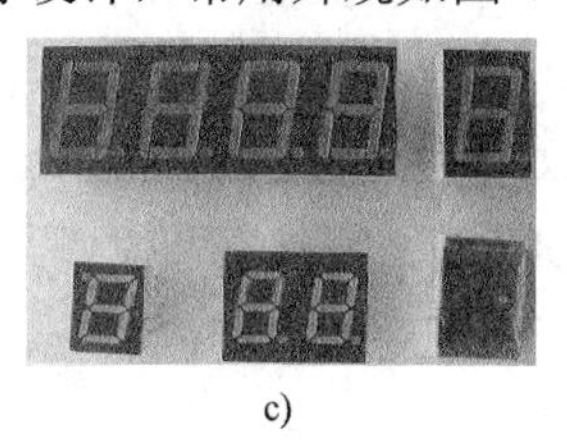

c)

图 4-45 发光二极管和 LED 数码管的外观

a) 通孔式发光二极管 b) 贴片式发光二极管 c) LED 数码管

在 Protel DXP 2004 SP2 中，通孔式的发光二极管封装常用 LED-0、LED-1，贴片式发光二极管封装常用 SMD_LED、DSO-C2/D5.6～DSO-F4/E3.2 等。数码管的封装常用 LEDDIP-10(140～LEDDIP-9(10)/C7.62 等，如图 4-46 所示。

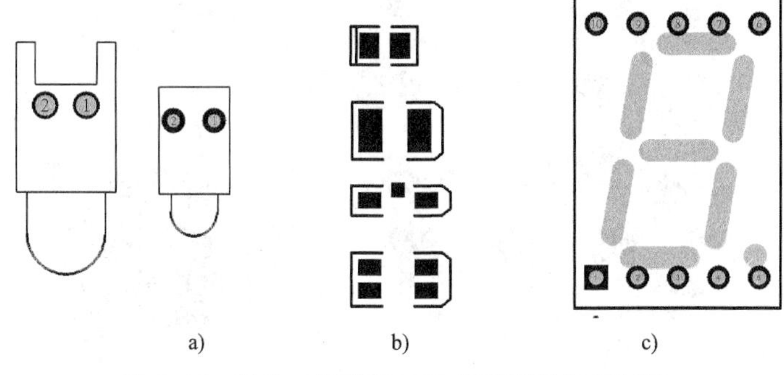

a) b) c)

图 4-46 发光二极管和 LED 数码管的常用封装

a) 通孔式发光二极管 b) 贴片式发光二极管 c) LED 数码管

（4）电容

电容主要参数为容量及耐压，对于同类电容而言，体积随着容量和耐压的增大而增大，常见的外观为圆柱形、扁平形和方形，常用的封装有通孔式和贴片式，电容的外观如图 4-47 所示。

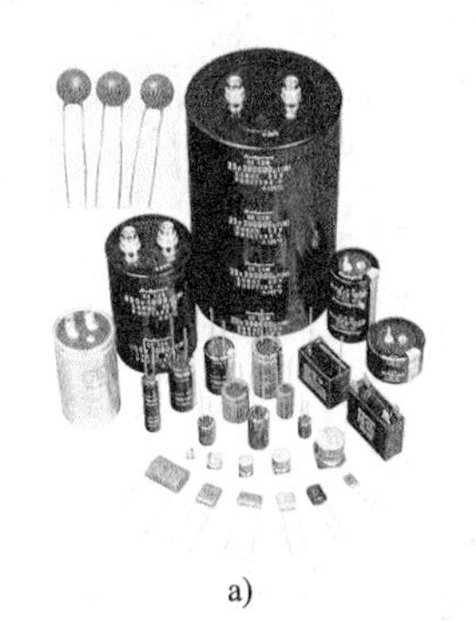

a)

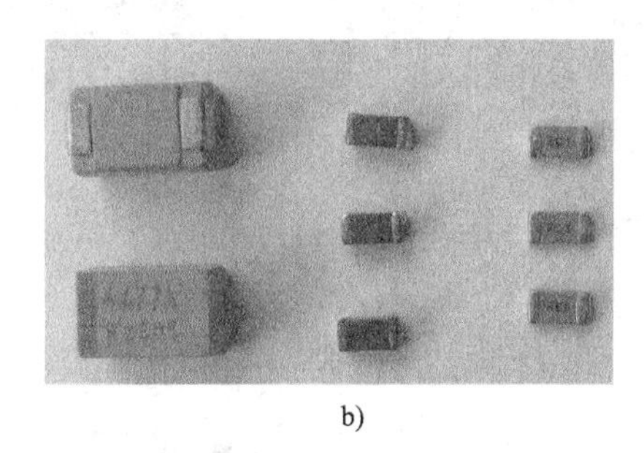

b)

c)

图 4-47 电容的外观

a) 通孔式电容 b) 贴片式钽电容和无极性电容 c) 贴片式电解电容

在 Protel DXP 2004 SP2 中，通孔式的圆柱形极性电容封装常用 RB7.6-15、CAPPR1.27-1.78×4.06～CAPPR7.5-18×9.8，方形形极性电容封装常用 CAPPA14.05-10.5×6.3～CAPPA57.3-51×30.5，圆柱形无极性电容封装常用 RB7-10.5、CAPNR2-5×11～CAPNR7.5-18×35.5，无极性方形电容封装常用 RAD-0.1～RAD-0.4；贴片式电容封装常用 CC1405-0402～

CC7238-2815 等，如图 4-48 所示。图中*代表字母或数字，下同。

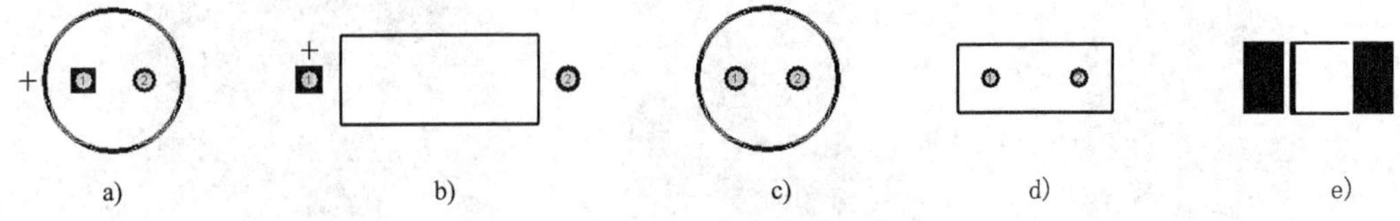

图 4-48　电容的常用封装

a) CAPPR*-*×*　b) CAPPA*-*×*　c) CAPNP*-*×*　d) RAD-0.1 等　e) CC1005-0402 等

（5）晶体管/场效应晶体管/晶闸管

晶体管/场效应晶体管/晶闸管同属于晶体管，其外形尺寸与器件的额定功率、耐压等级及工作电流有关，常用的封装有通孔式和贴片式，常见外观如图 4-49 所示。

图 4-49　晶体管/场效应晶体管/晶闸管的外观

在 Protel DXP 2004 SP2 中，通孔式的晶体管/场效应晶体管/晶闸管封装常用 BCY-W3/*、TO-92、TO-39、TO-18、TO-52、TO-220、TO-3；贴片式封装常用 SOT*、SO-F*/*、SO-G3/*、TO-263、TO-252、TO-368 等，如图 4-50 所示。

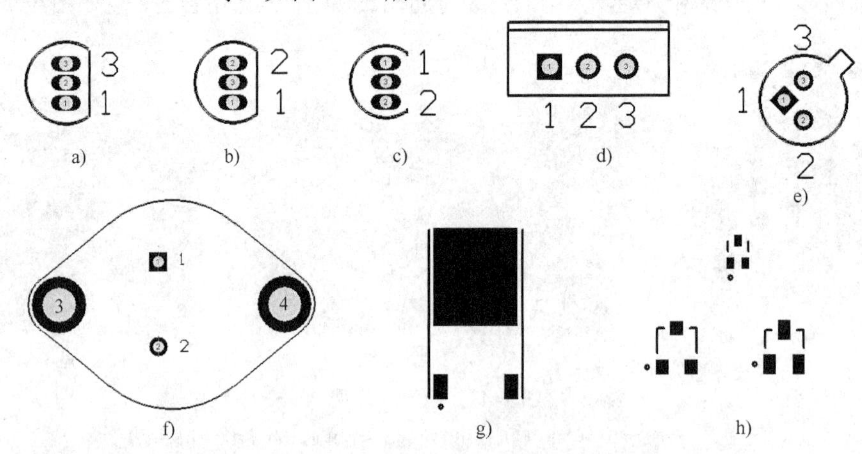

图 4-50　晶体管/场效应晶体管/晶闸管的常用封装

a) BCY-W3 等　b) BCY-W3/132　c) BCY-W3/231　d) TO-220 等　e) TO-39 等　f) TO-3　g) TO-263 等　h) SOT23 等

（6）集成电路

集成电路是线路设计中常用的一类元器件，品种丰富、封装形式也多种多样。在 Protel

DXP 2004 SP2 的集成库中包含了大部分集成电路的封装，以下介绍几种常用的封装。

1）DIP（双列直插式封装）。

DIP 为目前最普及的集成块封装形式，引脚从封装两侧引出，贯穿 PCB，在底层进行焊接，封装材料有塑料和陶瓷两种。一般引脚中心间距为 100mil，封装宽度为 300mil、400mil 和 600mil 3 种，引脚数为 4～64，封装名一般为 DIP-*或 DIP*。制作时应注意引脚数、同一列引脚的间距及两排引脚间的间距等，图 4-51 所示为 DIP 元器件外观和封装图。

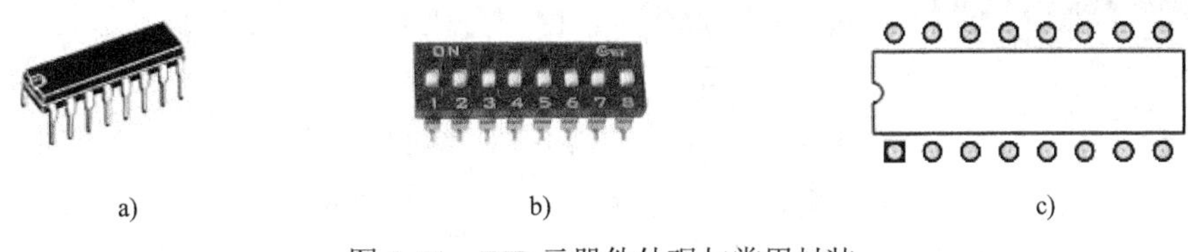

a)　　b)　　c)

图 4-51　DIP 元器件外观与常用封装

a) DIP 元器件　b) DIP 开关　c) DIP 封装

2）SIP（单列直插式封装）。

SIP 封装的引脚从封装的一侧引出，排列成一条直线，一般引脚中心间距为 100mil，引脚数为 2～23，封装名一般为 SIP-*或 SIP*，图 4-52 所示为 SIP 元器件外观和封装图。

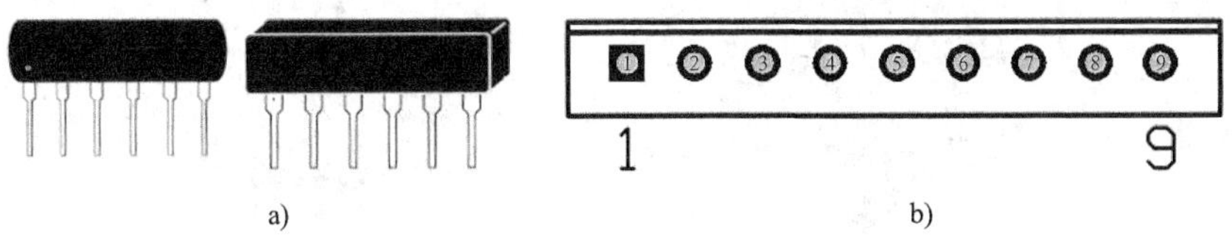

a)　　b)

图 4-52　SIP 元器件外观与常用封装

a) SIP 元器件　b) SIP 封装

3）SOP（双列小贴片封装，也称为 SOIC）。

SOP 是一种贴片的双列封装形式，引脚从封装两侧引出，呈 L 字形，封装名一般为 SOP-*、SOIC*。几乎每一种 DIP 封装的芯片均有对应的 SOP 封装，与 DIP 封装相比，SOP 封装的芯片体积大大减少，图 4-53 所示为 SOP 元器件外观与封装图。

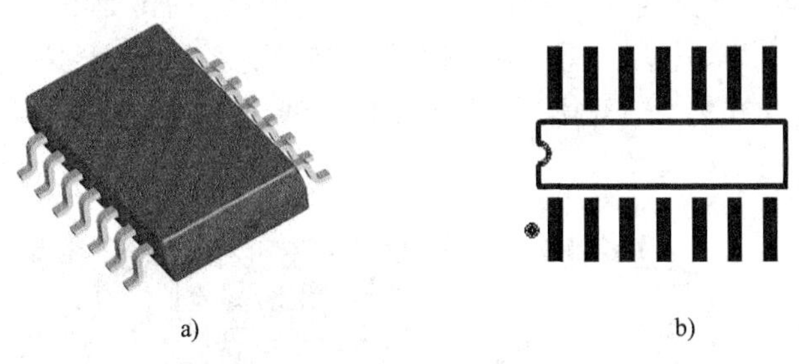

a)　　b)

图 4-53　SOP 元器件外观与常用封装

a) SOP 元器件　b) SOP 封装

4）PGA（引脚栅格阵列封装）、SPGA（错列引脚栅格阵列封装）。

PGA 是一种传统的封装形式，其引脚从芯片底部垂直引出，且整齐地分布在芯片四周，早期的 80X86CPU 均是这种封装形式。SPGA 与 PGA 封装相似，区别在于其引脚排列方式为错开排列，利于引脚出线，封装名一般为 PGA*，图 4-54 所示为 PGA 元器件外观及 PGA、SPGA 封装图。

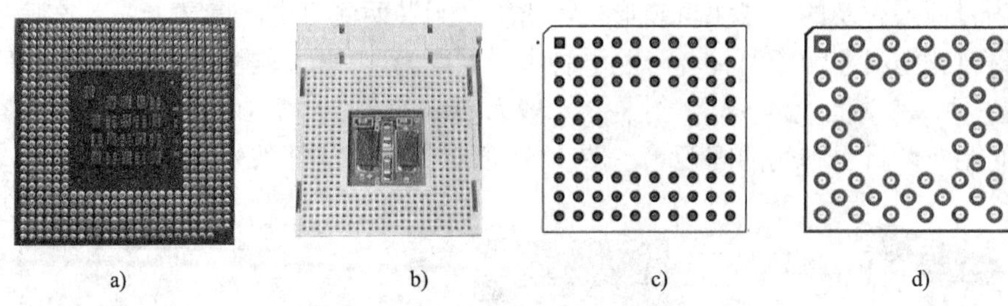

图 4-54　PGA 元器件外观与常用封装

a) PGA 元器件　b) PGA 底座　c) PGA 封装　d) SPGA 封装

5）PLCC（无引出脚芯片封装）。

PLCC 是一种贴片式封装，这种封装的芯片的引脚在芯片的底部向内弯曲，紧贴于芯片体，从芯片顶部看下去，几乎看不到引脚，如图 4-55 所示，封装名一般为 PLCC*。

这种封装方式节省了制板空间，但焊接困难，需要采用回流焊工艺，要使用专用设备。

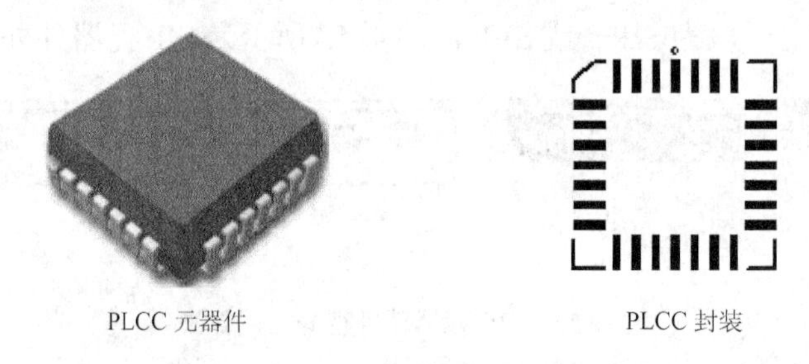

PLCC 元器件　　PLCC 封装

图 4-55　PLCC 元器件外观与常用封装

6）QUAD（方形贴片封装）。

QUAD 为方形贴片封装，与 LCC 封装类似，但其引脚没有向内弯曲，而是向外伸展，焊接比较方便。封装主要包括 PQFP*、TQFP*及 CQFP*等，如图 4-56 所示。

7）BGA（球形栅格阵列封装）。

BGA 为球形栅格阵列封装，与 PGA 类似，主要区别在于这种封装中的引脚只是一个焊锡球状，焊接时熔化在焊盘上，无需打孔，如图 4-57 所示。同类型封装还有 SBGA，与 BGA 的区别在于其引脚排列方式为错开排列，利于引脚出线。BGA 封装主要包括 BGA*、FBGA*、E-BGA*、S-BGA*及 R-BGA*等。

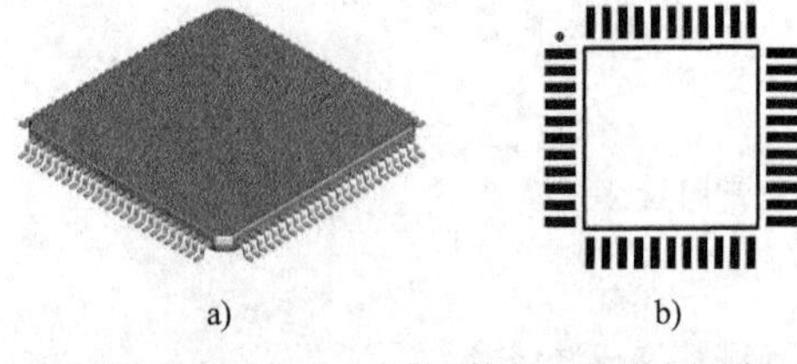

图 4-56　QUAD 元器件外观与常用封装

a) QUAD 元器件　b) QFP 封装

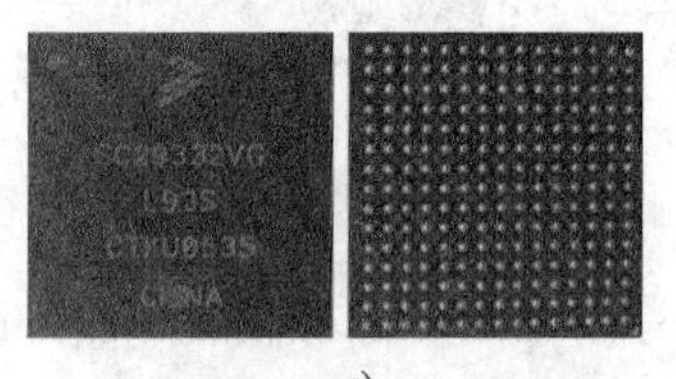

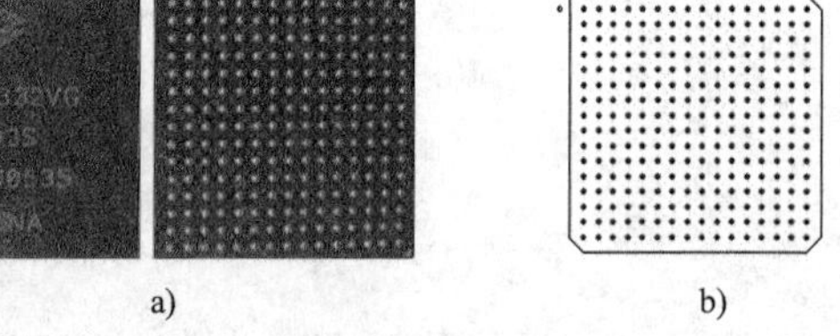

图 4-57　QUAD 元器件外观与常用封装

a) BGA 元器件　b) BGA 封装

3. 封装的正确使用

相同的元器件封装只代表了元器件的外观是相同的，焊盘数目是相同的，但并不意味着可以简单互换。如晶体管 2N3904，它有通孔式的，也有贴片式的，元器件引脚排列有 EBC 和 ECB 两种，显然在 PCB 设计时，必须根据使用元器件管型选择所用的封装类型，否则会出现引脚错误问题，如图 4-58 所示。

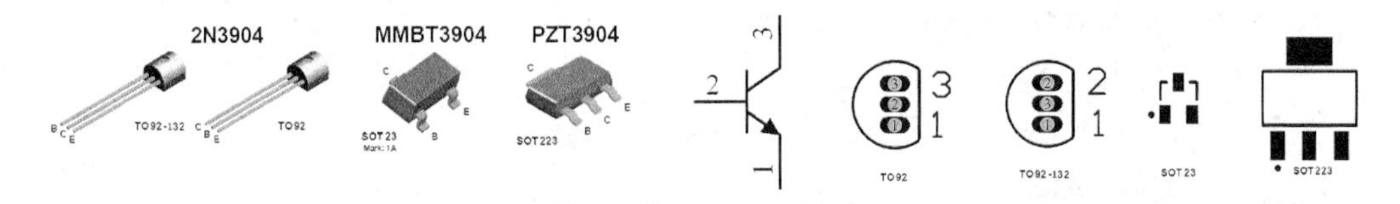

图 4-58　2N3904 的封装使用

一般如果对元器件封装不熟悉，可以先上网查找元器件的封装资料，然后根据实际元器件确定具体的封装应用。

虽然 Protel DXP 2004 SP2 中提供了大量的封装，但是封装的选用不能局限于系统提供的库，实际应用时经常根据 PCB 的具体要求自行设计元器件封装。如电阻的封装，库中提供的 AXIAL-0.3～AXIAL-1.0 都是卧式封装，有些 PCB 中为节省空间，可以采用立式封装，则需自行设计，一般间距为 100mil，可命名为 AXIAL-0.1。

4.4.2　创建 PCB 元器件库

进入 Protel DXP 2004 SP2，建立 PCB 项目文件，执行菜单“文件”→“创建”→“库”→“PCB 库”，打开 PCB 库编辑窗口，如图 4-59 所示，图中的工作区面板中自动生成一个名为“PcbLib1.PcbLib”的元器件封装库。

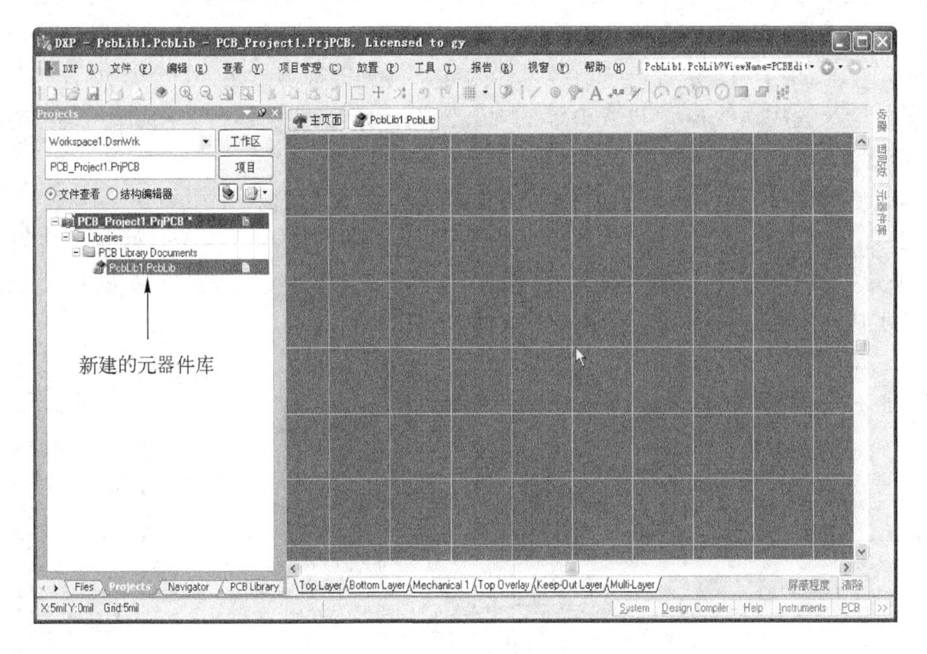

图 4-59　PCB 库编辑窗口

在图 4-59 中，单击工作区面板的“PCB Library”选项卡，打开“PCB Library”元器件库管理窗口，如图 4-60 所示，图中显示系统已经自动新建了一个名为 PCBCOMPONENT_1 的元器件。

鼠标单击选中图 4-60 中的元器件 PCBCOMPONENT_1，执行菜单“工具”→“元件属性”，屏幕弹出“PCB 库元件”属性对话框，可以修改元器件封装的名称，如图 4-61 所示。

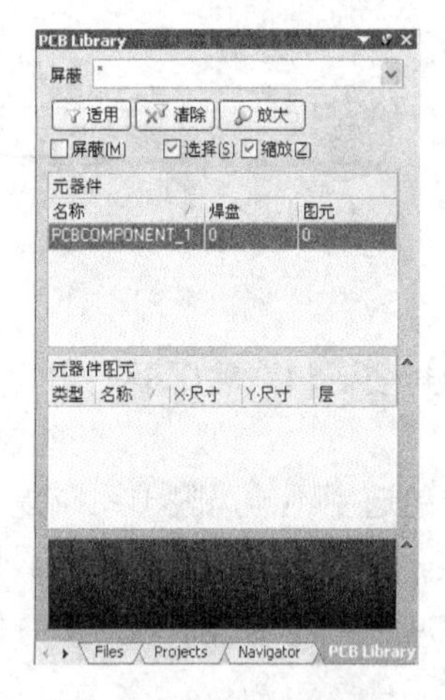

图 4-60　元器件库管理窗口

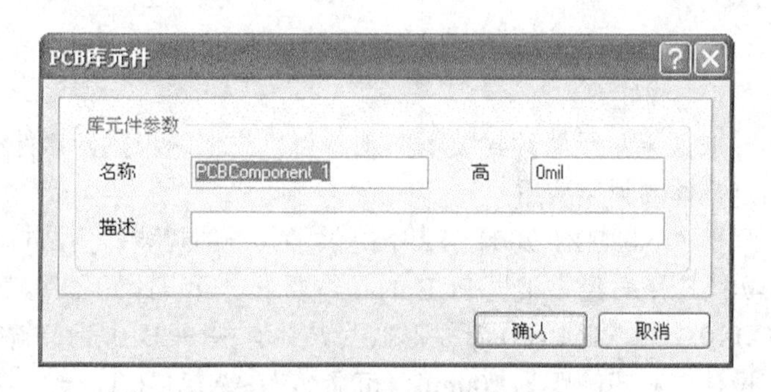

图 4-61　更改元器件封装名

4.4.3　采用设计向导方式设计元器件封装

在元器件封装设计中，外形轮廓一般用绘图工具在顶层丝印层（Top Overlay）绘制，元器件引脚焊盘则与元器件的装配方法的有关，对于贴片式元器件（又称为表面贴装元器件），焊盘应在顶层（Top Layer）绘制，对于通孔式元器件，焊盘则应在多层（Multi Layer）绘制。

Protel DXP 2004 SP2 中提供了封装设计向导，常见的标准封装都可以通过这个工具来设计。下面以设计集成功放芯片 TEA2025 的封装为例，介绍采用设计向导制作封装的方式。

1. 查找 TEA2025 的封装信息

元器件封装信息可以通过元器件手册查找，也可以通过搜索引擎进行搜索，关键词“TEA2025 PDF”。搜索到元器件信息后，打开文档从中可以看出该元器件的封装类型，如图 4-62 所示，该元器件有两种封装形式，即双列直插式（DIP）16 脚和双列贴片式（SO）20 脚，贴片式芯片比双列直插式芯片多 4 个接地引脚。

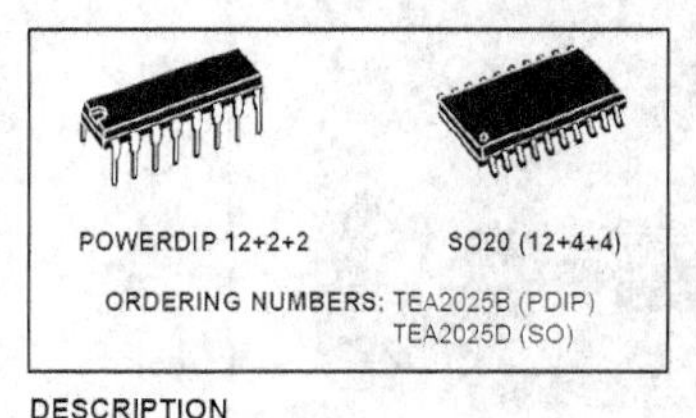

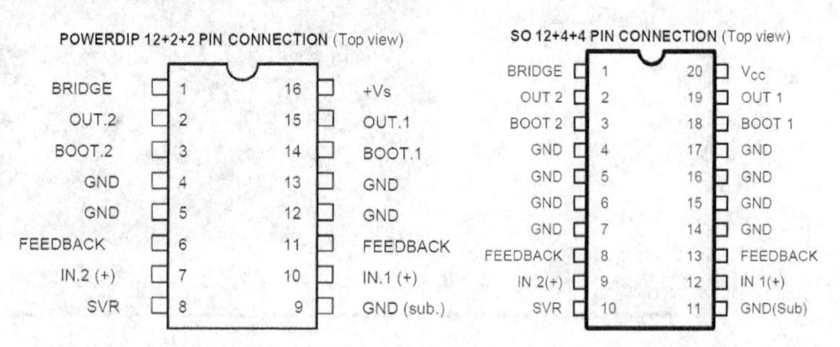

图 4-62　TEA2025 封装类型

2．使用设计向导绘制双列贴片式封装 SO20

TEA2025 贴片式封装信息如图 4-63 所示，从图中可以了解到元器件封装的具体尺寸，设计时要根据图中的参数和实际情况选择尺寸。

SO20 PACKAGE MECHANICAL DATA

DIM.	mm			inch		
	MIN.	TYP.	MAX.	MIN.	TYP.	MAX.
A			2.65			0.104
a1	0.1		0.3	0.004		0.012
a2			2.45			0.096
b	0.35		0.49	0.014		0.019
b1	0.23		0.32	0.009		0.013
C		0.5			0.020	
c1	45 (typ.)					
D	12.6		13.0	0.496		0.512
E	10		10.65	0.394		0.419
e		1.27			0.050	
e3		11.43			0.450	
F	7.4		7.6	0.291		0.299
L	0.5		1.27	0.020		0.050
M			0.75			0.030
S	8 (max.)					

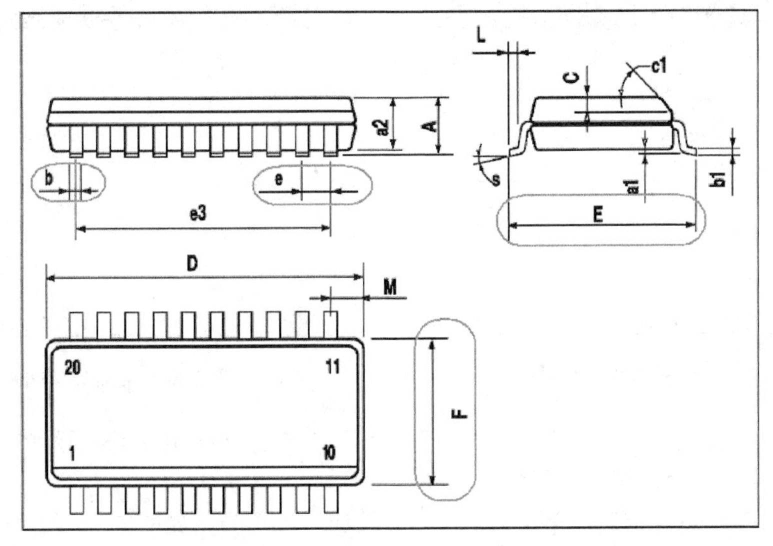

图 4-63 TEA2025 贴片式封装信息

本例中，双列贴片封装的焊盘形状为矩形，焊盘尺寸选择为 2.2mm×0.6mm，略大于图中的 0.49mm，主要是为了元器件更易贴放；相邻焊盘间距为 1.27mm，两排焊盘中心间距为 9.3mm。

1）进入 PCB 元器件库编辑器后，执行菜单“工具”→“新元件”，屏幕弹出“元件封装向导”对话框，如图 4-64 所示，选择“下一步”按钮进入设计向导并自动进入元器件封装设计；若选择“取消”按钮则进入手工设计状态，并自动生成一个新元器件。

2）进入元器件设计向导后单击“下一步”按钮，屏幕弹出如图 4-65 所示的对话框，用于选择元器件封装类型，共有 12 种供选择，包括电阻、电容、二极管、连接器及集成电路常用封装等，图中选中的为双列小贴片式元器件 SOP，“选择单位”的下拉列表框用于设置单位制，图中设置为 Metric（公制，单位为 mm）。

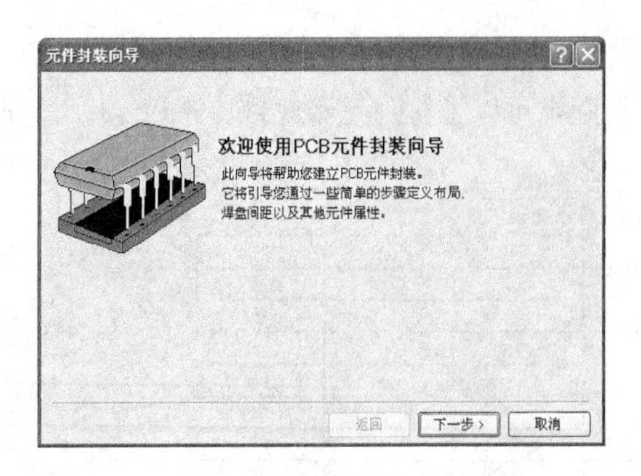

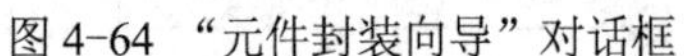
图 4-64 “元件封装向导”对话框

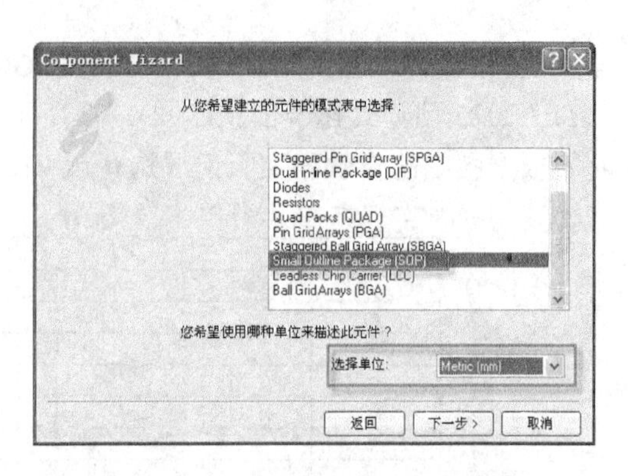

图 4-65 元器件封装类型选择

3）选中元器件封装类型后，单击“下一步”按钮，屏幕弹出如图 4-66 所示的对话框，用于设定焊盘的尺寸，修改焊盘尺寸为 2.2mm×0.6mm。

4）定义好焊盘的尺寸后，单击“下一步”按钮，屏幕弹出如图 4-67 所示的对话框，用于设置相邻焊盘的间距和两排焊盘中心之间的距离，图中分别设置为 1.27mm 和 9.3mm。

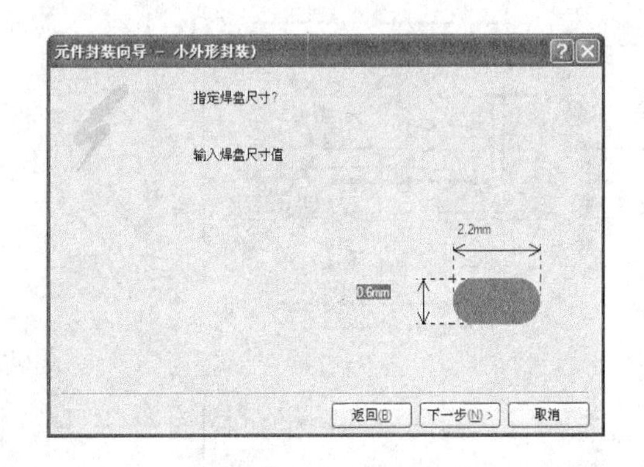

图 4-66 设置焊盘尺寸

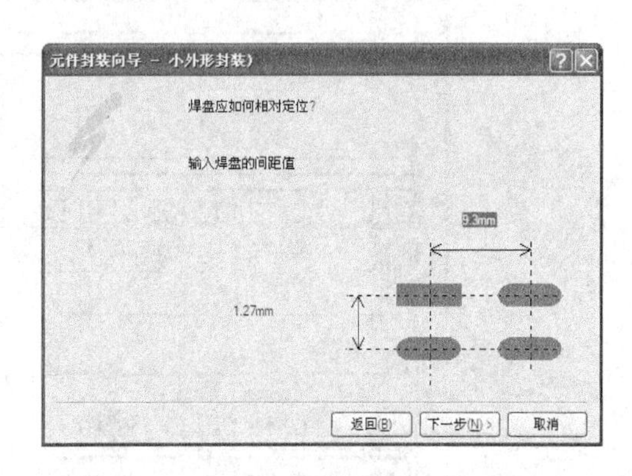

图 4-67 设置焊盘间距

5）定义好焊盘间距后，单击“下一步”按钮，屏幕弹出如图 4-68 所示的对话框，用于设置元器件轮廓宽度值，图中设置为 0.2mm。

6）定义好轮廓宽度值后，单击“下一步”按钮，屏幕弹出如图 4-69 所示的对话框，用于设置元器件的引脚数，图中设置为 20。

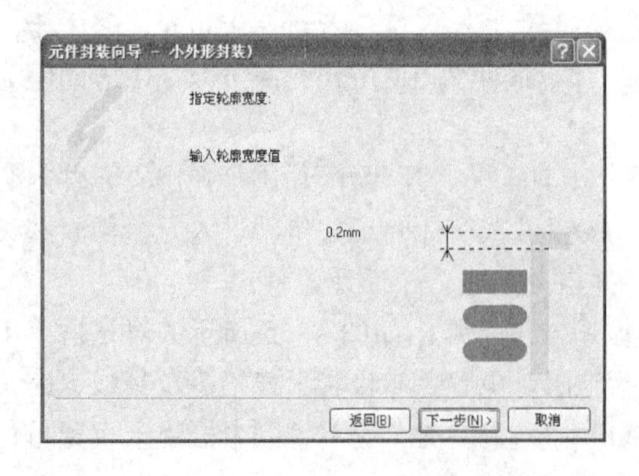

图 4-68 设置轮廓宽度值

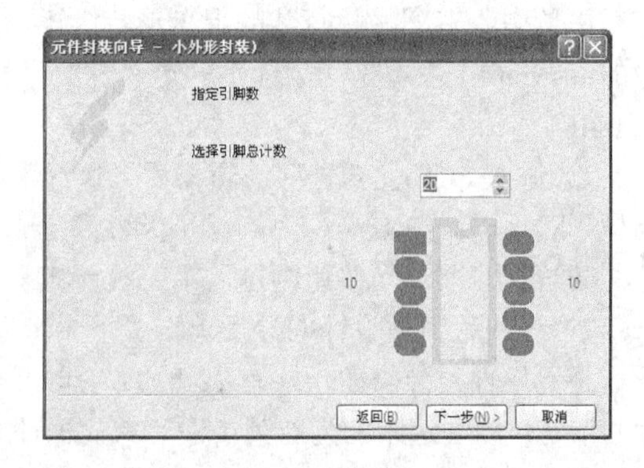

图 4-69 设置元器件的引脚数

7）定义引脚数后，单击“下一步”按钮，屏幕弹出如图 4-70 所示的对话框，用于设置元器件封装名，本例设置为 SO20。名称设置完毕，单击“Next”按钮，屏幕弹出“设计结束”对话框，单击“Finish”按钮结束元器件封装设计，屏幕显示设计好的元器件封装，如图 4-71 所示。

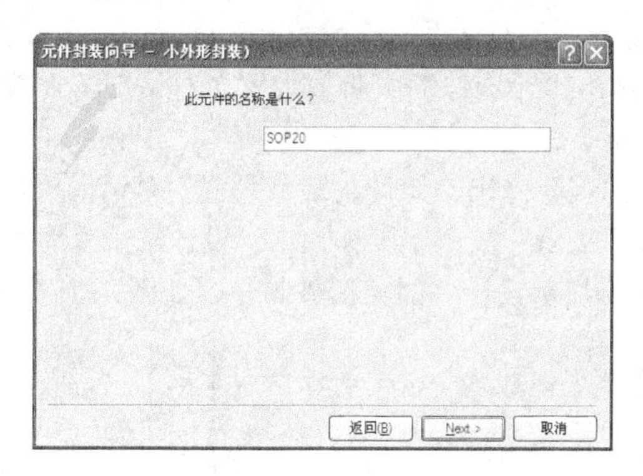

图 4-70　设置封装名称

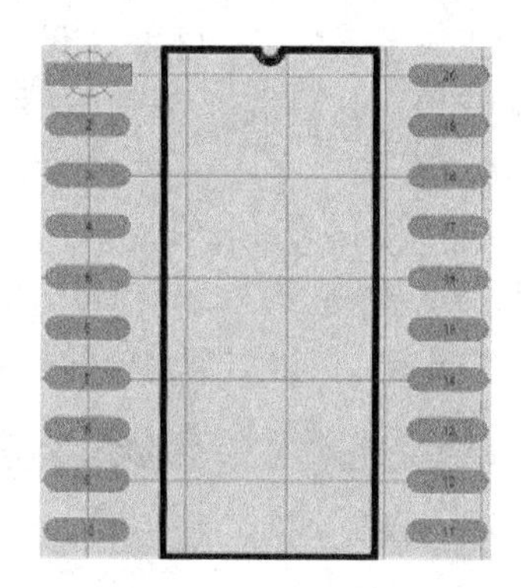

图 4-71　设计好的 SO 封装

图 4-71 中的引脚 1 的焊盘为矩形，其他焊盘为圆矩形，便于装配时把握贴装的方向。

有些芯片在制作封装时焊盘全部用矩形，为了分辨引脚 1 的焊盘，要在顶层丝印层上为引脚 1 做标记，一般在其边上打点，如图 4-72 所示。

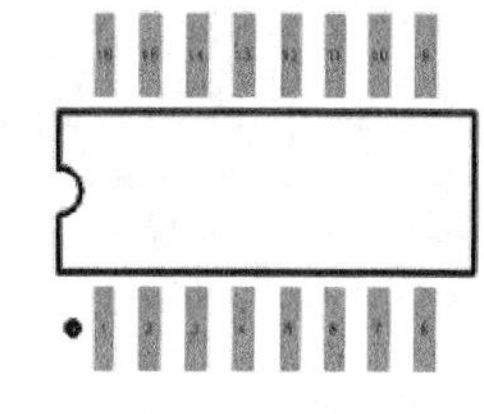

图 4-72　封装 SOP16

3．使用设计向导绘制双列直插式封装 DIP-16

TEA2025 贴片式封装信息如图 4-73 所示，从图中可以看出，双列直插式封装相邻焊盘间距为 100mil，两排焊盘间距为 300mil，焊盘孔径选择为 25mil。

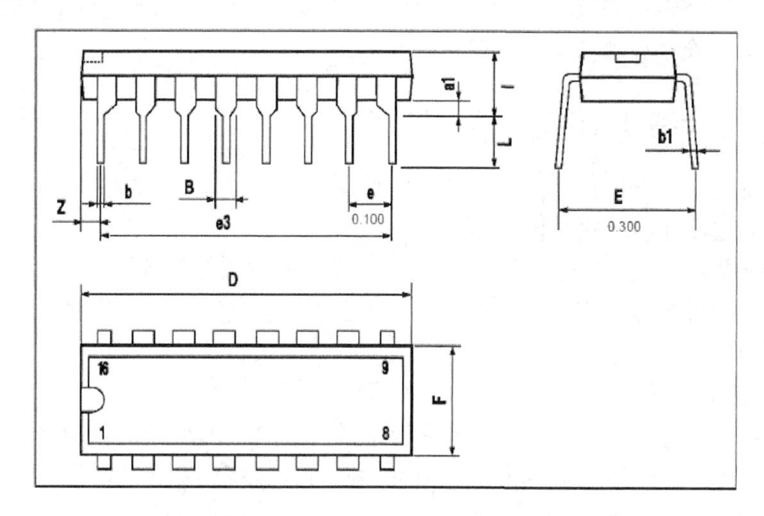

图 4-73　TEA2025 贴片式封装信息

采用设计向导绘制双列直插式封装 DIP-16 的方法与 SOP 封装基本相似。

1）进入设计向导后，在图 4-65 所示的封装类型选择中选择“Dual in-Line Package（DIP）”基本封装。在“选择单位”下拉列表框中设置单位制为 Imperial（英制）。

2）选中元器件封装类型后，单击“下一步”按钮，屏幕弹出如图 4-74 所示的对话框，用于设定焊盘的尺寸和孔径，设置焊盘尺寸为 100mil×50mil，孔径为 25mil。

3）定义好焊盘的尺寸后，单击“下一步”按钮，屏幕弹出“焊盘间距设置”对话框，用于设置相邻焊盘的间距和两排焊盘中心之间的距离，分别设置为 100mil 和 300mil；设置完毕单击“下一步”按钮，屏幕弹出“轮廓宽度值设置”对话框，设置轮廓宽度为 10mil；定义好轮廓宽度值后，单击“下一步”按钮，屏幕弹出“元器件的引脚数设置”对话框，设置引脚数为 16。

4）定义引脚数后，单击“下一步”按钮，屏幕弹出“元件封装名设置”对话框，设置元器件封装名为 DIP-16，名称设置完毕，单击“Next”按钮，屏幕弹出“设计结束”对话框，单击“Finish”按钮结束元器件封装设计，屏幕显示设计好的元器件封装，如图 4-75 所示。

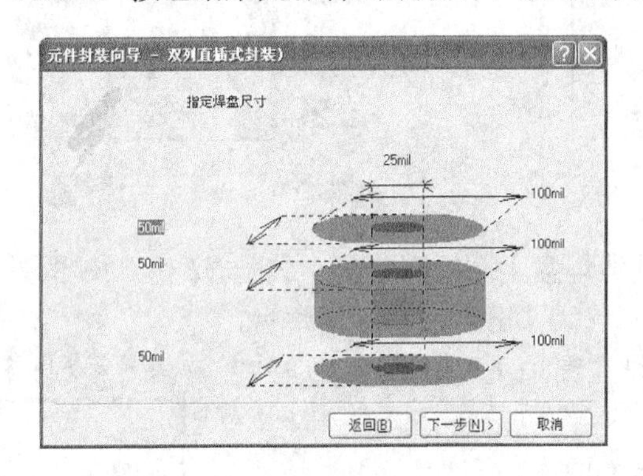

图 4-74　设置焊盘尺寸

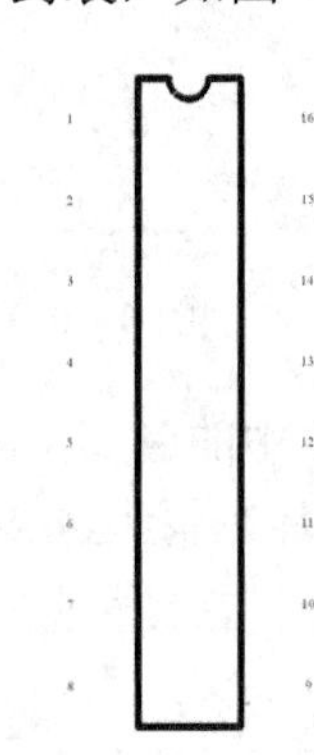

图 4-75　设计好的 DIP 封装

注意：采用设计向导可以快速绘制元器件的封装，绘制时一般要先了解元器件的外形尺寸，并合理选用基本封装。对于集成块应特别注意元器件的引脚间距和相邻两排引脚的间距，并根据引脚大小设置好焊盘尺寸及孔径。

4.4.4　采用手工绘制方式设计元器件封装

手工绘制封装方式一般用于不规则的或不通用的元器件设计，如果设计的元器件符合通用标准，大都通过设计向导快速设计元器件。

手工设计元器件封装，实际就是利用 PCB 元器件库编辑器的放置工具，在工作区按照元器件的实际尺寸放置焊盘、连线等各种图件。下面以立式电阻和行输出变压器为例介绍手工设计元器件封装的具体方法。

1．立式电阻封装设计

设计要求：采用通孔式设计，封装名称为 AXIAL-0.1，焊盘间距为 160mil，焊盘形状与尺寸为圆形 60mil，焊盘孔径为 30mil，元器件封装设计过程如图 4-76 所示。

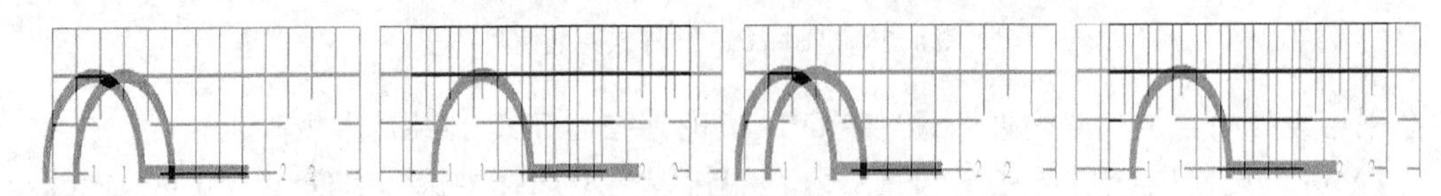

图 4-76　立式电阻设计过程

1）创建新元器件 AXIAL-0.1。在当前已存在的元器件库下，执行菜单“工具”→“新元件”，屏幕弹出如图 4-64 所示的元器件设计向导，单击“取消”按钮进入手工设计状态，系统自动创建一个名为 PCBCOMPONENT_1 的新元器件。

执行菜单“工具”→“元件属性”，在弹出的对话框中将“名称”修改为 AXIAL-0.1。

2）执行菜单“工具”→“库选择项”设置文档参数，将“单位”设置为 Imperial，将可视网格的网格 1 设置为 5mil、网格 2 设置为 20mil，将捕获栅格的 X、Y 均设置为 5mil。

3）执行菜单“工具”→“优先设定”，在弹出的对话框中选择“Display”选项，选中“原点标记”复选框，设置坐标原点标记为显示状态。

4）执行菜单“编辑”→“跳转到”→“参考”，将光标跳回原点（0，0）。

5）放置焊盘。执行菜单“放置”→“焊盘”，按下〈Tab〉键，弹出“焊盘属性”对话框，将“X-尺寸”和“Y-尺寸”设置为 60mil，“孔径”设置为 30mil，焊盘的“标识符”设置为 1，其他默认，单击“确认”按钮退出对话框，将光标移动到坐标原点，单击鼠标左键，将焊盘 1 放下，以 160mil 为间距放置焊盘 2。

6）绘制元器件轮廓。将工作层切换到 Top Overlay，执行菜单“放置”→“圆”，将光标移到焊盘 1 的中心，单击鼠标左键确定圆心，按下〈Tab〉键，弹出“圆弧属性”对话框，将“半径”设置为 40mil，“宽”设置为 5mil，其他默认，单击“确认”按钮退出对话框，单击鼠标左键放置圆。

执行菜单“放置”→“直线”，如图 4-76 所示放置直线，放置后双击直线，将其“宽”设置为 5mil，至此元器件轮廓设计完毕。

7）执行菜单“编辑”→“设置参考点”→“引脚 1”，将元器件的参考点设置在焊盘 1。

8）执行菜单“文件”→“保存”，保存当前元器件，至此立式电阻封装设计完毕。

2．行输出变压器封装设计

行输出变压器是 CRT 电视中的重要部件，它的参数各不相同，元器件封装设计时采用游标卡尺进行测量。

图 4-77 所示为黑白小电视中的行输出变压器。该变压器共 10 个引脚，处于同一个圆弧上，圆的直径为 24mm，每个引脚之间的角度为 30°，引脚焊盘直径为 2mm，孔径为 1.2mm，焊盘编号逆时针依次为 1～10，另有固定用焊盘一个，焊盘直径为 2.5mm，孔径为 1.8mm，焊盘编号为 0。

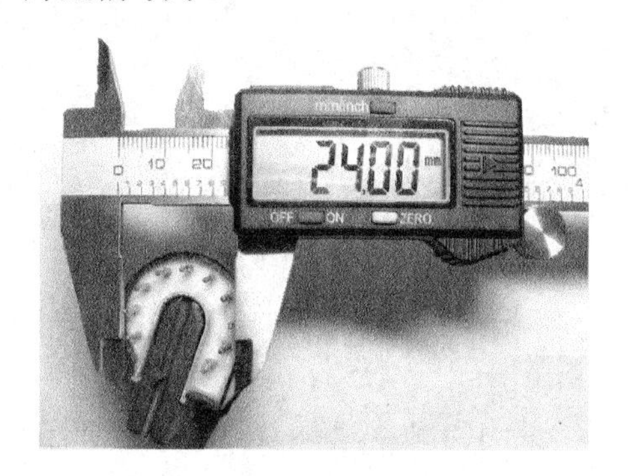

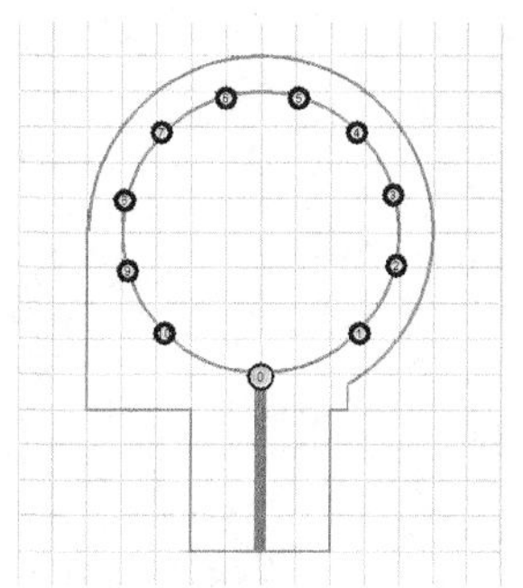
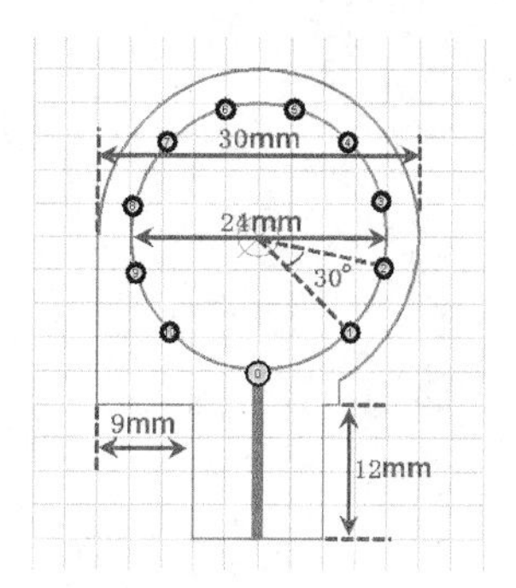

图 4-77　行输出变压器外观与封装尺寸

1）采用与前面相同的方法创建新元器件封装 FBT。

2）执行菜单“工具”→“库选择项”，屏幕弹出“PCB 选择项”对话框，设置文档参数，将“单位”设置为 metric（公制），将可视网格的网格 1 设置为 1mm、网格 2 设置为 3mm，将捕获栅格的 X、Y 均设置为 0.25mm。

3）设置原点标记为显示状态，并将光标跳回原点（0，0）。

4）绘制元器件轮廓。

① 绘制焊盘所在的圆。将工作层切换到 Top Overlay，执行菜单“放置”→“圆”，将光标移到原点，单击鼠标左键确定圆心，按下〈Tab〉键，弹出“圆弧”属性对话框，将“半径”设置为 12mm，“宽”设置为 0.2mm，其他默认，单击“确认”按钮退出对话框，单击鼠标左键放置圆。

② 绘制元器件轮廓的圆弧。执行菜单“放置”→“圆”，将光标移到原点，单击鼠标左键确定圆心，移动鼠标任意确定圆的大小，单击鼠标左键放置圆，单击鼠标右键退出放置状态。双击该圆弧，屏幕弹出“圆弧”属性对话框，设置“半径”为 15mm，“起始角”为-60.000，“结束角”为 180.000，如图 4-78 所示，设置完毕，单击“确认”按钮退出，修改后的元器件轮廓如图 4-79 所示。

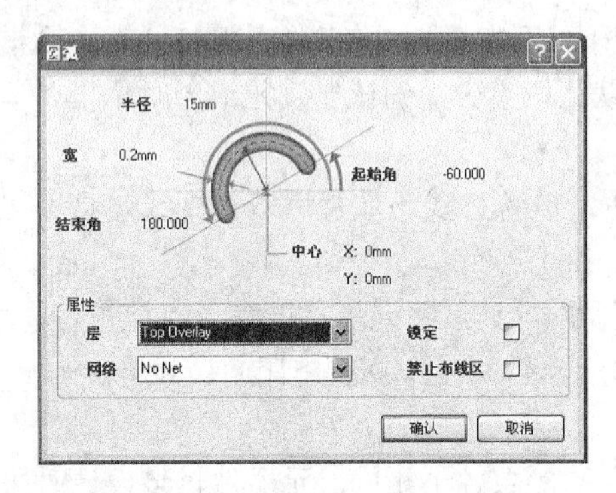

图 4-78 “圆弧”设置对话框

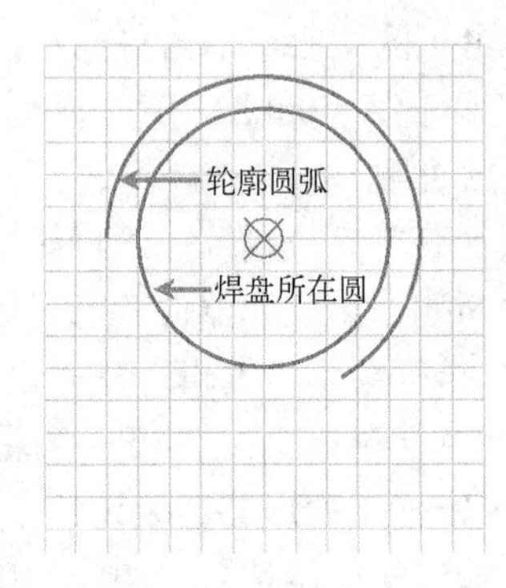

图 4-79 封装 FBT 的轮廓

③ 执行菜单“放置”→“直线”，按下〈Tab〉键，弹出“导线”属性对话框，将“宽”设置为 0.2mm，根据图 4-77 放置直线，放置后的效果如图 4-80 所示。

④ 执行“放置”→“矩形填充”，根据图 4-77 所示放置填充区，放置后的效果如图 4-80 所示，至此元器件轮廓设计完毕。

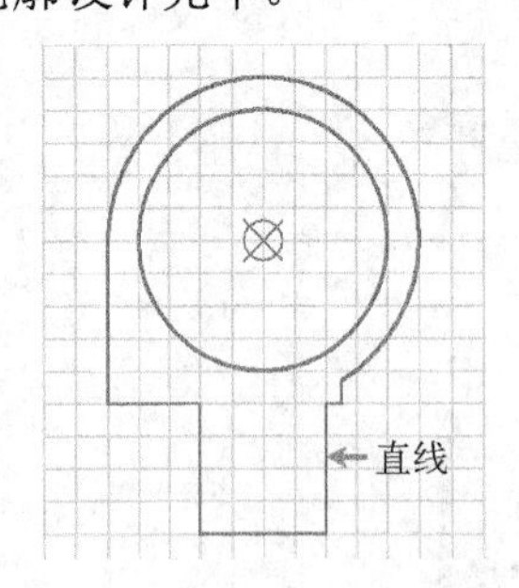

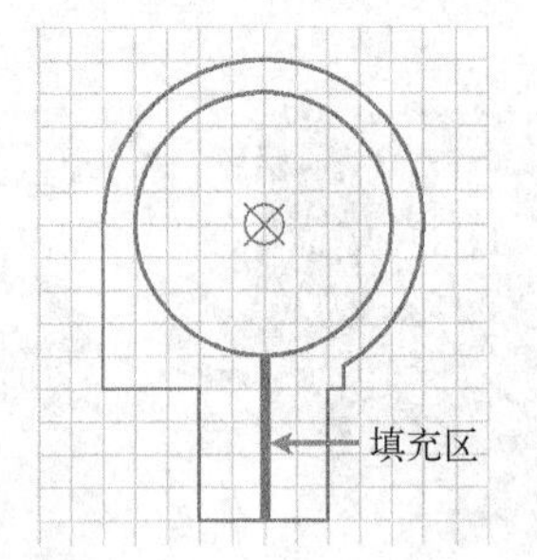

图 4-80 轮廓绘制

5）放置焊盘。

本例中的焊盘是以 30° 为间距进行放置的，可以采用“特殊粘贴”方式一次性完成。放置焊盘的过程图如图 4-81 所示。

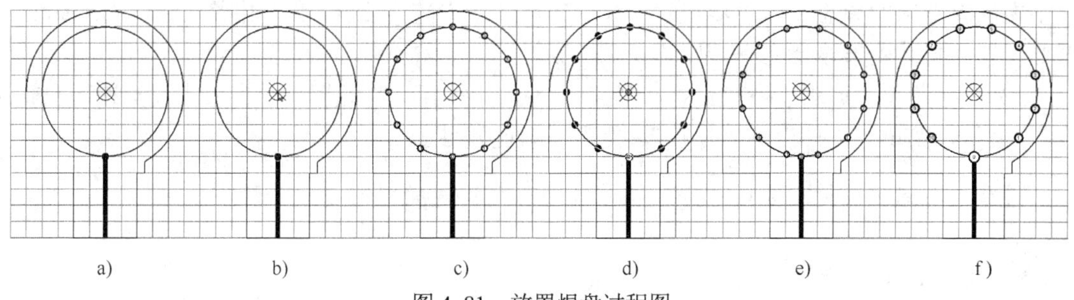

图 4-81　放置焊盘过程图

a) 放置焊盘 0　b) 以原点为参考点复制焊盘　c) 特殊粘贴　d) 选中全部焊盘

e) 焊盘旋转 15°　f) 删除多余焊盘并编辑尺寸

① 如图 4-81 所示在填充区上方放置焊盘 0。

② 选中焊盘 0，执行菜单“编辑”→“复制”，将光标移动到图 4-81 中的原点（即圆心位置），单击鼠标左键确定复制的参考点。

③ 执行菜单“编辑”→“特殊粘贴”，屏幕弹出“特殊粘贴”对话框，单击“粘贴队列”按钮进行阵列式粘贴，屏幕弹出图 4-82 所示的“设定粘贴队列”对话框。

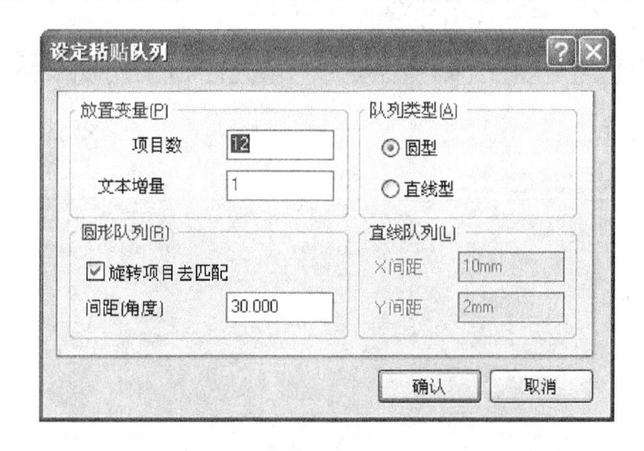

图 4-82　“设定粘贴队列”对话框

图中设置如下：“项目数”设置为 12（表示放置 12 个焊盘），“文本增量”设置为 1（表示焊盘编号依次增加 1），“队列类型”选择“圆形”（表示圆形排列），“间距（角度）”设置为 30（表示相邻焊盘之间旋转 30°）。

参数设置完毕单击“确认”按钮，移动光标到图 4-81 中的坐标原点，单击鼠标左键确定圆心，再次单击鼠标左键确认放置 12 个焊盘，此时从图中可以看出在圆弧上以 30° 为间隔放置了 12 个焊盘。由于复制了 12 个焊盘，在焊盘 0 处有两个重叠放置的焊盘 0，删去其中的一个。

④ 将所有焊盘旋转 15°。执行菜单“工具”→“优先设定”，屏幕弹出“优先设定”对话框，选择“General”选项，将“旋转角度”设置为 15。选中所有焊盘和焊盘所在圆，用鼠标点住坐标原点，按下〈空格〉键，将焊盘旋转 15°。

⑤ 删除填充区左侧的焊盘 11，将焊盘 0 移回填充区和焊盘圆的交接处。修改所有焊盘尺

寸，将焊盘 1～10 的“X-尺寸”和“Y-尺寸”设置为 2mm，“孔径”设置为 1.2mm；将填充区上方的固定用的焊盘 0 的“X-尺寸”和“Y-尺寸”设置为 2.5mm，“孔径”设置为 1.8mm。至此元器件封装图形设计完毕，如图 4-77 所示。

6）执行菜单“编辑”→“设置参考点”→“引脚 1”，将元器件的参考点设置在焊盘 1。

7）执行菜单“文件”→“保存”，保存当前元器件。

注意：在封装设计中要保证焊盘编号顺序与元器件的引脚顺序一致。

4.4.5 元器件封装编辑

元器件封装编辑，就是对已有元器件封装的属性进行修改，使之符合实际应用要求。

1．底层元器件的修改

在双面以上的 PCB 设计中，有时需要在底层放置贴片元器件，而在元器件封装库中贴片元器件默认的焊盘层为 Top Layer，丝印层为 Top overlay，显然与底层放置的不符，此时可以通过编辑元器件封装，将焊盘层设置为 Bottom Layer，丝印层设置为 Bottom Overlay 即可。

在 PCB 设计窗口中双击要编辑的元器件封装，屏幕弹出图 4-83 所示的“元件封装”属性对话框，在“元件属性”栏中设置“层”为 Bottom Layer，设置完毕，单击“确认”按钮，系统将自动将元器件的丝印层更改为 Bottom Overlay。

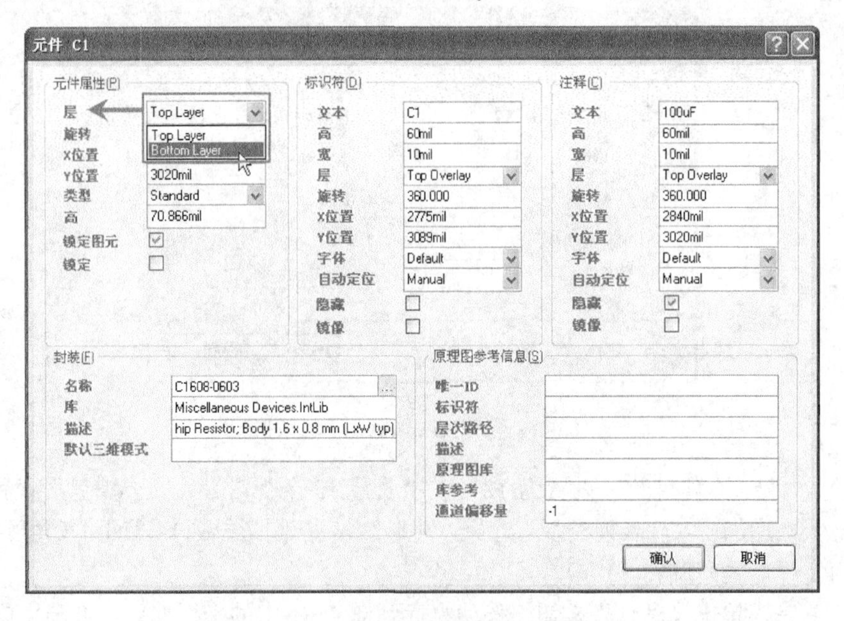

图 4-83　元器件封装属性编辑对话框

2．直接在 PCB 图中修改元器件封装的焊盘编号

在 PCB 设计中如果某些元器件的原理图中的引脚号和印制电路板中的焊盘编号不同，在自动布局时，这些元器件的网络飞线会丢失或出错，实际设计中可以通过直接编辑焊盘属性的方式，修改焊盘的编号来达到引脚匹配的目的。

编辑元器件封装的焊盘可以直接双击要修改编号的元器件焊盘，在弹出的“焊盘”属性对话框中直接修改焊盘编号。

4.5 实训

4.5.1 实训1 PCB编辑器使用

1．实训目的

1）掌握PCB编辑器的启动方法。

2）掌握PCB编辑器的基本设置。

3）掌握工作层的设置方法。

2．实训内容

1）启动Protel DXP 2004 SP2，新建PCB文件，文件名为“NEWPCB”。

2）设置单位制为公制Metric。

3）设置可视栅格1、2均为显示状态。

4）设置可视栅格1为1mm、可视栅格2为10mm，放大、缩小工作区，观察可视栅格变化。

5）设置捕获栅格尺寸“X”为1mm，“Y”为1mm，用键盘移动光标，观察移动情况。

6）设置电气栅格大小为0.25mm。

7）设置工作区背景为白色，观察屏幕变化。

8）设置所有的工作层为打开状态。

9）练习工作层间的相互切换。按小键盘上的〈*〉键、〈+〉键和〈-〉键，观察切换特点。

10）设置旋转角度为15°。

11）任意打开一个系统自带的PCB文件，观察项目文件与自由文件的区别。

12）熟悉PCB浏览器的使用，关闭自动滚屏功能。

13）保存PCB文件。

3．思考题

1）如何设置可视栅格1为显示状态？

2）如何设置系统只打开Bottom Layer、Keepout Layer、Multi Layer和Top Overlay 4个工作层？

3）用小键盘上的〈*〉键和〈+〉键进行工作层切换有何区别？

4.5.2 实训2 绘制简单的PCB

1．实训目的

1）掌握PCB设计的基本操作。

2）初步掌握印制电路板的手工布线。

2．实训内容

1）启动Protel DXP 2004 SP2，新建并保存项目文件为“MYPCB.PRJPCB”，新建PCB文件并保存为“MYPCB.PCBDOC”。

2）执行菜单“设计”→“PCB板选择项”，设置单位制为Imperial（英制）；设置可视栅格 1、2 分别为 10mil 和 100mil；捕获栅格 X、Y 和元器件网格 X、Y 均为 10mil。

3）执行菜单“设计”→“PCB 板层次颜色”，设置显示可视栅格 1（Visible Grid1）。

4）载入“Miscellaneous Device.IntLib”和“Gennum Video Buffer Amplifier.IntLib”元器件库。

5）在 Keep Out Layer 层上定义矩形电气轮廓，大小为 1960mil×1560mil，边框线的宽度为 10mil。

6）放置两个封装 RAD-0.2，1 个封装 DIP-14，两个封装 AXIAL-0.4，1 个封装 SIP8，并参照图 4-84 所示调整元器件位置、设置每个元器件的标号。

7）将工作层切换到底层（Bottom Layer），执行菜单“放置”→“直线”，参照 4-85 所示进行布线，线宽为 20mil。

8）参照图 4-85 在印制电路板图中放置 3 个圆形通孔焊盘，焊盘的直径为 60mil，钻孔直径为 30mil，并在顶层丝印层（Top Overlay）为 3 个焊盘标上字符串 A、B、C，设计完毕保存文件。

9）将文件另存为“MYPCB1.PCBDOC”。

10）在改名后的 PCB 文件中加宽一部分铜膜线，如图 4-86 所示，线宽为 50mil。在印制电路板上放置过孔，过孔的直径为 50mil，钻孔直径为 28mil，并根据图 4-86 完成双面布线。

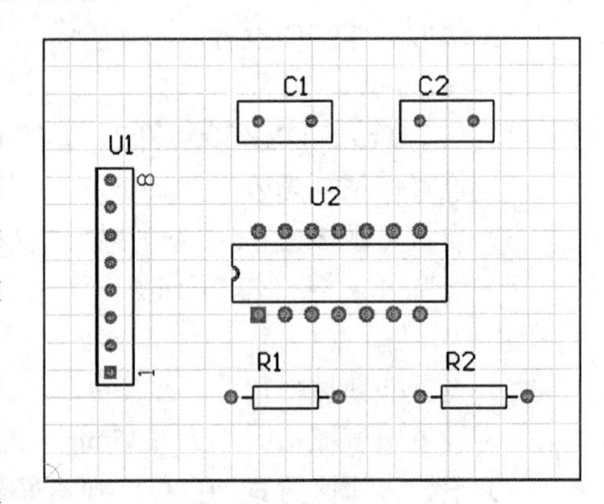

图 4-84　放置元器件

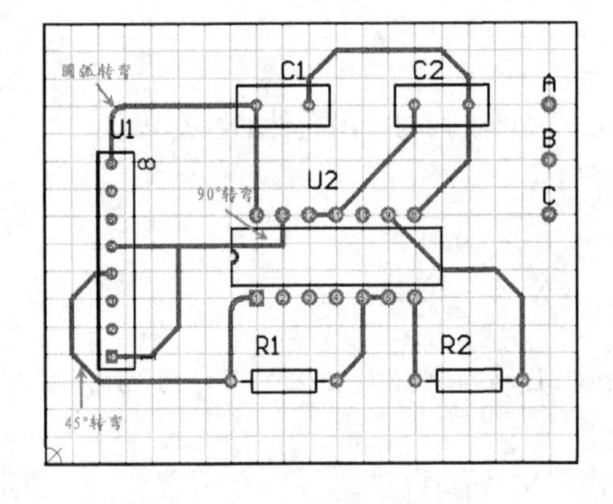

图 4-85　底层布线

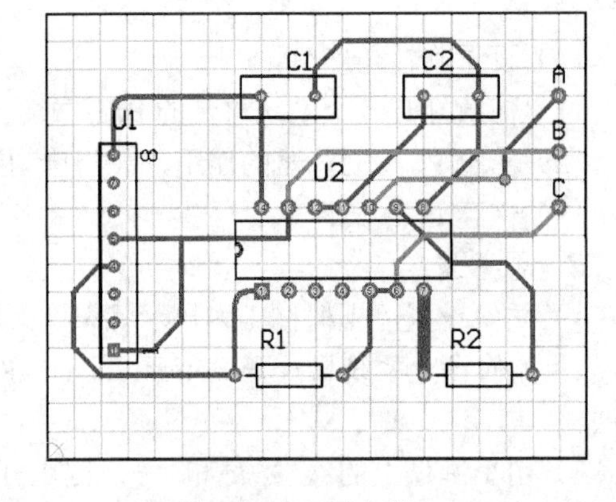

图 4-86　双面布线

11）执行菜单“放置”→“交互式布线”连接 U1 的第 6 脚和第 7 脚，观察连接结果。

12）保存文件并退出。

3．思考题

1）设计单面板时应如何设置板层的显示状态？

2）过孔与焊盘有何区别？

3）采用“交互式布线”方式与“直线”布线方式有何区别？如何解决存在问题？

4）如何关闭 DRC 自动检测的高亮显示状态？

4.5.3 实训3　制作元器件封装

1．实训目的

1）掌握PCB元器件库编辑器的基本操作。

2）掌握使用PCB元器件库编辑器绘制元器件封装。

3）掌握游标卡尺的使用。

2．实训内容

1）执行菜单“文件”→“创建”→“库”→“PCB 库”，建立元器件封装库PcbLib1.PcbLib。

2）执行菜单“工具”→“元件属性”，在弹出的对话框中将封装名修改VR。

3）执行菜单“工具”→“库选择项”设置文档参数，将“单位”设置为Metric，将可视网格的“网格1”设置为1mm、“网格2”设置为5mm，将捕获栅格的“X”、“Y”均设置为1mm。

4）利用手工绘制方法设计电位器封装图，封装名为VR，具体尺寸采用游标卡尺实测，参考点设置在引脚1，如图4-87所示。

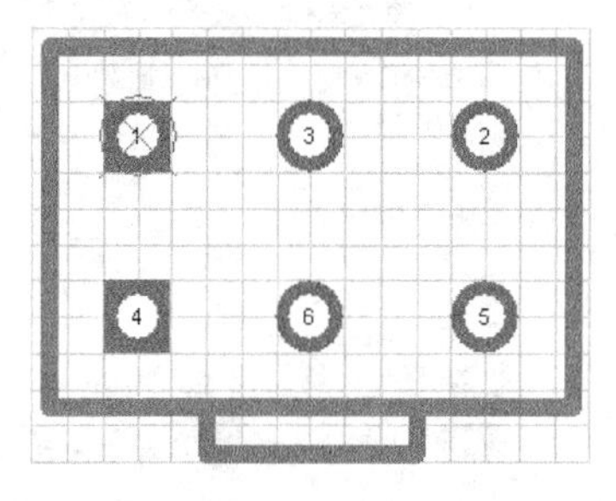

图4-87　双联电位器封装设计

5）执行菜单“工具”→“新元件”，屏幕弹出元器件设计向导，采用设计向导绘制8脚贴片IC封装SOP8，如图4-88所示。元器件封装的参数为：焊盘大小为100mil×50mil，相邻焊盘间距为100mil，两排焊盘间的间距为300mil，线宽设置为10mil，封装名设置为SOP8，设计完毕保存文件。

6）根据实物利用游标卡尺测量行输出变压器的尺寸，并根据测量结果设计元器件封装，封装名设置为FBT，设计完毕保存元器件。

7）将元器件库另存为Newlib.PcbLib。

8）新建一个PCB文件，将Newlib.PcbLib设置为当前库，分别放置前面设计的3个元器件，观察参考点是否符合设计要求。

图4-88　贴片元器件封装SOP8

3．思考题

1）设计印制电路板元器件封装时，封装的外框应放置在哪一层，为什么？

2）如何设置元器件封装的参考点？

※知识拓展※　使用制板向导创建 PCB 模板

在 Protel DXP 2004 SP2 中新建 PCB 文件，一种方法是通过文件创建 PCB 文件命令，启动 PCB 编辑器，同时在工作区中产生一个带有栅格的空白图样，然后进行人工定义 PCB 的尺寸；另一种方法是使用 PCB 制板向导直接定义标准 PCB 模板。

Protel DXP 2004 SP2 提供的制板向导中带有大量已经设置好的模板，这些模板中已具有标题栏、参考布线规则、物理尺寸和标准边缘连接器等，制板向导还允许用户自定义印制电路板，并保存自定义的模板。

1．使用已有的模板

进入 Protel DXP 2004 SP2 后，单击工作区面板下方的选项卡“Files”，系统弹出“Files”控制面板，如图 4-89 所示，单击“根据模板新建”区的“PCB Board Wizard”命令，启动制板向导，如图 4-90 所示。

图 4-89　“Files”控制面板

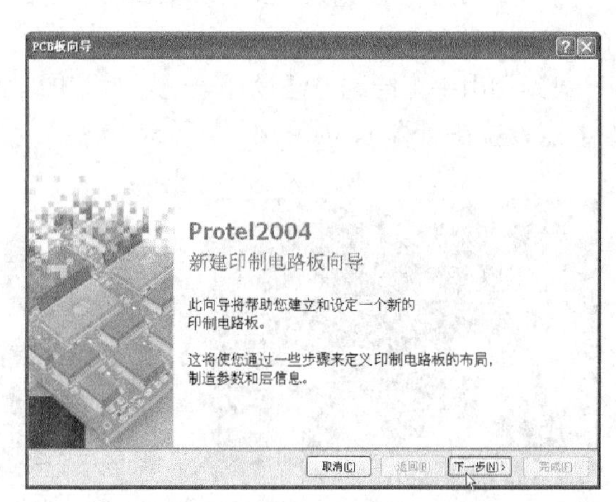

图 4-90　启动制板向导

单击图 4-90 中的“下一步”按钮，进入图 4-91 所示的“单位制选择”对话框，在其中可以选择所采用的单位制，有公制和英制两种。

设置完单位制后，单击“下一步”按钮，屏幕弹出图 4-92 所示的“选择印制电路板配置文件”对话框，在其中可以选择所需的设计模板，图中选择了“PCI long card 3.3V-32BIT”。

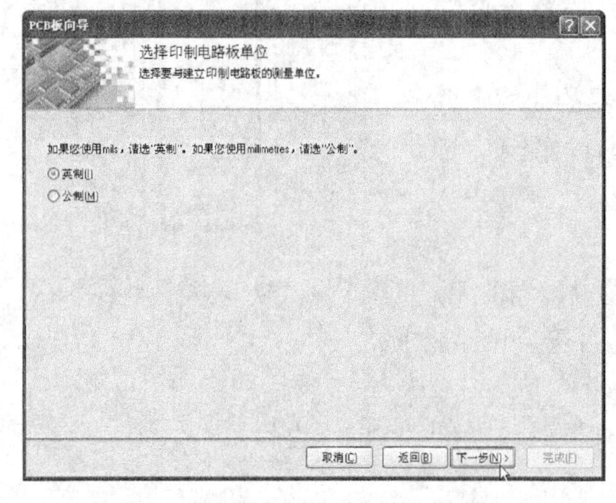

图 4-91　“选择印制电路板单位”对话框

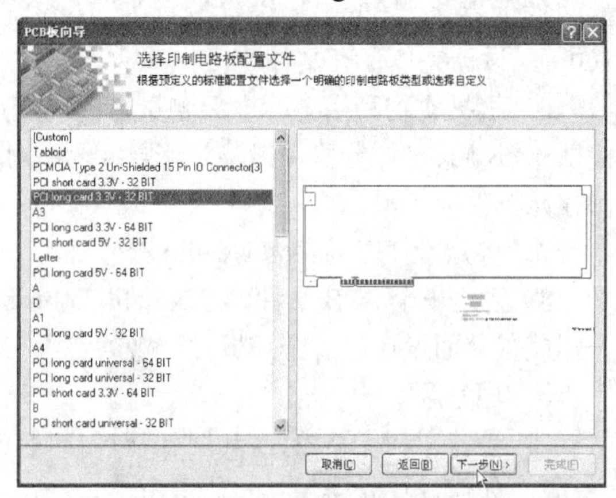

图 4-92　“选择印制电路板配置文件”对话框

设置完设计模板后，单击“下一步”按钮，屏幕弹出图 4-93 所示的“选择印制电路板层”对话框，在其中可以根据需要设置信号层和内电层数量。

设置完电路板层后，单击“下一步”按钮，屏幕弹出图 4-94 所示的“选择过孔风格”对话框，可以选择通孔和盲孔或掩埋孔两种选择。

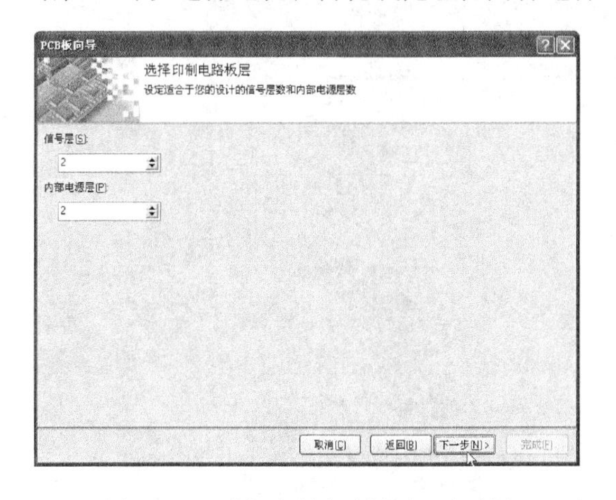

图 4-93 “选择印制电路板层”对话框

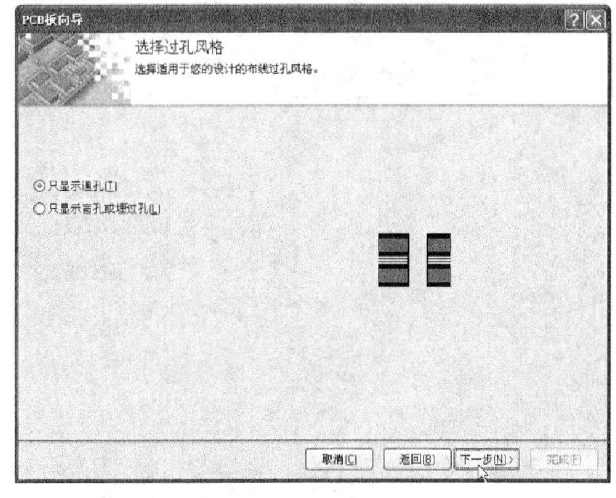

图 4-94 “选择过孔风格”对话框

设置完过孔风格后，单击“下一步”按钮，屏幕弹出图 4-95 所示的“选择元器件和布线风格”对话框，根据需要设置元器件的主要类型（SMD 或通孔式）及是否双面放置元器件。

设置元器件和布线风格后，单击“下一步”按钮，屏幕弹出图 4-96 所示的“选择默认导线和过孔尺寸”对话框，设置新电路板的最小导线尺寸、过孔尺寸及导线的间距。

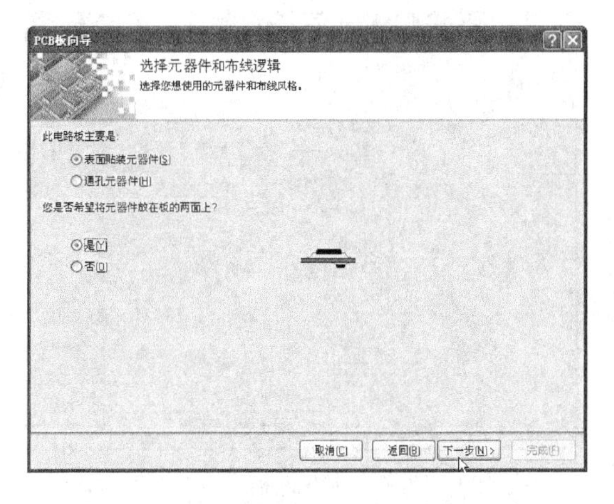

图 4-95 “选择元器件和布线风格”对话框

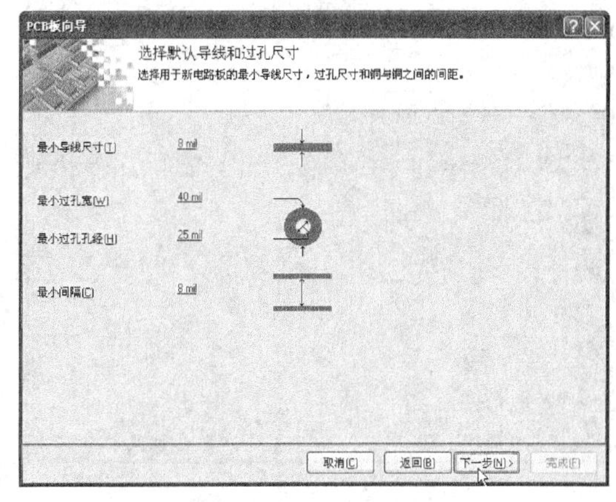

图 4-96 “选择默认导线和过孔尺寸”对话框

设置完毕单击“下一步”按钮，系统弹出“Protel DXP 2004 SP2 印制电路板向导完成”对话框，单击“完成”按钮结束 PCB 模板设计，设计完成的 PCI32 位的 PCB 模板如图 4-97 所示。

一般对于一些标准的印制电路板可以选择使用已有的模板来创建新的 PCB 文件，这种方法即定义了各种工业标准板的轮廓，又定义了印制电路板的尺寸。

2. 自定义电路模板

用户在设计过程中可以自行定义印制电路板，以满足实际需求。以下以自定义为 3000mil

×2500mil 的矩形板为例，说明自定义电路模板的方法，自定义模板的过程与使用已有模板的设计过程基本相似。

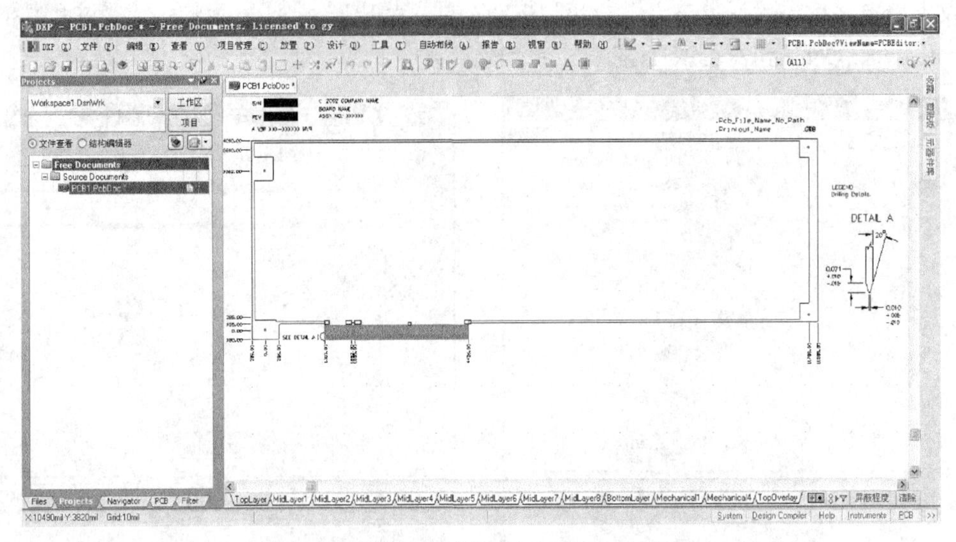

图 4-97　设计完成的 PCI32 位 PCB 模板

启动制板向导后，选择英制单位制，选择印制电路板类型为“Custom”，创建自定义模板，如图 4-98 所示。

单击图“下一步”按钮，屏幕弹出图 4-99 所示的“选择印制电路板详情”设置对话框，图中主要参数如下所述。

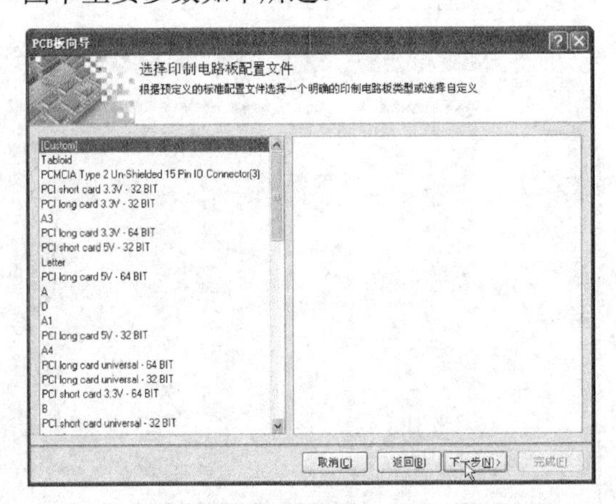

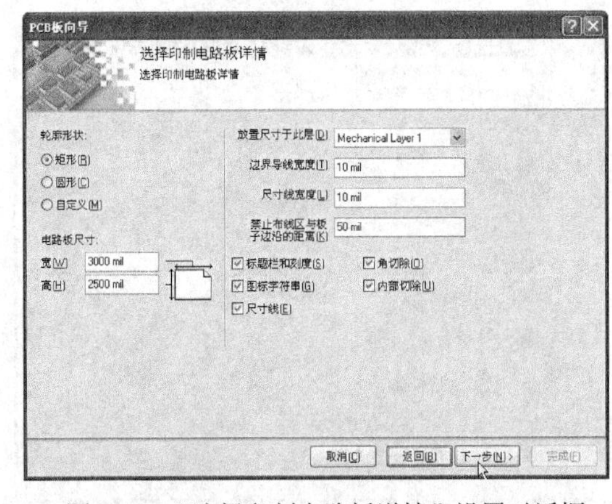

图 4-98　创建自定义模板　　　　图 4-99　“选择印制电路板详情”设置对话框

轮廓形状：可以选择 3 种类型，即矩形、圆形和自定义。

印制电路板板尺寸：主要参数有宽度、高度或半径（圆形板中设计）。

放置尺寸于层面：系统默认放置物理尺寸的层面为 mechanical Layer1。

其他设置：可以设置边界导线和尺寸线的线宽、禁止布线区与板子边沿的距离及标题栏、图标字符串、尺寸线的显示控制。选中“角切除”和“内部切除”可以对 PCB 进行局部切除。

根据需要设置完毕，单击“下一步”按钮，屏幕弹出图 4-100 所示的“选择印制电路板角切除”对话框，在其中修改缺角的长、宽值，对不需要缺角的，都输入 0。

定义好印制电路板切角后，单击“下一步”按钮，屏幕弹出图4-101所示“选择印制电路板内部切除”对话框，可修改窗口的上下左右的位置和长、宽，若不需要开窗口，则可将4个数据均设置为0。

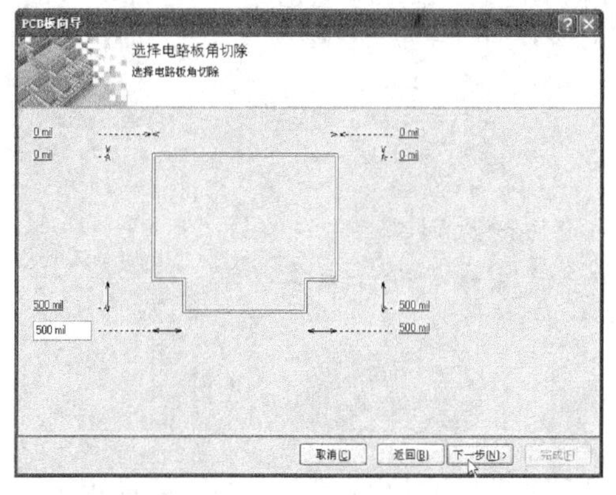

图4-100　定义印制电路板切角

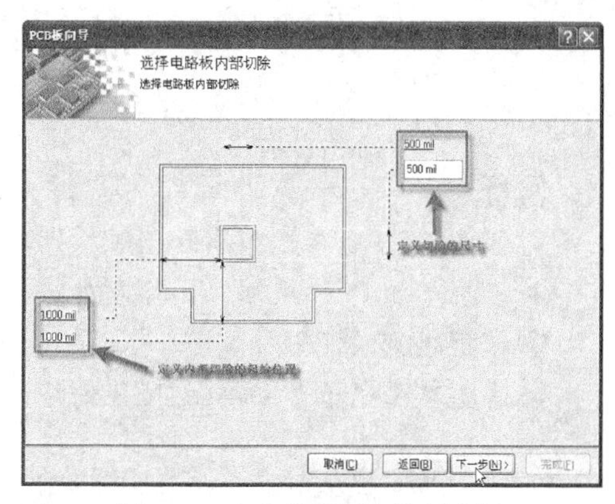

图4-101　定义印制电路板内切

此后的操作与使用已有模板中的方法相同，分别设置印制电路板层、过孔风格、元器件和布线风格、布线参数设置后，屏幕弹出制板向导完成对话框，单击“完成”按钮结束设置。

4.6　习题

1．如何设置单位制？

2．如何设置栅格尺寸？

3．如何设置板层的颜色？

4．如何进行工作层间的切换？如何使用快捷键切换各工作层？

5．焊盘和过孔有何区别？

6．举例说明PCB封装形式的命名方法。

7．印制电路板的电气边界是在哪一层设置的？有何作用？如何进行印制电路板规划？

8．如何加粗印制电路板的底层上的所有印制导线？

9．制作一个小型电磁继电器的封装，尺寸利用游标卡尺实际测量。

10．试利用向导器制作一个DIP68的集成电路封装。

11．根据图4-14所示的单管放大原理图制作单面PCB。

12．根据图4-102所示的混频电路设计单面PCB。

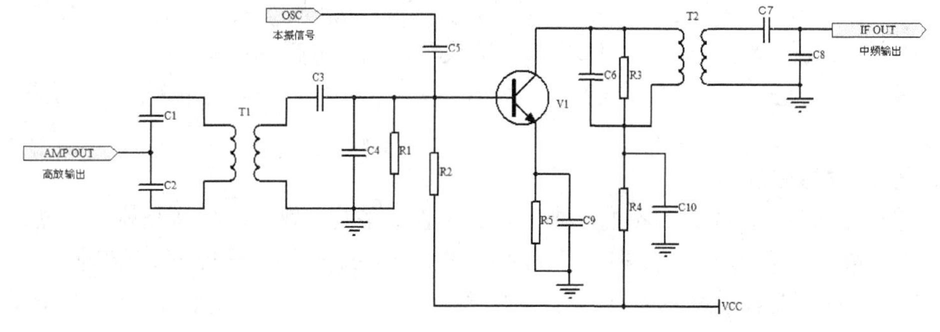

图4-102　混频电路

第5章　电子产品单面PCB仿制

目标

- 了解PCB布局、布线的一般原则，学会选用合适的原则
- 掌握单面PCB规划、网络表加载、布局及交互式布线等设计方法
- 掌握覆铜的使用
- 掌握单面电子产品单面PCB的仿制

上一章通过元器件数量较少的简单电路介绍了PCB设计的基本方法，而在实际PCB设计中，一般电路比较复杂，通常需要先设计原理图，然后从原理图中调用元器件和网络表到PCB，最后遵循一定的原则进行布局和布线。

本章通过几个产品的解剖，介绍单面PCB设计方法。

5.1　PCB布局、布线的一般原则

前述的简单电路PCB只是从布通导线的思路去完成整个设计，而在实际设计中PCB布局和布线时必须遵循一定的规则，以保证设计出的PCB符合机械和电气性能等方面的要求。

5.1.1　印制电路板布局基本原则

在PCB设计中应当从机械结构、散热、电磁干扰及布线的方便性等方面综合考虑元器件布局，可以通过移动、旋转和翻转等方式调整元器件的位置，使之满足要求。在布局时除了要考虑元器件的位置外，还必须调整好丝网层上文字符号的位置。

元器件布局是将元器件在一定面积的印制电路板上合理地排放，它是设计PCB的第一步。布局是印制电路板设计中最耗费精力的工作，往往要经过若干次布局比较，才能得到一个比较满意的布局结果。印制电路板的布局是决定印制电路板设计是否成功和是否满足使用要求的最重要的环节之一。

一个好的布局，首先要满足电路的设计性能，其次要满足安装空间的限制，在没有尺寸限制时，要使布局尽量紧凑，减小PCB设计的尺寸，减少生产成本。

为了设计出质量好、造价低、加工周期短的印制电路板，印制电路板布局应遵循下列的基本原则。

1．元器件排列规则

1）遵循先难后易，先大后小的原则，首先布置电路的主要集成块和晶体管的位置。

2）在通常条件下，所有元器件均应布置在印制电路板的同一面上，只有在顶层元器件过密时，才将一些高度有限并且发热量小的器件，如贴片电阻、贴片电容、贴片IC等放在底层，如图5-1所示。

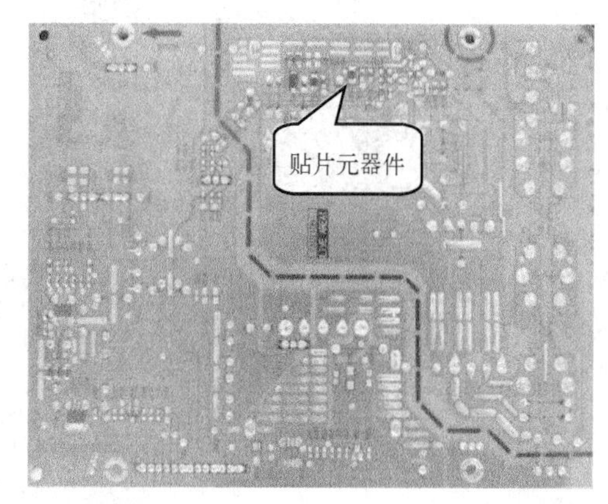

图 5-1　元器件排列图

3）在保证电气性能的前提下，元器件应放置在栅格上且相互平行或垂直排列，以求整齐、美观，一般情况下不允许元器件重叠，元器件排列要紧凑，输入和输出元器件尽量远离。

4）同类型的元器件应该在 X 或 Y 方向上一致；同一类型的有极性分立元器件也要力争在 X 或 Y 方向上一致，以便于生产和调试，具有相同结构的电路应尽可能采取对称布局。

5）集成电路的去耦电容应尽量靠近芯片的电源脚，以高频最靠近为原则，使之与电源和地之间形成回路最短。旁路电容应均匀分布在集成电路周围。

6）元器件布局时，使用同一种电源的元器件应考虑尽量放在一起，以便进行电源分割。

7）某些元器件或导线之间可能存在较高的电位差，应加大它们之间的距离，以免因放电、击穿引起意外短路。带高压的元器件应尽量布置在调试时手不易触及的地方。

8）位于板边缘的元器件，一般离板边缘至少两个板厚。

9）对于 4 个引脚以上的元器件，不允许进行翻转操作，否则将导致该元器件安装插件时引脚号不能一一对应。

10）双列直插式元器件相互的距离要大于 2mm，BGA 与相临元器件距离大于 5mm，阻容等贴片小元器件元器件相互距离大于 0.7mm，贴片元器件焊盘外侧与相临通孔式元器件焊盘外侧要大于 2mm，压接元器件周围 5mm 不可以放置插装元器件，焊接面周围 5mm 内不可以放置贴片元器件。

11）元器件在整个板面上分布均匀、疏密一致、重心平衡。

2．按照信号走向布局原则

1）通常按照信号的流程逐个安排各个功能电路单元的位置，以每个功能电路的核心元器件为中心，围绕它进行布局，尽量减小和缩短元器件之间的引线和连接。

2）元器件的布局应便于信号流通，使信号尽可能保持一致的方向。多数情况下，信号的流向安排为从左到右或从上到下，与输入、输出端直接相连的元器件应当放在靠近输入、输出接插件或连接器的附近。

3．可调节元器件、接口电路的布局

对于电位器、可变电容器、可调电感线圈或微动开关等可调元器件的布局应考虑整机的结构要求，若是机外调节，其位置要与调节旋钮在外壳面板上的位置相适应；若是机内调节，则应放置在印制电路板上能够方便调节的地方。接口电路应置于板的边缘并与外壳面板上的位置对应，如图 5-2 所示。

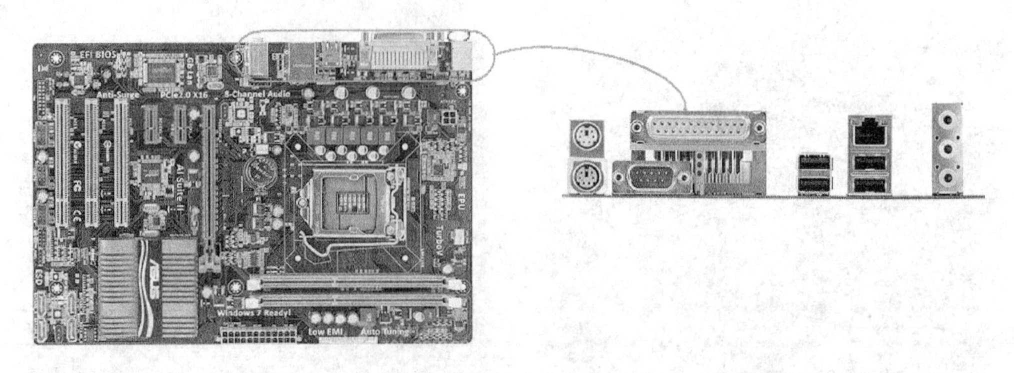

图 5-2　主板接口电路布局图

4．防止电磁干扰

1）对辐射电磁场较强的元器件，以及对电磁感应较灵敏的元器件，应加大它们相互之间的距离或加以屏蔽，元器件放置的方向应与相邻的印制导线交叉。

2）尽量避免高低电压器件相互混杂、强弱信号的器件交错布局。

3）对于会产生磁场的元器件，如变压器、扬声器和电感等，布局时应注意减少磁力线对印制导线的切割，相邻元器件的磁场方向应相互垂直，减少彼此间的耦合。

4）对干扰源进行屏蔽，屏蔽罩应良好接地。

5）在高频下工作的电路，要考虑元器件之间分布参数的影响。

6）对于存在大电流的元器件，一般在布局时靠近电源的输入端，要与小电流电路分开，并加上去耦电路。

5．抑制热干扰

1）对于发热的元器件，应优先安排在利于散热的位置，一般布置在 PCB 的边缘，必要时可以单独设置散热器或小风扇，以降低温度，减少对邻近元器件的影响。

2）一些功耗大的集成块、大或中功率管、电阻等元器件，要布置在容易散热的地方，并与其他元器件隔开一定距离。

3）热敏元器件应紧贴被测元器件并远离高温区域，以免受到其他发热元器件影响，引起误动作。

4）双面放置元器件时，底层一般不放置发热元器件。

6．提高机械强度

1）要注意整个 PCB 的重心平衡与稳定，重而大的元器件尽量安置在印制电路板上靠近固定端的位置，并降低重心，以提高机械强度和耐振、耐冲击能力，以及减少印制电路板的负荷和变形。

2）重 15 克以上的元器件，不能只靠焊盘来固定，应当使用支架或卡子加以固定。

3）为了便于缩小体积或提高机械强度，可设置“辅助底板”，将一些笨重的元器件，如变压器、继电器等安装在辅助底板上，并利用附件将其固定。

4）板的最佳形状是矩形，板面尺寸大于 200mm×150mm 时，要考虑板所受的机械强度，可以使用机械边框加固。

5）要在印制电路板上留出固定支架、定位螺孔和连接插座所用的位置，在布置接插件时，应留有一定的空间使得安装后的插座能方便地与插头连接而不至于影响其他部分。

图 5-3 所示为某电路的布局样图。

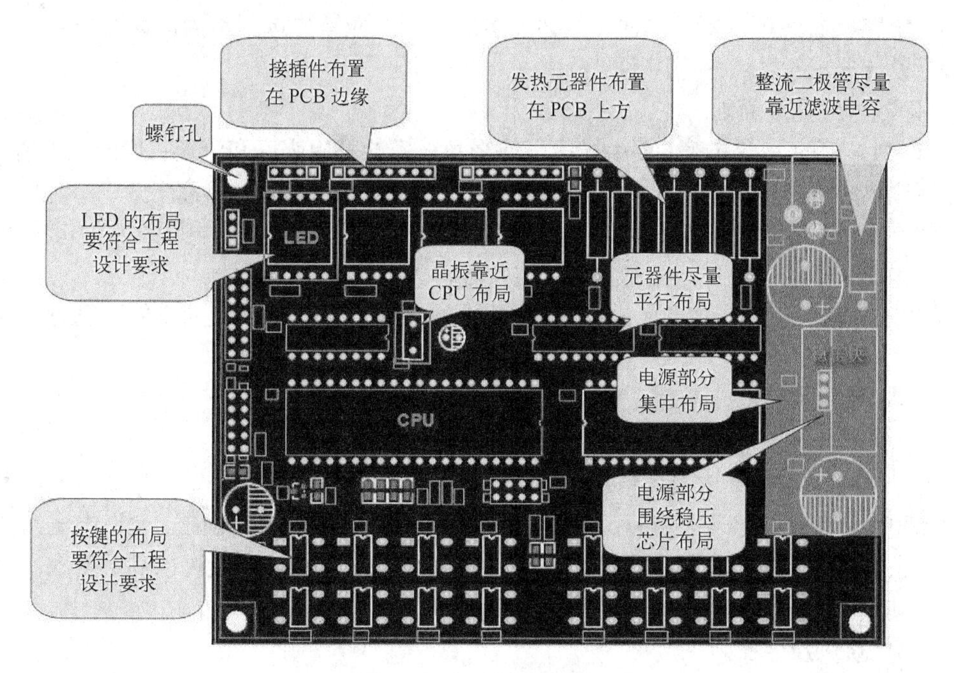

图 5-3　PCB 布局样图

5.1.2　印制电路板布线基本原则

布线和布局是密切相关的两项工作，布线受布局、板层、电路结构、电性能要求等多种因素影响，布线结果直接影响印制电路板性能。进行布线时要综合考虑各种因素，才能设计出高质量的 PCB，目前常用的基本布线方法如下所述。

1）直接布线。传统的印制电路板布线方法起源于最早的单面印制电路板。其过程为：先把最关键的一根或几根导线从始点到终点直接布设好，然后把其他次要的导线绕过这些导线布下，通用的技巧是利用元器件跨越导线来提高布线效率，布不通的线可以通过顶层短路线解决，如图 5-4 所示。

2）X—Y 坐标布线。X—Y 坐标布线指布设在印制电路板一面的所有导线都与印制电路板水平边沿平行，而布设在相邻一面的所有导线都与前一面的导线正交，两面导线的连接通过过孔（金属化孔）实现，如图 5-5 所示。

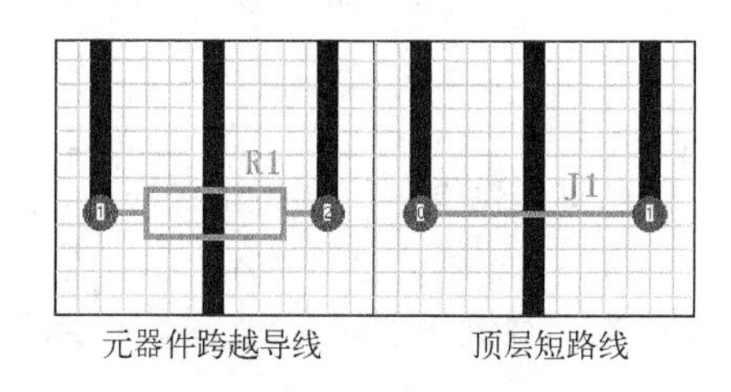

图 5-4　单面板布线处理方法

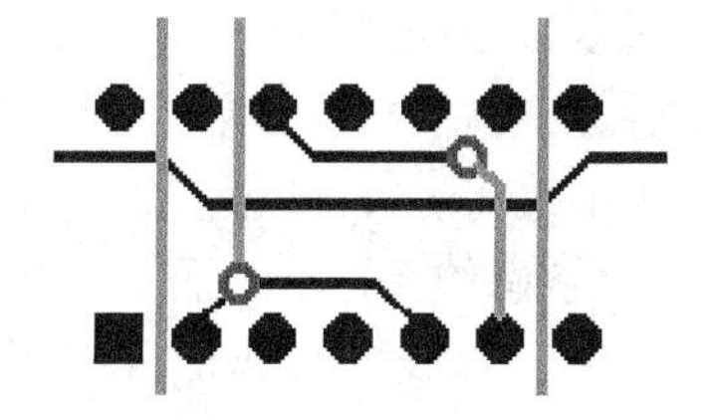

图 5-5　双面板布线

为了获得符合设计要求的 PCB，在进行 PCB 布线时一般要遵循以下基本原则。

1．布线板层选用

印制电路板布线可以采用单面、双面或多层，一般应首先选用单面，其次是双面，在仍不能满足设计要求时才考虑选用多层板。

2．印制导线宽度原则

1）印制导线的最小宽度主要由导线与绝缘基板间的粘附强度和流过它们的电流值决定。当铜箔厚度为 0.05mm、宽度为 1～1.5mm 时，通过 2A 电流，温升不高于 3℃，因此一般选用导线宽度为1.5mm左右完全可以满足要求，对于集成电路，尤其数字电路通常为0.2～0.3mm就足够。当然只要密度允许，还是尽可能用宽线，尤其是电源和地线。

2）印制导线的电感量与其长度成正比，与其宽度成反比，因而短而宽的导线对抑制干扰是有利的。

3）印制导线的线宽一般要小于与之相连焊盘的直径。

3．印制导线的间距原则

导线的最小间距主要由最坏情况下的线间绝缘电阻和击穿电压决定。导线越短、间距越大，绝缘电阻就越大。当导线间距为 1.5mm 时，其绝缘电阻超过 20MΩ，允许电压为 300V；间距为 1mm 时，允许电压为 200V，一般选用间距为 1～1.5mm 完全可以满足要求。对集成电路，尤其数字电路，只要工艺允许可使间距很小。

4．布线优先次序原则

1）核心优先原则：例如 DDR、RAM 等核心部分应优先布线，信号传输线应提供专层、电源、地回路，其他次要信号要顾全整体，不能与关键信号相抵触。

2）关键信号线优先：电源、模拟小信号、高速信号、时钟信号和同步信号等关键信号优先布线。

3）密度疏松原则：从印制电路板上连接关系简单的元器件着手布线，从连线最疏松的区域开始布线，以调节个人状态。

5．信号线走线一般原则

1）输入、输出端的导线应尽量避免相邻平行，平行信号线之间要尽量留有较大的间隔，最好加线间地线，起到屏蔽的作用。

2）印制电路板两面的导线应互相垂直、斜交或弯曲走线，避免平行，以减少寄生耦合。

3）信号线高、低电平悬殊时，要加大导线的间距；在布线密度比较低时，可加粗导线，信号线的间距也可以适当加大。

4）尽量为时钟信号、高频信号、敏感信号等关键信号提供专门的布线层，并保证其最小的回路面积。应采取手工预布线、屏蔽和加大安全间距等方法，保证信号质量。

6．重要线路布线原则

重要线路包括时钟、复位以及弱信号线等。

1）用地线将时钟区圈起来，时钟线尽量短；石英晶体振荡器外壳要接地；石英晶体下面以及对噪声敏感的元器件下面不要走线。

2）时钟、总线、片选信号要远离 I/O 线和接插件，时钟发生器尽量靠近使用该时钟的元器件。

3）时钟信号线最容易产生电磁辐射干扰，走线时应与地线回路相靠近，时钟线垂直于 I/O 线比平行 I/O 线时的干扰小。

4）弱信号电路、低频电路周围不要形成电流环路。

5）模拟电压输入线、参考电压端一定要尽量远离数字电路信号线，特别是时钟信号线。

7．地线布设原则

1）一般将公共地线布置在印制电路板的边缘，便于印制电路板安装在机架上，也便于与机架地相连接。印制地线与印制电路板的边缘应留有一定的距离（不小于板厚），这不仅便于安装导轨和进行机械加工，而且还提高了绝缘性能。

2）在印制电路板上应尽可能多地保留铜箔做地线，这样传输特性和屏蔽作用将得到改善，并且起到减少分布电容的作用。地线（公共线）不能设计成闭合回路，在低频电路中一般采用单点接地；在高频电路中应就近接地，而且要采用大面积接地方式。

3）印制电路板上若装有大电流元器件，如继电器、扬声器等，它们的地线最好要分开独立走，以减少地线上的噪声。

4）模拟电路与数字电路的电源、地线应分开排布，这样可以减小模拟电路与数字电路之间的相互干扰。为避免数字电路部分电流通过地线对模拟电路产生干扰，通常采用地线割裂法使各自地线自成回路，然后再分别接到公共的一点地上，如图 5-6 所示。模拟地平面和数字地平面是两个相互独立的地平面，以保证信号的完整性，只在电源入口处通过一个 0Ω电阻或小电感连接，再与公共地相连。

5）环路最小规则，即信号线与地线回路构成的环面积要尽可能小，环面积越小，对外的辐射越少，接收外界的干扰也越小，如图 5-7 所示。针对这一规则，在地平面分割时，要考虑到地平面与重要信号走线的分布；在双层板设计中，在为电源留下足够空间的情况下，一般将余下的部分用参考地填充，且增加一些必要的过孔，将双面信号有效连接起来，对一些关键信号尽量采用地线隔离。

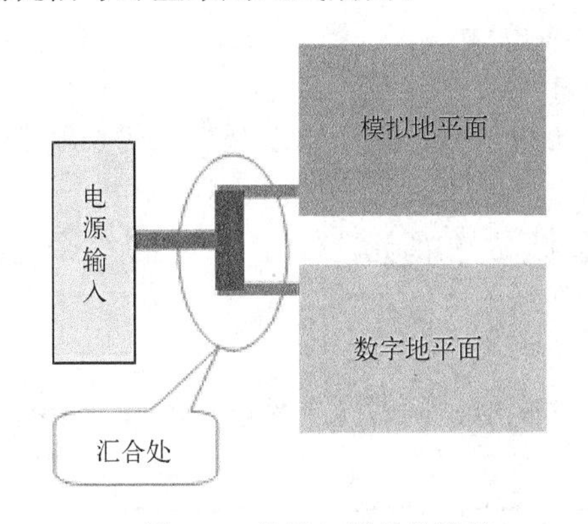

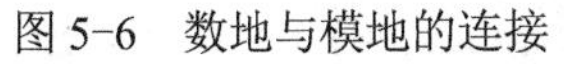
图 5-6　数地与模地的连接

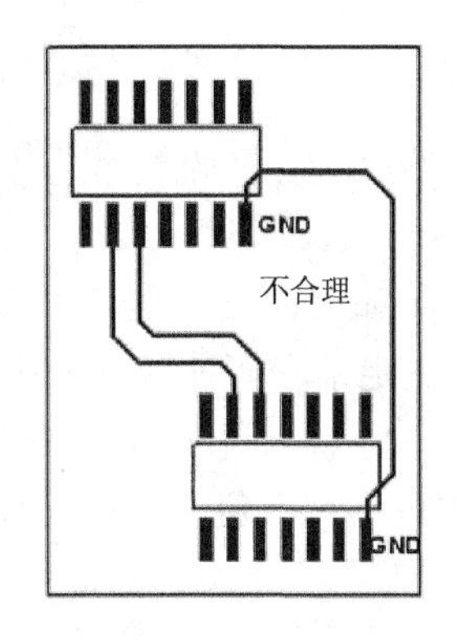

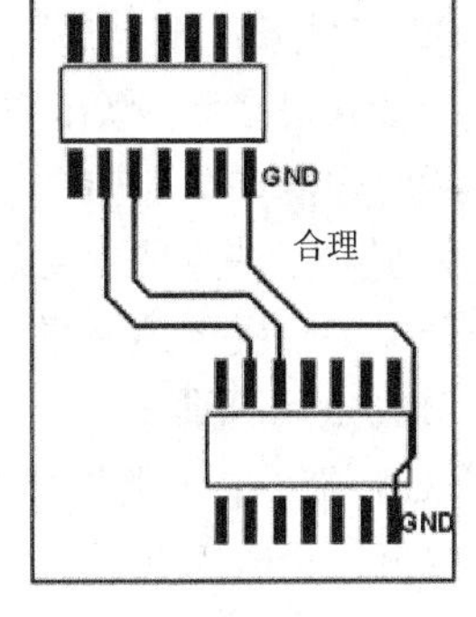

图 5-7　环路最小规则

8．信号屏蔽原则

1）印制电路板上的元器件若要加屏蔽时，可以在元器件外面套上一个屏蔽罩，在底板的另一面对应于元器件的位置再罩上一个扁形屏蔽罩（或屏蔽金属板），将这两个屏蔽罩在电气上连接起来并接地，这样就构成了一个近似于完整的屏蔽盒。

2）印制导线如果需要进行屏蔽，在要求不高时，可采用印制导线屏蔽。对于多层板，一般通过电源层和地线层的使用，既解决电源线和地线的布线问题，又可以对信号线进行屏蔽，如图 5-8 所示。

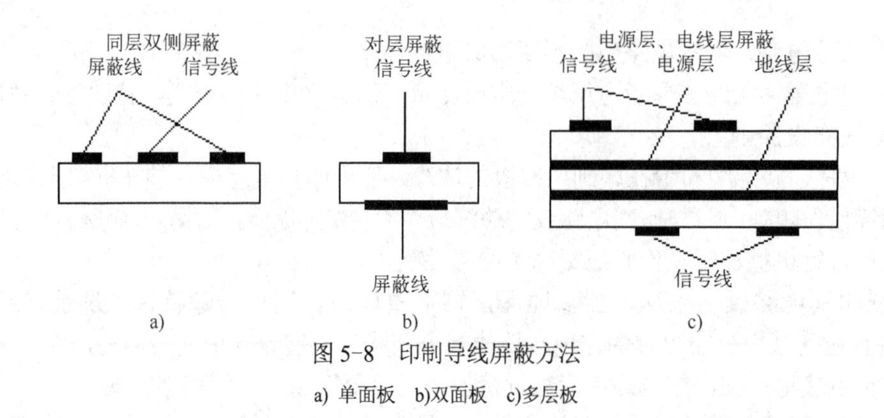

图 5-8　印制导线屏蔽方法

a) 单面板　b)双面板　c)多层板

3）对于一些比较重要的信号，如时钟信号，同步信号，或频率特别高的信号，应该考虑采用包络线或覆铜的屏蔽方式，即将所布的线上下左右用地线隔离，而且还要考虑好如何有效地让屏蔽地与实际地平面有效结合，如图 5-9 所示。

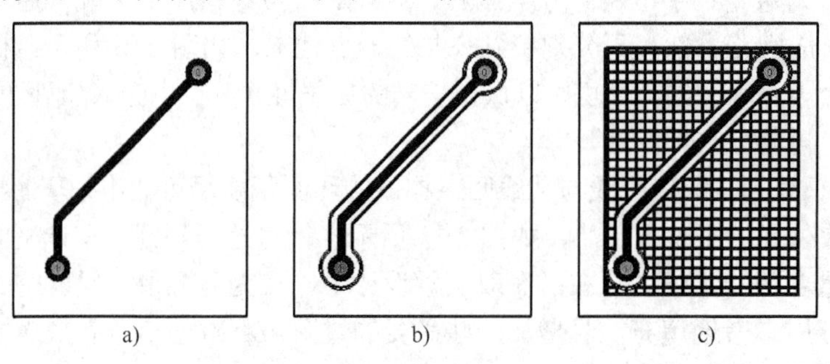

图 5-9　屏蔽保护

a) 无屏蔽　b) 包络线屏蔽　c) 覆铜屏蔽

9．走线长度控制规则

走线长度控制规则即短线规则，在设计时应该让布线长度尽量短，以减少走线长度带来的干扰问题，如图 5-10 所示。

特别是一些重要信号线，如时钟线，将其振荡器就近放在离元器件边。对驱动多个元器件的情况，应根据具体情况决定采用何种网络拓朴结构。

10．倒角规则

PCB 设计中应避免产生锐角和直角，产生不必要的辐射，同时工艺性能也不好。所有线与线的夹角一般应≥135°，如图 5-11 所示。

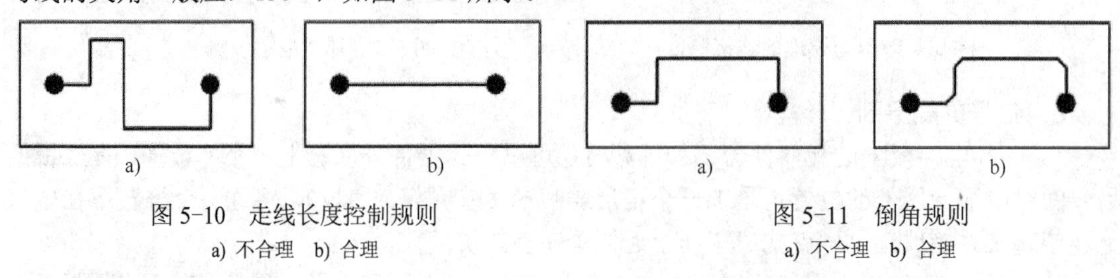

图 5-10　走线长度控制规则

a) 不合理　b) 合理

图 5-11　倒角规则

a) 不合理　b) 合理

11．去耦电容配置原则

配置去耦电容可以抑制因负载变化而产生的噪声，是印制电路板可靠性设计的一种常规做法，配置原则如下所述。

1）电源输入端跨接一个 10～100μF 的电解电容，如果印制电路板的位置允许，采用 100μF 以上的电解电容的抗干扰效果会更好。

2）为每个集成电路芯片配置一个 0.01μF 的陶瓷电容。如遇到印制电路板空间小而装不下时，可每 4～10 个芯片配置一个 1～10μF 钽电解电容。

3）对于抗噪声能力弱、关断时电流变化大的元器件和 ROM、RAM 等存储型元器件，应在芯片的电源线和地线间直接接入去耦电容。

4）去耦电容的引线不能过长，特别是高频旁路电容。

去耦电容的布局及电源的布线方式将直接影响到整个系统的稳定性，有时甚至关系到设计的成败，一般要合理配置，如图 5-12 所示。

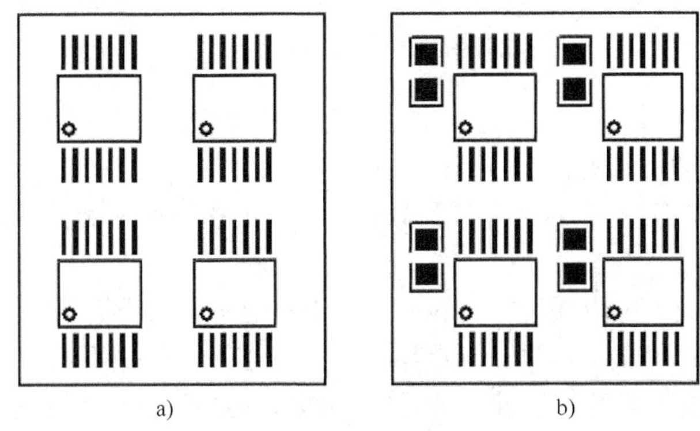

a) b)

图 5-12　去耦电容配置原则

a) 未配置去耦电容　b) 配置去耦电容

12．器件布局分区/分层规则

1）为了防止不同工作频率的模块之间的互相干扰，同时尽量缩短高频部分的布线长度，通常将高频部分设在接口部分以减少布线长度，如图 5-13 所示。当然这样的布局也要考虑到低频信号可能受到的干扰，同时还要考虑到高/低频部分地平面的分割问题，通常采用将二者的地分割，再在接口处单点相接。

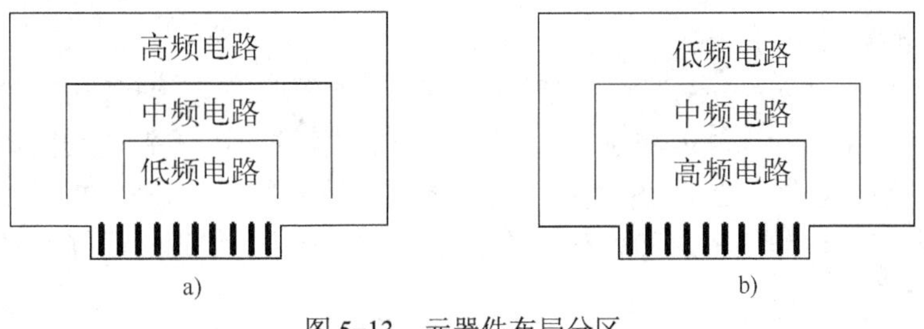

a) b)

图 5-13　元器件布局分区

a) 不合理　b) 合理

2）对于模数混合电路，在多层板设计中可以将模拟与数字电路分别布置在印制电路板的两面，分别使用不同的层布线，中间用地层隔离的方式。

13．孤立铜区控制规则

孤立铜区也称为铜岛，它的出现，将带来一些不可预知的问题，因此通常将孤立铜区接地或删除，有助于改善信号质量，如图 5-14 所示。在实际的制作中，PCB 厂家将一些板的空置部分增加了一些铜箔，这主要是为了方便印制电路板加工，同时对防止印制电路板翘曲也有一定的作用。

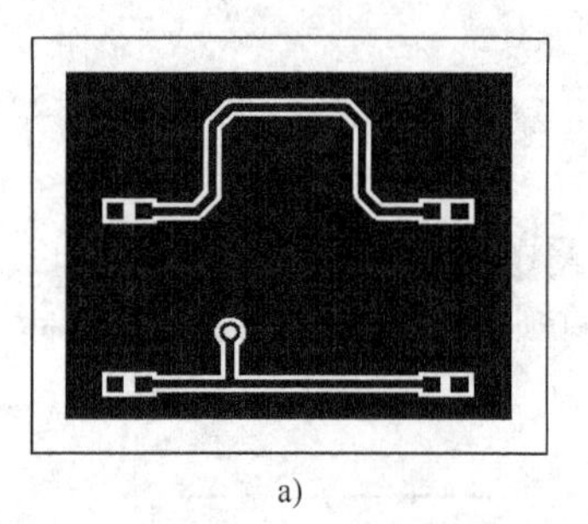
a)

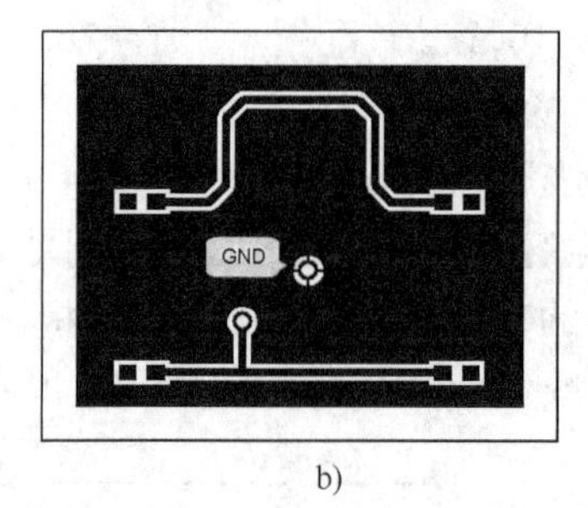

b)

图 5-14　孤铜处理

a) 不合理　b) 合理

14．大面积铜箔使用原则

在 PCB 设计中，在没有布线的区域最好由一个大的接地面来覆盖的，以此提供屏蔽和增加去耦能力。

发热元器件周围或大电流通过的引线应尽量避免使用大面积铜箔，否则，长时间受热时，易发生铜箔膨胀和脱落现象。如果必须使用大面积铜箔，最好采用栅格状，这样有利于铜箔与基板间粘合剂因受热产生的挥发性气体排出，如图 5-15 所示，大面积铜箔上的焊盘连接如图 5-16 所示。

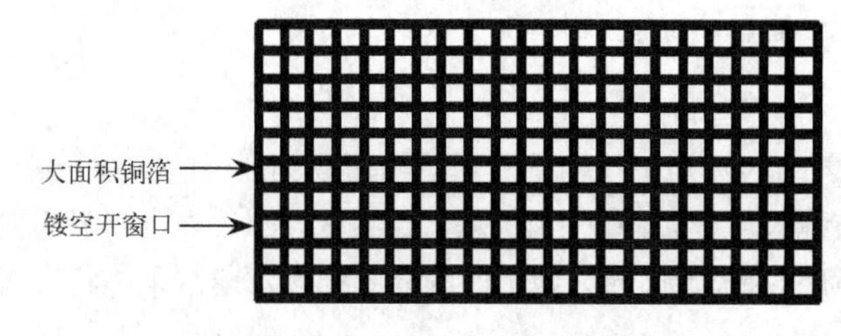

图 5-15　大面积铜箔镂空示意图

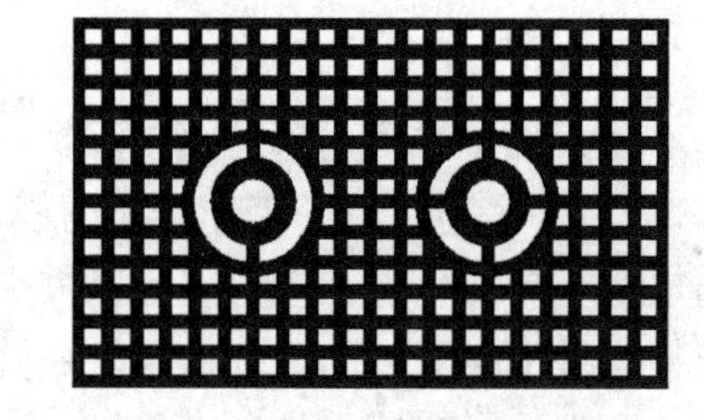

图 5-16　大面积铜箔上的焊盘处理

15．高频电路布线一般原则

1）高频电路中，集成块应就近安装退耦电容，一方面保证电源线不受其他信号干扰，另一方面可将本地产生的干扰就地滤除，防止了干扰通过各种途径（空间或电源线）传播。

2）高频电路布线的引线最好采用直线，如果需要转折，采用 135° 折线或圆弧转折，这样可以减少高频信号对外的辐射和相互间的耦合。引脚间的引线越短越好，引线层间的过孔越少越好。

16．金手指布线

对外连接用接插形式的印制电路板，为便于安装往往将输入、输出、馈电线和地线等均平行安排在板子的一边，如图 5-17 所示，1、5、11 脚接地；10 脚接电源；4 脚输出；6 脚输入。为减小导线间的寄生耦合，布线时应使输入线与输出线远离，并且输入电路的其他引线应与输出电路的其他引线分别布于两边，输入与输出之间用地线隔开。此外，输入线与电源线之间的距离要远一些，间距不应小于 1mm。

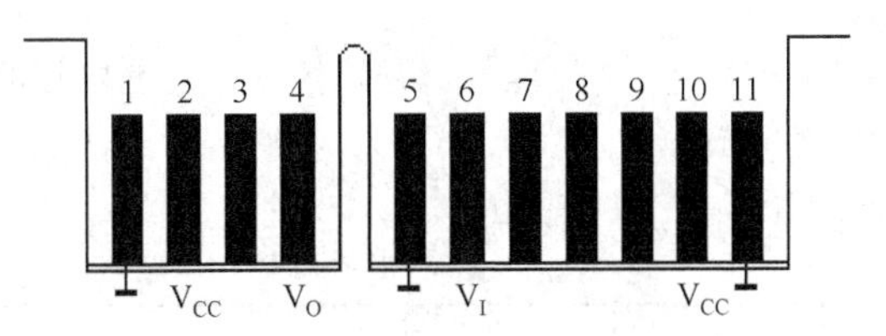

图 5-17　印制电路板对外连接的布线方式

17．印制导线走向与形状

除地线外，同一印制电路板上导线的宽度尽量保持一致；印制导线的走线应平直，不应出现急剧的拐弯或尖角，直角和锐角在高频电路和布线密度高的情况下会影响电气性能，所有弯曲与过渡部分一般用圆弧连接，其半径不得小于 2mm；应尽量避免印制导线出现分支，如果必须分支，分支处最好圆滑过渡；从两个焊盘间穿过的导线尽量均匀分布。

图 5-18 所示为印制电路板走线的示例，其中图 5-18a 中 3 条走线间距不均匀；图 5-18b 中走线出现锐角；图 5-18c 和 d 中走线转弯不合理；图 5-18e 中印制导线尺寸比焊盘直径大。

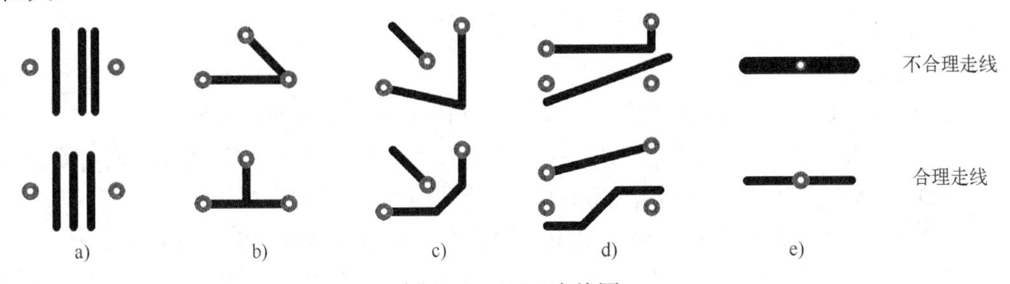

图 5-18　PCB 走线图

5.2　低频矩形 PCB 设计——电子镇流器

本节通过电子镇流器来介绍低频 PCB 设计，采用的设计方法是通过调用原理图的网络表加载封装和连线信息，然后进行手工布局和交互式布线。

5.2.1　产品介绍

电子镇流器的外观和内部 PCB 如图 5-19 所示，它是采用电子技术驱动电光源，使之产生所需照明的电子设备，电子镇流器通常兼具辉光启动器功能，故又可省去单独的辉光启动器。

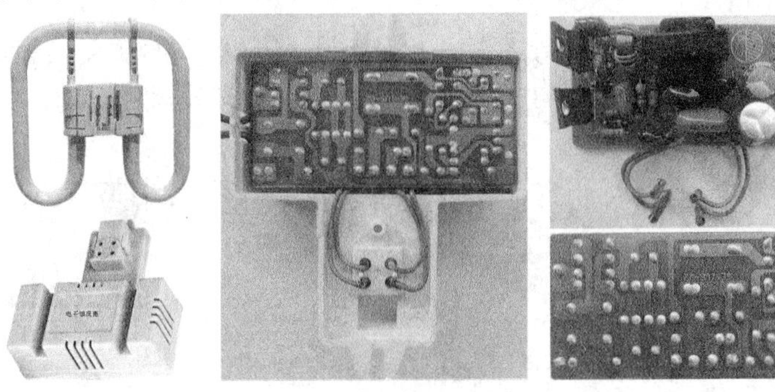
图 5-19　电子镇流器外观和 PCB 图

现代日光灯越来越多的使用电子镇流器，轻便小巧，甚至可以将电子镇流器与灯管等集成在一起，如日常使用很广的节能灯。

电子镇流器电路原理图如图 5-20 所示。

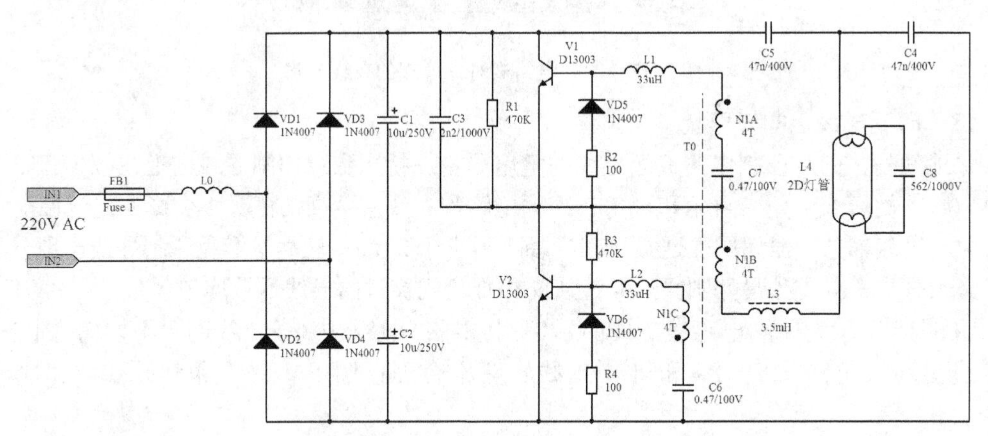

图 5-20　电子镇流器原理图

电路工作原理如下所述。

VD1～VD4、C1、C2 组成桥式整流、滤波电路，完成 AC→DC 转换。

V1、V2、L1、L2、磁心变压器 N1、扼流圈 L3、灯管 L4、C4、C5、C8 组成自激振荡电路，完成 DC→AC 转换，点亮灯管，其中 C5 为起动电容、C8 为谐振电容。

R1、R3、C3 组成起动电路，用于电路初始状态下起振，否则无法形成自激振荡。

电容 C8 用于起动灯管：灯管需要瞬时高压才能起动点亮，在电路加电初始阶段，扼流圈 L3、灯管的灯丝、起动电容 C5、谐振电容 C8 与开关管组成谐振，产生高频高压，将灯管击穿发光。

VD5、VD6 为保护二极管，分别保护 V1、V2。

电子镇流器电路比较复杂，采用手工一个一个放置元器件，将耗费大量的时间，如果通过网络表调用元器件和连线信息将大大提高效率。

5.2.2　设计前准备

设计前的准备工作主要有以下 3 个内容。

1．绘制原理图元器件

图 5-20 中的高频振荡线圈 N1、扼流圈 L3 和 2D 灯管 L4 在原理图元器件库中找不到，需要自行设计元器件图形。

高频振荡线圈 N1 为 3 个线圈并绕在同一个磁环上，元器件要标示上线圈的同名端，引脚 1、3、5 为同名端，该元器件中有 3 套相同的功能单元，其元器件实物、原理图元器件图形及封装如图 5-21 所示。

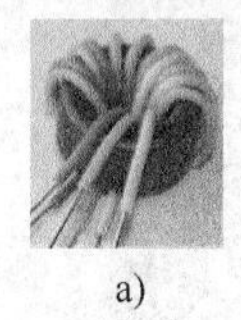

a)

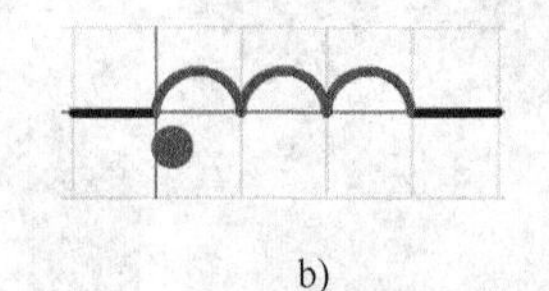

b)

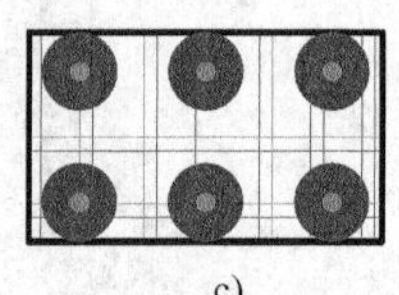

c)

图 5-21　高频振荡线圈 N1 图形

a) 元器件实物　b) 原理图元器件（三套功能单元）　c) 封装图形

扼流圈L3元器件实物、原理图元器件图形及封装如图5-22所示，2D灯管L4的原理图元器件图形如图5-23所示，该元器件无需封装，在PCB中留4个焊盘进行连接即可。

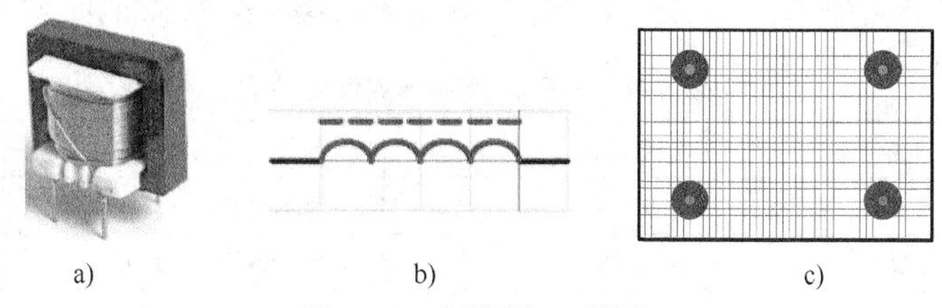

a)　　　　b)　　　　c)

图5-22　扼流圈L3图形

a) 元器件实物　b) 原理图元器件　c) 封装图形

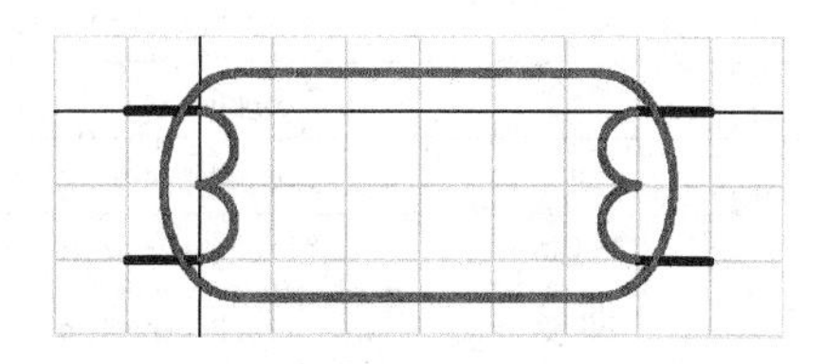

图5-23　2D灯管原理图元器件图形

2. 元器件封装设计

1）高频振荡线圈N1的封装。如图5-21所示，相邻焊盘左右中心间距为5mm，上下中心间距为5mm，焊盘直径为3mm，元器件外框为14mm×8mm，上排焊盘编号依次为1、3、5，对应下排焊盘编号为2、4、6，封装名为GPZD。

2）扼流圈L3的封装。如图5-22所示，焊盘水平间距为15mm，垂直间距为10mm，焊盘直径为3mm，元器件外框为23mm×16mm，上排焊盘编号为1、3，对应下排焊盘编号为2、4，封装名为ELQ。

扼流圈磁心为EI型，其中引脚1、2接线圈，引脚3、4为空脚，用于固定元器件。

3）电感L0的封装。如图5-24所示，焊盘水平间距为10mm，垂直间距为8mm，焊盘直径为3mm，元器件外框为14.5mm×14mm，上排焊盘编号均为1，下排焊盘编号均为2，封装名为LB1。

4）电解电容C1、C2的封装。如图5-25所示，外框圆直径为400mil，焊盘间距为200mil，焊盘直径为120mil，将焊盘2作为负极并打上横线做为指示，封装名为设置为RB.2/.4A。

5）涤纶电容C8的封装。如图5-26所示，焊盘间距为15mm，元器件外框为18mm×5mm，焊盘直径为3mm，焊盘编号依次为1、2，封装名为RAD-0.6。

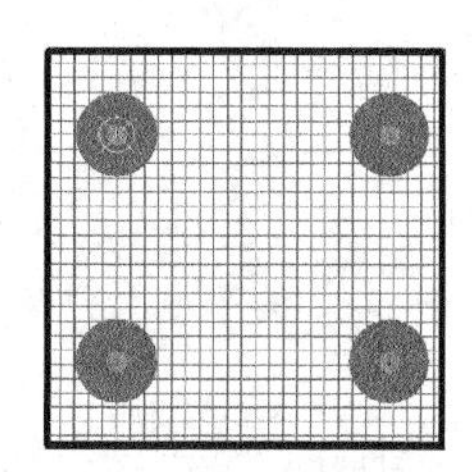

图5-24　电感L0封装

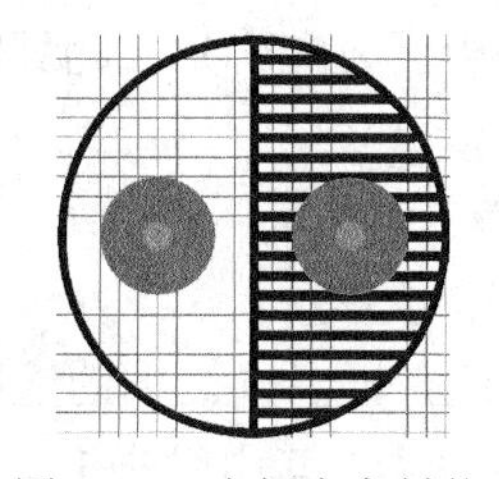

图5-25　电解电容封装

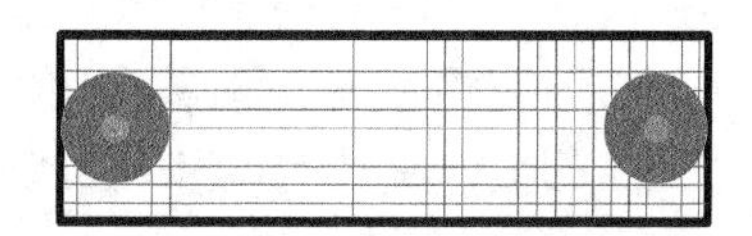

图5-26　涤纶电容封装

6）2D灯管：因为2D灯管没有安装在印制电路板上，所以只要定义2D灯管原理图的元器件图形，不需要制作元器件封装，在PCB设计中放置4个焊盘用于连接灯管。

3. 原理图绘制

根据图 5-20 绘制电路原理图，设置好封装，元器件的参数如表 5-1 所示，原理图设计完毕进行编译检查并修改错误，最后将原理图另存为“电子镇流器.SCHDOC”。

表 5-1　电子镇流器元器件参数表

元器件类别	元器件标号	库元器件名	元器件所在库	元器件封装
1/8W 电阻	R2、R4	Res2	Miscellaneous Devices.IntLib	AXIAL-0.4
1/4W 电阻	R1、R3	Res2	Miscellaneous Devices.IntLib	AXIAL-0.5
熔丝	FB1	FUSE1	Miscellaneous Devices.IntLib	AXIAL-0.4
电解电容	C1、C2	Cap Pol2	Miscellaneous Devices.IntLib	RB.2/.4A（自制）
涤纶电容	C3、C6、C7	Cap	Miscellaneous Devices.IntLib	RAD-0.2
涤纶电容	C4、C5	Cap	Miscellaneous Devices.IntLib	RAD-0.3
涤纶电容	C8	Cap	Miscellaneous Devices.IntLib	RAD-0.6（自制）
色码电感	L1、L2	Inductor	Miscellaneous Devices.IntLib	AXIAL-0.4
晶体管	V1、V2	NPN	Miscellaneous Devices.IntLib	SFM-T3/A4.7V
整流二极管	VD1-VD6	Diode 1N4007	Miscellaneous Devices.IntLib	DIO10.46-5.3×2.8
电感	L0	Inductor	Miscellaneous Devices.IntLib	LB1（自制）
高频振荡线圈	N1	GPZD（自制）	自制	GPZD（自制）
扼流圈	L3	ELQ（自制）	自制	ELQ（自制）
2D 灯管	L4	DG（自制）	自制	无，用焊盘代

本例中元器件封装都在元器件库 Miscellaneous Devices.IntLib 和自制的封装库中，设置封装前必须将它们加载为当前库，设置元器件封装可以通过浏览元器件方式进行。

5.2.3　设计 PCB 时考虑的因素

电子镇流器的 PCB 采用矩形板，尺寸适中，元器件密度不大，电路的工作电流较小，晶体管 V1、V2 无须再加装散热片。

设计时考虑的主要因素如下所述。

1）PCB 的尺寸为 83mm×40mm。

2）布局时元器件离板边沿至少为 2mm。

3）整流滤波电路集中布局在板的左侧，在其附近设置交流电源接线端，为电源接线端预留两个焊盘，并设置好网络；振荡管布局在板的右侧。

4）扼流圈位于板的中下方，在板的中上方配合外壳为灯管接线端预留 4 个焊盘，并设置好网络。

5）振荡电路围绕振荡线圈和晶体管进行布局。

6）布局调整时应尽量减少网络飞线的交叉。

7）高频振荡线圈 N1 是 3 只线圈并绕，注意同名端的连接。

8）扼流圈 L3 磁心为 EI 型，有 4 个引脚，其中引脚 1、2 接线圈，引脚 3、4 为空脚，用于固定元器件。

9）晶体管 V1、V2 在原理图中使用的元器件是 NPN，其引脚顺序为 1C、2B、3E，而实际元器件的引脚顺序为BCE，因此应在PCB中将V1、V2封装的焊盘编号顺序改为2、1、3。

10）布线采用手工布线方式进行，整流滤波电路和灯管连接线宽为2mm，其他为1mm。

11）连线转弯采用45°或圆弧进行。

12）在空间允许的条件下可以使用覆铜加宽电源线和地线，以提高电流承受能力和稳定性。

5.2.4 从原理图加载网络表和元器件封装到PCB

1. 规划PCB

1）执行菜单“文件”→“创建”→“PCB文件”，新建PCB，执行菜单“文件”→“保存”将该PCB文件保存为“电子镇流器.PCBDOC”。

2）执行菜单“设计”→“PCB选择项”，设置单位制为Metric（公制）；设置可视栅格1、2为1mm和5mm；捕获栅格X、Y，元器件网格X、Y均为0.5mm。

3）执行菜单“设计”→“PCB层次颜色”，设置显示可视栅格1（Visible Grid1）。

4）执行菜单“编辑”→“原点”→“设定”，定义相对坐标原点。

5）执行菜单“工具”→“优先设定”，屏幕弹出“优先设定”对话框，选中“Display”选项，在“表示”区中选中“原点标记”复选框，显示坐标原点。

6）用鼠标单击工作区下方的选项卡，将当前工作层设置为Keep out Layer（禁止布线层），执行菜单“放置”→“直线”进行边框绘制，从坐标原点开始绘制为83mm×40mm的闭合边框，以此边框作为印制电路板的尺寸，如图5-27所示。此后元器件布局和布线都要在此框内进行。

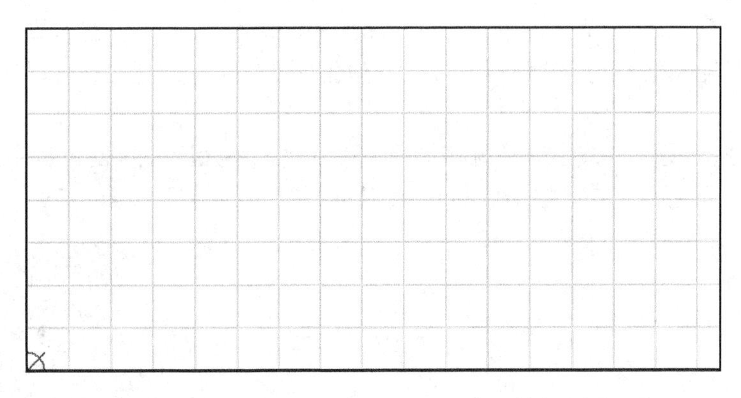

图5-27　规划为83mm×40mm的印制电路板

2. 从原理图加载网络表和元器件封装到PCB

1）打开设计好的原理图文件“电子镇流器.SCHDOC”，执行菜单“项目管理”→“Compile Document 电子镇流器.SCHDOC”，对原理图文件进行编译，根据“Messages”窗口中的错误和警告提示进行相应的修改，对布线无影响的警告可以忽略。

2）在原理图编辑器环境下，执行菜单“设计”→“Update PCB Document 电子镇流器.PCBDOC”，屏幕弹出“工程变化订单”对话框，显示本次更新的对象和内容，单击“使变化生效”按钮，系统将自动检查各项变化是否正确有效，所有正确的更新对象，在检查栏内显示“✓”符号，不正确的显示“×”符号，如图5-28所示。

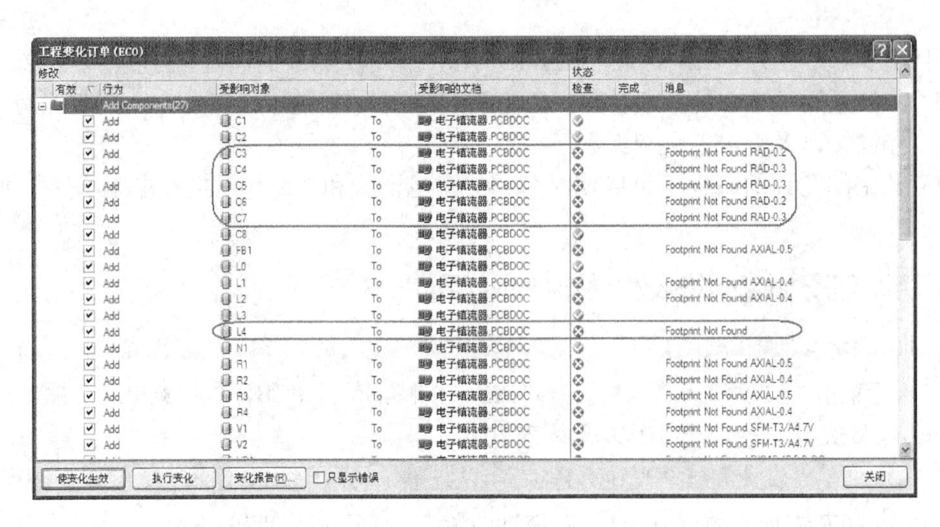

图 5-28 “工程变化订单”对话框

本例中特地移除了元器件库 Miscellaneous Devices.IntLib，从图 5-28 中可以看出存在两类错误信息，一类是“Footprint Not Found RAD-0.2”等，对应元器件是 C3、C6 等，说明封装 RAD-0.2 未找到，原因是该封装所在的库 Miscellaneous Devices.IntLib 未设置为当前库，可在元器件库面板中将该库设置为当前库即可；另一类是“Footprint Not Found”，对应元器件是 L4，原因是 L4（2D 灯管）在原理图中没有设置封装，此错误可以忽略。

3）设置好库“Miscellaneous Devices.IntLib”后，重新执行菜单“设计”→“Update PCB Document 电子镇流器.PCBDOC”，屏幕弹出“工程变化订单”对话框，单击“使变化生效”按钮，更新检查信息，从中可以看出“Footprint Not Found RAD-0.2”等错误提示消失，说明封装 RAD-0.2 已经匹配上，此时只剩下与 L4 有关的错误，可以忽略，设计时应增加 4 个焊盘用于连接灯管。

4）单击“执行变化”按钮，系统将接受工程变化，将元器件封装和网络表添加到 PCB 编辑器中，单击“关闭”按钮关闭对话框，加载元器件后的 PCB 如图 5-29 所示。

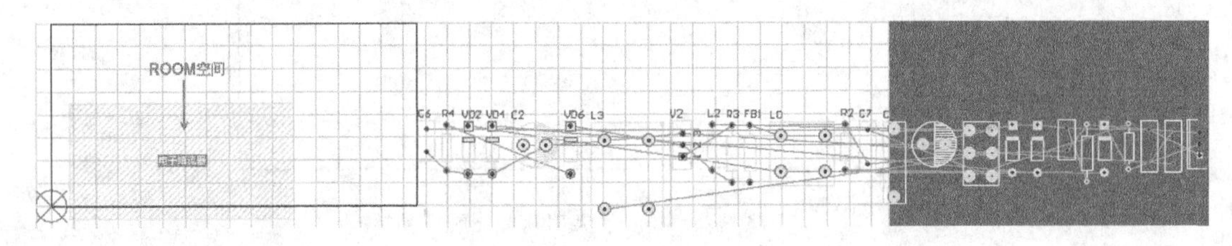

图 5-29 加载元器件后的 PCB

从图 5-29 中可以看出，系统自动建立了一个 Room 空间“电子镇流器”，同时加载的元器件封装和网络表放置在规划好的 PCB 边界之外，因此还必须进行元器件布局。

注意：“Update PCB Document...”命令只能在工程项目中才能使用，必须将原理图文件和 PCB 文件保存到同一个项目中，且在执行该命令前必须先保存 PCB 文件。

在进行 PCB 设计时，有时会出现缺少某个元器件封装，此时也可以通过放置元器件封装的方式将元器件封装放置到 PCB 中，并将其标号修改与原理图中相同即可，但这种方式放置的元器件封装没有网络，必须重新从原理图中加载网络表更新 PCB，为增加的封装添加网络。

5.2.5 电子镇流器 PCB 手工布局

图 5-29 中，元器件分散在电气轮廓之外的，显然不能满足布局的要求，此时可以通过 Room 空间布局方式将元器件移动到规划的印制电路板中，然后通过手工调整的方式将元器件移动到适当的位置。

1. 通过 Room 空间移动元器件

从原理图中调用元器件封装和网络表后，系统自定义一个 Room 空间（本例中系统自定义的 Room 空间为“电子整流器”，它是根据原理图文件名定义的），其中包含了载入的所有元器件，移动 Room 空间，对应的元器件也会跟着一起移动。

将 Room 空间移动到电气边框内，执行菜单“工具”→“放置元件”→“Room 内部排列”，移动光标至 Room 空间内单击鼠标左键，元器件将自动按类型整齐排列在 Room 空间内，单击鼠标右键结束操作，此时屏幕上会有一些画面残缺，可以执行菜单“查看”→“更新”刷新画面，移动后的元器件布局如图 5-30 所示。

2. 手工布局调整

元器件调入 Room 空间后，可以先删除 Room 空间，然后再进行手工布局调整。

手工布局就是通过移动和旋转元器件，根据信号流程和布局原则将元器件移动到合适的位置，同时尽量减少元器件网络飞线交叉。

用鼠标左键点住元器件不放，拖动鼠标可以移动元器件，在移动过程中按下〈空格〉键可以旋转元器件，一般在布局时不进行元器件的翻转，以免造成元器件引脚无法对应。

本例中为保证与晶体管的管型配合，应将晶体管 V1、V2 封装的焊盘编号顺序由 1、2、3 改为 2、1、3。

手工布局调整后的 PCB 如图 5-31 所示，图中手工添加了 6 个独立焊盘，左侧 2 个用于连接交流电源输入，上方 4 个用于连接灯管。

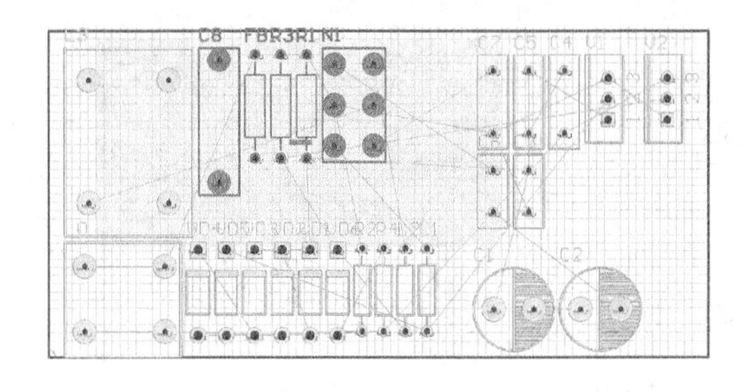

图 5-30　通过 Room 空间移动元器件

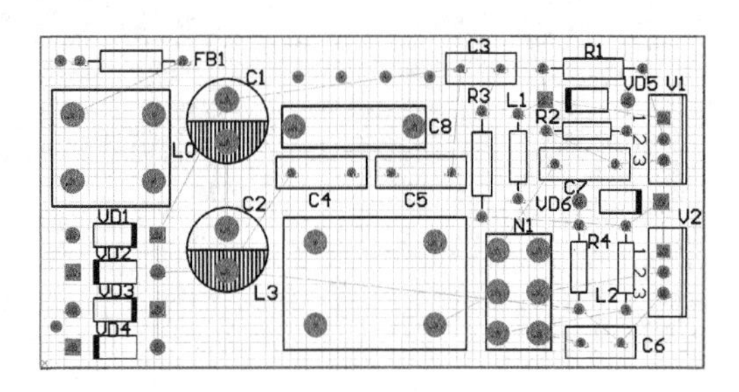

图 5-31　完成手工布局的 PCB 图

5.2.6 交互式布线参数设置

元器件布局完毕就可以进行布线，在 PCB 设计中有两种布线方式，可以通过执行菜单“放置”→“直线”进行布线，或执行菜单“放置”→“交互式布线”进行布线。前者一般用于没有加载网络的线路连接，后者一般用于有加载网络的线路连接。

通过“放置”→“直线”放置的连线由于不具备网络连接信息，所以系统的 DRC 自动检查会高亮显示提示该连线错误，消除的方法是双击该连线，将其网络设置为当前与之相连的焊盘上的网络，如图 5-32 所示。

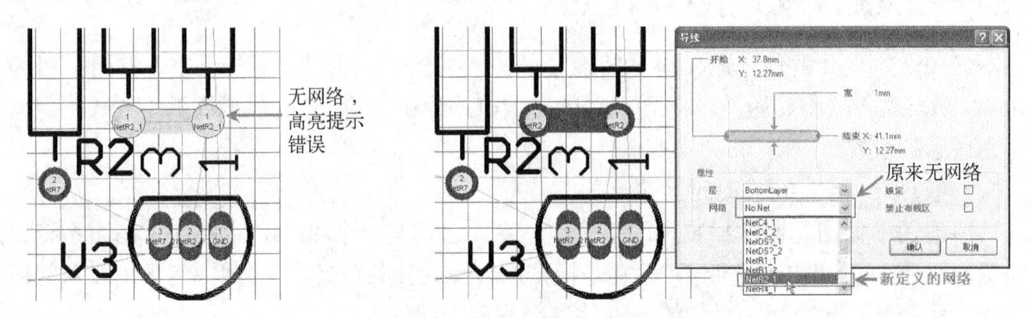

图 5-32　放置直线方式布线存在问题与解决方法

本例中的元器件带有网络，所以采用“交互式布线”的方式进行线路连接。

1．线宽限制规则设置

交互式布线的线宽是由线宽限制规则设定的，可以设置最小线宽、最大线宽和优选线宽，设置完成后，线宽只能在最小线宽和最大线宽之间进行切换。

执行菜单“设计”→“规则”，屏幕弹出“PCB 规则和约束编辑器”对话框，选中“Routing”选项下的“Width”设置线宽限制规则，如图 5-33 所示，可以在对应工作层中设置最小宽度、最大宽度和优选尺寸，其中优先尺寸即为进入连线状态时系统默认的线宽，本例中由于是单面板，故需定义线宽的工作层为 Bottom Layer，最小宽度为 1mm、最大宽度为 2mm、优选尺寸为 1mm。

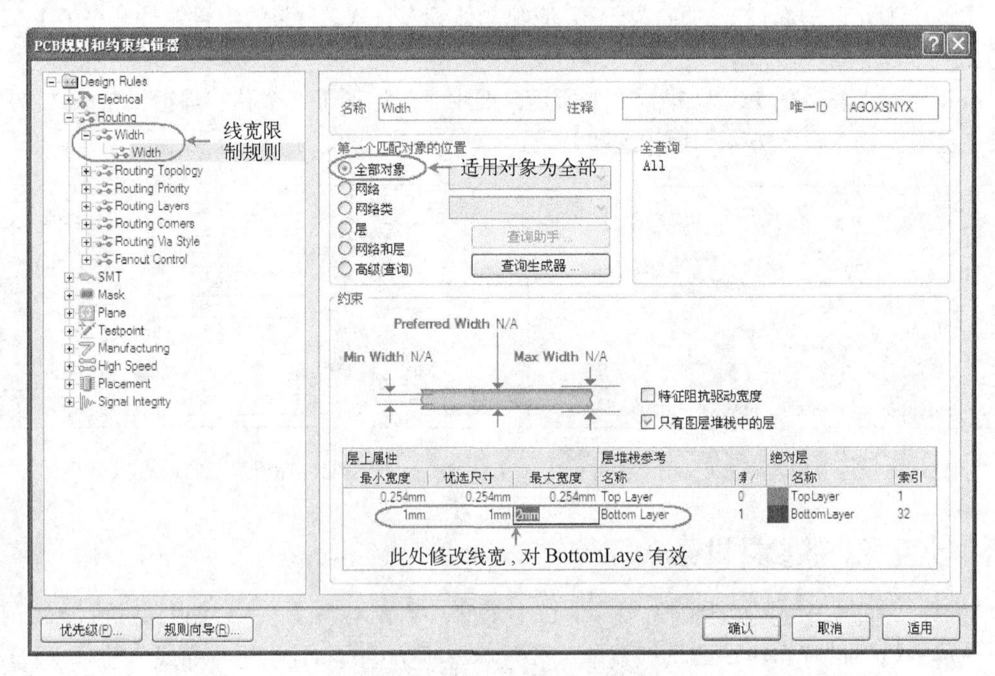

图 5-33　设置线宽限制规则

该规则中还可以设置规则适用的范围，本例选择适用于全部对象。

2．线宽设置方法

在放置连线状态按下键盘的〈Tab〉键，屏幕弹出“交互式布线”设置对话框，在其中可以设置线宽和线所在的工作层，如图 5-34 所示。线宽的设置一般不能超过前面设置的范围，超过上限值，系统自动默认最大值为 2mm，低于下限值，系统自动默认最小值为 1mm。

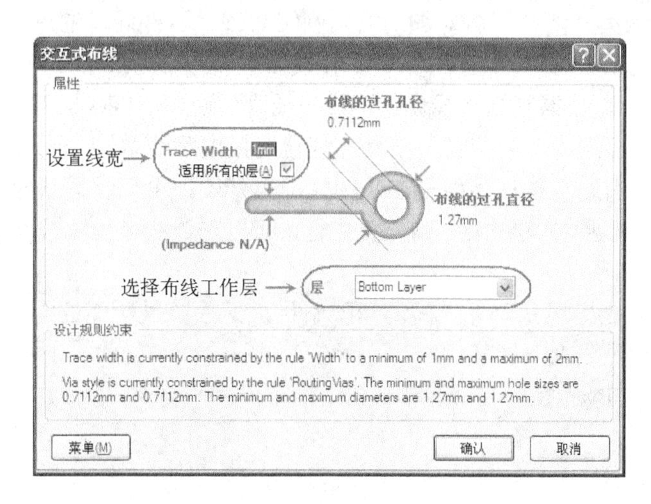

图 5-34　设置连线宽度

5.2.7　电子镇流器 PCB 手工布线及调整

1．设置连接交流电源及灯管的焊盘网络

本例中为连接交流电源和灯管设置了 6 个独立焊盘，为顺利进行连接，必须将焊盘的网络设置成与之相连的元器件焊盘的网络。由于用户绘制原理图的方式不同，元器件的网络可能不同，网路的设置必须参考实际原理图进行。

双击某个独立焊盘，屏幕弹出“焊盘”属性对话框，如图 5-35 所示，单击“网络”下拉列表框，在其中可以选择需要设置的网络，选择完毕，单击“确认”按钮完成设置。

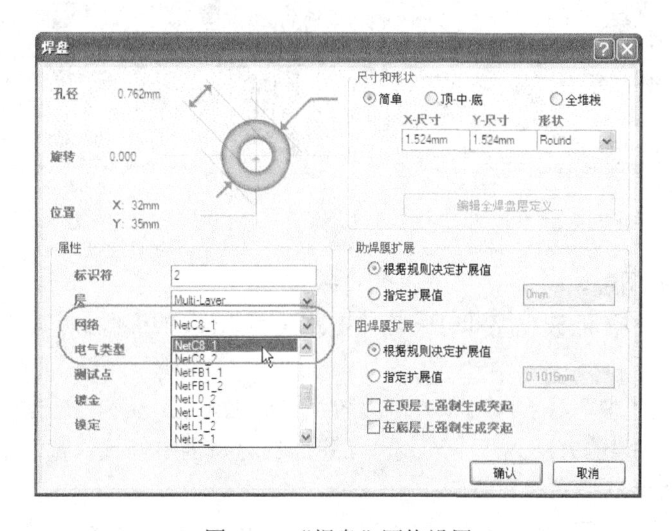

图 5-35　“焊盘”网络设置

本例中连接交流电源的两个焊盘网络分别为 NetFB1_1 和 NetVD3_1，连接灯管的 4 个焊盘网络依次为 NetC8_1、NetC4_2、NetC8_2、NetL3_2。

2．手工布线

手工布线前应再次检查元器件之间的网络飞线是否正确，并为独立焊盘添加网络。本例中还需为 L0 和 L3 的另外两个引脚添加网络，网络与该元器件同排的焊盘网络相同。

检查网络飞线无误后就可以进行手工布线，将工作层切换到 Bottom Layer，执行菜单“放置”→“交互式布线”，根据网络飞线进行连线，线路连通后，该线上的飞线将消失，连线宽度根据线所属网络进行选择，整流滤波电路和灯管连接电路线宽为 2mm，其他为 1mm。

在连线过程中，有时会出现连线无法从焊盘中央开始，可以将捕获栅格减小到 0.25mm。

本例中的连线转弯要求采用 45° 或圆弧进行，可以在连线过程中按键盘上的〈Shift〉键+〈空格〉键进行切换。

在布线过程中可能出现元器件之间的间隙不足，无法穿过所需的连线，此时可以适当调整元器件的位置以满足要求。

手工布线后的 PCB 如图 5-36 所示。

3．编辑焊盘尺寸

图 5-36 中，焊盘的尺寸大小不一，需要进行调整。

如果需要调整的焊盘数量比较少，可以双击焊盘，直接修改焊盘的“X-尺寸”和“Y-尺寸”即可。

如果需要修改的焊盘数量比较多，则可以通过全局修改的方式进行，本例中将焊盘的“X-尺寸”和“Y-尺寸”修改为 2.5mm。

修改焊盘后可能会出现间距过小的警告，焊盘和连线将高亮显示，此时可微调元器件位置并重新连线消除警告。

焊盘修改后的 PCB 如图 5-37 所示。

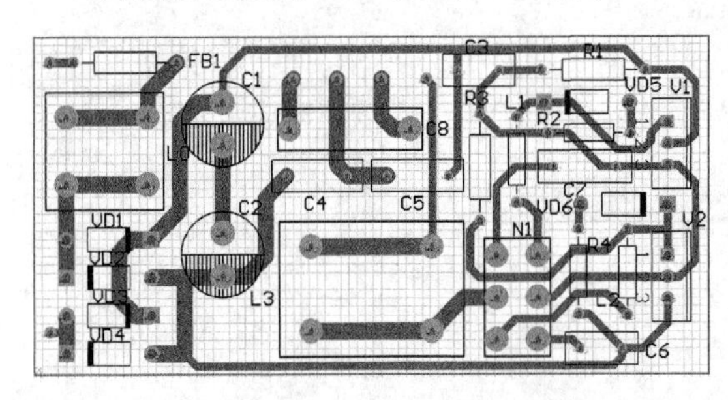

图 5-36　手工布线后的 PCB

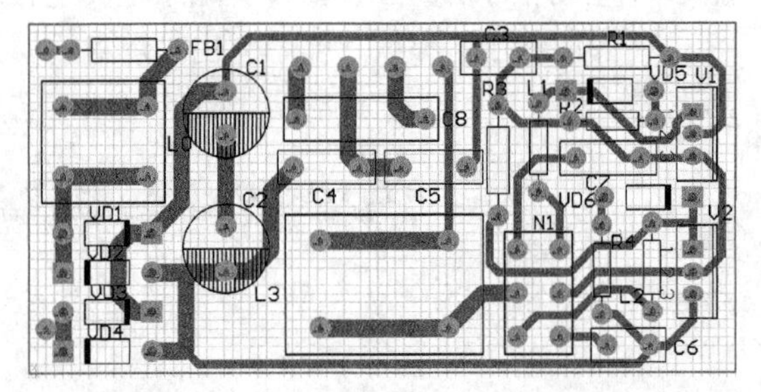

图 5-37　焊盘修改后的 PCB

4．连线宽度的调整

图 5-37 中除了整流滤波电路和灯管连接电路使用 2mm 的连线外，其他都是采用 1mm 的连线。

一般在 PCB 设计中，对于地线和大电流线路要加粗一些，另外在空间允许的情况下也可以加粗连线。线宽调整的方法为双击连线，在弹出的对话框中修改“宽”中的数值。

5．调整丝网文字

PCB 布线完毕，要调整好丝网层的文字，以保证 PCB 的可读性，一般要求丝网层文字的大小、方向要一致，不能放置在元器件框内或压在焊盘上。

在设计中，可能出现字符偏大，不易调整的问题，此时可以双击该字符，在弹出的对话框中减小字符的“高”中的数值。

5.2.8 覆铜设计

在 PCB 设计中，有时需要用到大面积铜箔，如果是规则的矩形，可以通过执行菜单“放置”→“矩形填充”实现。如果是不规则的铜箔，则必须执行菜单“放置”→“覆铜”实现。

下面以放置网络 NetC2_2 上的覆铜为例介绍覆铜的使用方法。

1．放置覆铜

执行菜单“放置”→“覆铜”或单击工具栏按钮，屏幕弹出图 5-38 所示的“覆铜”对话框，在其中可以设置覆铜的参数，本例中放置实心覆铜，工作层为“Bottom Layer”，覆铜连接的网络为“NetC2_2”，连接方式为“Pour Over All Same Net Objects”。

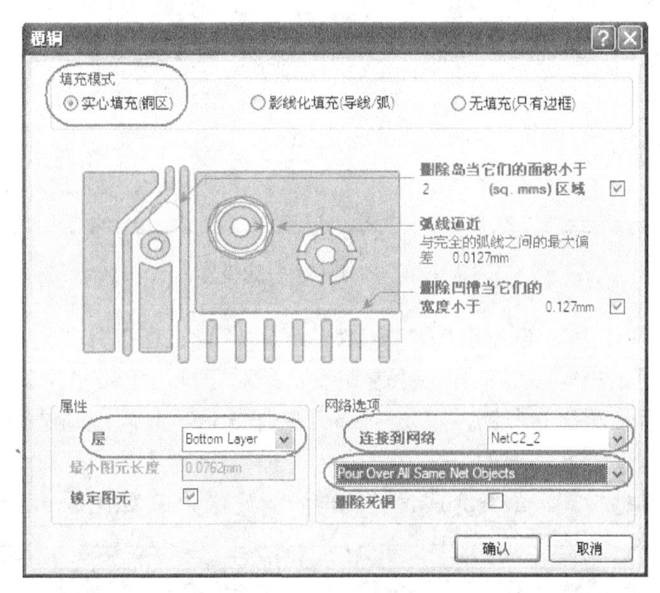

图 5-38 “覆铜”设置对话框

设置完毕单击“确认”按钮进入放置覆铜状态，拖动光标到适当的位置，单击鼠标左键确定覆铜的第一个顶点位置，然后根据需要移动并单击鼠标左键绘制一个封闭的覆铜空间，覆铜放置完毕在空白处单击鼠标右键退出绘制状态，覆铜放置的效果如图 5-39 所示。

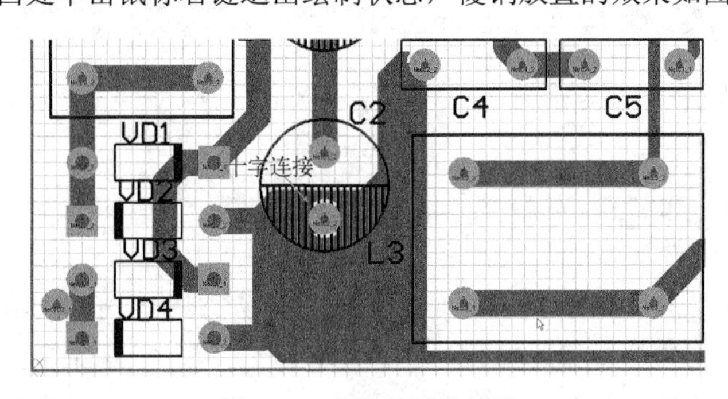

图 5-39 覆铜放置的效果

从图中看出覆铜与焊盘的连接是通过十字线实现的，本例中希望覆铜是直接覆盖焊盘的，还需要进行覆铜规则设置。

2．设置覆铜连接方式

执行菜单“设计”→“规则”，屏幕弹出“设计规则”对话框，选中“Plane”选项下的“Polygon Connect”进入规则设置状态，如图5-40所示。

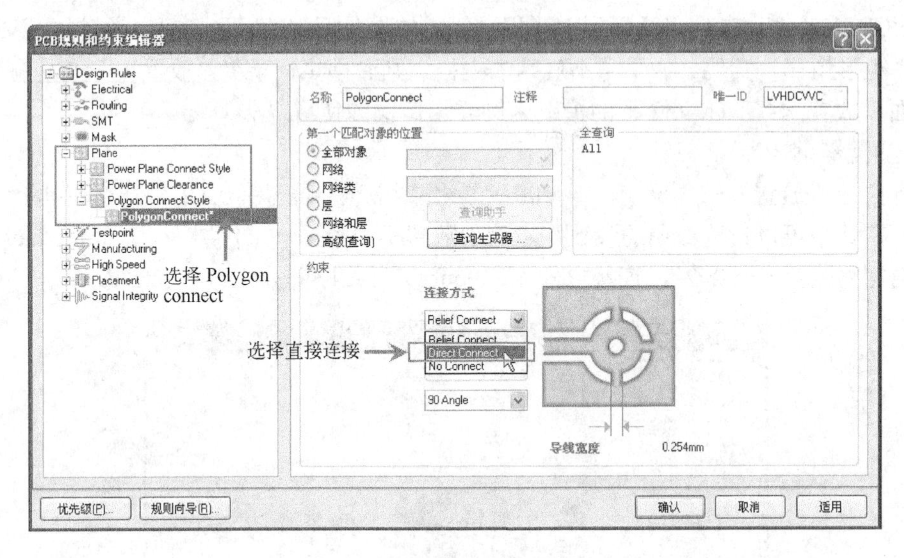

图5-40　覆铜连接方式设置

在“连接方式”下拉列表框中选中“Direct Connect”设置连接方式为直接连接，单击“确认”按钮退出。双击该覆铜，屏幕弹出“覆铜设置”对话框，单击“确认”按钮，屏幕弹出一个对话框提示是否重新建立覆铜，单击“Yes”按钮确认重画，重画结果如图5-41所示，从图中可以看出覆铜直接覆盖焊盘。

根据需要放置其他覆铜，最终完成设计的电子镇流器PCB如图5-42所示。

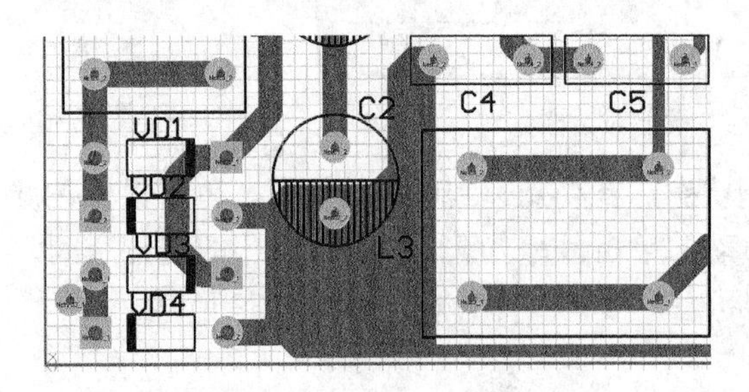

图5-41　直接连接的覆铜

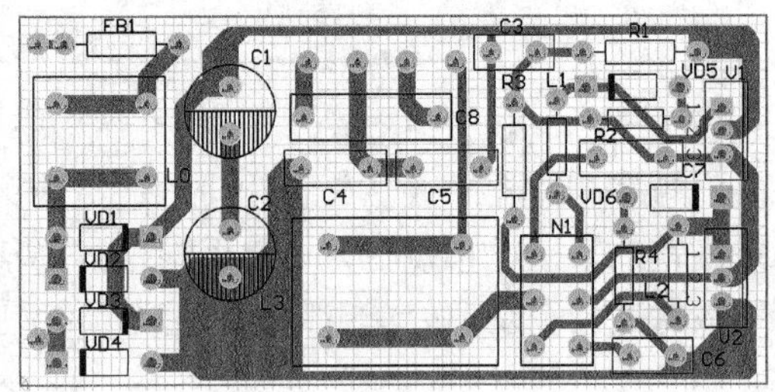

图5-42　完成设计的电子镇流器PCB

5.3　高密度圆形PCB设计——节能灯

本节通过电子节能灯介绍高密度圆形PCB设计，该设计中由于元器件采用立式封装，排列紧凑，元器件库中自带的封装大都不能使用，必须自行设计元器件封装。

实际上将上节的电子镇流器与灯管等集成在一起，就可以构成日常使用很广的节能灯。

5.3.1 产品介绍

节能灯的外观和内部 PCB 如图 5-43 所示。

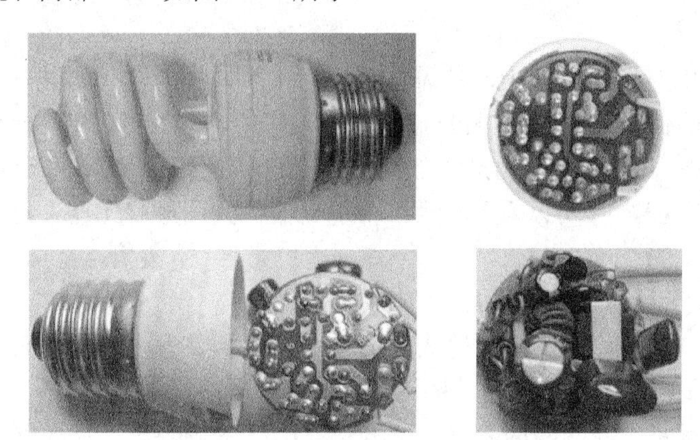

图 5-43　节能灯的外观和内部 PCB 图

节能灯工作在较高电压中，一般是交流电压在 100～270V 之间，工作频率一般在 30～100kHz 之间，工作温度在 50℃～80℃之间。

电路原理图如图 5-44 所示，其电路原理与电子镇流器相似，但由于 PCB 要置于灯头中，故其 PCB 更小，元器件排列更紧凑。

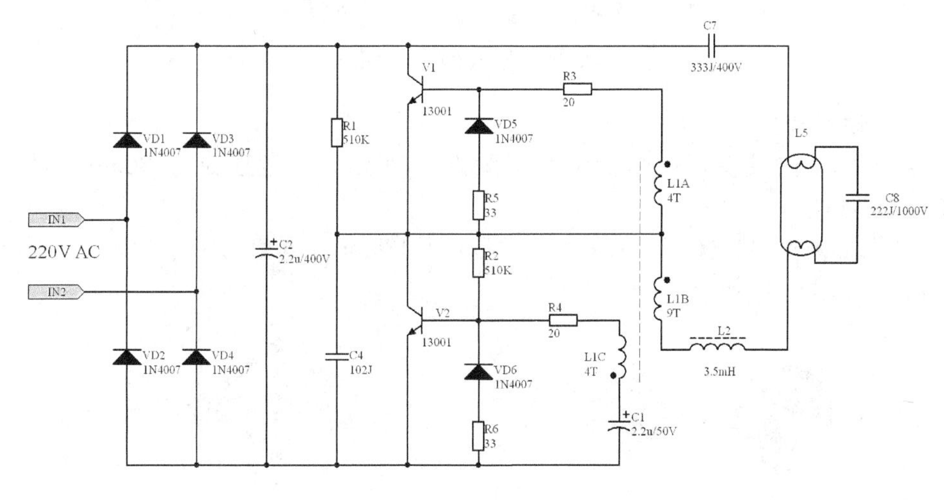

图 5-44　节能灯原理图

电路工作原理如下所述。

VD1～VD4、C2 组成桥式整流、滤波电路，完成 AC→DC 转换。

V1、V2、R3、R4、磁心变压器 L1、扼流圈 L2、灯管、C7、C8 组成自激振荡电路，完成 DC→AC 转换，点亮灯管，其中 C7 为起动电容、C8 为谐振电容。

R1、R2、C4 组成起动电路，用于电路初始状态下起振，否则自激振荡无法形成。

电容 C8 用于起动灯管：灯管需要瞬时高压才能起动点亮，在电路加电初始阶段，扼流圈 L2、灯管的灯丝、起动电容 C7、谐振电容 C8 与开关管组成谐振，产生高频高压，将灯管击穿发光。

VD5、VD6 为保护二极管，保护 V1、V2。

5.3.2 设计前准备

节能灯的印制电路板面积很小，且需要装入灯头中，故元器件封装一般要设计为立式，在原理图设计中元器件的封装名要与自行设计 PCB 库中的元器件封装名一致。

由于 Protel DXP 2004 SP2 中元器件自带的封装基本上不符合本次设计的要求，个别元器件在原理图库中不存在，所以必须重新设计个别元器件的图形和元器件封装，并为元器件重新定义封装。

1. 绘制原理图元器件

在节能灯电路原理图中，高频振荡线圈 L1、扼流圈 L2 和节能灯管在原理图元器件库中没有对应元器件，需要自己设计元器件图形，其中高频振荡线圈 L1 为 3 个线圈并绕在同一个磁环上，元器件要标示上线圈的同名瑞，引脚 1、3、5 为同名瑞，该元器件中有 3 套相同的功能单元。自定义元器件图形如图 5-45 所示。

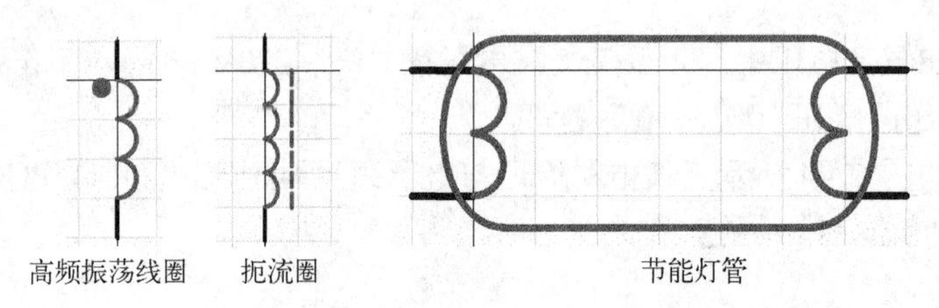

图 5-45　自定义元器件图形

2. 元器件封装设计

1）立式电阻封装图形：焊盘中心间距为 160mil，焊盘直径为 80mil，封装名为 AXIAL-0.2，如图 5-46 所示。

2）立式二极管封装图形：焊盘中心间距为 180mil，焊盘直径为 80mil，封装名为 DIODE-0.2，如图 5-47 所示。

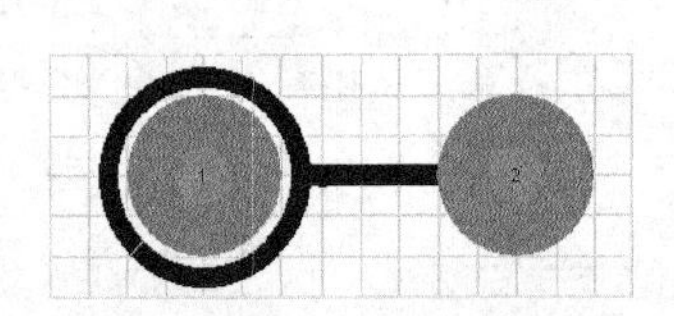

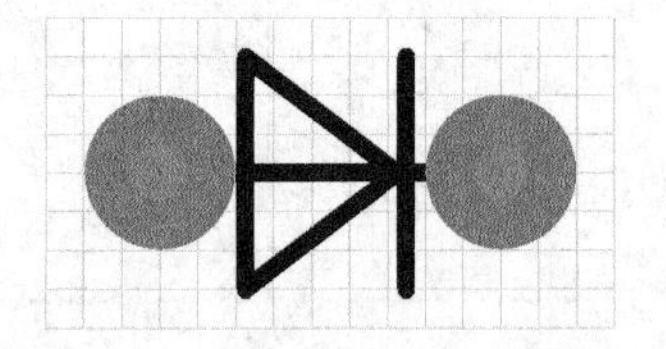

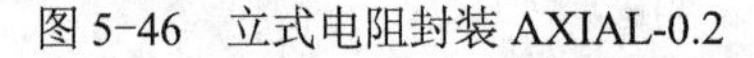

图 5-46　立式电阻封装 AXIAL-0.2

图 5-47　立式二极管封装 DIODE-0.2

3）高频振荡线圈封装图形：焊盘左右中心间距为 140mil，上下中心间距为 200mil，焊盘直径为 80mil，元器件外框为 360mil×280mil，封装名为 CH3，如图 5-48 所示。

4）扼流圈封装图形：焊盘中心间距为 290mil，焊盘直径为 80mil，元器件外框为 380mil ×380mil，封装名为 ELQ1，如图 5-49 所示。

扼流圈磁心外形为 EI 型，其中引脚 1、2 接线圈，引脚 3、4 为空脚，用于固定元器件。

5）晶体管封装图形：图形复制 BCY-W3/E4，为减小封装图形占用的面积，删去图形外围丝网层上的“1”和“3”，并将元器件封装名设置为 TO-92N。由于晶体管 13001 的引脚顺序为 ECB，而库中的 NPN 晶体管引脚为 1C、2B、3E（与实际元器件有区别），所以应将 TO-92N 的焊盘编号顺序设置为 3、1、2，如图 5-50 所示。

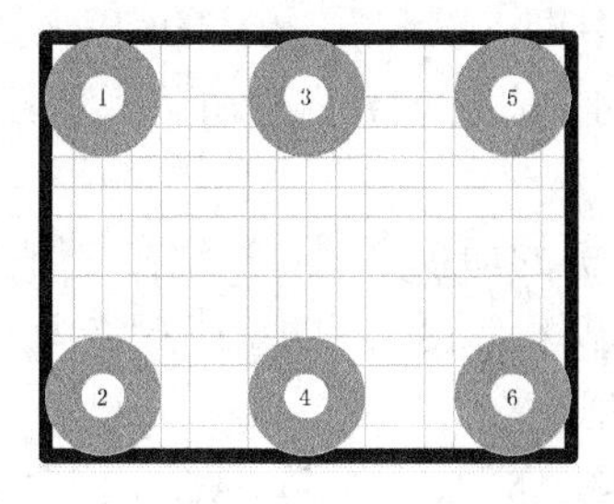

图 5-48　高频振荡线圈封装 CH3

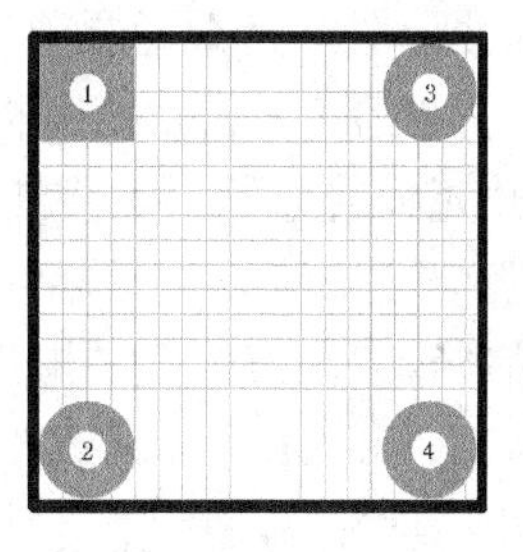

图 5-49　扼流圈封装图 ELQ1

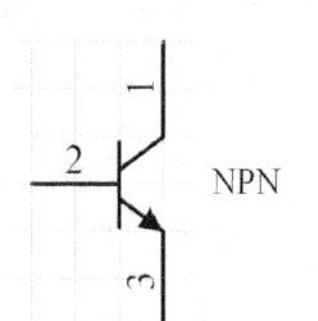

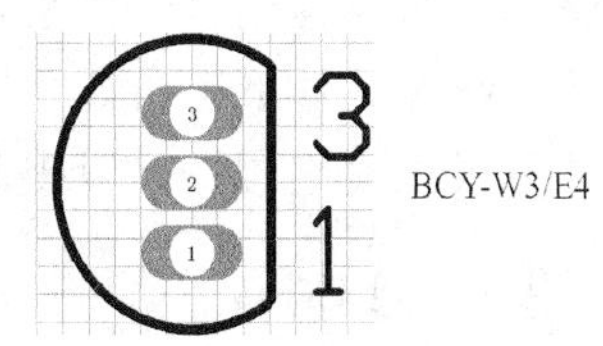

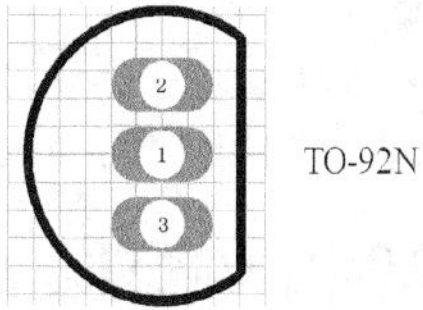

图 5-50　晶体管封装图

6）节能灯管：因为节能灯管没有安装在印制电路板上，所以只要定义节能灯管原理图的外形图，不要制作封装图形，在 PCB 设计时，放置四个焊盘用于连接灯管。

3．原理图设计

根据图 5-44 绘制电路原理图，根据表 5-2 设置元器件参数，进行编译检查并修改错误。

表 5-2　节能灯元器件参数表

元器件类别	元器件标号	库元器件名	元器件所在库	元器件封装
电解电容	C1	Cap Pol1	Miscellaneous Devices.IntLib	RB.1/.2（自制）
电解电容	C2	Cap Pol1	Miscellaneous Devices.IntLib	RAD-0.4
涤纶电容	C4、C7、C8	Cap	Miscellaneous Devices.IntLib	RAD-0.1
1/8W 电阻	R1～R6	Res2	Miscellaneous Devices.IntLib	AXIAL-0.2（自制）
晶体管	V1、V2	NPN	Miscellaneous Devices.IntLib	TO-92N（自制）
整流二极管	VD1～VD6	Diode 1N4007	Miscellaneous Devices.IntLib	DIODE-0.2（自制）
高频振荡线圈	L1	L3	自制	CH3（自制）
扼流圈	L2	INDUCTOR5	自制	ELQ1（自制）
节能灯管	L5	DG	自制	无，用焊盘代

将自行设计的元器件封装库设置为当前库，依次将原理图中的元器件封装修改为合适的封装形式，最后将原理图另存为“节能灯.SCHDOC”。

5.3.3　设计 PCB 时考虑的因素

节能灯电路的 PCB 是套在灯头内的，板的尺寸比较少，但有一定的高度，可以通过高度来弥补面积的不足。设计时考虑的主要因素如下所述。

1）电源接线端和灯管接线端分别布于 PCB 的两侧，为电源接线端预留两个焊盘，为灯管接线端预留 4 个焊盘，并设置好网络。

2）整流滤波电路集中布局于电源接线端附近。

3）刚性元器件、不能弯曲的高元器件布设于板的中央，以满足 PCB 的空间要求。

4）电解电容 C2 因为板小将其封装定义为 RAD-0.4，安装该元器件时将元器件抬高，利用空间来补充板的面积不足，注意在引脚上加套管。

5）电容 C8 安装时将元器件抬高，利用空间来补充板的面积不足，注意在引脚上加套管。

6）晶体管要注意焊盘的顺序是否正确，本例中的晶体管 13001 的引脚顺序为 ECB。

7）高频磁环 L1 是 3 只线圈并绕，要注意同名端的连接。

8）扼流圈磁心为EI 型，有 4 个引脚，其中 1、2 脚接线圈，3、4 脚为空脚，用于固定元器件。

9）节能灯印制板的外形为圆形，半径为 660mil。元器件布局很紧密，要注意 DRC 自动检查提示的警告信息，若无原则性错误，可以忽略警告信息。

10）布线采用手工布线方式进行，线宽为 40mil。

11）整流电路在空间允许的条件下可以使用覆铜，以提高电流承受能力和稳定性。

5.3.4 从原理图加载网络表和元器件到 PCB

1. 规划 PCB

采用英制规划尺寸，板的形状为圆形，半径为 660mil。

1）新建 PCB 文件“节能灯.PCBDOC”，设置单位制为 Imperial（英制）；设置可视栅格 1、2 分别为 10mil 和 100mil；捕获栅格 X、Y 和元器件网格 X、Y 均为 10mil。

2）将当前工作层设置为 Keep out Layer，以坐标原点为圆心任意放置一个圆，双击该圆，将“半径”设置为 660mil。

3）执行菜单“设计”→“PCB 形状”→“重定义 PCB 形状”，沿着该圆的边沿定义为 1320mil × 1320mil 的正方形 PCB，最后保存 PCB 文件。

2. 从原理图加载网络表和元器件到 PCB

在原理图编辑器中执行菜单“设计”→“Update PCB Document 节能灯.PCBDOC”，加载网络表和元器件，忽略与灯管 L5 有关的错误信息（灯管未设封装，在 PCB 上用 4 个焊盘代替其 4 个引脚），修改其他错误。当无原则性错误后，单击“执行变化”按钮，将元器件封装和网络表添加到 PCB 中。

在 PCB 编辑器中，执行菜单“工具”→“放置元件”→“Room 内部排列”，移动光标至 Room 空间内单击鼠标左键，元器件将自动按类型整齐排列在 Room 空间内，单击鼠标右键结束操作，此时屏幕上可能会有一些画面残缺，执行菜单“查看”→“更新”刷新画面，移动后的元器件布局如图 5-51 所示。

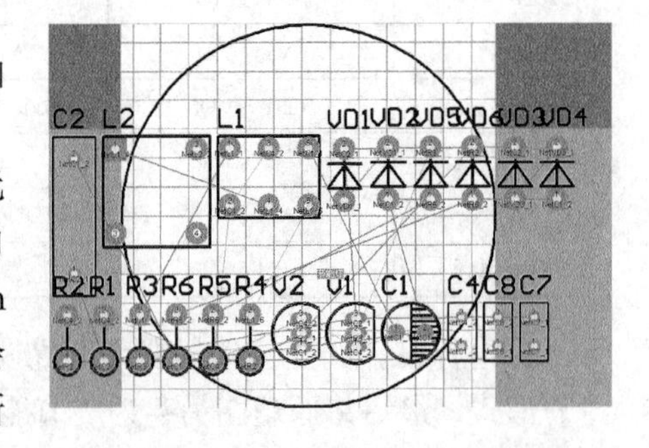

图 5-51　加载网络表和元器件

5.3.5 节能灯 PCB 手工布局

图 5-51 中，元器件是按类型排列的，不能满足实际的要求，必须可以通过手工布局的方式将元器件排列到适当的位置。

本例中由于印制电路板是圆形的，如果元器件布局时采用横平竖直的方式进行，板的空间不够，所以布局时需要将一些元器件封装旋转一定角度，然后再进行放置。

1．元器件封装旋转角度设置

元器件封装默认旋转角度为 90°，为实现任意角度旋转，必须先进行旋转角度设置。执行菜单“工具”→“优先设定”，屏幕弹出“优先设定”对话框，选中“General”选项，将“其他”区中的“旋转角度”栏设置为 5，即每次旋转 5°，如图 5-52 所示。

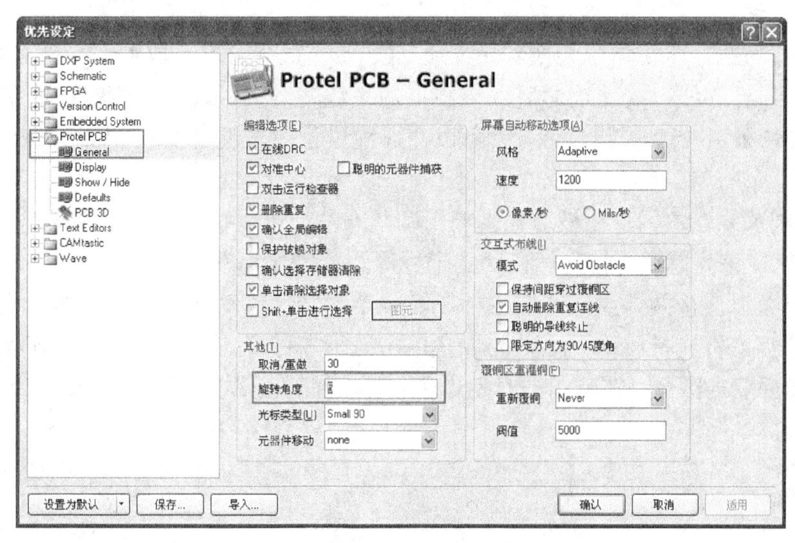

图 5-52 旋转角度设置

2．元器件手工布局调整

用鼠标左键点住元器件不放，拖动鼠标可以移动元器件，在移动过程中按下〈空格〉键可以按每次 5° 旋转元器件。由于系统默认设有在线 DRC 检查，可能出现元器件高亮显示提示违反设计规则，此时应适当调整元器件间的间距。

手工布局调整后的 PCB 如图 5-53 所示。

3．3D 显示布局情况

执行菜单“查看”→“显示三维 PCB”，系统显示该板的 3D 图，如图 5-54 所示，从中可以观察布局是否合理，从图中可以看出部分元器件标号被元器件遮盖，还需进行调整。

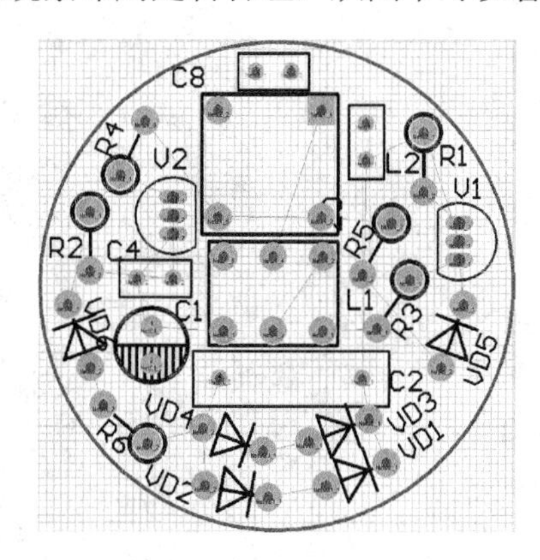

图 5-53 完成手工布局调整后的 PCB 图

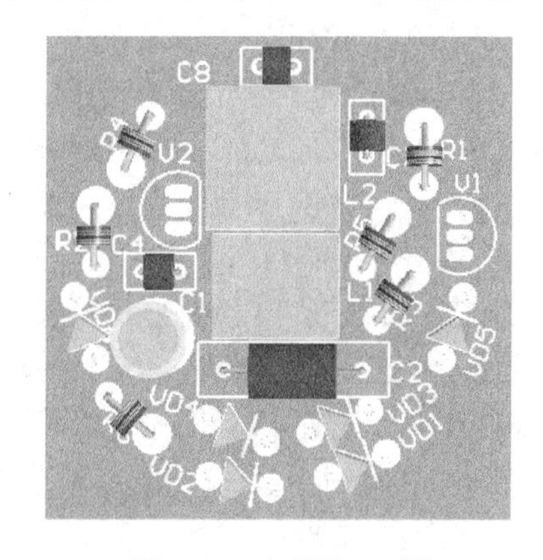

图 5-54 布局的 3D 图

5.3.6　节能灯 PCB 手工布线

1．设置线宽限制规则

执行菜单“设计”→“规则”，屏幕弹出“PCB 规则和约束编辑器”对话框，选中“Routing”选项下的“Width”可以设置线宽限制规则，设置最小宽度为 30mil、最大宽度和优选尺寸为 40mil，适用于全部对象。

2．手工布线

1）交互式布线。将工作层切换到 Bottom Layer，执行菜单“放置”→“交互式布线”，根据网络飞线进行连线，线路连通后，该线上的飞线将消失，连线宽度根据线所属网络进行选择。连线转弯采用 45°或圆弧进行，可以在连线过程中按键盘上的〈Shift〉键+〈空格〉键进行切换。

2）放置圆弧线。本例中在板边缘需要用圆弧布线，可以执行菜单“放置”→“圆弧（中心）”实现。执行该菜单后，将光标移动到坐标原点单击鼠标左键确定圆心，移动鼠标拉出一个圆，当圆弧可以连接两焊盘时单击鼠标左键确定半径，移动光标到下方的焊盘单击鼠标左键确定圆弧起点，将光标移动到上方的焊盘单击鼠标左键确定圆弧终点完成连线，单击鼠标右键退出。最后双击圆弧，在弹出的对话框中将圆弧的“宽”定义为 40mil。圆弧连接过程如图 5-55 所示。

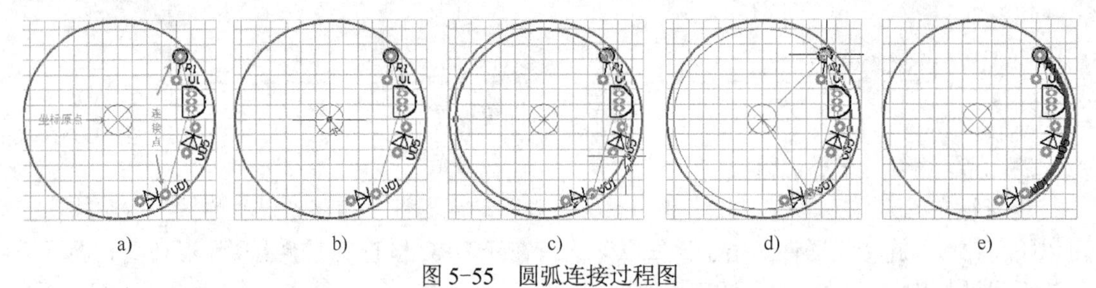

a)　　b)　　c)　　d)　　e)

图 5-55　圆弧连接过程图

a) 要连接的焊盘　b) 定义圆弧圆心　c) 定义圆弧半径　d) 定义圆弧起始和终止点　e) 修改圆弧的宽度

3）独立焊盘布线。本例中连接灯管的 4 个焊盘和连接灯头电源端的两个焊盘需要手工设置网络，根据电路原理图和布局图设置好该 6 个焊盘的网络，然后进行布线。

4）利用全局修改功能将板上的除晶体管外的焊盘 X、Y 尺寸均修改为 80mil。

5）在布线过程中可以微调元器件的布局，并可通过借用 L2 的空脚 3、4 来过渡连线，使用时必须设置好网络。

6）为整流电路等布设覆铜，以提高电流承受能力和稳定性，注意将覆铜的网络设置为当前网络。

7）PCB 布线完毕，调整好丝网层的文字，以保证 PCB 的可读性，一般要求丝网的大小、方向要一致，不能放置在元器件框内或压在焊盘上。本例中丝网的高度调整为 40mil。

至此，PCB 手工布线结束，最终的 PCB 如图 5-56 所示。

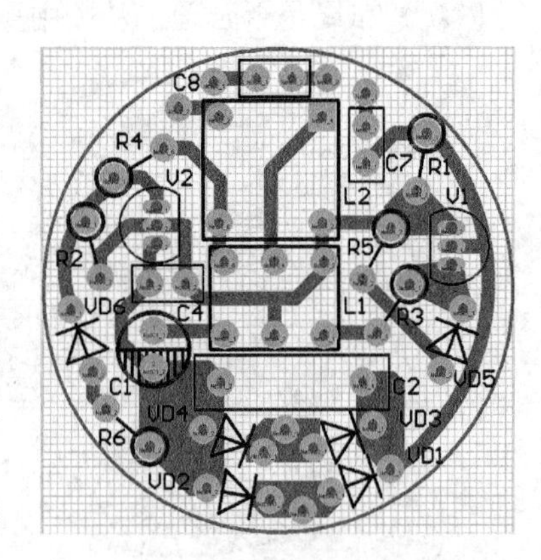

图 5-56　最终的 PCB

5.3.7 生成 PCB 的元器件报表

在 PCB 设计结束后，用户可以方便地生成 PCB 中使用的元器件清单报表。

在当前 PCB 设计图的状态下，执行菜单“报告”→“Bill of Materials”，系统弹出图 5-57 所示的“PCB 文档元器件报表”对话框。

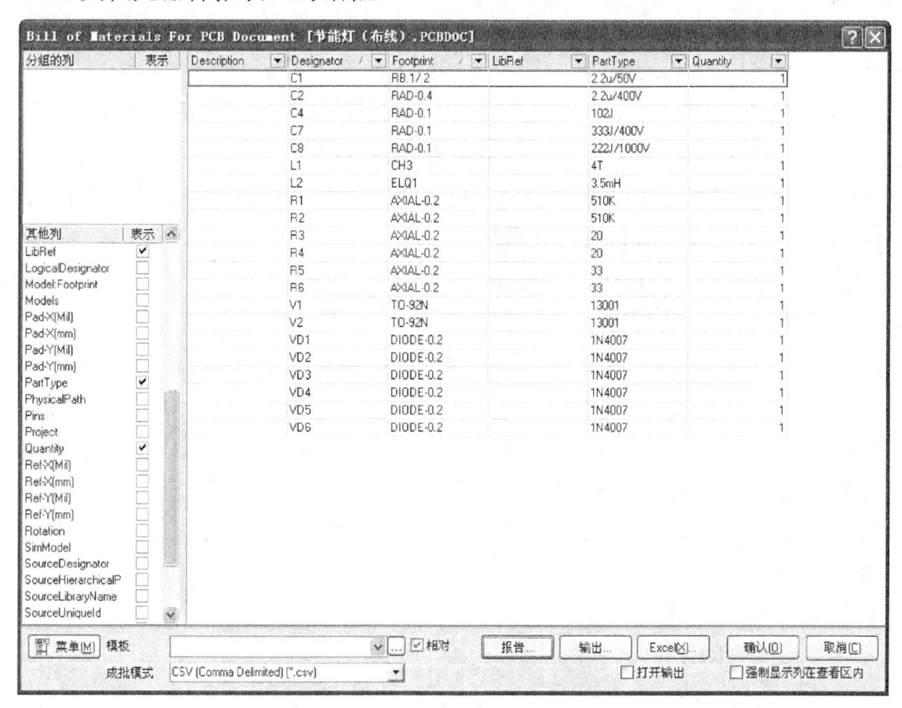

图 5-57 “PCB 文档元器件报表”对话框

在该对话框中，用户可以设置可以在左侧“其他列”中选择要输出的内容，并显示在右侧的报告文件中。单击“报告”按钮，系统弹出报告预览对话框，用户可以设定预览的比例等参数，单击其中的“打印”按钮可打印输出该报表；单击“输出”按钮，可以导出该文件的电子表格形式的报表文档。

5.4 实训

5.4.1 实训 1 电子镇流器 PCB 设计

1. 实训目的

1）掌握电子镇流器电路的工作原理。

2）掌握低频板的布局布线规则。

3）进一步掌握元器件封装的设计方法。

4）掌握 PCB 交互式布线方法。

2. 实训内容

1）事先准备如图 5-20 所示的电子镇流器原理图文件，并熟悉电路原理，观察电子镇流器实物。

2）进入 PCB 编辑器，新建 PCB 文件“电子镇流器.PCBDOC”，新建元器件库文件“PcbLib1.PcBLib”，参考图 5-21、图 5-22、图 5-24、图 5-25、图 5-26 设计元器件封装。

3）载入“Miscellaneous Device.IntLIB”和自制的“PcbLib1.PcBLib”元器件库。

4）编辑原理图文件，根据表 5-1 重新设置好元器件的封装。

5）设置单位制为 Metric（公制）；设置可视栅格 1、2 为 1mm 和 5mm；捕获栅格 X、Y，元器件网格 X、Y 均为 0.5mm。

6）打开电子镇流器原理图文件，执行菜单“设计”→“Update PCB Document 电子镇流器.PCBDOC”加载网络表和元器件，根据提示信息修改错误。

7）执行菜单“工具”→“放置元件”→“Room 内部排列”进行元器件布局，并参考图 5-31 进行手工布局调整，尽量减少飞线交叉。

8）参考图 5-31，在对应位置为交流电源输入和灯管连接添加 6 个焊盘，并根据原理图中的对应关系设置好网络。

9）进行交互式布线参数设置，布线线宽最小宽度为 1mm、最大宽度为 2mm、优选尺寸为 1mm。

10）参考图 5-37 进行手工布线，布线采用“交互式布线”方式进行，整流滤波电路和灯管连接电路布线线宽为 2mm，其他为 1mm，转弯采用 45° 方式进行。

11）编辑焊盘尺寸，晶体管焊盘 X、Y 尺寸分别设置为 2.5mm 和 2mm，其他焊盘 X、Y 尺寸均设置为 2.5mm。

12）参考图 5-42 设置覆铜。

13）调整元器件丝网层的文字。

14）保存 PCB 文件和项目文件。

3．思考题

1）如何从原理图载入网络表和元器件？

2）如何布设覆铜？

3）如何设置交互式布线的线宽？布线过程中如何调整布线线宽？

4）如何改变焊盘的网络？

5.4.2　实训 2　节能灯 PCB 设计

1．实训目的

1）掌握节能灯电路工作原理。

2）掌握高密度板的布局布线方法。

3）掌握元器件封装旋转角度的调整。

4）进一步掌握 PCB 的手工布线方法。

5）掌握元器件报表的生成方法。

2．实训内容

1）事先准备好图 5-44 所示的节能灯原理图文件，并熟悉电路原理，观察节能灯实物。

2）进入 PCB 编辑器，新建 PCB 文件“节能灯.PCBDOC”，新建元器件库文件“PcbLib1.PcBLib”，参考图 5-46～图 5-50 设计立式电阻、立式二极管、高频振荡线圈、扼流圈和晶体管的封装。

3）载入“Miscellaneous Device.IntLIB”和自制的“PcbLib1.PcBLib”元器件库。

4）编辑原理图文件，根据表 5-2 重新设置好元器件的封装。

5）设置单位制为 Imperial（英制）；设置可视栅格 1、2 分别为 10mil 和 100mil；捕获栅格 X、Y 和元器件网格 X、Y 均为 10mil。

6）规划 PCB。将当前工作层设置为 Keep out Layer，以坐标原点为圆心任意放置一个圆，双击该圆，将“半径”设置为 660mil。执行菜单“设计”→“PCB 形状”→“重定义 PCB 形状”，沿着该圆的边沿定义为 1320mil×1320mil 的正方形 PCB，最后保存 PCB 文件。

7）打开节能灯原理图文件，执行菜单“设计”→“Update PCB Document 节能灯.PCBDOC”加载网络表和元器件，根据提示信息修改错误。

8）执行菜单“工具”→“放置元件”→“Room 内部排列”进行元器件布局。

9）执行菜单“工具”→“优先设定”，设置旋转角度为每次旋转 5°，参考图 5-53 进行手工布局调整，尽量减少飞线交叉。

10）执行菜单“查看”→“显示三维 PCB”，查看 3D 视图，观察布局是否合理。

11）参考图 5-56 进行手工布线，布线采用“交互式布线”方式进行，布线线宽为 40mil，转弯采用 45° 方式或圆弧方式进行，布线结束调整元器件丝网层的文字。

12）对整流电路等布设覆铜，并将覆铜的网络设置为当前网络。

13）执行菜单“报告”→“Bill of Materials”，生成元器件报表。

14）保存 PCB 文件和项目文件。

3．思考题

1）如何设定元器件旋转角度？

2）如何布设圆弧形连线并改变线宽？

3）如何生成元器件报表？

※知识拓展※　布线中的拉线技巧与快捷键使用

在 PCB 设计中如果每次操作都通过菜单进行会影响设计速度，实际设计中可以通过一些技巧和快捷键来提高设计速度。

1．布线中的拉线技巧

PCB 布线后可能存在一些不合理的布线，特别是在采用自动布线方式进行的 PCB 中更严重，有些布线比较长，拆除后重新布比较麻烦，可以通过拉线的方式进行局部调整。

单击要拉线的连线，连线上出现 3 个控点，用鼠标左键点住要拖动的控点，移动鼠标进行拉线，到合适位置后松开鼠标左键完成拉线，此时仍处于拉线状态，可继续拖动下一个控点，移动光标继续拉线，拉线结束，在工作区的空白处单击鼠标左键结束拉线操作。拉线过程如图 5-58 所示。

2．快捷键使用

在 PCB 设计中，系统提供有若干快捷键可以提高设计效率，常用的如下所述。

1）〈Ctrl〉键+鼠标滚轮：连续放大或缩小工作区窗口。

2）〈Shift〉键+鼠标滚轮：左右移动工作区窗口。

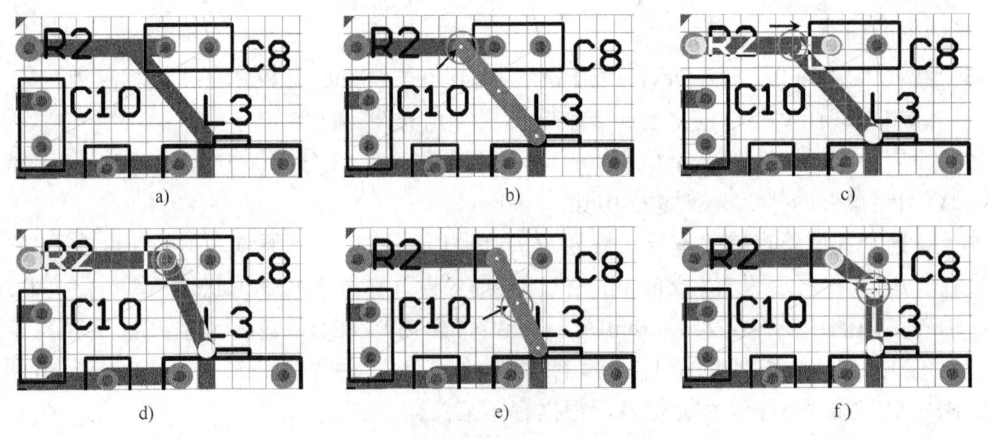

图 5-58　拉线示意图

a) 初始状态　b) 单击选中连线　c) 拖动控点

d) 完成第 1 条线　e) 选中控点　f) 拖动控点完成第 2 条线

3）鼠标滚轮：上下移动工作区窗口。

4）〈Alt〉键+〈*〉键，*代表主菜单后的字母（如放置(P)）：打开相应主菜单，如〈Alt〉键+〈P〉键为打开“放置”主菜单。

5.5　习题

1．PCB 布局应遵循哪些原则？

2．PCB 布线应遵循哪些原则？

3．如何放置接地实心覆铜？

4．交互式布线有何特点？

5．如何从原理图中加载网络表和元器件到 PCB？

6．根据图 2-106 所示的稳压电源电路设计单面印制电路板，设计要求：采用单面 PCB，板的尺寸为 80mm×60mm，线宽为 1.5mm。

7．根据图 2-107 所示的存储器电路设计单面印制电路板。

8．根据图 5-59 所示的声光控开关电路设计单面 PCB，设计要求：PCB 的尺寸为 4.5mm×6mm，印制电路板对角线上有两个直径为 3mm 的圆形安装孔，板的上方有两个直径为 7mm 的电源接线柱；整流电路和晶闸管控制电路，线宽为 1.2mm，地线线宽为 1.5～2mm，其他电路线宽为 0.8～1.0mm；电源接线铜柱的布线采用覆铜。

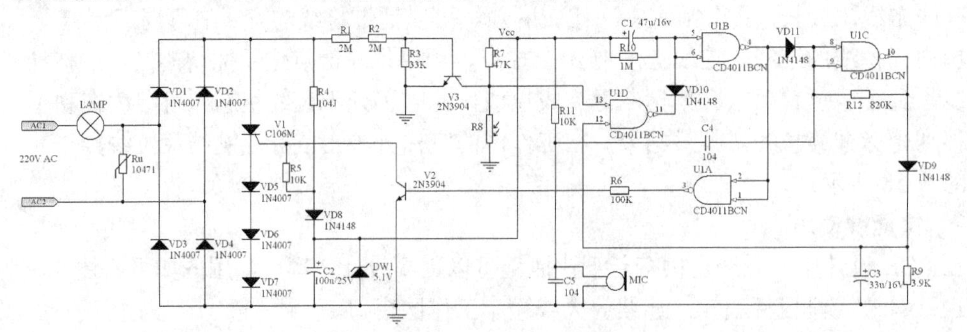

图 5-59　声光控开关原理图

第6章　电子产品双面PCB仿制

目标

- 掌握双面PCB设计的基本方法
- 掌握PCB自动布线参数设置和布线方法
- 学会双面板电子产品PCB的仿制
- 学会PCB图的输出方法

本章采用几个产品案例介绍双面PCB设计，重点介绍PCB自动布线参数设置及布线方法。

PCB自动布线技术是计算机软件自动将原理图中元器件间的逻辑连接转换为PCB铜箔连接的技术，PCB的自动化设计实际上是一种半自动化的设计过程，还需要人工的干预才能设计出合格的PCB。

PCB自动布线的流程如下所述。

1）绘制电路原理图。此为设计印制电路板的前期准备工作，一般要确定元器件的封装，原理图编译校验无误后，生成网络表文件。

2）在PCB编辑器中规划印制电路板，设置布线的各种栅格参数、工作层、定义印制电路板尺寸等。

3）从原理图中加载网络表和元器件。实际上是将元器件封装载入PCB之中，元器件之间的连接关系以网络飞线的形式体现。

4）自动布局及手工布局调整。采用自动布局和手工布局相结合的方式，将元器件合理地放置在印制电路板中，在满足电气性能的前提下，尽量减少网络飞线交叉，以提高布线的布通率。

5）自动布线规则设置。根据实际电路的需要针对不同的网络设置好布线规则，以提高布线的质量。

6）自动布线。某些特殊的连线可以先进行手工预布线并锁定，然后再进行自动布线。

7）手工布线调整及标注文字调整。一般自动布线效果不能完全符合设计要求，还必须进行手工布线调整，最后完成的电路必须把标注文字的位置调整好。

8）设计规则检查（DRC）。检查PCB中是否有违反设计规则的错误存在，并进行修改。

9）PCB文件输出。

6.1　矩形双面PCB设计——单片机开发系统板PCB设计

本节通过单片机开发系统板介绍双面PCB自动布线参数设置及自动布线方法。

6.1.1　产品介绍

单片机开发系统板外观结构图如图6-1所示，电路原理图如图6-2所示。

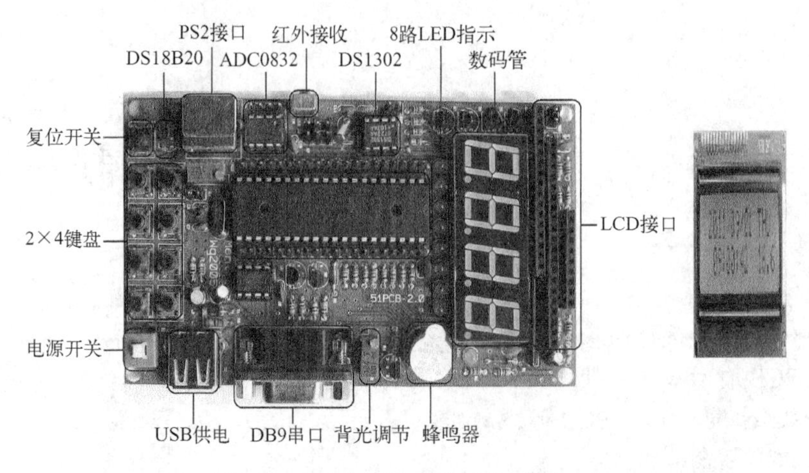

图 6-1　单片机开发系统板外观结构图

单片机开发系统板采用 STC89C52RD 作为核心部件，支持在线串口下载程序，直接从微机的 USB 口取电。电路主要功能如下所述。

U3、U4 和 U6 是外接的 LCD 液晶显示屏，可以同时显示字符、文字、图形。

U2 M24C08BN6 是 I^2C 串行 EEPROM 集成电路，可以做成密码锁电路等。

K1～K8 为 8 个按键构成 2*4 键盘，通过简洁的程序即可完成键盘输入控制。

LED2～LED9 为 8 个 LED 发光二极管，它们用于流水灯电路设计，电路图上端的 R7 为限流排阻。

U10 为 LED 七段四位数码管，可以用于设计计数器、频率计、数字钟等。与之相连接的 R13～R20 为限流电阻，V4～V7 为位控晶体管，用于动态扫描显示。$U10_0$四位数码管电路与 LED2～LED9 的 8 个 LED 发光二极管电路同时使用 P0 口，故电路中加了 S9 跨接线开关，用于防止两个电路同时发光。

电路中 U7 为 DS1302 时钟芯片，可以显示时、分、秒，年、月、日和星期，S10 跨接线开关外接 3V 电池实现断电时继续计时。时钟电路配上 X2 石英晶体（32768Hz）可以使时钟走时更准确。

S2 为 RS232 接口，S2 、V2、V3 和与之相关的电路组成串口通信电路，用于程序烧写。

U11 HX1838 为红外接收头，通过遥控器，可以实现对单片机的遥控功能。

U9 DS18B20 为三线集成温度传感器，可以做成温度采集系统，如电子温度计。

S6 为计算机 PS2 接口，可接计算机键盘；U8 ADC0832AP 为板载 AD 转换器；R8、VD1 与 K10 组成单片机开机与保护电路；LED1 和 R2 组成电源指示电路；S1 为 USB 接口电路，用于外接 5V 电源；K9 开关为手动复位；U1 为蜂鸣器，用于发声；C5、C6、C9、C10、C12 为各集成电路的电源旁路电路，要分别安装在各集成电路的电源脚附近，电容 C3 为总电源滤波。

S3 和 S5 为板上的排针，方便引出单片机所有 IO 口；S7、S8 跨接线插针用于 DS1302 时钟电路与 PS2 接口功能的切换；S10 用于时钟电路外接电池；S11 跨接线插针用于 AD 电路的模拟信号输入；S4 跨接线插针用于可调电压的输入。

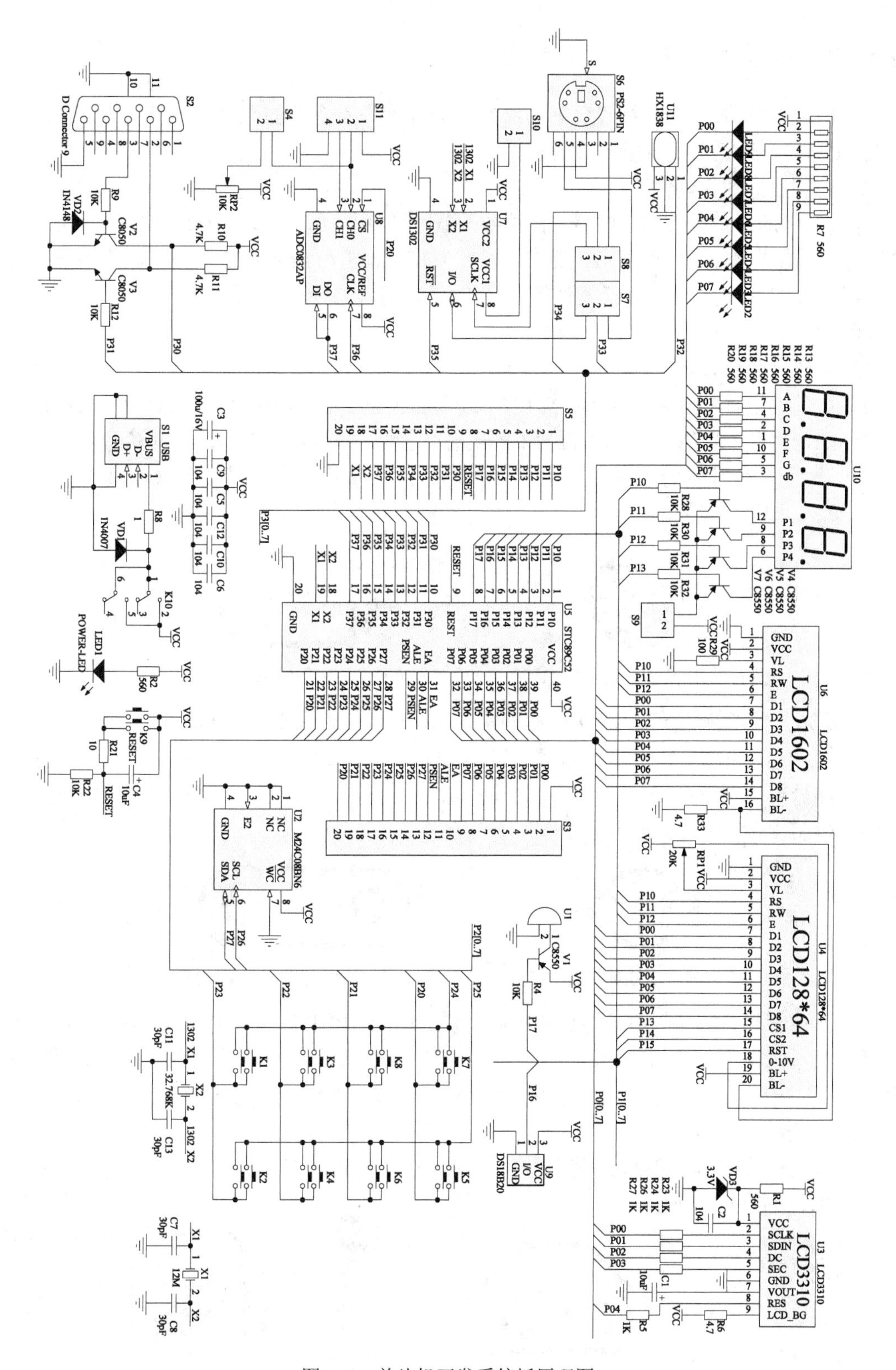

图 6-2 单片机开发系统板原理图

6.1.2　设计前准备

在进行单片机开发系统板设计前，必须先设计库中不存在的元器件图形和元器件封装，并根据实际情况为元器件重新定义封装。

1．绘制原理图元器件

原理图中的9脚排阻、电位器、四位数码管、四脚按键、电源开关、LCD屏、集成电路STC89C52、温度传感器DS18B20及红外接收头HX1838在Protel DXP 2004的库中没有提供相关元器件，需要自行设计该元器件的符号，元器件引脚名及引脚排列参考图6-2，元器件名称参考表6-1。

2．元器件封装设计

1）小尺寸电解电容封装图形：焊盘中心间距为100mil，焊盘尺寸为50mil，元器件外形半径75mil，封装中阴影部分的焊盘为电解电容负极，封装名为RB.1/.2，如图6-3所示。

2）小尺寸电阻封装图形：焊盘中心间距为200mil，焊盘尺寸为60mil，封装名为AXIAL-0.2，如图6-4所示。

图6-3　电解电容封装RB.1/.2

图6-4　电阻封装AXIAL-0.2

3）发光二极管封装图形：焊盘中心间距为120mil，焊盘尺寸为60mil，圆弧半径为60mil，正极焊盘为1（方形），负极为2，封装名为LED0.1，如图6-5所示。

4）晶振封装图形：焊盘中心间距为200mil，焊盘尺寸为60mil，圆弧半径为60mil，封装名为XTAL12M，如图6-6所示。

图6-5　发光二极管封装LED0.1

图6-6　晶振封装XTAL12M

5）晶体管封装图形：由于原理图中晶体管NPN和PNP的引脚为1C、2B、3E，而实际晶体管的引脚顺序为EBC，与封装库中的晶体管封装引脚顺序不同，故重新设计元器件封装，相邻焊盘间距为50mil，焊盘尺寸为40mil×60mil，焊盘顺序修改为321，封装名为TO-92C，如图6-7所示。

6）温度传感器DS18B20封装图形：封装图形复制TO-92C，焊盘顺序修改为123，封装名TO-92D，如图6-8所示。

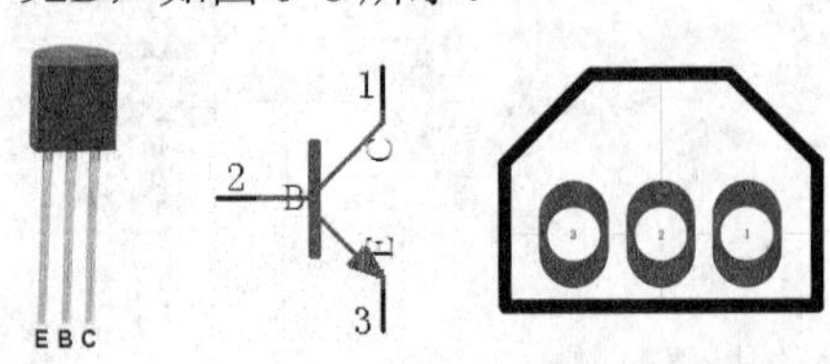

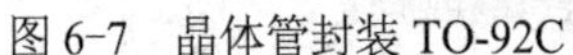

图6-7　晶体管封装TO-92C

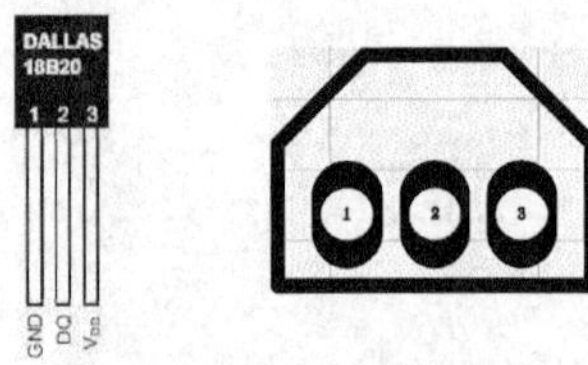

图6-8　温度传感器封装TO-92D

7）四脚按键开关封装图形：上下焊盘中心间距为200mil，左右焊盘中心间距为250mil，焊盘尺寸为80mil，外形尺寸为320mil×280mil，焊盘编号顺时针1342，封装名为KEY-2W，如图6-9所示。

8）电源开关封装图形：上下焊盘中心间距为200mil，左右相邻焊盘中心间距为100mil，焊盘尺寸为80mil，外形尺寸为300mil×300mil，焊盘编号顺时针1～6，封装名为KEY-3W，如图6-10所示。

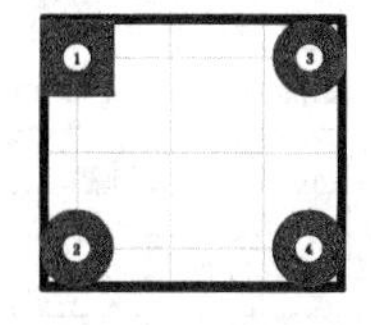

图6-9　四脚按键封装KEY-2W

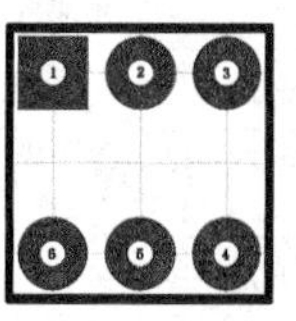

图6-10　电源开关封装KEY-3W

9）四位数码管7-4SEG封装图形：上下焊盘中心间距为600mil，左右相邻焊盘中心间距为100mil，焊盘尺寸为80mil，外形尺寸为1980mil×760mil，焊盘编号逆时针为1～12，封装名为7-4SEG，如图6-11所示。

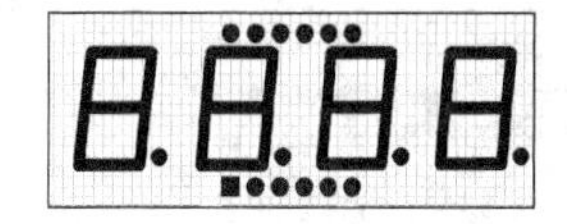

图6-11　四位数码管封装7-4SEG

10）红外接收头HX1838封装图形：焊盘中心间距为100mil，焊盘尺寸为60mil，圆弧半径为50mil，焊盘编号从左到右为1、2、3，封装名为HYJS，如图6-12所示。

11）蜂鸣器图形：焊盘中心间距为300mil，焊盘尺寸为60mil，圆弧半径为250mil，封装名为BELL.3/.5，如图6-13所示。

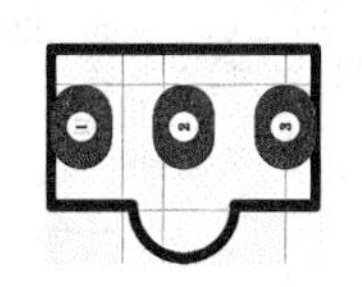

图6-12　红外接收头封装HYJS

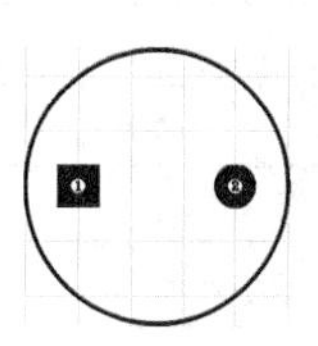

图6-13　蜂鸣器封装BELL.3/.5

12）PS2插座及其封装图形：焊盘0、S用于固定PS2插座，焊盘尺寸为3.5mm，孔径为2.3mm，一般接地；焊盘1～6用于连接PS2接口，焊盘尺寸为1.9mm，焊盘排列如图6-14所示，其中焊盘1、3和焊盘2、4之间的间距为2mm，焊盘1、2之间的间距为2.5mm；外框尺寸为14mm×13mm，焊盘S距离焊盘1垂直距离为3.75mm，焊盘0距离焊盘1垂直距离为3.0mm，封装名为PS2-6PINA。

3．原理图设计

根据图6-2绘制电路原理图，元器件的参数如表6-1所示。

将自行设计的元器件封装库设置为当前库，依次将原理图中的元器件封装设置为表中的封装形式，绘制完毕进行编译检查，修改图中的错误，最后将文件保存为“单片机开发系统板.SCHDOC”。

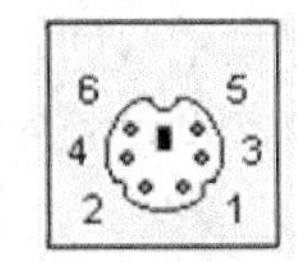

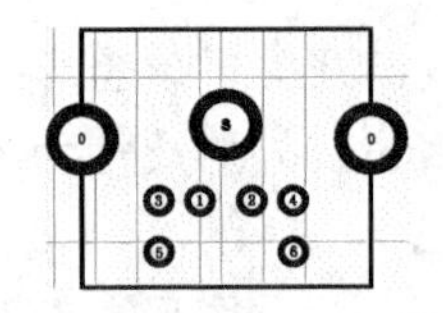

图 6-14　PS2 插座封装 PS2-6PINA

表 6-1　单片机开发系统板元器件参数表

元器件类别	元器件标号	库元器件名	元器件所在库	元器件封装
1/8W 电阻	R8	RES2	Miscellaneous Devices.IntLib	AXIAL-0.4
1/16W 电阻	R1～R2、R4～R6、R9～R24、R26～R33	RES2	Miscellaneous Devices.IntLib	AXIAL-0.2（自制）
9 脚排阻	R7	RP9	自制	HDR1X9
电位器	RP1、RP2	RPOT2	自制	VR5
电解电容	C1、C3、C4	Cap Pol2	Miscellaneous Devices.IntLib	RB.1/.2（自制）
电容	C2、C5～C13	CAP	Miscellaneous Devices.IntLib	RAD-0.1
NPN 晶体管	V2、V3	NPN	Miscellaneous Devices.IntLib	TO-92C（自制）
PNP 晶体管	V1、V4～V7	PNP	Miscellaneous Devices.IntLib	TO-92C（自制）
整流二极管	VD1	Diode 1N4007	Miscellaneous Devices.IntLib	DIO10.46-5.3x2.8
检波二极管	VD2	Diode 1N4148	Miscellaneous Devices.IntLib	DIO7.1-3.9x1.9
稳压二极管	VD3	D Zener	Miscellaneous Devices.IntLib	DIO7.1-3.9x1.9
发光二极管	LED1～LED9	LED1	Miscellaneous Devices.IntLib	LED0.1（自制）
四位数码管	U10	7-4SEG	自制	7-4SEG（自制）
四脚按键	K1～K9	KEY4	自制	KEY-2W（自制）
电源开关	K10	KEY6	自制	KEY-3W（自制）
USB 插座	S1	440068-1	AMP Serial Bus USB.IntLib	440068
PS2 插座	S6	PS2-6PIN	Miscellaneous Connectors.IntLib	PS2-6PINA（自制）
串口插座	S2	D Connector 9	Miscellaneous Connectors.IntLib	DSUB1.385-2H9
LCD 屏（16 脚）	U6	LCD1602	自制	HDR1X16
LCD 屏（9 脚）	U3	LCD3310	自制	HDR1X9
LCD 屏（20 脚）	U4	LCD128*64	自制	HDR1X20
20 脚排针	S3、S5	Header 20	Miscellaneous Connectors.IntLib	HDR1X20
2 脚排针跨接线	S4、S9、S10	Header 2	Miscellaneous Connectors.IntLib	HDR1X2
3 脚排针跨接线	S7、S8	Header 3	Miscellaneous Connectors.IntLib	HDR1X3
4 脚排针跨接线	S11	Header 4	Miscellaneous Connectors.IntLib	HDR1X4
晶振	X1	XTAL	Miscellaneous Devices.IntLib	XTAL12M（自制）
晶振	X2	XTAL	Miscellaneous Devices.IntLib	BCY-W2/D3.1
集成电路	U2	M24C08BN6	ST Memory EEPROM Serial.IntLib	PSDIP8A
集成电路	U5	STC89C52	自制	DIP40
集成电路	U7	DS1302	Dallas Peripheral Real Time Clock.IntLib	DIP8
集成电路	U8	ADC0832	TI Converter Analog to Digital.IntLib	P008
蜂鸣器	U1	BELL	Miscellaneous Devices.IntLib	BELL.3/.5（自制）
温度传感器	U9	DS18B20	自制	TO-92D（自制）
红外接收头	U11	HX1838	自制	HYJS（自制）

6.1.3　设计 PCB 时考虑的因素

该电路采用双面板进行设计，设计时考虑的主要因素如下所述。

1）PCB 采用矩形双面板，尺寸为 2700mil×4900mil。

2）在 PCB 的四周放置 4 个 3mm 的螺钉孔。

3）为了便于操作，将 LED 指示、四位数码管及连接 LCD 的插排和置于板的上部，将 2*4 键盘、开关置于板的下部，接口电路、蜂鸣器等置于板的左右两侧。

4）单片机芯片置于板的中央，与芯片有关的元器件围绕其进行布局，晶振靠近连接的 IC 引脚放置，振荡回路就近放置在晶振边上。

5）芯片的滤波电容就近放置于芯片的电源端附近，并进行手工预布线。

6）红外接收头和温度传感器置于板的边缘以便进行信号采集。

7）本电路工作电流较小，线宽可以选择细一些，信号线为 10mil，电源线和地线为 20mil，连线转弯采用 45° 进行。

8）为增强键盘的可靠性，键盘的连线为 20mil，并进行手工预布线。

9）将 PS2 接口插座 S6 的固定脚的网络设置为 GND，以实现外壳屏蔽功能。

10）布线完毕，在顶层和底层都敷设接地覆铜，提高抗干扰能力。

6.1.4　从原理图加载网络表和元器件到 PCB

1．规划 PCB

1）执行菜单“文件”→“创建”→“PCB 文件”，新建 PCB，执行菜单“文件”→“保存”，将该 PCB 文件保存为“单片机开发系统板.PCBDOC”。

2）执行菜单“设计”→“PCB 选择项”，设置单位制为 Imperial（英制）；设置可视栅格 1、2 分别为 5mil 和 100mil，捕获栅格 X、Y 为 5mil，元器件网格 X、Y 为 10mil。

3）执行菜单“设计”→“PCB 层次颜色”，设置显示可视栅格 1（Visible Grid1）。

4）执行菜单“工具”→“优先设定”，屏幕弹出“优先设定”对话框，选中“Display”选项，在“表示”区中选中“原点标记”复选框，显示坐标原点。

5）执行菜单“编辑”→“原点”→“设定”，定义相对坐标原点。

6）用鼠标单击工作区下方的选项卡，将当前工作层设置为 Keep out Layer（禁止布线层），定义 PCB 的矩形电气轮廓，尺寸为 2700mil×4900mil，定义完毕保存文件。

2．放置螺钉孔

执行菜单“放置”→“焊盘”， 在距离四周外框边缘为 85mil 处分别放置 4 个焊盘，双击焊盘，将其 X、Y 尺寸和孔径均设置为 3mm，焊盘编号均设置为 0，完成螺钉孔的设置。

3．设置元器件库

单击元器件库面板的“元件库”按钮，加载表 6-1 中的元器件所在库和自制的 PCB 库 PcbLib1.PcbLib。

4．从原理图加载网络表和元器件到 PCB

打开设计好的原理图“单片机系统开发板.SCHDOC”，执行菜单“设计”→“Update PCB Document 单片机系统开发板.PCBDOC”，屏幕弹出“工程变化订单”对话框，显示本次更新的对象和内容，单击“使变化生效”按钮，系统将自动检查各项变化是否正确有效，所有正确的更新对象在检查栏内显示“√”符号，不正确的显示“×”符号，根据实际情况查看更新的信息是否正确并返回修改。单击“执行变化”按钮，系统将接受工程变化，将元器件封装和网络表添加到 PCB 编辑器中，单击“关闭”按钮关闭对话框，系统将自动加载元器件和网络。

6.1.5 PCB 自动布局及手工调整

从网络表中载入元器件后，元器件排列在电气边界之外，此时需要将它们分开，放置到合适的位置上进行元器件布局，用户在进行布局时需要将自动布局和手工布局结合起来使用。

1．PCB 自动布局

在进行自动布局前，必须在禁止布线层（Keep out Layer）上先规划印制电路板的电气边界，然后才能载入网络表文件，预布局的元器件必须设定为锁定状态。

执行菜单“工具”→“放置元件”→“自动布局”，屏幕弹出“自动布局”对话框，如图 6-15 所示，共有两个复选框，分别是“分组布局”和“统计式布局”。

1）分组布局：根据连接关系将元器件分组，然后按照几何关系放置元器件组，该方式一般在元器件较少的电路中使用，选中“快速元件布局”复选框可以提高元器件布局速度。

2）统计式布局：根据统计算法放置元器件，以使元器件之间的连线长度最短，该方式一般在元器件较多的电路中使用。

选中统计布局方式后，屏幕弹出图 6-16 所示的对话框，可以设置电源网络、接地网络和网格尺寸等。

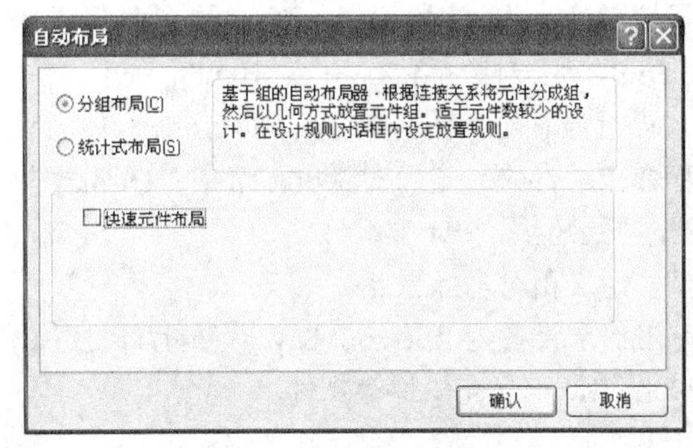

图 6-15 “分组式布局”对话框

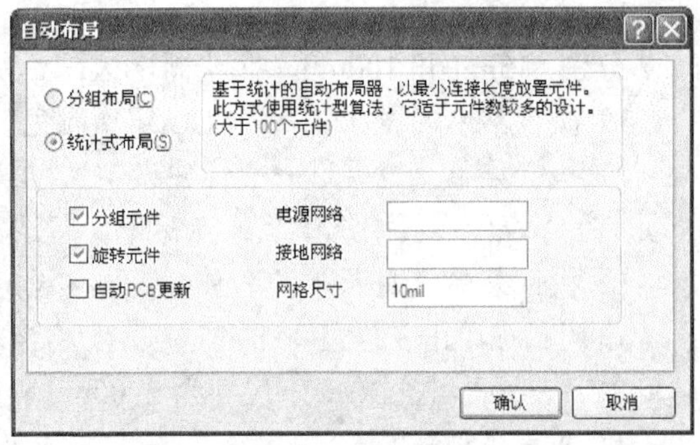

图 6-16 “统计式布局”对话框

设置完毕，单击“确认”按钮，系统开始自动布局，一般情况下每次自动布局的结果各不相同，且自动布局的效果都不是很理想，存在较多不合理的地方，因此在自动布局后还要进行手工布局调整。

本例中采用分组布局，选中“快速元件布局”复选框，布局效果如图 6-17 所示，各元器件之间存在网络飞线，体现节点间连接关系，但它不是实际连线，布线时要用印制导线来代替。

布局结束，执行菜单“编辑”→“删除”，删除 Room 空间。

2．手工布局调整

手工布局调整主要是通过移动元器件、旋转元器件等方法合理地调整元器件的位置，减少网络飞线的交叉。

移动元器件可以通过执行菜单“编辑”→“移动”→“元件”实现，对于处于锁定状态的元器件必须先在“元件属性”中去除锁定状态才能移动。手工布局调整后的单片机系统开发板 PCB 如图 6-18 所示。

布局调整结束后，执行菜单“查看”→“显示三维 PCB”，显示元器件布局的 3D 视图，如图 6-19 所示。观察元器件布局是否合理，如不合理，则返回微调。

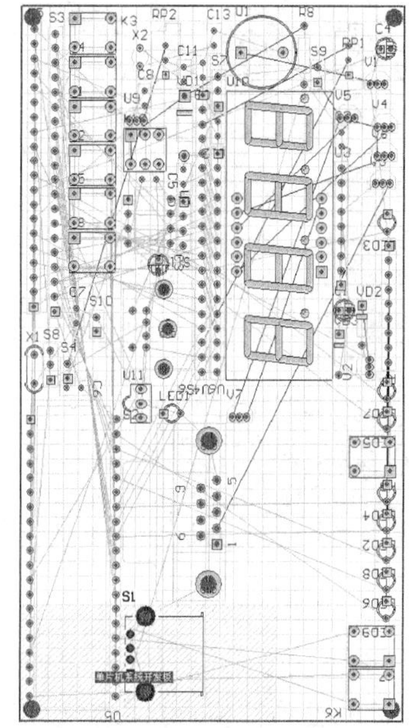

图 6-17　完成自动布局的 PCB

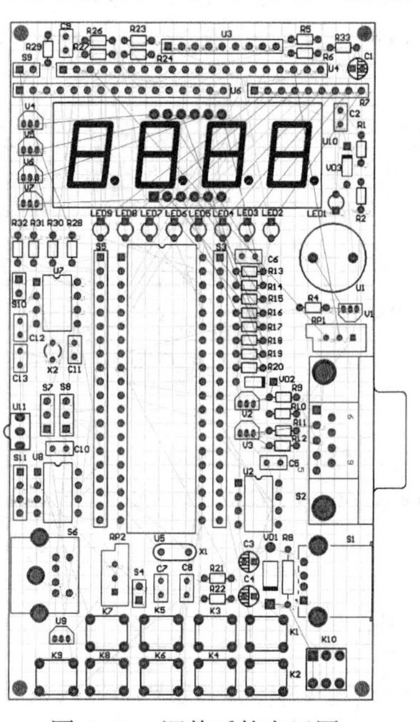

图 6-18　调整后的布局图

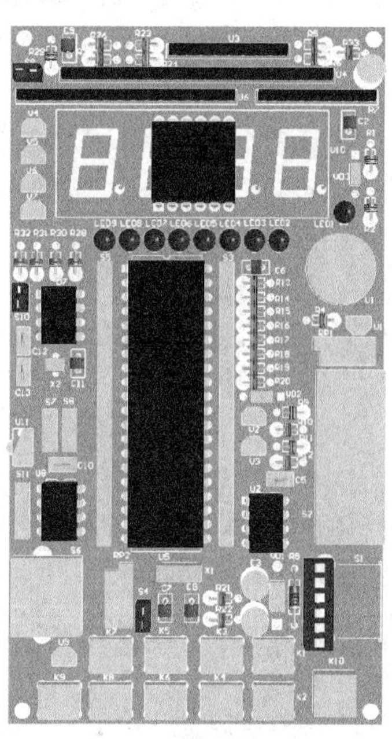

图 6-19　3D 布局图

6.1.6　元器件预布线

在设计中，自动布线之前有时需要对某些重要的网络进行预布线，然后通过自动布线完成剩下的布线工作。

1．预布线的基本菜单命令

预布线可以通过执行菜单“自动布线”下的子菜单来实现，也可以通过执行菜单“放置”→“直线”放置连线并设置好网络的方式进行。

（1）指定网络自动布线

执行菜单“自动布线”→“网络”，将光标移到需要布线的网络上，单击鼠标左键，该网络立即被自动布线。

（2）指定飞线自动布线

执行菜单“自动布线”→“飞线”，将光标移到需要布线的某条飞线上，单击鼠标左键，则该飞线所连接焊盘立即被自动布线。

（3）指定元器件自动布线

执行菜单“自动布线”→“元件”，将光标移到需要布线的元器件上，单击鼠标左键，则与该元器件的焊盘相连的所有飞线立即被自动布线。

（4）指定区域自动布线

执行菜单“自动布线”→“整个区域”，用鼠标拉出一个区域，程序自动完成指定区域内的布线，凡是全部或部分在指定区域内的飞线都将被自动布线。

2．预布线

本例中对2*4键盘在底层进行水平布线，线宽为20mil；芯片的滤波电容C3、C5、C6、C9、C10及C12进行预布线，顶层采用垂直布线，底层采用水平布线，线宽为20mil。

预布线后的PCB如图6-20所示。

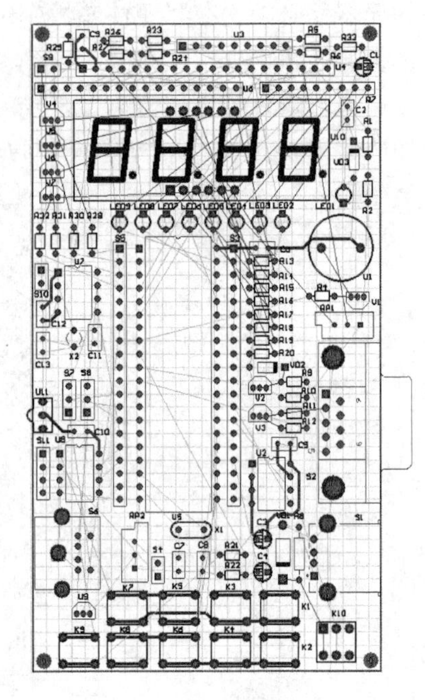

图6-20　PCB预布线

3．锁定预布线

图6-20中已经针对某些网络进行了预布线，如果要在自动布线时保留这些预布线，可以在自动布线器选项中设置锁定所有预布线。

执行菜单“自动布线”→“设定”，屏幕弹出“Situs布线策略”对话框，选中对话框下方的“锁定全部预布线”复选框，锁定全部预布线，单击“OK”按钮退出设置状态。

4．固定用焊盘网络设置

本例中PS2接口插座S6的固定脚没有对应的网络，在自动布线前双击对应的焊盘，将其网络设置为“GND”，以实现外壳屏蔽功能。

6.1.7　常用自动布线设计规则设置

在进行自动布线前，首先要设置布线设计规则，布线规则设置的合理性将直接影响到布线的质量和成功率。设计规则制定后，系统将自动监视PCB，检查PCB中的图件是否符合设计规则，若违反了设计规则，将以高亮显示违规内容。

执行菜单“设计”→“规则”，屏幕弹出“PCB规则和约束编辑器”对话框，如图6-21所示。

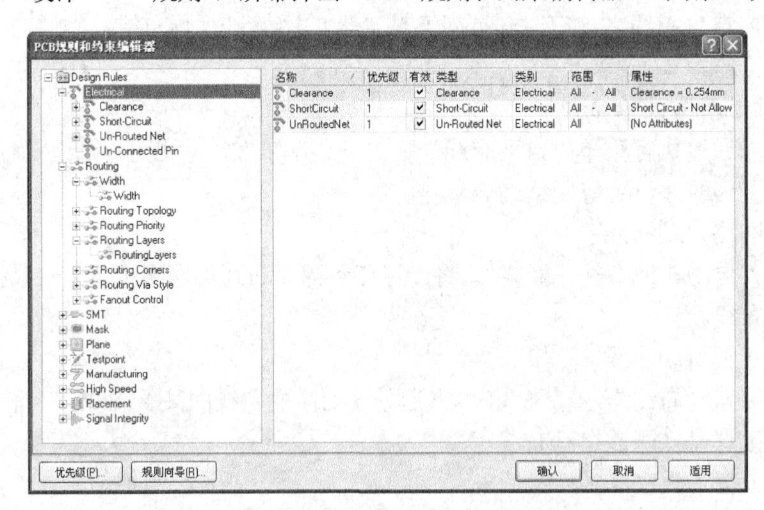

图6-21　“PCB规则和约束编辑器”对话框

PCB 规则和约束编辑器界面分成左右两栏，左边是树形列表，列出了 PCB 规则和约束的构成和分支，提供有 10 种不同的设计规则类，每个设计规则类还有不同的分类规则，单击各个规则类前的+符号，可以列表展开查看该规则类中的各个子规则，单击-符号则收起展开的列表；右边是各类规则的详细内容。

本例中要设置的规则主要集中在“Electrical”（电气设计规则）类别和“Routing”（布线设计规则）类别中。

1．电气设计规则（Electrical）

电气设计规则是 PCB 布线过程中所遵循的电气方面的规则，主要用于 DRC 电气校验。在 PCB 规则和约束编辑器的规则列表栏中单击“Electrical”项，会列表展开所有的电气设计规则，如图 6-22 所示，共包含了 4 个子规则，图中选中的是安全间距规则为 Clearance。

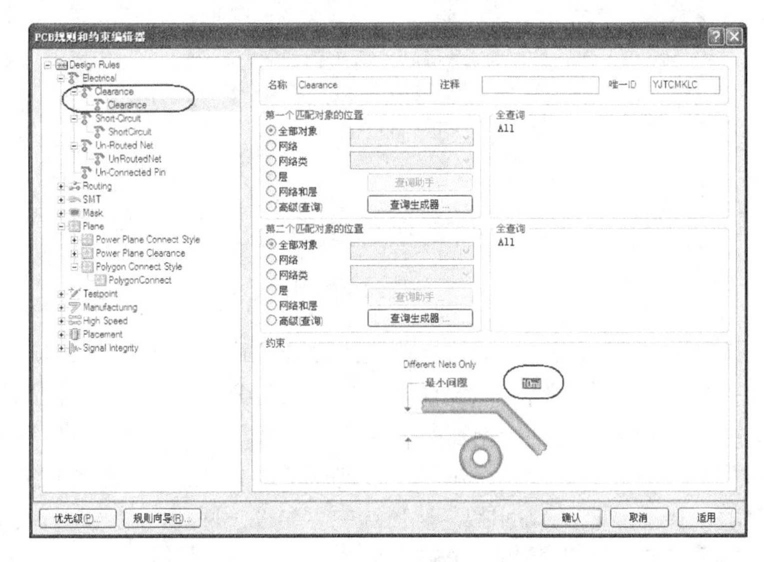

图 6-22　安全间距规则设置

（1）Clearance（安全间距规则）

安全间距规则用于设置 PCB 上不同网络的导线、焊盘、过孔及覆铜等导电图形之间的最小间距。通常情况下安全间距越大越好，但是太大的安全间距会造成电路布局不够紧凑，增加 PCB 的尺寸，提高制板成本。

用鼠标左键单击图 6-21 中的“Clearance”规则，系统默认一个名称为“Clearance”的子规则，单击该规则名称，编辑区右侧区域将显示该规则的属性设置信息，如图 6-22 所示。

图中系统默认的安全间距为 10mil（0.254mm），用户可以根据实际需要自行设置安全间距，安全间距通常设置为 10～20mil（0.254～0.508mm）。

在两个“匹配对象的位置”区中，可以设置规则适用的对象范围：“全部对象”，包括所有的网络和工作层；“网络”，可在其后的下拉列表框中选择适用的网络；“网络类”，可在其后的下拉列表框中选择适用的网络类；“层”，可在其后的下拉列表框中选择适用的工作层；“网络和层”，可在其后的下拉列表框中选择适用的网络和工作层。

设定安全间距一般依赖于布线经验，最小间距的设置会影响到印制导线走向，用户应根据实际情况调节。在板的密度不高的情况下，最小间距可设置大一些。

（2）Short-Circuit（短路约束规则）

短路约束规则用于设置 PCB 上的导线等对象是否允许短路。单击图 6-21 中的“Short-Circuit”规则，系统默认一个名称为“Short Circuit”的子规则，单击该规则名称，编辑区右侧区域将显示该规则的属性设置信息，如图 6-23 所示。

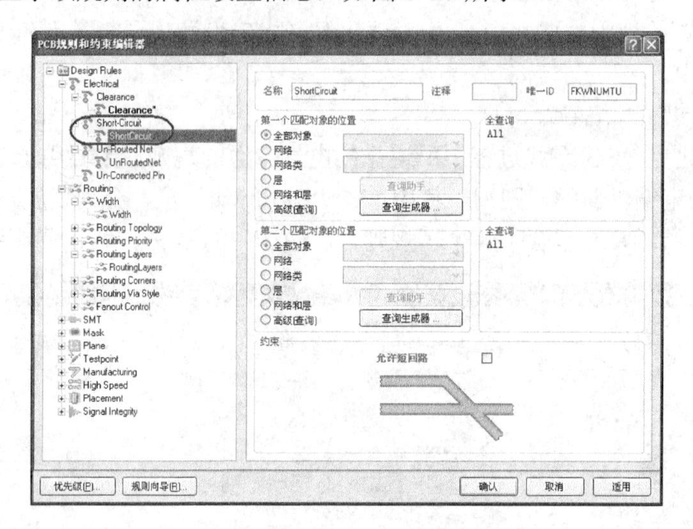

图 6-23　短路约束规则设置

从图中可以看出系统默认的短路约束规则是不允许短路。但在一些特殊的电路中，如带有模拟地和数字地的模数混合电路，在设计时，虽然这两个地是属于不同网络的，但在电路设计完成之前，设计者必须将这两个地在某一点连接起来，这就需要允许短路存在。为此可以针对两个地线网络单独设置一个允许短路的规则，在两个“匹配对象的位置”区中分别选中数字地（DGND）和模拟地（AGND），然后选中“允许短回路”复选框即可。

一般情况下短路约束规则设置为不允许短路。

（3）Un-Routed Net（未布线网络规则）

未布线网络规则用于检查指定范围内的网络是否布线，对于未布线的网络，使其仍保持飞线。一般使用系统默认的规则，即适用于整个网络。

（4）Un-Connected Pin（未连接引脚规则）

未连接引脚规则用于检查指定范围内的元器件封装引脚是否均已连接到网络，对于未连接的引脚给予警告提示，显示为高亮状态，系统默认状态为不使用该规则。

由于系统设置了自动 DRC 检查，当出现违反上述规则的情况时，违反规则的对象将高亮显示。

2．布线设计规则（Routing）

在 PCB 规则和约束编辑器的规则列表栏中单击“Routing”项，系统列表展开所有的布线设计规则，主要的子规则说明如下所述。

（1）Width（导线宽度限制规则）

导线宽度限制规则用于设置自动布线时印制导线的宽度范围，可以定义最小宽度（Min Width）、最大宽度（Max Width）和优选尺寸（Preferred Width），单击每个宽度栏并键入数值即可对其进行设置，如图 6-24 所示。

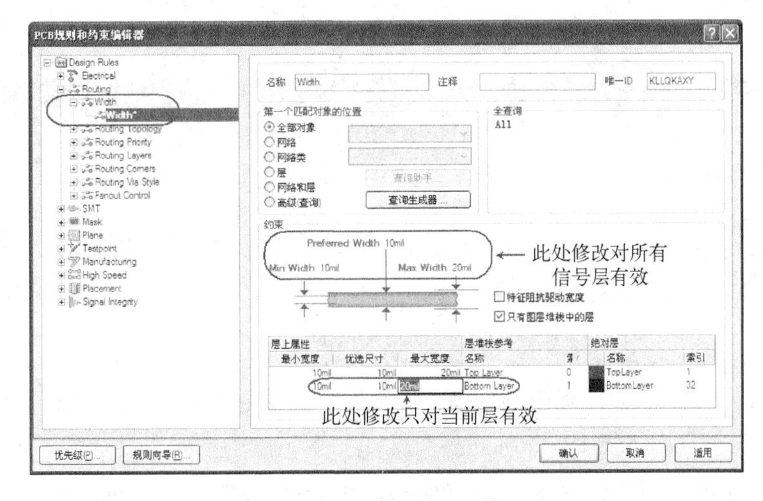

图 6-24　线宽限制规则设置

图中的“第一个匹配对象的位置”区中可以设置规则适用的范围；“约束”区用于设置布线线宽的大小范围，该区的设置对全部信号层有效。

在实际使用中，通常会针对不同的网络设置不同的线宽限制规则，特别是地线网络的线宽，此时可以建立新的线宽限制规则。下面以新增线宽为 20mil 的 GND 网络限制规则为例介绍设置方法。

用鼠标右键单击“Width”子规则，系统将自动弹出一个菜单，如图 6-25 所示，选中“新建规则”子菜单，系统将自动增加一个线宽限制规则“Width_1”，在“第一个匹配对象的位置”区中选中“网络”前的复选框，在其后的下拉列表框中选中网络“GND”，在“约束”区设置 Min Width、Max Width 和 Preferred Width 均为 20mil，参数设置完毕单击“适用”按钮确认设置，如图 6-26 所示。

图 6-25　新建规则菜单

若要删除规则，可用鼠标右键单击要删除的规则，选择子菜单“删除规则”，将该规则删除。

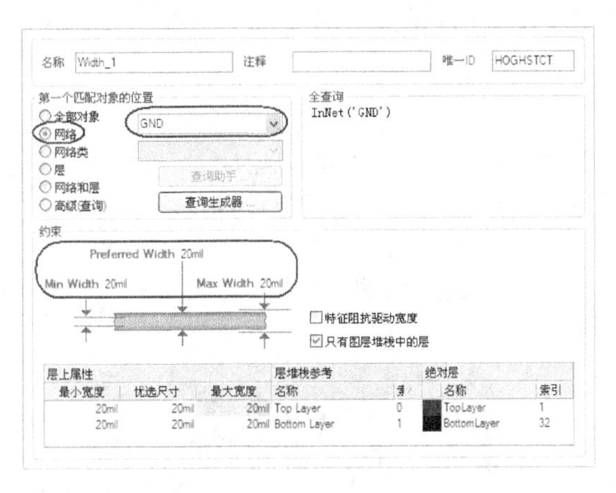

图 6-26　设置地线线宽限制规则

一个电路中可以针对不同的网络设定不同的线宽限制规则，对于电源和地设置的线宽一般较粗，图 6-27 所示为本例的布线线宽限制规则，其中 GND 的线宽为 20mil，VCC 的线宽为 20mil，其他信号线的线宽最小为 10mil、优选为 10mil、最大为 20mil。

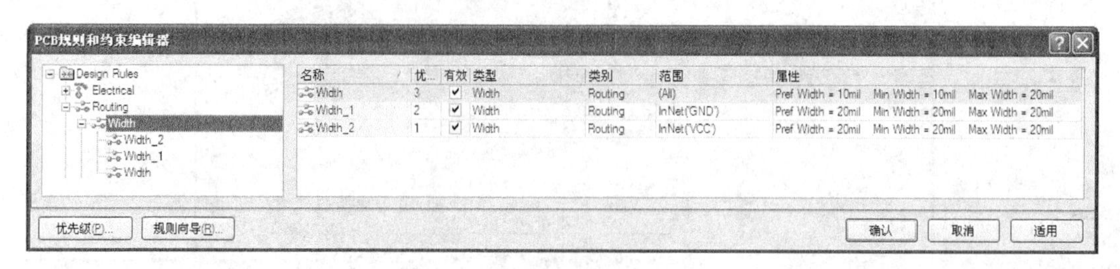

图 6-27　本例的线宽限制规则

由于设置了多个不同的线宽限制规则，必须设定它们的优先级，以保证布线的正常进行。单击图 6-27 中左下角“优先级”按钮，屏幕弹出“编辑规则优先级”菜单，如图 6-28 所示。

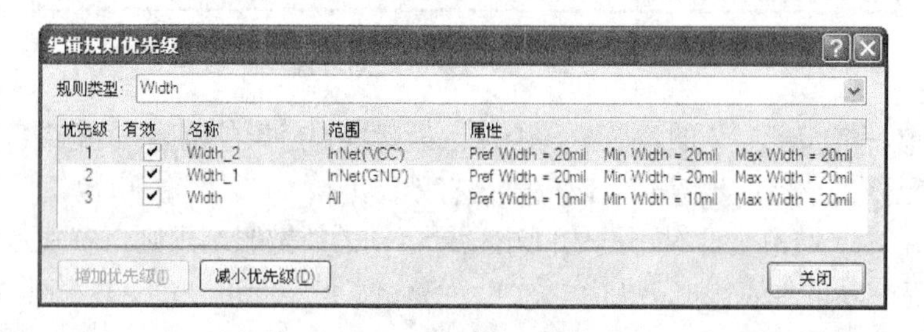

图 6-28　规则优先级设置

选中规则，单击“增加优先级”或“减小优先级”按钮可以改变线宽限制规则的优先级，本例中优先级最高的是“VCC”，最低的是“All”。

（2）Routing Topology（网络拓扑结构规则）

网络拓扑结构规则主要设置自动布线时布线的拓扑结构，它决定了同一网络内各节点间的走线方式。在实际电路中，对不同信号网络可能需要采用不同的布线方式。

网络拓扑结构规则如图 6-29 所示，图中的“第一个匹配对象的位置”区中可以设置规则适用的范围，“约束”区用于设置拓扑逻辑结构，一共有 7 种拓扑逻辑结构供选择，具体内容如图 6-30 所示。

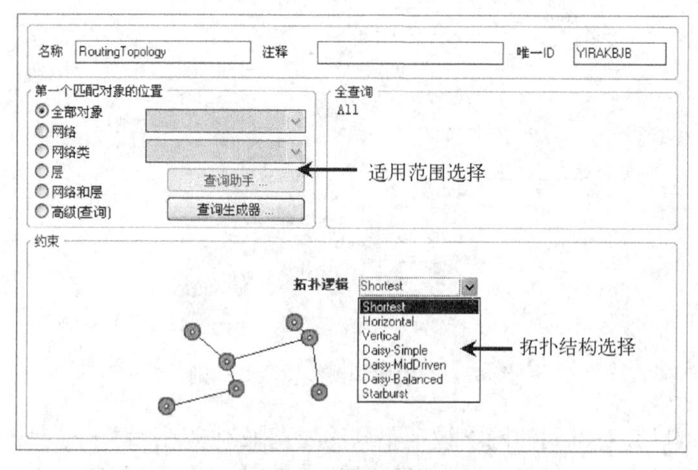

图 6-29　“网络拓扑结构规则”设置对话框

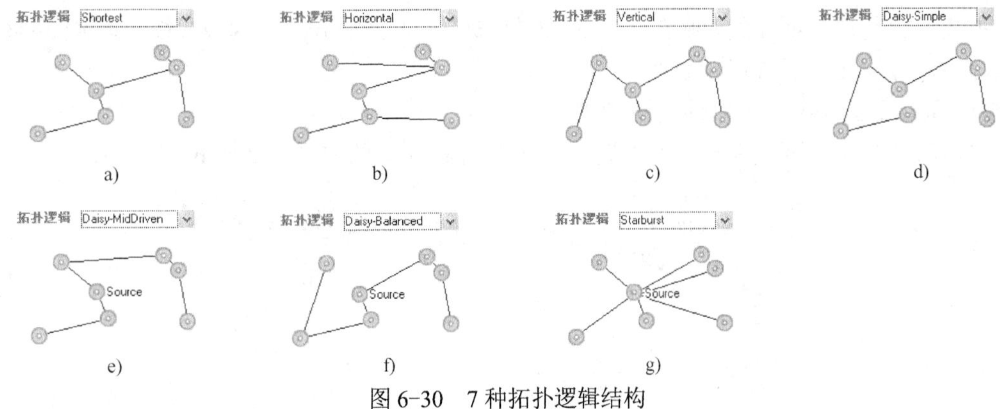

图 6-30　7 种拓扑逻辑结构

a）网络总长最短距离连接　b）水平连接　c）垂直连接　d）简单链状连接

e）中间驱动链状连接　f）平衡式链状连接　g）星形扩散连接

系统默认的布线拓扑结构规则为“Shortest”（最短距离连接）。

（3）Routing Priority（布线优先级）

布线优先级规则用于设置某个对象的布线优先级，在自动布线过程中，具有较高布线优先级的网络会被优先布线。

优先级别可以是 0～100 之间的数字，如图 6-31 所示，数值越大，优先级越高。

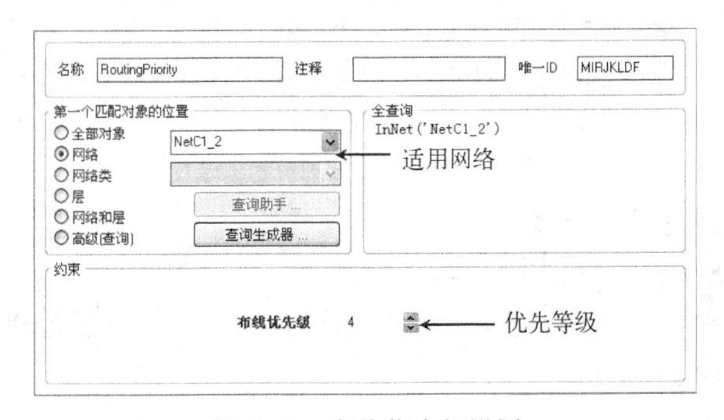

图 6-31　布线优先级设置

（4）Routing Layers（布线层规则）

布线层规则主要用于规定自动布线时所使用的工作层面，系统默认采用双面布线，即选中顶层（Top Layer）和底层（Bottom Layer），如图 6-32 所示。

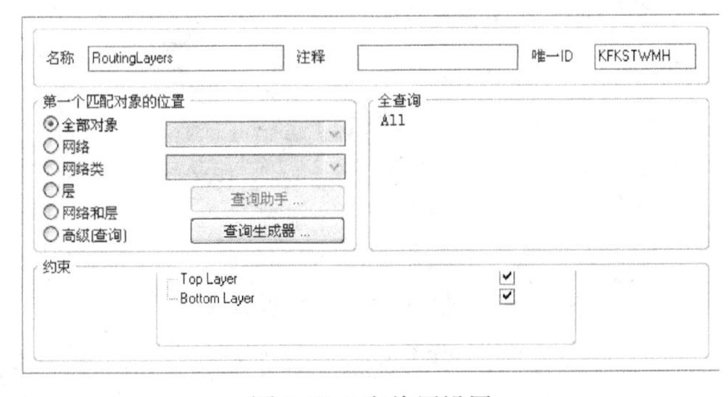

图 6-32　布线层设置

如果要设置成单面布线，则在图 6-32 中只选中 Bottom Layer 作为布线板层，这样所有的印制导线都只能在底层进行布线。

（5）Routing Corners（布线转角规则）

布线转角规则主要是在自动布线时规定印制导线拐弯的方式，如图 6-33 所示。

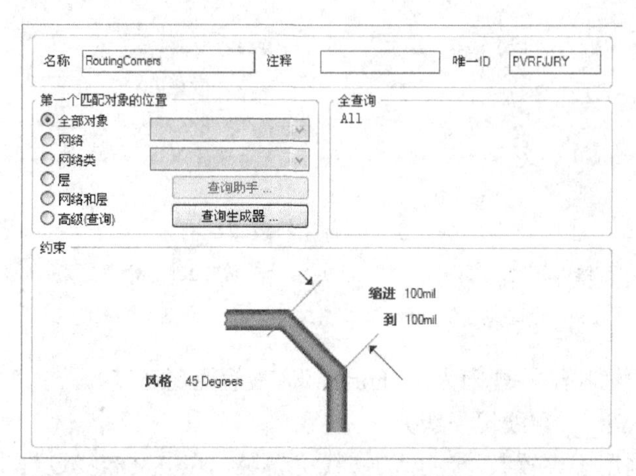

图 6-33　布线转角规则设置

在“约束”区内的“风格”选项用于选择导线拐弯的方式，在下拉列表框中可以选择 3 种拐弯方式：45° 拐弯、90° 拐弯和圆弧拐弯（Rounded）。

“缩进”选项用于设置导线最小拐角，如果是 90° 拐弯，没有此项；如果是 45° 拐弯，表示拐角的高度；如果是圆弧拐角，则表示圆弧的半径。

“到”选项用于设置导线最大拐角。

默认情况下，规则适用于全部对象。

（6）Routing Via Style（过孔类型规则）

过孔类型规则用于设置自动布线时所采用的过孔类型，可以设置规则适用的范围和过孔直径和孔径等，如图 6-34 所示。

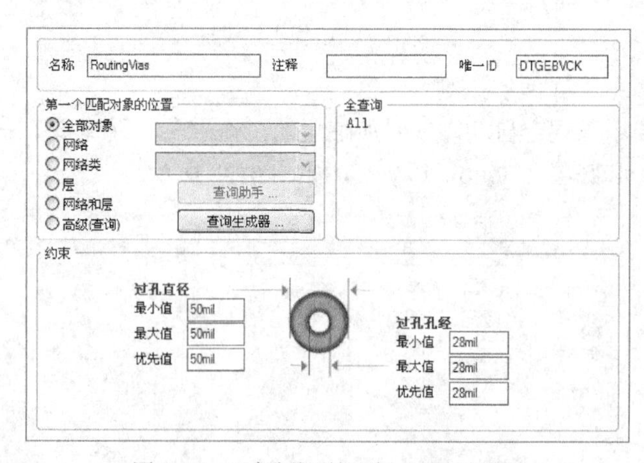

图 6-34　“过孔类型规则”设置对话框

过孔在设计双面以上的板中使用，设计单面板时无须设置过孔类型规则。

本例中为不同类型的过孔设置不同尺寸，共有 3 个规则，如图 6-35 所示。从图中可以看出，VCC 和 GND 网络的过孔尺寸比较大且为固定尺寸，而其他信号线的过孔尺寸则稍小。

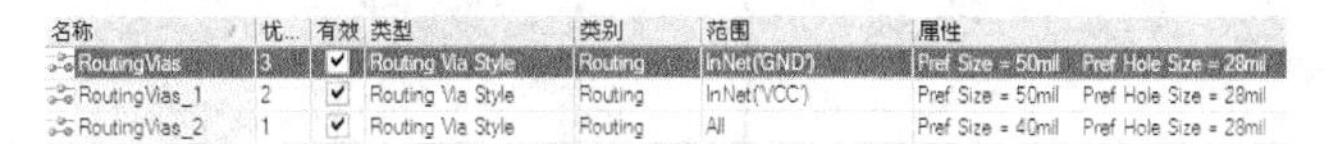

名称	优...	有效	类型	类别	范围	属性
RoutingVias	3	✔	Routing Via Style	Routing	InNet('GND')	Pref Size = 50mil Pref Hole Size = 28mil
RoutingVias_1	2	✔	Routing Via Style	Routing	InNet('VCC')	Pref Size = 50mil Pref Hole Size = 28mil
RoutingVias_2	1	✔	Routing Via Style	Routing	All	Pref Size = 40mil Pref Hole Size = 28mil

图 6-35 本例中过孔类型设置

3．本例中自动布线规则设置

本例中的布线规则设置内容如下所述。

安全间距规则设置为 10mil，适用于全部对象；导线宽度限制规则：电源、地线为 20mil，其他线宽为 10～20mil，优选为 10mil；布线拐弯规则：45° 转弯；布线层规则：双面布线；过孔类型规则：电源、地线过孔直径为 50mil，孔径为 28mil，其他过孔直径为 40～50mil，优选为 40mil，孔径为 28mil；其他规则采用默认。

6.1.8 自动布线

布线规则设置完毕，就可以利用 Protel DXP 2004 SP2 提供的自动布线功能进行自动布线。

在 PCB 设计界面中，执行菜单“自动布线”→“全部对象”，屏幕弹出“Situs 布线策略”对话框，如图 6-36 所示。

1．查看已设置的布线设计规则

图 6-36 中的“布线设置报告”区中显示的是当前已设置的布线设计规则，用鼠标拖动该区右侧的拖动条可以查看布线设计规则，若要修改规则，可单击下方的“编辑规则”按钮，屏幕弹出图 6-21 所示的“PCB 规则和约束编辑器”对话框，可在其中修改设计规则。

2．设置布线层的走线方式

单击图 6-36 中的“编辑层方向”按钮，屏幕弹出图 6-37 所示的“层方向”对话框，可以设置布线层的走线方向，系统默认为双面布线，顶层走垂直线，底层走水平线。

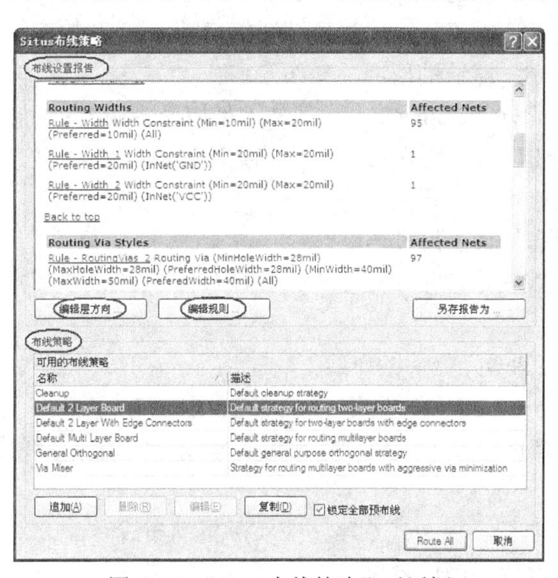

图 6-36 “Situs 布线策略”对话框

单击“当前设置”区下的“Automatic”，屏幕出现下拉列表框，可以选择布线层的走线方向，如图 6-38 所示。

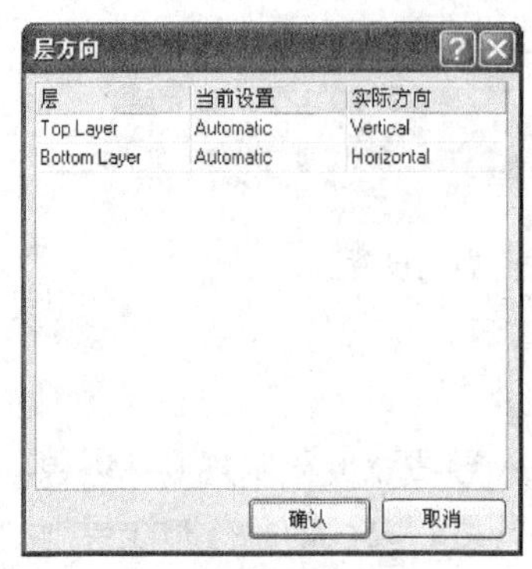

图 6-37 “层方向”对话框

图 6-38 选择布线层走线方式

图中下拉列表框中内容说明如下所述。

Not Used：不使用本层。

Horizontal：本层水平布线。

Vertical：本层垂直布线。

Any：本层任意方向布线。

1～5 O″Clock：1～5 点钟方向布线。

45 Up：向上 45° 方向布线。

45 Down：向下 45° 方向布线。

Fan Out：散开方式布线。

Automatic：自动设置

布线时应根据实际要求设置布线层的走线方式，如采用单面布线，设置 Bottom Layer 为 Any（底层任意方向布线）、其他层 Not Used（不使用）；采用双面布线时，设置 Top Layer 为 Vertical（垂直布线），Bottom Layer 层为 Horizontal（水平布线），其他层 Not Used（不使用）。

一般在两层以上的 PCB 布线中，布线层的走线方式可以选择 Automatic，系统会自动设置相邻层采用正交方式走线。

3．布线策略

在图 6-36 中，系统自动设置了 6 个布线策略，具体如下所述。

Cleanup：默认的自动清除策略，布线后将自动清除不必要的连线。

Default 2 Layer Board：默认的双面板布线策略。

Default 2 Layer With Edge Connectors：默认的带边沿接插的双面板布线策略。

Default Multi Layer Board：默认的多层板布线策略。

General Orthogonal：默认的正交策略。

Via Miser：多层板布线最少过孔策略。

用户如果要追加布线策略，可单击”布线策略”区下方的“追加”按钮进行设置，主要有以下几项。

Memory：适用于存储器元器件的布线。

Fan Out Signal/Fan out to Plane：适用于 SMD 焊盘的布线。

Layers Pattern：智能性决定采用何种算法用于布线，以确保布线成功率。

Main/Completion：采用推挤布线方式。

用户可以根据需要自行添加布线策略，在实际自动布线时，为了确保布线的成功率，可以多次调整布线策略，以达到最佳效果。

4．锁定预布线

为了保留前面进行的预布线，在自动布线之前应选中图 6-36 中的“锁定全部预布线”前的复选框锁定预布线。

5．自动布线

单击图 6-36 中的“Route All”按钮对整个电路板进行自动布线，系统弹出“Messages”窗口显示当前布线进程，如图 6-39 所示。

Messages

Class	Document	Source	Message	Time	Date	No.
Situs Event	单片机开发系统板...	Situs	Routing Started	16:50:51	2012-9-4	1
Routing Status	单片机开发系统板...	Situs	Creating topology map	16:50:52	2012-9-4	2
Situs Event	单片机开发系统板...	Situs	Starting Fan out to Plane	16:50:52	2012-9-4	3
Situs Event	单片机开发系统板...	Situs	Completed Fan out to Plane in 0 Seconds	16:50:52	2012-9-4	4
Situs Event	单片机开发系统板...	Situs	Starting Memory	16:50:52	2012-9-4	5
Situs Event	单片机开发系统板...	Situs	Completed Memory in 0 Seconds	16:50:52	2012-9-4	6
Situs Event	单片机开发系统板...	Situs	Starting Layer Patterns	16:50:52	2012-9-4	7
Routing Status	单片机开发系统板...	Situs	Calculating Board Density	16:50:52	2012-9-4	8
Situs Event	单片机开发系统板...	Situs	Completed Layer Patterns in 0 Seconds	16:50:52	2012-9-4	9
Situs Event	单片机开发系统板...	Situs	Starting Main	16:50:52	2012-9-4	10
Routing Status	单片机开发系统板...	Situs	245 of 254 connections routed (96.46%) in 4 Seconds	16:50:56	2012-9-4	11
Situs Event	单片机开发系统板...	Situs	Completed Main in 4 Seconds	16:50:57	2012-9-4	12
Situs Event	单片机开发系统板...	Situs	Starting Completion	16:50:57	2012-9-4	13
Situs Event	单片机开发系统板...	Situs	Completed Completion in 0 Seconds	16:50:57	2012-9-4	14
Situs Event	单片机开发系统板...	Situs	Starting Straighten	16:50:57	2012-9-4	15
Routing Status	单片机开发系统板...	Situs	254 of 254 connections routed (100.00%) in 5 Seconds	16:50:57	2012-9-4	16
Situs Event	单片机开发系统板...	Situs	Completed Straighten in 0 Seconds	16:50:57	2012-9-4	17
Routing Status	单片机开发系统板...	Situs	254 of 254 connections routed (100.00%) in 6 Seconds	16:50:58	2012-9-4	18
Situs Event	单片机开发系统板...	Situs	Routing finished with 0 contentions(s). Failed to complete 0 connection(s) in 6 Seconds	16:50:58	2012-9-4	19

图 6-39　自动布线信息

一般自动布线的效果不能完全满足用户的要求，用户可以先观察布线中存在的问题，然后撤销布线，调整元器件栅格，适当微调元器件的位置，再次进行自动布线，直到达到比较满意的效果。

6.1.9　PCB 布线手工调整

Protel DXP 2004 SP2 自动布线的布通率较高，但由于自动布线采用拓扑规则，有些地方不可避免会出现一些较机械的布线方式，影响了印制电路板的性能。

1．观察窗口的使用

自动布线完毕需检查布线的效果，放大工作区后可以在工作区左侧的监视器中拖动观察窗来查看局部电路，以便于找到问题进行修改，如图 6-40 所示。

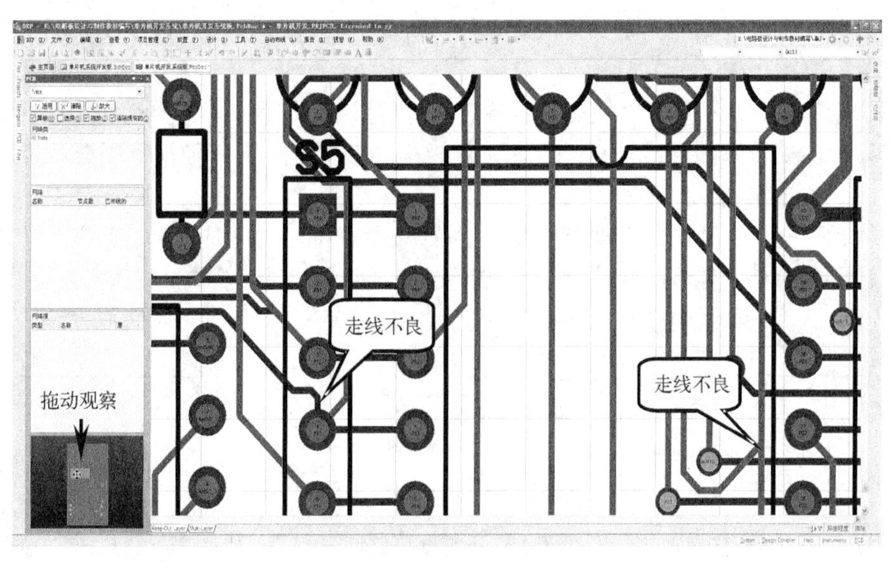

图 6-40　通过观察窗口查看局部 PCB

一般为保证观察时的准确性，把 PCB 放大显示效果更好。

2．布线调整

调整布线常常需要拆除以前的布线，PCB 编辑器中提供有自动拆线功能和撤销功能，当设计者对自动布线的结果不满意时，可以使用该工具拆除印制电路板图上的铜膜线而只剩下网络飞线。

（1）撤销操作

PCB 编辑器中提供有撤销功能，撤销的次数可以设置。单击主工具栏图标，可以撤销本次操作。撤销操作的次数可以执行菜单“工具”→“优先设定”，在“General”选项卡的“其他”区的“取消/重做”栏中设置。

通过撤销操作，用户可以根据布线的实际情况考虑是否保留当前的内容，如果要恢复前次的操作，可以单击主工具栏图标。

（2）自动拆线

该功能可以拆除自动布线后的铜膜线，将布线后的铜膜线恢复为网络飞线，这样便于用户进行调整，它是自动布线的逆过程。自动拆线的菜单命令在“工具”→“取消布线”的子菜单中，主要如下所述。

全部对象：拆除印制电路板图上所有的铜膜线。

网络：拆除指定网络的铜膜线。

连接：拆除指定的两个焊盘之间的铜膜线。

元件：拆除指定元器件所有焊盘所连接的铜膜线。

Room 空间：拆除指定 Room 空间内元器件连接的铜膜线。

3．拉线技术

在自动布线结束后，常有部分连线不够理想，若连线较长，全部删除后重新布线比较麻烦，此时可以采用 Protel DXP 2004 SP2 提供的拉线功能，对线路进行局部调整。

拉线功能可以通过以下 3 个菜单命令实现。

1）“编辑”→“移动”→“建立导线新端点”。执行该命令可以将连线截成两段，以便删除某段线或进行某段连线的拖动操作，建立导线新端点的效果如图 6-41 所示，图中图元的显示效果选择为草图（Draft）。

2）“编辑”→“移动”→“拖动导线端点”。执行该命令后，单击要拖动的连线，光标自动滑动至离单击处较近的导线端点上，此时可以拖动该端点，而其他端点则原地不动，拖动导线的效果如图 6-42 所示。

3）“编辑”→“移动”→“重布导线”。执行该命令可以用拖拉“橡皮筋”的方式移动连线，选好转折点后单击鼠标左键，将自动截断连线，此时移动光标即可拖拉连线，而连线的两端固定不动，重布导线的效果如图 6-43 所示。

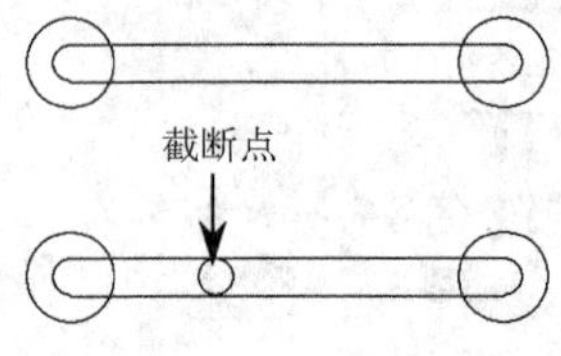

图 6-41　建立导线新端点

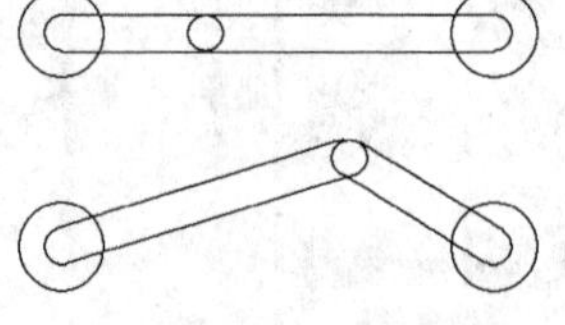

图 6-42　拖动导线端点

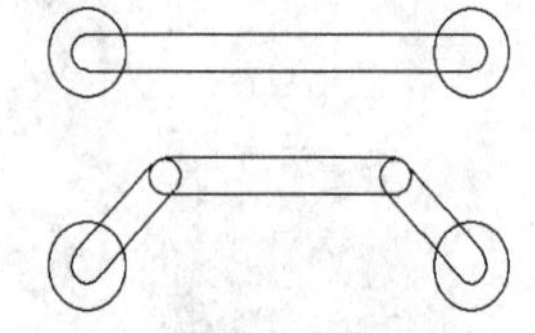

图 6-43　重布导线

4. 手工布线调整

执行菜单“工具”→“取消布线”→“元件”，拆除需要调整的元器件上的连线；减小元器件网格，适当微调元器件位置，并对拆除的连线重新进行布线。

对于某些只要局部调整的连线，可将工作层切换到连线所在层，删除对应连线后再重新进行布设。

手工调整后的 PCB 如图 6-44 所示。

5. 敷设接地覆铜

手工布线结束，为了提高 PCB 的抗干扰能力，对 PCB 进行双面接地覆铜。

执行菜单“放置”→“覆铜”，系统弹出“覆铜参数设置”对话框，设置连接网络为“GND”，设置完毕，单击“确认”按钮完成覆铜属性设置，单击鼠标左键放置矩形覆铜，放置完毕单击鼠标右键退出。

本例中在顶层和顶层都放置接地覆铜，由于布线的原因，可能出现死铜现象（即孤立的铜区），此时观察两面接地覆铜的位置，通过过孔连接地消除死铜。

完成覆铜设置的 PCB 如图 6-45 所示，至此单片机开发系统板 PCB 设计完毕。

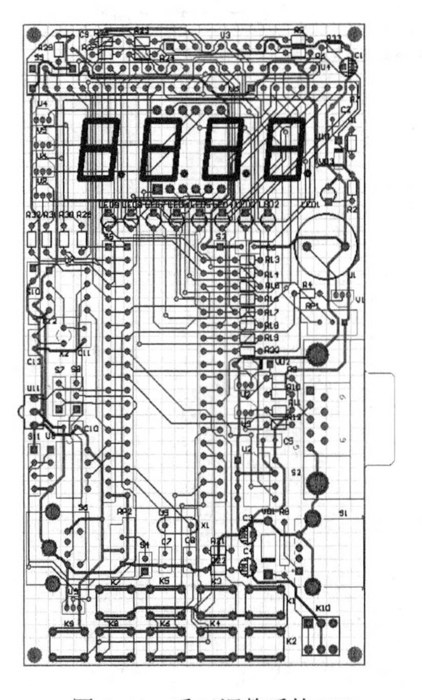

图 6-44　手工调整后的 PCB

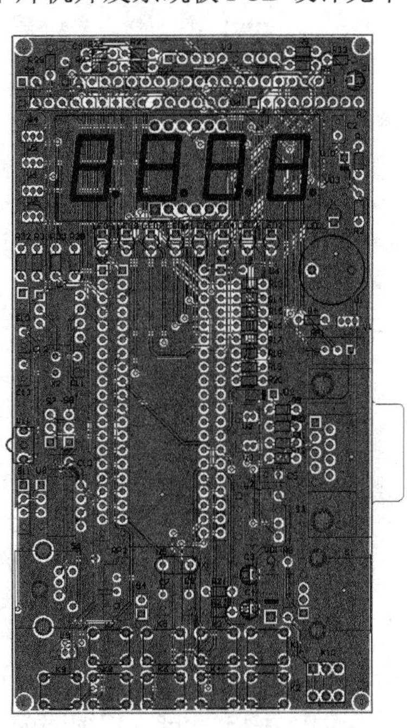

图 6-45　覆铜后的 PCB

6.2　高频 PCB 设计——单片调频发射器 PCB 设计

本节通过单片调频发射器电路介绍高频 PCB 的设计方法。

6.2.1　产品介绍

电路采用单片调频发射芯片 MC2833 进行设计，芯片内部包括送话器放大器、压控振荡器及晶体管等电路，芯片 MC2833 如图 6-46 所示，单片调频发射器电路如图 6-47 所示。

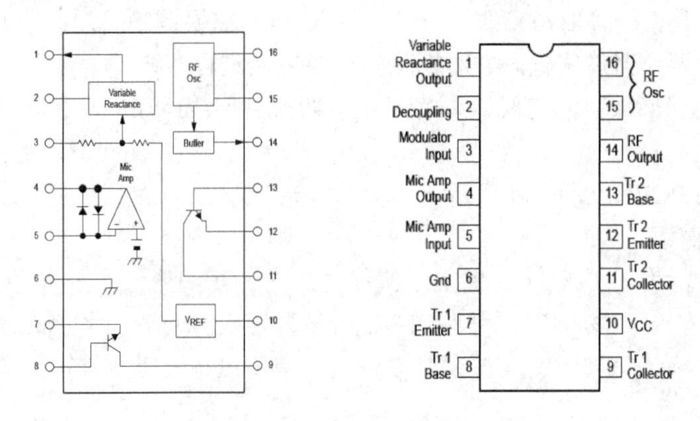

图 6-46　MC2833 内部框图与引脚图

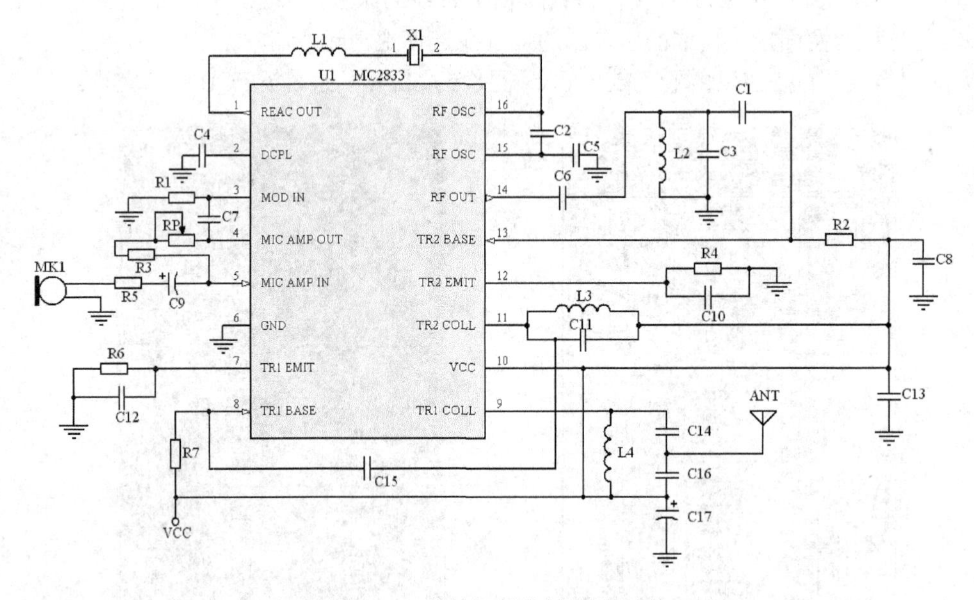

图 6-47　单片调频发射器原理图

单片调频发射器电路采用晶体振荡，晶振使用基频模式，声音信号通过送话器转换为电信号由第 5 脚输入集成块内部的放大器进行音频放大和调制，射频信号由集成块的第 14 脚输出，通过 C1 耦合由第 13 脚进入内部的晶体管进行 2 倍频后由第 11 脚输出，输出信号经过 C15 耦合进入内部的晶体管进行放大，放大后的信号由第 9 脚输出至发射天线。

6.2.2　设计前准备

在进行高频板设计前，必须先设计库中不存在的元器件图形和元器件封装，并根据实际情况为元器件重新定义封装。

1．绘制原理图元器件

电路中的单片调频发射芯片 MC2833 虽然库中有提供，但尺寸过小，线路连接时不够美观，需要自行设计该元器件的符号。MC2833 的元器件尺寸为 170mil×250mil，相邻元器件引脚间距为 30mil，元器件引脚名及引脚排列参考图 6-46。

电位器的符号库中虽有，但与国标不符，可以复制 RES2 的图形再增加滑动端的方式新建电位器 POT3。

2. 元器件封装设计

1）立式电阻封装图形：焊盘中心间距为 100mil，焊盘尺寸为 60mil，封装名为 AXIAL-0.1，如图 6-48 所示。

2）电解电容封装图形：焊盘中心间距为 100mil，焊盘尺寸为 60mil，元器件外形半径为 100mil，封装中阴影部分的焊盘为电解电容负极，封装名为 RB.1/.2，如图 6-49 所示。

3）电感封装图形：电感采用 8mm×8mm 的屏蔽电感，相邻焊盘中心间距为 3mm，上下两排焊盘中心间距为 6mm，焊盘尺寸为 1.524mm，封装名为 INDU，如图 6-50 所示。

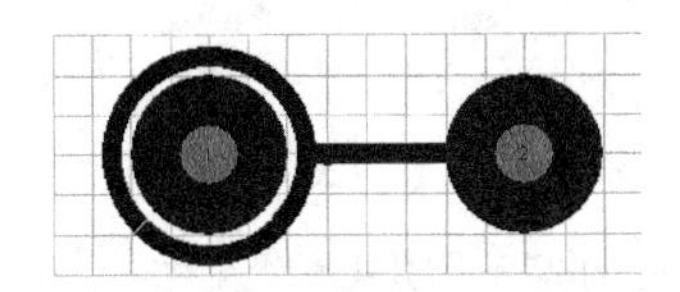

图 6-48 立式电阻封装 AXIAL-0.1

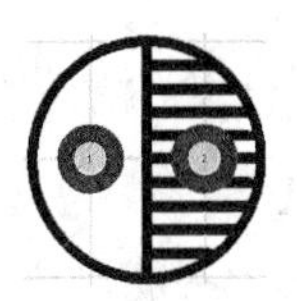

图 6-49 电解电容封装 RB.1/.2

4）电位器封装图形：相邻焊盘中心间距为 3mm，焊盘尺寸为 1.524mm，封装名为 VR，如图 6-51 所示。

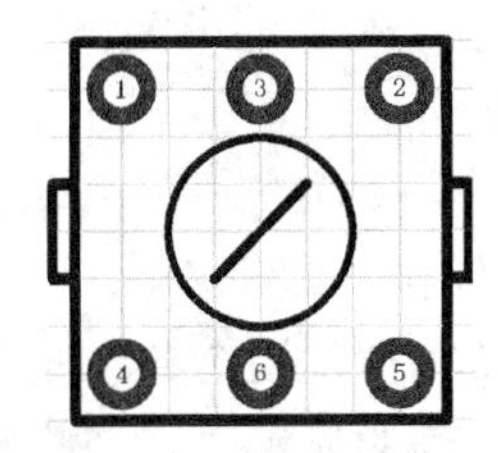

图 6-50 电感线圈封装 INDU

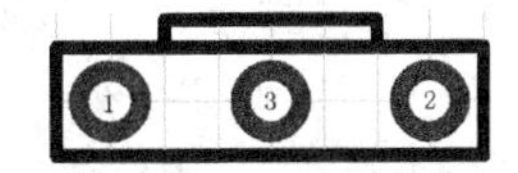

图 6-51 电位器封装 VR

3. 原理图设计

根据图 6-47 绘制电路原理图，并进行编译检查，元器件的参数如表 6-2 所示。

将自行设计的元器件封装库设置为当前库，依次将原理图中的元器件封装修改为表中的封装形式，最后将文件保存为“单片调频发射器.SCHDOC”。

表 6-2 单片调频发射器元器件参数表

元器件类别	元器件标号	库元器件名	元器件所在库	元器件封装
电解电容	C9、C17	Cap Pol2	Miscellaneous Devices.IntLib	RB.1/.2（自制）
电容	C1～C8、C10～C16	Cap	Miscellaneous Devices.IntLib	RAD-0.1
电阻	R1～R7	Res2	Miscellaneous Devices.IntLib	AXIAL-0.1（自制）
送话器	MK1	MIC2	Miscellaneous Devices.IntLib	PIN2
电位器	Rp	POT3	自制	VR（自制）
集成块	U1	MC2833	自制	DIP-16
天线	ANTENNA	ANT	Miscellaneous Devices.IntLib	PIN1
电感	L1～L4	Inductor	Miscellaneous Devices.IntLib	INDU（自制）
晶振	X1	XTAL	Miscellaneous Devices.IntLib	BCY-W2/D3.1

6.2.3 设计 PCB 时考虑的因素

该电路采用双面板进行设计，设计时考虑的主要因素如下所述。

1）PCB 的尺寸为 50mm×40mm。

2）本电路为高频电路，为减小寄生电容和电感的影响，将顶层作为地平面，采用多点接地法。

3）晶振靠近连接的 IC 引脚放置，振荡回路就近放置在晶振边上。

4）集成电路电源端的滤波电容 C13 尽量靠近电源端放置（U1 的第 10 脚）。

5）音频输入的送话器布设于 PCB 的左边，发射的天线布设于 PCB 的右边输出端附近。

6）顶层作为地平面，除地线外，其他连线在底层进行，连线线宽为 1mm。

7）连线转弯采用 45° 进行。

6.2.4 PCB 自动布局及调整

1．规划 PCB

1）新建 PCB，并将文件保存为“单片调频发射器.PCBDOC”。

2）设置单位制为 Metric（公制）；设置可视栅格 1、2 分别为 1mm 和 10mm；捕获栅格 X、Y，元器件网格 X、Y 均为 0.5mm，并将可视栅格 1（Visible Grid1）设置为显示状态。

3）设置坐标原点为显示状态。

4）在 Keep out Layer（禁止布线层）上定义 PCB 的电气轮廓，尺寸为 50mm×40mm。

2．从原理图加载网络表和元器件到 PCB

打开设计好的原理图文件“单片调频发射器.SCHDOC”，执行菜单“设计”→“Update PCB Document 单片调频发射器.PCBDOC”，屏幕弹出“工程变化订单”对话框，显示本次更新的对象和内容，单击“使变化生效”按钮，系统将自动检查各项变化是否正确有效，所有正确的更新对象在检查栏内显示“√”符号，不正确的显示“×”符号，根据实际情况查看更新的信息是否正确。单击“执行变化”按钮，系统将接受工程变化，将元器件封装和网络表添加到 PCB 编辑器中，单击“关闭”按钮关闭对话框，系统将自动加载元器件。

3．元器件自动布局

从网络表中载入元器件后，元器件排列在布线框外，此时需要将它们放置到合适的位置上，进行元器件布局。

执行菜单“工具”→“放置元件”→“自动布局”，屏幕弹出“自动布局”对话框，选择“分组布局”，选中“快速元器件布局”复选框，系统开始自动布局，布局效果如图 6-52 所示。

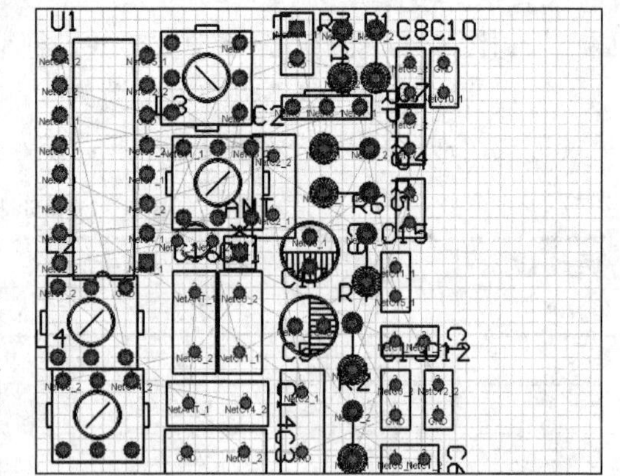

图 6-52　完成自动布局的印制电路板

4．手工布局调整

手工布局调整主要是通过移动元器件、旋转元器件等方法合理调整元器件的位置，减少网络飞线的交叉，布局调整应根据布局的基本原则进行。

布局调整结束后，执行菜单“查看”→“显示三维 PCB”，显示元器件布局的 3D 视图，观察元器件布局是否合理。手工布局调整后的电路如图 6-53 所示，3D 视图如图 6-54 所示。

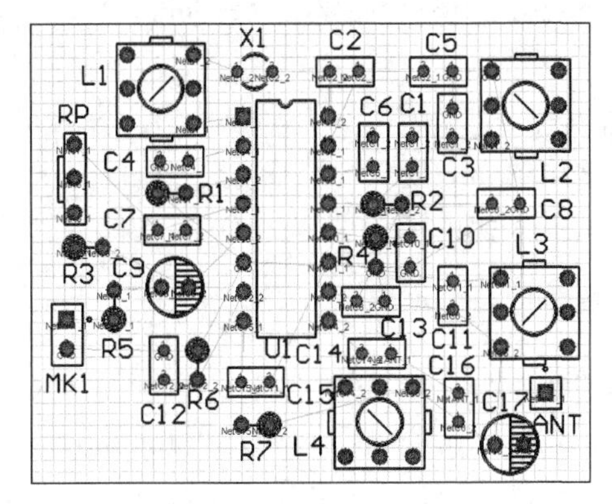

图 6-53　调整后的布局图

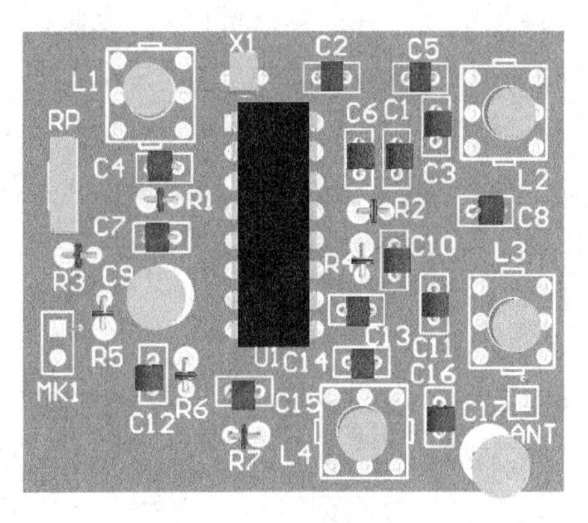

图 6-54　布局的 3D 图

6.2.5　地平面的设置

由于单片调频发射器的工作频率为 76MHz，频率较高，在布线时要考虑分布参数的影响，为减小分布参数的影响，将顶层作为地平面，采用多点接地方法进行布线。

用鼠标单击工作区下方的选项卡，将当前工作层设置为 TOP Layer（顶层），执行菜单“放置”→“覆铜”，系统弹出“覆铜”属性对话框，设置“填充模式”为“实心填充（铜区）”，设置“连接到的网络”为“GND”，并选中“Pour Over All Same Net Objects”，如图 6-55 所示，设置完毕，单击“确认”按钮完成覆铜属性设置。单击鼠标左键，在离板四周 1mm 放置矩形覆铜，放置完毕单击鼠标右键退出，完成覆铜设置的 PCB 如图 6-56 所示。

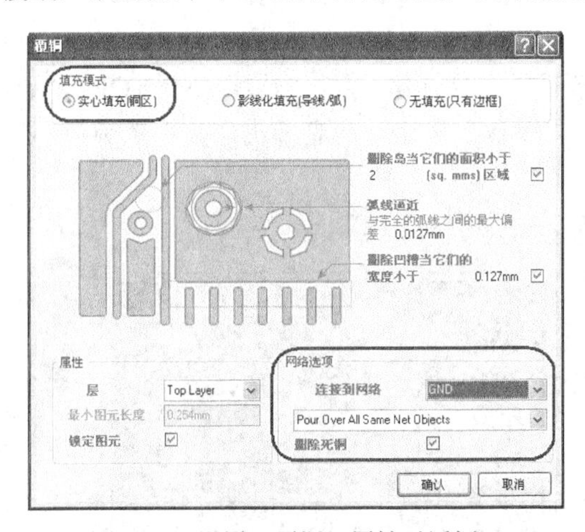

图 6-55　设置“覆铜”属性对话框

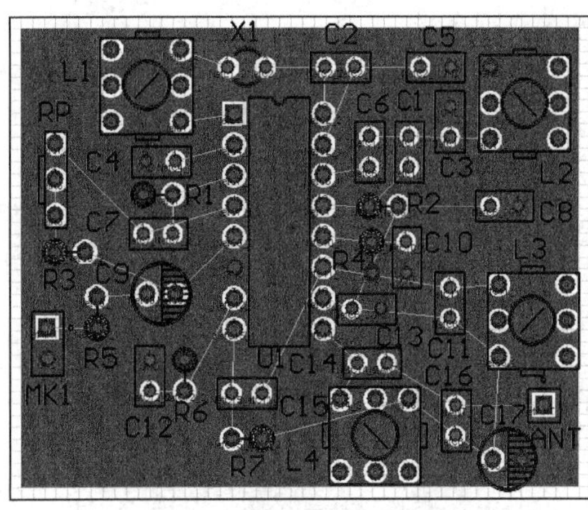

图 6-56　完成覆铜设置的 PCB

从图 6-56 中可以看出，所有的 GND 网络均连接在顶层的覆铜上，实现了高频电路中就近多点接地，所有非地焊盘均自动与地平面隔离。

6.2.6　PCB 自动布线及调整

1．自动布线规则设置

本例中由于 PCB 的顶层作为地平面，其他的线只能在底层布线，所以在布线层规则设置不选中顶层。

执行菜单“设计”→“规则”，屏幕弹出“PCB 规则和约束编辑器”对话框，进行自动布线规则设置，具体内容如下所述。

安全间距规则设置为 0.254mm，适用于全部对象；短路约束规则：不允许短路；导线宽度限制规则：所有线宽均为 1mm；布线层规则：选中 Bottom Layer，去除 Top Layer 的选中状态，相当于单面布线；布线转角规则为 45° 转弯；其他规则选择默认，单击“确认”按钮完成设置。

2．自动布线

执行菜单“自动布线”→“全部对象”，屏幕弹出“Situs 布线策略”对话框，单击“编辑层方向”按钮，屏幕弹出 “层方向”对话框，单击“当前设置”区下的“Top Layer”后的“Automatic”，屏幕出现下拉列表框，选中其中的“Not Used”（不使用本层）；单击“Bottom Layer”后的 “Automatic”， 屏幕出现下拉列表框，选中其中的“Any”（ 任意方向布线），这样在布线时顶层不再布线，所有除地以外的连线都在底层采用任意方式布线。

由于违反了两面走线正交原则，系统会出现警告信息，忽略该信息。

选中“锁定全部预布线”前的复选框锁定预布线，单击“Route All”按钮对整个印制电路板进行自动布线，系统弹出“Messages”窗口显示当前布线进程，自动布线后的效果如图 6-57 所示，图中 R7、C8 存在锐角走线，影响电气性能，ANT 的连线出现绕行等需要进行手工调整。

3．手工布线调整

执行菜单“工具”→“取消布线”→“元件”，拆除需要调整的元器件上的连线；修改元器件网格为 0.05mm，适当微调元器件位置；将工作层切换到“Bottom Layer”，并对拆除连线的重新进行布线。

微调元器件后，会出现焊盘移位问题，影响覆铜的正常使用，将工作层切换到 TOP Layer，双击覆铜，屏幕弹出“覆铜设置”对话框，单击“确认”按钮，屏幕弹出“是否重画覆铜”对话框，单击“Yes”按钮更新覆铜。

手工调整后的 PCB 如图 6-58 所示，至此单片调频发射器 PCB 设计完成。

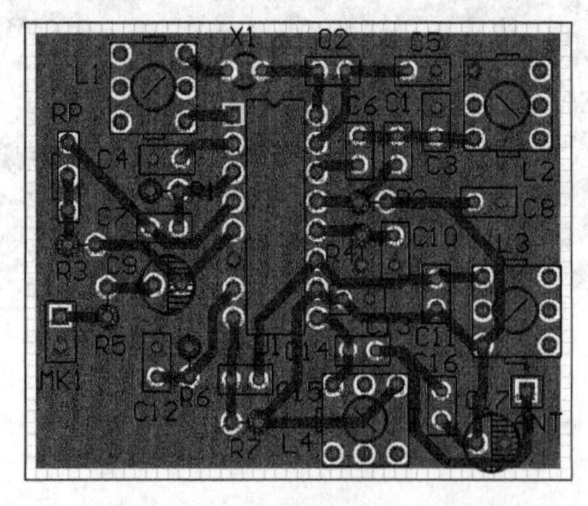

图 6-57　自动布线后的 PCB

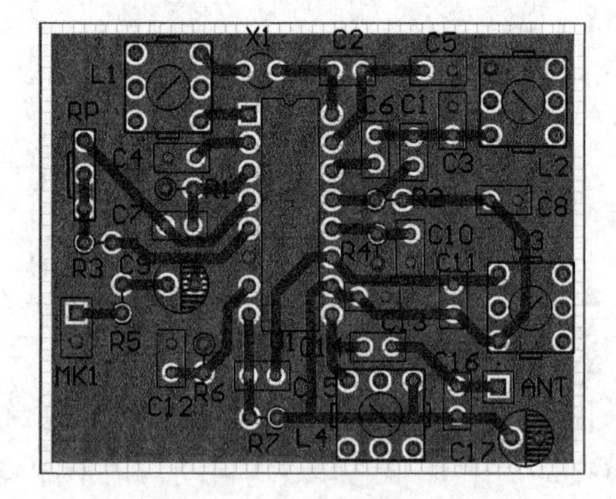

图 6-58　手工调整后的 PCB

6.2.7　设计规则检查

自动布线结束后，用户可以使用设计规则检查功能对布好线的印制电路板进行检查，确定布线是否正确、是否符合已设定的设计规则要求。

执行菜单“工具”→“设计规则检查”，屏幕弹出 “设计规则检查器”对话框，如图6-59所示。

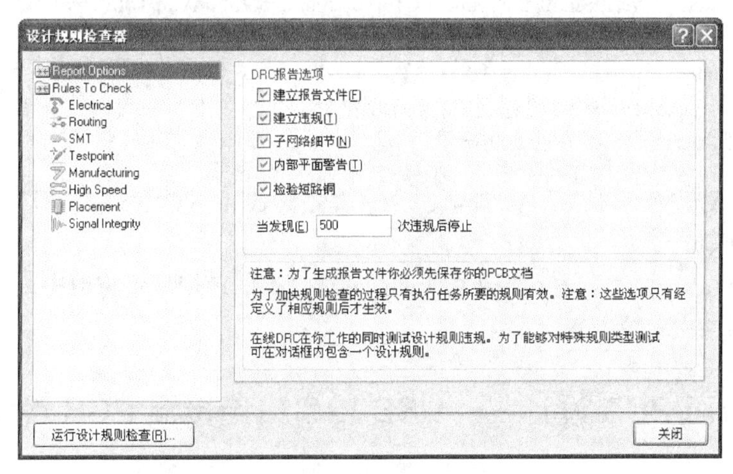

图 6-59 “设计规则检查器”对话框

该对话框主要由两个窗口组成，左边窗口主要由“Report Options”（报告内容设置）和“Rules To Check”（检查规则设置）两项内容组成，选中前者则右边窗口中显示DRC报告的内容，可自行勾选；选中后者则右边窗口显示检查的规则（在进行自动布线时已经进行设置），有“在线”和“批处理”两种检查方式。

若选中“在线”，系统将进行实时检查，在放置和移动对象时，程序自动根据规则进行检查，一旦发现违规将高亮度显示违规内容。

各项规则设置完毕，单击“运行设计规则检查”按钮进行检测，系统将弹出“Message”窗口，如果PCB有违反规则的问题，将在窗口中显示错误信息，同时在PCB上高亮显示违规的对象，并生成一个报告文件，扩展名为“.DRC”，用户可以根据违规信息对PCB进行修改。

单片调频发射器的设计规则检查报告如下，报告中有多处违规错误（“【”和“】”中的内容为编者添加的说明文字，实际不存在），用户必须根据实际情况分析是否需要修改。

Protel Design System Design Rule Check
PCB File : \电路设计\单片调频发射器.PcbDoc
Date : 2012-9-4
Time : 21:20:40
Processing Rule : Short-Circuit Constraint (Allowed=No) (All),(All) 【短路限制】
Rule Violations :0 【违规数：0】
Processing Rule : Broken-Net Constraint ((All)) 【未通网络限制】
Rule Violations :0 【违规数：0】
Processing Rule : Clearance Constraint (Gap=0.254mm) (All),(All) 【间距限制】
Rule Violations :0 【违规数：0】
Processing Rule : Width Constraint (Min=0.254mm) (Max=1mm) (Preferred=0.254mm) (All) 【线宽限制】
Rule Violations :0 【违规数：0】
Processing Rule : Component Clearance Constraint (Gap=0.254mm) (All),(All) 【元器件间距限制】
Violation between Small Component ANT(112mm,47.75mm) on Top Layer and
DIP Component L3(112mm,57.75mm) on Top Layer

Violation between Small Component C4(83mm,68mm) on Top Layer and
DIP Component L1(84.75mm,71.25mm) on Top Layer
Violation between Small Component C13(100.5mm,55.75mm) on Top Layer and
Small Component C10(104mm,60mm) on Top Layer
Rule Violations :3 【违规数：3】
Violations Detected : 3 【违规检测到 138 处】
Time Elapsed : 00:00:00

本例中有 3 处违规，它们是 ANT 与 L3、C4 与 L1、C13 与 C10 3 组元器件之间靠得太近，违反间距限制规则。

返回 PCB 设计，加大上述元器件之间的间距，高亮的违规显示将消失，最后重新调整上述元器件的连线并更新覆铜完成设计。

6.3 贴片双面 PCB 设计——USB 转串口连接器 PCB 设计

本节通过 USB 转串口连接器介绍贴片双面 PCB 的设计方法，掌握贴片元器件的使用及元器件双面贴放的方法。

6.3.1 产品介绍

USB 转串口连接器用于 MCU 与 PC 机进行通信，采用专用接口转换芯片 PL-2303HX，该芯片提供一个 RS-232 全双工异步串行通信装置与 USB 接口进行连接。

该产品实物如图 1-8 所示，电路如图 6-60 所示，PL-2303HX 将从其 DM、DP 端接收到的数据，经过内部的处理后，从 TXD、RDX 端按照串行通信的格式传输出去。图中 P1 为串行数据输出接口，采用 4 芯杜邦连接线对外连接；J1 为用户板供电选择，将 U1 的 4 脚 VDD_325 接 5V，模块为用户板提供 5V 供电，接 3.3V 则模块为用户板提供 3.3V 供电；VD1～VD3 为 3 个 LED，分别为 POWER LED、RXD LED 和 TXD LED；Y1、C1、C2 为 U1 外接的晶振电路；USB 为 USB 接口，从 D-、D+传输数据；C3～C6 为滤波电容，其中 C3 为 VCC5V 滤波，C4 和 C5 为 VCC3.3V 滤波，C6 为 VCC 滤波。

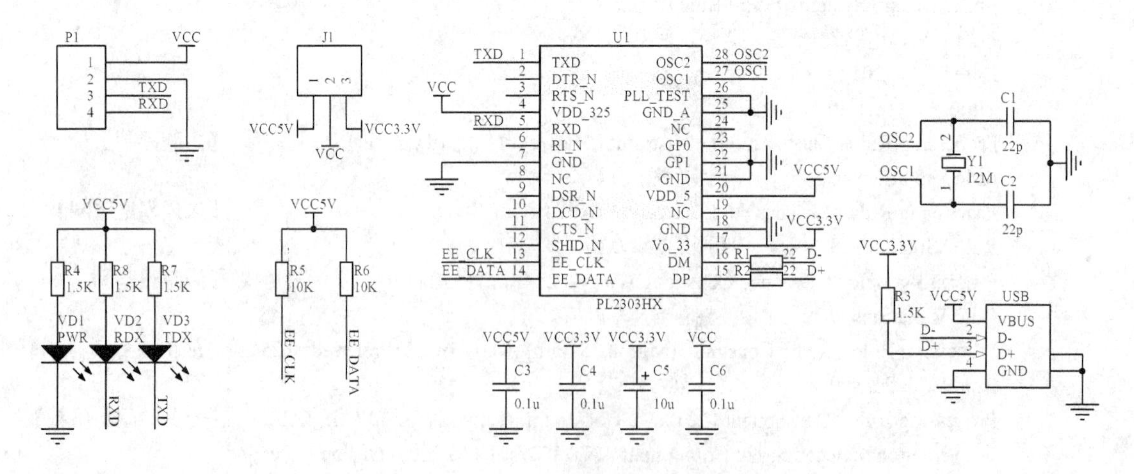

图 6-60 USB 转串口连接器原理图

6.3.2 设计前准备

1. 绘制原理图元器件

电路中的接口转换芯片 PL2303HX 的符号在库中没有，需自行设计，其封装设置为 SSOP28，元器件外形及引脚功能见图 6-60。

2. 元器件封装设计

1）12M 晶振封装图形：焊盘中心间距为 200mil，焊盘尺寸为 60mil，圆弧半径为 60mil，封装名为 XTAL12M，见图 6-6。

2）沉板式贴片 USB 接口封装图形：沉板式贴片 USB 接口实物图如图 6-61 所示，它有 4 个贴片引脚，两个外壳屏蔽固定脚，另有两个突起用于固定，设计封装时 4 个贴片引脚采用贴片式焊盘，两个外壳固定脚采用通孔式焊盘，两个突起对应处设置为 1mm 的螺钉孔。

USB 接口封装图如图 6-62 所示，封装名为 USB。其中外框尺寸为 16mm×12mm；贴片焊盘 X-尺寸为 2.5mm、Y-尺寸为 1.2mm、层为 Top Layer、孔径为 0mm，通孔式焊盘 X-尺寸为 3.8mm、Y-尺寸为 3mm、孔径为 2.3mm，螺钉孔 X-尺寸为 1mm、Y-尺寸为 1mm、孔径为 1mm；贴片焊盘打点处为焊盘 1，焊盘 1、2 及焊盘 3、4 中心间距为 2.5mm，焊盘 2、3 中心间距为 2mm，通孔焊盘 5、6 中心间距为 12mm，螺钉孔中心间距为 4mm。

图 6-61　沉板式贴片 USB 接口实物图

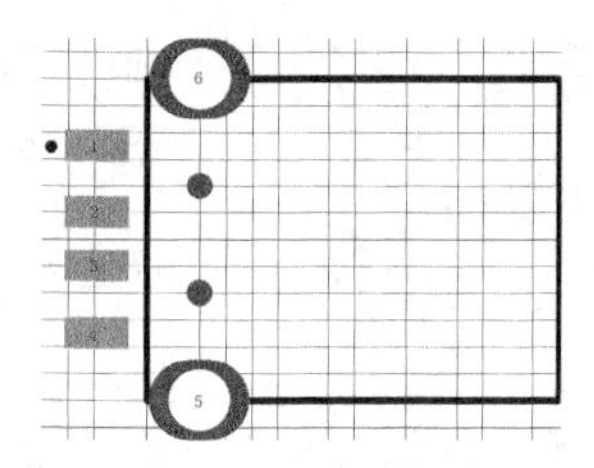

图 6-62　USB 接口封装 USB

3. 原理图设计

根据图 6-60 绘制电路原理图，并进行编译检查，元器件的参数如表 6-3 所示。

将自行设计的元器件封装库设置为当前库，依次将原理图中的元器件封装修改为表中的封装形式，最后将文件保存为“USB 转串口连接器.SCHDOC”。

表 6-3　USB 转串口连接器元器件参数表

元器件类别	元器件标号	库元器件名	元器件所在库	元器件封装
贴片电解电容	C5	Cap Pol2	Miscellaneous Devices.IntLib	CC3216-1206
贴片电容	C1～C4、C6	Cap	Miscellaneous Devices.IntLib	CC1608-0603
贴片电阻	R1～R8	Res2	Miscellaneous Devices.IntLib	CR1608-0603
贴片发光二极管	VD1～VD3	LED2	Miscellaneous Devices.IntLib	SMD_LED
晶振	X1	XTAL	Miscellaneous Devices.IntLib	XTAL12M（自制）
集成块	U1	PL2303HX	自制	SSOP28
3 脚排针跨接线	J1	Header 3	Miscellaneous Connectors.IntLib	HDR1X3
4 脚排针跨接线	P1	Header 4	Miscellaneous Connectors.IntLib	HDR1X4
USB 接口	USB	1-1470156-1	AMP Serial Bus USB.IntLib	USB（自制）

6.3.3　设计 PCB 时考虑的因素

该电路采用双面板进行设计，元器件双面贴放，设计时考虑的主要因素如下所述。

1）PCB 采用矩形双面板，尺寸为 48mm×17mm。

2）在 PCB 的 USB 接口附近放置两个直径为 3.5mm，孔径为 2mm 的焊盘作为螺钉孔，并将网络设置为 GND。

3）将串口连接和 USB 接口分别置于 PCB 的两边，其外围元器件置于顶层。

4）芯片置于板的中央，晶振靠近连接的 IC 引脚放置，振荡回路就近放置在晶振边上。

5）发光二极管置于顶层便于观察状态，VD1 限流电阻就近置于顶层，VD2、VD3 限流电阻就近置于底层。

6）电源跨接线 J1 置于板的边缘，便于操作。

7）电源滤波电容就近放置在芯片电源附近，小贴片元器件电阻 R5～R8、电容 C1～C6 置于底层。

8）地线不用单独连接，采用多点接地法，在顶层和底层都敷设接地覆铜。

9）本电路工作电流较小，线宽可以细一些，电源网络为 0.381mm，其余为 0.254mm。

10）为便于连接，在顶层丝网层为串口连接端的排针和电源跨接线 J1 设置文字说明。

6.3.4　从原理图加载网络表和元器件到 PCB

1．规划 PCB

新建 PCB，并将该 PCB 文件保存为“USB 转串口连接器.PCBDOC”；设置单位制为 Metric（公制）；设置可视栅格 1、2 分别为 1mm 和 10mm；捕获栅格 X、Y，元器件网格 X、Y 均为 0.5mm，并将可视栅格 1（Visible Grid1）设置为显示状态；设置坐标原点为显示状态。

在 Keep out Layer（禁止布线层）上定义 PCB 的电气轮廓，尺寸为 48mm×17mm；在板的左侧距板的短边为 10mm、长边为 3mm 处上下放置两个直径为 3.5mm，孔径为 2mm 的焊盘作为螺钉孔。

2．从原理图加载网络表和元器件到 PCB

打开设计好的原理图文件“USB 转串口连接器.SCHDOC”，执行菜单“设计”→“Update PCB Document USB 转串口连接器.PCBDOC”，屏幕弹出“工程变化订单”对话框，显示本次更新的对象和内容，单击“使变化生效”按钮，系统将自动检查各项变化是否正确有效，所有正确的更新对象在检查栏内显示“√”符号，不正确的显示“×”符号，根据实际情况查看更新的信息是否正确。单击“执行变化”按钮，系统将接受工程变化，将元器件封装和网络表添加到 PCB 编辑器中，单击“关闭”按钮关闭对话框，系统将自动加载元器件。

将 Room 空间移动到电气边框内，执行菜单“工具”→“放置元件”→“Room 内部排列”，移动光标至 Room 空间内单击鼠标左键，元器件将自动按类型整齐排列在 Room 空间内，单击鼠标右键结束操作。

6.3.5　PCB 双面布局

本例中元器件采用双面布局，小贴片元器件 R5～R8、C1～C6 放置在底层（Bottom Layer），其余元器件放置在顶层（Top Layer）。

1. 底层元器件设置

在 Protel DXP 2004 SP2 中系统默认元器件放置在顶层，本例中部分元器件放置在底层，需进行相应的设置。

双击要放置在底层的元器件（如 R7），屏幕弹出“元件”属性对话框，如图 6-63 所示，单击“元件属性”区“层”后面的下拉列表框，选择 Bottom Layer，将元器件层设置为底层。设置后贴片元器件的焊盘变换为底层，元器件的丝网变换为底层丝网层（Bottom Overlay）。

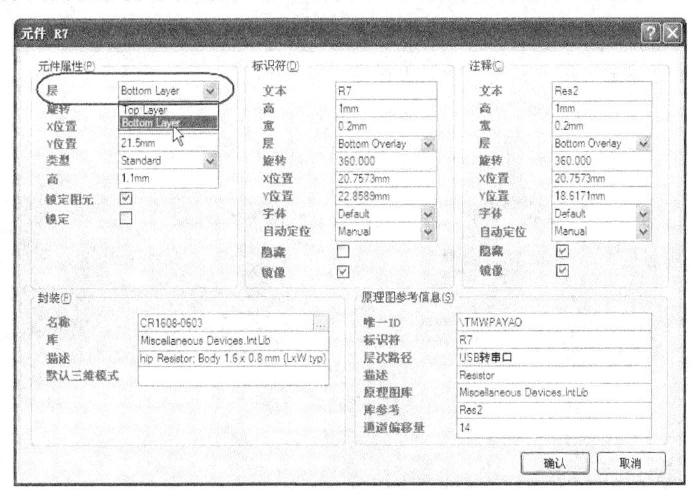

图 6-63 设置底层元器件

在默认情况下，设置完毕的底层元件只能看见元器件的焊盘，而元器件的丝网是看不见的，原因在于系统默认底层丝网层（Bottom Overlay）是不显示的。

本例中依次将小贴片元器件 R5～R8、C1～C6 设置为底层放置。

2. 设置底层丝网的显示状态

执行菜单“设计”→“PCB 层次颜色”，屏幕弹出“板层和颜色”设置对话框，在“丝印区”选中“Bottom Overlay”后的“表示”复选框，单击“确认”按钮完成设置。设置后屏幕上将显示底层元器件的丝网，底层丝网与顶层丝网是镜像关系。

3. 设置 PCB 形状

执行菜单“设计”→“PCB 形状”→“重定义 PCB 形状”，沿着电气轮廓定义为 48mm × 17mm 的长方形 PCB。

4. 元器件布局

参考前述的设计前考虑的因素进行手工布局，通过移动元器件、旋转元器件等方法合理调整元器件的位置，减少网络飞线的交叉。

图 6-64 所示为顶层的元器件布局图，图中关闭了底层；图 6-65 所示为底层的元器件布局图，图中关闭了顶层；图 6-66 所示为双面放置的元器件布局图。

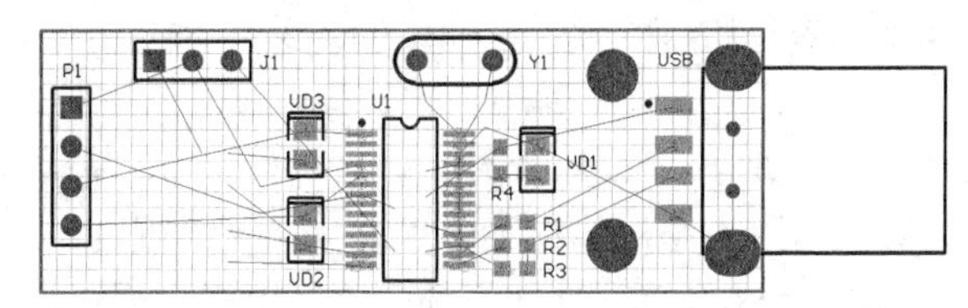

图 6-64 顶层布局图

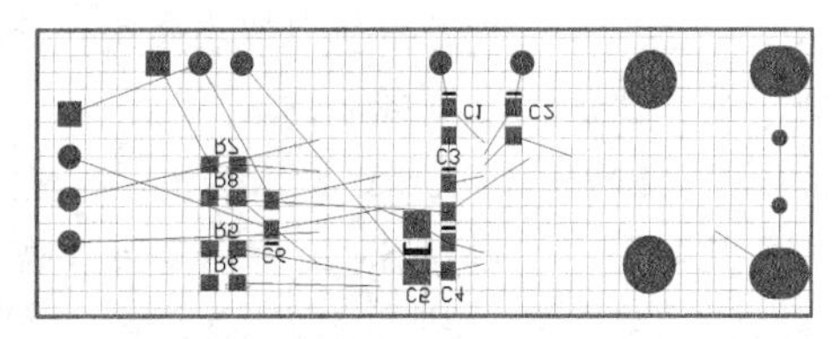

图 6-65 底层布局图

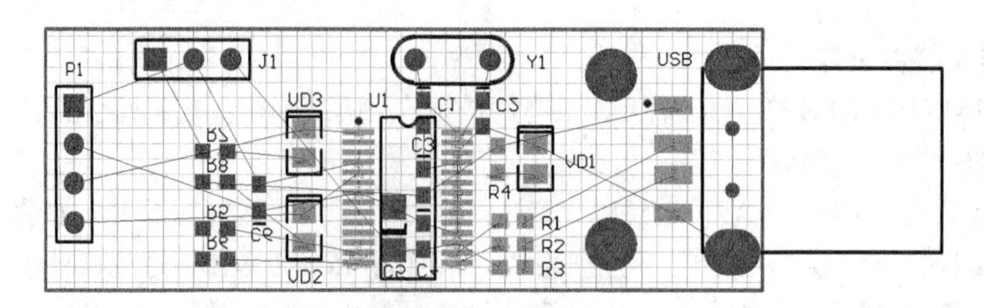

图 6-66　双面布局图

5．3D 显示布局视图

布局调整结束后，执行菜单“查看”→“显示三维 PCB”，显示元器件布局的 3D 视图，观察元器件布局是否合理。手工布局后的 3D 视图如图 6-67 所示。

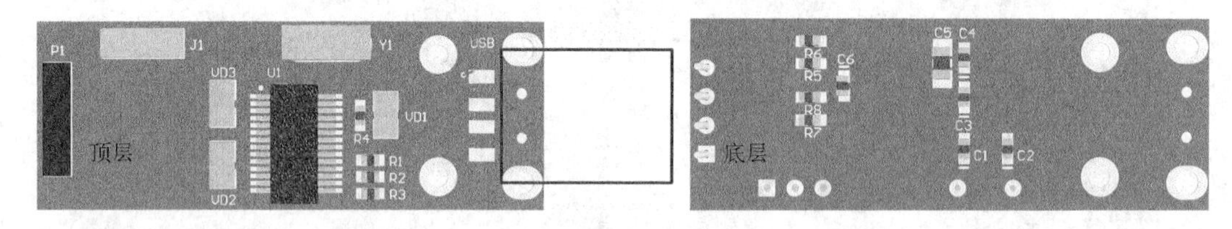

图 6-67　布局的 3D 图

6.3.6　有关 SMD 元器件的布线规则设置

对于 SMD 元器件布线，除了要进行电气设计规则和布线设计规则设置外，还需进行 SMD 元器件的布线规则设置。

执行菜单“设计”→“规则”，屏幕弹出“PCB 规则和约束编辑器”对话框，左边的树形列表中列出了 PCB 规则和约束的构成和分支，如图 6-21 所示。

1．Fanout Control（扇出式布线规则）

扇出式布线规则是针对贴片式元器件在布线时，从焊盘引出连线通过过孔到其他层的约束。从布线的角度看，扇出就是把贴片元器件的焊盘通过导线引出来并加上过孔，使其可以在其他层面上继续布线。

单击“PCB 规则和约束编辑器”的规则列表栏中的“Routing”项，系统展开所有的布线设计规则列表，选中其中的“Fanout Control”（扇出式布线规则），默认状态下包含 5 个子规则，分别针对 BGA 类元器件、LCC 类元器件、SOIC 类元器件、Small 类元器件和 Deafault（默认）设置，可以设置扇出的风格和扇出的方向，一般选用默认设置。本例中的元器件属于 Small 类元器件。

2．SMT 元器件布线设计规则

SMT 元器件布线设计规则是针对贴片元器件布线设置的规则，主要包括 3 个子规则，选中图 6-21 所示的 PCB 规则和约束编辑器的规则列表栏中的“SMT”项，可以设置 SMT 子规则，系统默认为未设置规则。

（1）SMD To Corner（SMD 焊盘与拐角处最小间距限制规则）

此规则用于设置 SMD 焊盘与导线拐角的最小间距大小。执行菜单“设计”→“规则”，屏幕弹出“PCB 规则和约束编辑器”对话框，单击“SMT“项打开子规则，用鼠标右键单击

“SMD To Corner”子规则，系统弹出一个子菜单，选中“新建规则”，系统建立“SMD To Corner”子规则，单击该规则名称，编辑区右侧区域将显示该规则的属性设置信息，如图 6-68 所示。

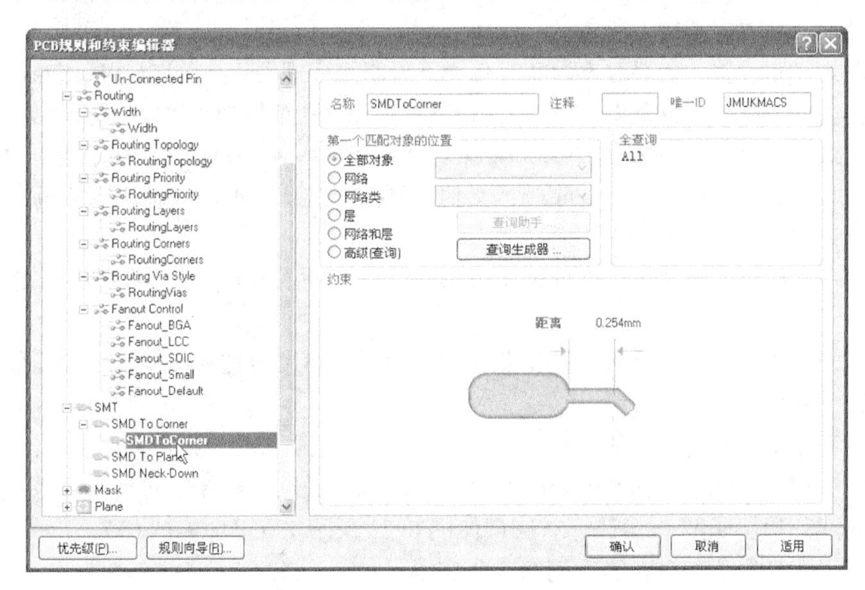

图 6-68　SMD 焊盘与拐角处最小间距限制设置

图中的“第一个匹配对象的位置”区中可以设置规则适用的范围，“约束”区中的“距离”用于设置 SMD 焊盘到导线拐角的最小间距。

（2）SMD To Plane（SMD 焊盘与电源层过孔间的最小长度规则）

此规则用于设置 SMD 焊盘与电源层中过孔间的最短布线长度。

用鼠标右键单击“SMD To Plane”子规则，系统弹出一个子菜单，选中“新建规则”，系统建立“SMD To Plane”子规则，单击该规则名称，编辑区右侧区域将显示该规则的属性设置信息，在“第一个匹配对象的位置”区中可以设置规则适用的范围，在“约束”区中的“距离”可以设置最短布线长度。

（3）SMD Neck-Down Constraint（SMD 焊盘与导线的比例规则）

此规则用于设置 SMD 焊盘在连接导线处的焊盘宽度与导线宽度的比例，可定义一个百分比，如图 6-69 所示。

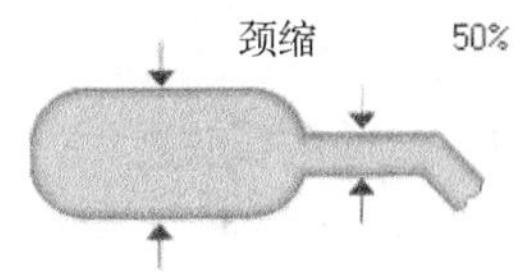

图 6-69　比例规则设置

在“第一个匹配对象的位置”区中可以设置规则适用的范围，在“约束”区中的“颈缩”可以设置焊盘宽度与导线宽度的比例，如果导线的宽度太大，超出设置的比例值，视为冲突，不予布线。

所有规则设置完毕，单击下方的“适用”按钮确认规则设置，单击“确定”按钮退出设置状态。

规则设置也可以单击图 6-21 下方的“规则向导”按钮，根据屏幕提示进行设置。

6.3.7　PCB 手工布线

本例中元器件较少，采用手工方式进行布线。

1. 布线规则设置

执行菜单“设计”→“规则”，屏幕弹出 “PCB 规则和约束编辑器”对话框，进行自动布线规则设置，具体内容如下所述。

安全间距规则设置：全部对象为 0.254mm；短路约束规则：不允许短路；布线转角规则：45°；导线宽度限制规则：设置 4 个，VCC、VCC5、VCC3.3 网络均为 0.381mm，全板为 0.254mm，优先级依次减小；布线层规则：选中 Bottom Layer 和 Top Layer 进行双面布线；过孔类型规则：过孔尺寸为 0.9mm，过孔直径为 0.6mm；其他规则选择默认，单击“确认”按钮完成设置。

2. 对除 GND 以外的网络进行手工布线

执行菜单“放置”→“交互式布线”，根据网络飞线进行连线，线路连通后，该线上的飞线将消失。

在布线时，如果连线无法准确连接到对应焊盘上，可减少捕获栅格尺寸和元器件栅格尺寸，并可进行元器件微调。

布线过程中单击小键盘上的〈*〉键可以自动放置过孔，并切换工作层。

布线完毕修改过孔直径为 0.9mm，孔径为 0.6mm，微调元器件丝网至合适的位置。

手工布线的顶层如图 6-70 所示，底层如图 6-71 所示，双面图如图 6-72 所示。从图中可以看出除了“GND”网络外，其余网络均已布线。

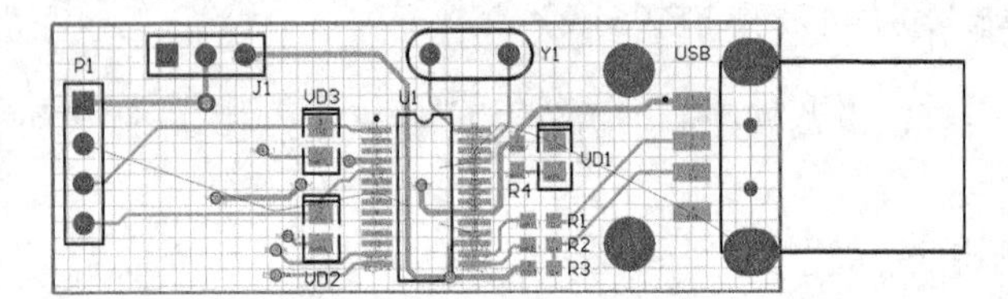

图 6-70 顶层布线图

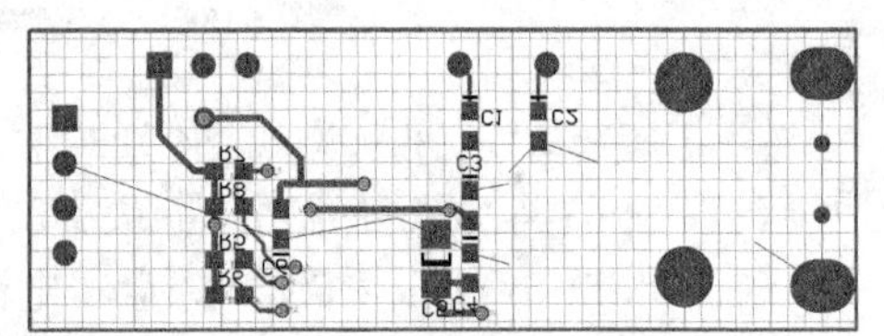

图 6-71 底层布线图

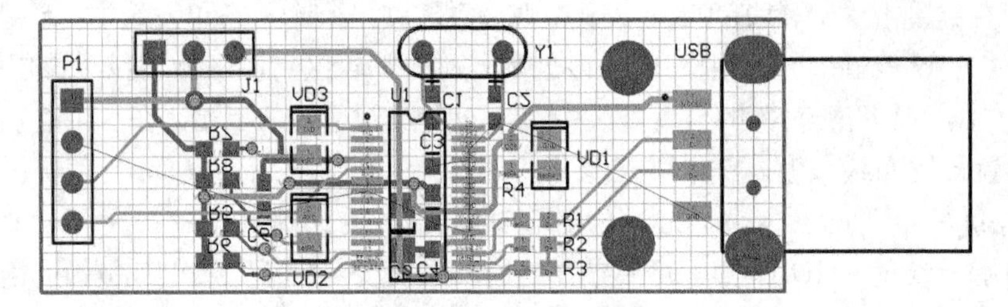

图 6-72 双面布线图

3. 接地覆铜设置

放置接地覆铜即可实现就近接地，也可提高抗扰能力。本例中进行双面接地覆铜，在放置覆铜前，将两个螺钉孔焊盘的网络设置为 GND。

执行菜单“设计”→“规则”，设置覆铜与焊盘之间的连接采用直接连接方式。

执行菜单“放置”→“覆铜”，系统弹出“覆铜参数设置”对话框，设置连接网络为“GND”，设置完毕，单击“确认”按钮完成覆铜属性设置，单击鼠标左键放置矩形覆铜，放置完毕单击鼠标右键退出。

本例中在顶层和底层都放置接地覆铜，由于布线的原因，可能出现死铜现象（即孤立的铜区），此时观察两面接地覆铜的位置，通过过孔连接两层覆铜地消除死铜。

设置覆铜后的 PCB 如图 6-73 所示。

4．设置说明文字

为了便于 USB 转串口插接器对外连接，对关键的部位放置说明文字，放置的方法为在顶层丝网层放置字符串。本例中对串口连接端的引脚和电源跨接线 J1 和发光二极管设置说明文字，如图 6-74 所示，图中为了显示清晰，关闭了底层和底层丝网层。

至此 USB 转串口插接器 PCB 设计完毕。

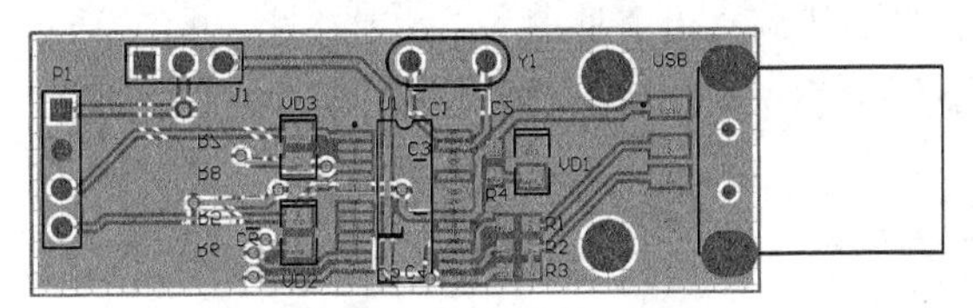

图 6-73　设置覆铜后的 PCB

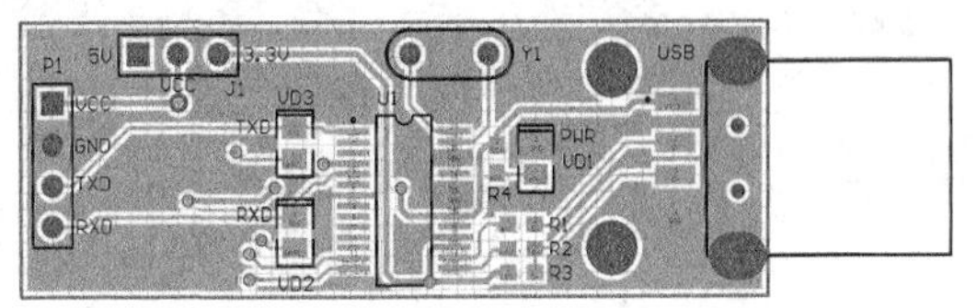

图 6-74　放置说明文字后的 PCB

6.4　贴片异形双面 PCB 设计——电动车报警器遥控电路设计

本节通过电动车报警器遥控板介绍贴片异形双面异形 PCB 的设计，电路中使用印制导线作为电感，并设置为露铜以便通过上锡调整电感量。

6.4.1　产品介绍

电动车报警器遥控板的外观和内部 PCB 如图 6-75 所示，电路原理图如图 6-76 所示。

图 6-75　电动车报警遥控器外观和 PCB 图

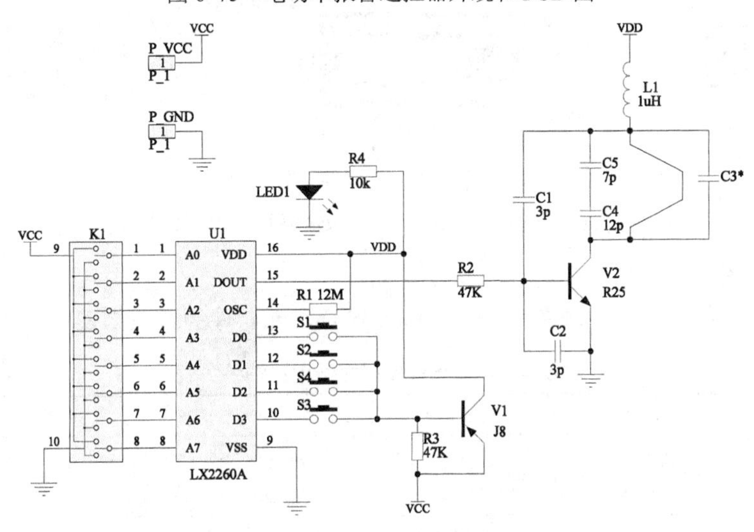

图 6-76　电动车遥控报警器原理图

电路工作原理如下所述。

该遥控器采用 LA2260A 作为遥控编码芯片，其 A0～A7 为地址引脚，用于地址编码，可置于“0”“1”和“悬空”3 种状态，通过编码开关 K1 进行控制；遥控按键数据输入由 D0～D3 实现，V1 和 LED1 作为遥控发射的指示电路；当 S1～S4 中有按键按下时，V1 导通，为 U1 提供 VDD 电源，同时 LED1 发光，无按键按下时，V1 截止，保持低耗；OSC 为单端电阻振荡器输入端，外接 R1；DOUT 为编码输出端，其编码信息通过 V2 发射出去。

电路采用印制导线做为发射电感，其电感量的变化可以改变印制导线上的焊锡的厚薄实现，该印制导线必须设置为露铜。

P_VCC 和 P_GND 为遥控器供电电池的连接弹片。

6.4.2 设计前准备

电动车报警器遥控板体积很小，元器件主要采用贴片式，个别元器件在原理图库中不存在，所以必须重新设计元器件的图形和元器件封装，并为元器件重新定义封装。

1. 绘制原理图元器件

在原理图中，编码开关和遥控编码芯片 LX2260A 需要自行设计，元器件图形参考图 6-76 的 K1 和 U1。

2. 元器件封装设计

元器件的封装采用游标卡尺实测元器件的方式进行设计。

1）通孔式 LED 封装图形：焊盘中心间距为 2.2mm，焊盘直径为 1.6mm，孔径为 1.0mm，焊盘编号分别为 1 和 2，封装名为 LED，如图 6-77 所示。

2）通孔式按键开关封装图形：焊盘中心间距为 6.2mm，焊盘直径为 1.8mm，孔径为 1.0mm，焊盘编号分别为 1 和 2，封装名为 KEY-1，如图 6-77 所示。

3）电池弹片封装图形：焊盘中心间距为 3.8mm，焊盘“X-尺寸”为 2.7mm，“Y-尺寸”为 2mm，“形状”为 Octagonal（八角形），孔径为 1.3mm，由于每个电池弹片两个固定脚均接于同一点，故两个焊盘编号均设置为 1，封装名为 POW，如图 6-77 所示。

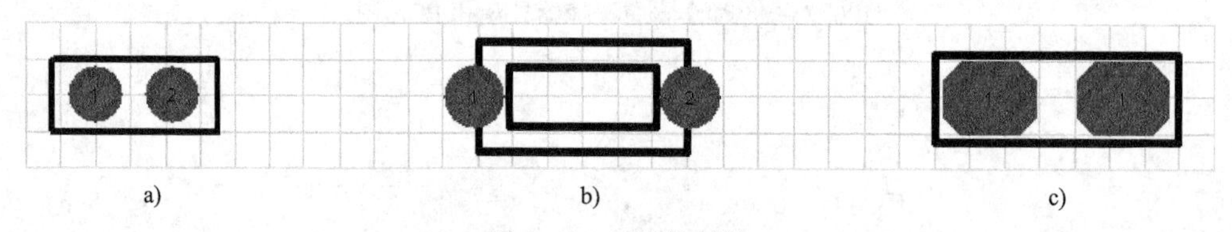

图 6-77 元器件封装

a) 通孔式 LED 封装图形 b) 通孔式按键开关封装图形 c) 电池弹片封装图形

3. 原理图设计

根据图 6-74 绘制电路原理图，并进行编译检查，元器件的参数如表 6-4 所示。

表 6-4 电动车报警遥控器元器件参数表

元器件类别	元器件标号	库元器件名	元器件所在库	元器件封装
贴片电容	C1～C5	Cap	Miscellaneous Devices.IntLib	CC1608-0603
贴片电阻	R1～R4	RES2	Miscellaneous Devices.IntLib	CR1608-0603
贴片电感	L1	Inductor	Miscellaneous Devices.IntLib	INDC3216-1206

（续）

元器件类别	元器件标号	库元器件名	元器件所在库	元器件封装
LX2260A	U1	LX2260A（自制）	自制	SO-16
编码开关	K1	K01（自制）	自制	无，焊盘代
高频晶体管	V1	PNP	Miscellaneous Devices.IntLib	SOT23
高频晶体管	V2	NPN	Miscellaneous Devices.IntLib	SOT23
发光二极管	LED	LED0	Miscellaneous Devices.IntLib	LED（自制）
按键开关	S1～S4	SW-PB	Miscellaneous Devices.IntLib	KEY-1（自制）
电池弹片	P_VCC、P_GND	P_1	自制	POW（自制）

将自行设计的元器件封装库设置为当前库，依次将原理图中的元器件封装修改为合适的封装形式，并保存文件为“电动车报警器遥控板.PCBDOC”。

6.4.3 设计 PCB 时考虑的因素

电动车报警器遥控板 PCB 是双面异形板，其按键位置、发光二极管的位置必须与面板相配合。设计时考虑的主要因素如下所述。

1）根据面板特征定义好 PCB 的电气轮廓。

2）优先安排发射电路用的印制电感的位置，并设置为露铜，以便通过上锡改变电感量。

3）根据面板的位置，放置好遥控器 4 个按键的位置。

4）LED 置于板的顶端，并对准面板上对应的孔。

5）电池弹片正负极间的间距根据电池的尺寸确定，中心间距为 20mm，两边沿间距为 28mm。

6）为减小遥控器的体积，编码开关 K1 不使用实际元器件，通过焊盘、过孔和印制导线的配合来实现编码功能，将其设计在编码芯片 LX2260A 的背面以便进行编码，通过过孔连接要进行编码的引脚，具体的编码可以在焊接时通过焊锡短路所需焊盘和过孔实现，需将该部分焊盘和过孔设置为露铜。

7）在空间允许的条件下，加宽地线和电源线。

8）为保证印制导线的强度，为焊盘和过孔添加泪珠滴。

电动车报警器遥控板布局布线实物如图 6-78 所示。

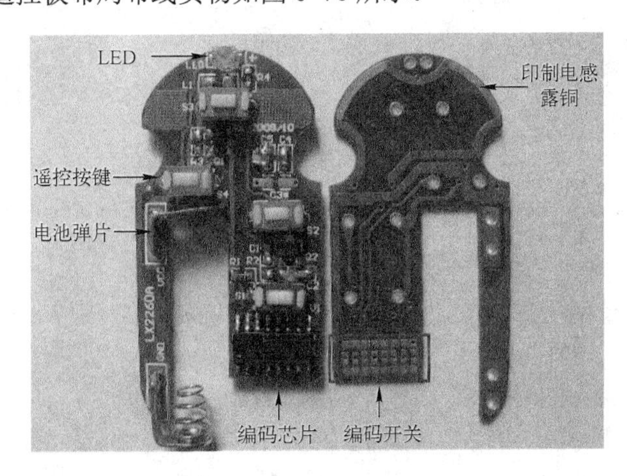

图 6-78　布局布线示意图

6.4.4 PCB 布局

1. 规划 PCB

采用公制规划尺寸，具体尺寸如图 6-79 所示。

图中可视栅格 1 为 1mm，可视栅格 2 为 10mm，均设置为显示状态，在 Keep out Layer 层绘制 PCB 的电气轮廓，在 Mechanical1 层定位发光二极管、按键和电池弹片的位置。

2. PCB 布局

对原理图文件进行编译，检查并修改错误。执行菜单“设计”→“Update PCB Document 电动车报警器遥控板.PCBDOC”，加载网络表和元器件，忽略与编码开关 K1 有关的错误信息（为减小体积，该开关将用过孔和印制导线替代），修改其他错误。当无原则性错误后，单击“执行变化”按钮，将元器件封装和网络表添加到 PCB 编辑器中。

执行菜单“工具”→“放置元件”→“自动布局”，屏幕弹出“自动布局”对话框，选择“分组布局”，选中“快速元件布局”复选框，进行自动布局，一般自动布局效果不佳，需要手工调整。

根据布局基本原则，首先将发光二极管、按键和电池弹片移动到机械层 1 上已经确定的位置，然后通过移动元器件、旋转元器件等方法合理调整其他元器件的位置。

布局调整结束，选种所有元器件，执行菜单“编辑”→“排列”→“移动元件到网格”，将元器件移动到网格上，以提高布线效率，布局调整后的 PCB 如图 6-80 所示。

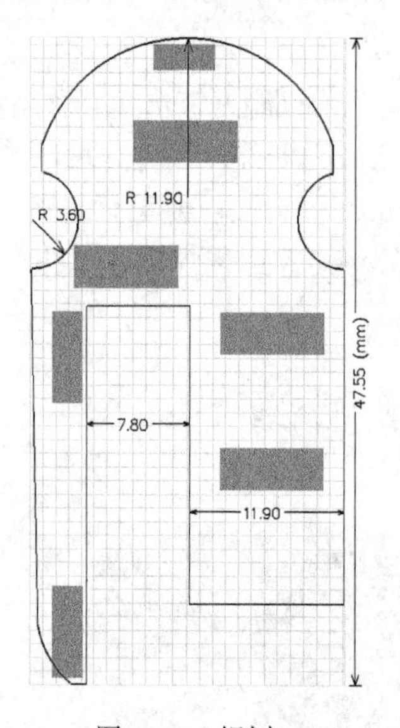

图 6-79　规划 PCB

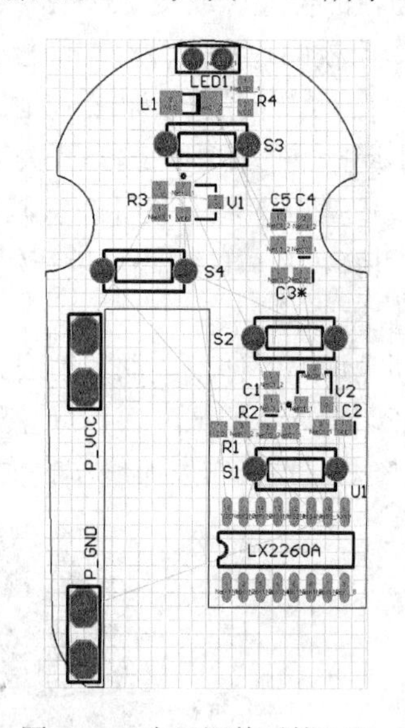

图 6-80　布局调整后的 PCB

3. 晶体管焊盘网络的修改

在原理图中晶体管的引脚为 1C、2B、3E，而在实际元器件封装中贴片晶体管 SOT-23 的焊盘定义为 1B、2E、3C，如图 6-81 所示。为了与原理图对应，编辑 SOT23 封装的焊盘编号，将焊盘 1 改为 2，焊盘 2 改为 3、焊盘 3 改为 1。修改完毕，重新加载网络表，更新网络连接。

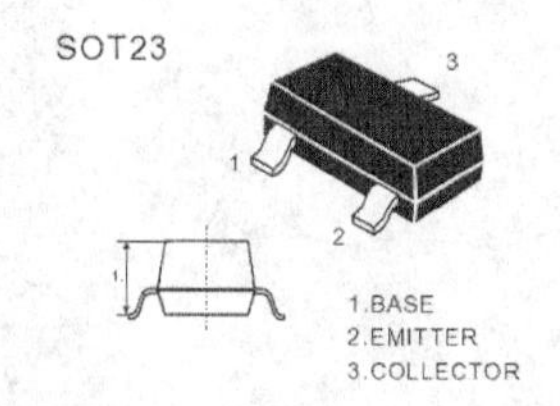

图 6-81　贴片晶体管封装

6.4.5 PCB 布线及调整

1. 预布线

本例中印制电感、电池弹片的电源和地需要进行预布线，印制电感在底层进行布线，线宽 1mm，电源和地线则双面布线，布线采用印制导线和覆铜相结合的方式进行，线宽 0.6mm，如图 6-82～图 6-84 所示。

由于编码开关未使用实际元器件，采用焊盘、过孔和印制导线的组合实现编码功能，必须进行预布线。编码开关在底层进行预布线，在编码芯片 LX2260A 的引脚 1～8 的正上方和正下方各放置 8 个矩形底层贴片焊盘（孔径设置为 0），焊盘尺寸为 0.8mm×1mm，并将上面一排 8 个焊盘连接在一起，与 VDD 网络相连，下面一排 8 个焊盘连接在一起，与 GND 网络相连，在 LX2260A 的引脚引脚上依次放置 8 个过孔，过孔尺寸为 0.9mm，孔径为 0.6mm，每个过孔上放置 1 个 0.8mm×1.7mm 矩形底层贴片焊盘，以便在底层通过焊接进行编码设置，如图 6-85 所示。

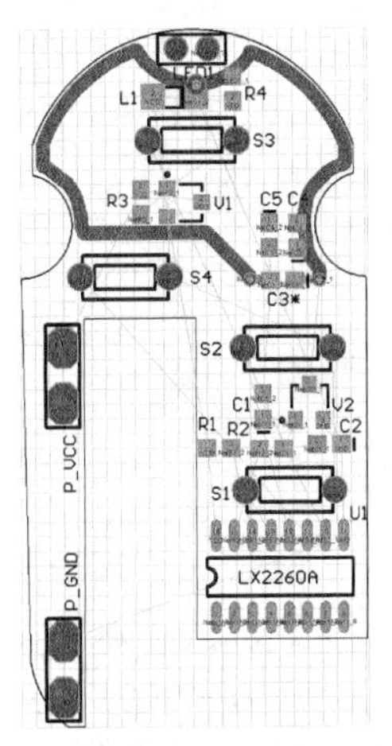

图 6-82　印制电感

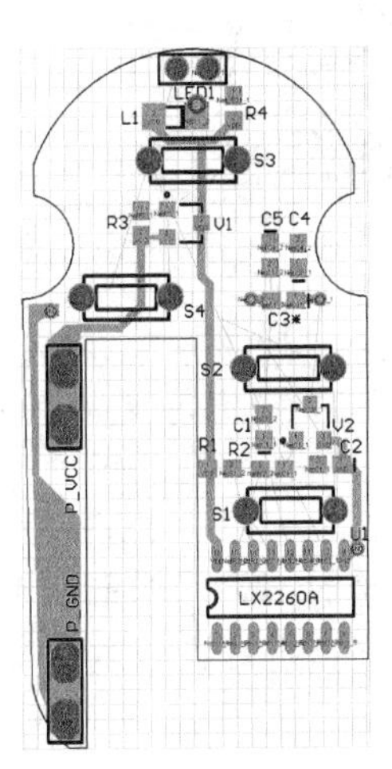

图 6-83　顶层电源与地

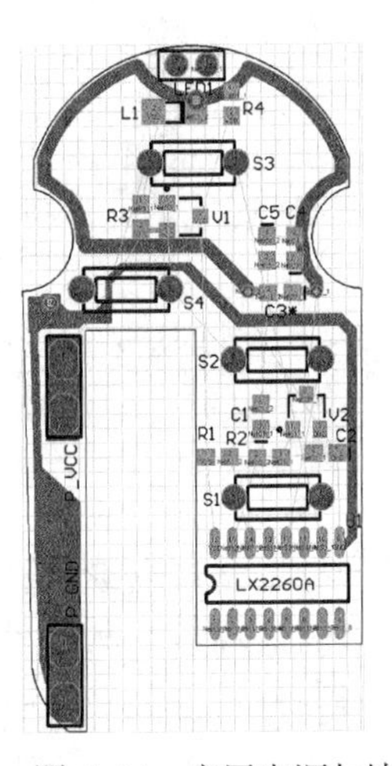

图 6-84　底层电源与地

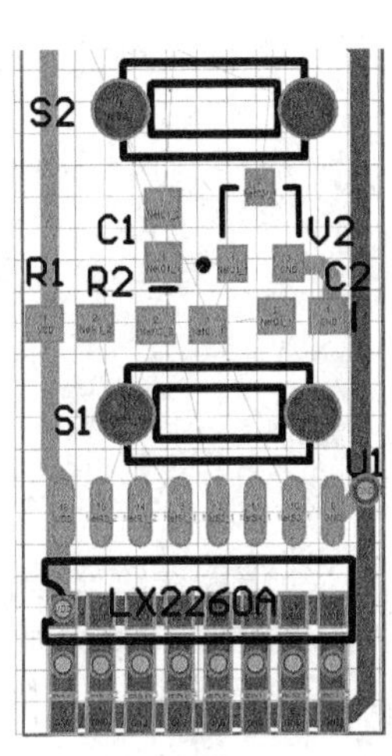

图 6-85　编码开关

2. 自动布线规则设置

执行菜单“设计”→“规则”，屏幕弹出 “PCB 规则和约束编辑器”对话框，进行自动布线规则设置，具体内容如下所述。

安全间距规则设置：全部对象为 0.254mm；短路约束规则：不允许短路；布线转角规则：45°；导线宽度限制规则：最小为 0.35mm，最大为 1mm，优选为 0.6mm；布线层规则：选中 Bottom Layer 和 Top Layer 进行双面布线；过孔类型规则：过孔直径为 0.9mm，过孔孔径为 0.6mm；其他规则选择默认，单击“确认”按钮完成设置。

3. 自动布线及手工调整

执行菜单“自动布线”→“全部对象”，屏幕弹出“Situs 布线策略”对话框，图中将显示 U1 的 1～8 脚的错误信息，忽略该信息（U1 的 1～8 脚为前面设置的编码开关），单击选中“锁定全部预布线”复选框锁定预布线，单击“Route All”按钮对整个印制电路板进行自动布线，系统弹出“Messages”窗口显示当前布线进程。

一般来说一次自动布线的结果并不能满足要求，可以调整布线策略，进行反复多次的布线，选择其中比较合理的布线结果，最后进行手工调整完成 PCB 布线，在调整过程中可以微调元器件和预布线的位置以满足布线的要求，顶层贴片元器件与底层连线的连接可以在焊盘上增加过孔实现。

手工调整后的 PCB 如图 6-86 所示。

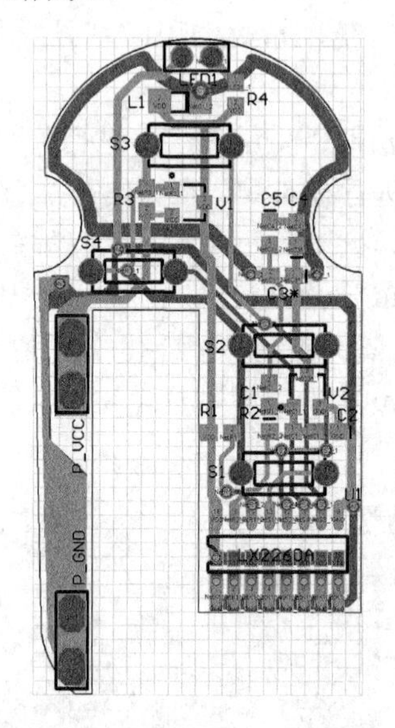

图 6-86　手工布线调整后的 PCB

6.4.6　泪珠滴的使用

所谓泪珠滴就是在印制导线与焊盘或过孔相连时，为了增强连接的牢固性，在连接处逐渐加大印制导线宽度。采用泪珠滴后，印制导线在接近焊盘或过孔时，线宽逐渐放大，形状就像一个泪珠，如图 6-87 所示。

添加泪珠滴时要求焊盘要比线宽大，一般在印制导线比较细时可以添加泪珠滴。

设置泪珠滴的步骤如下所述。

1）选取要设置泪珠滴的焊盘或过孔。

2）执行菜单“工具”→“泪滴焊盘”，屏幕弹出“泪滴选项”对话框，如图 6-88 所示，具体设置如下所述。

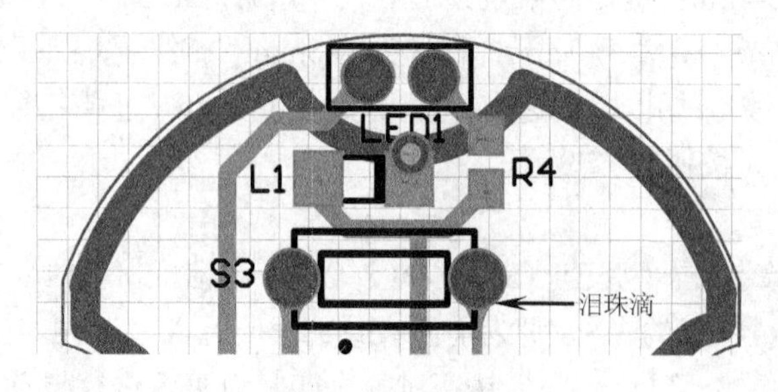

图 6-87　泪珠滴

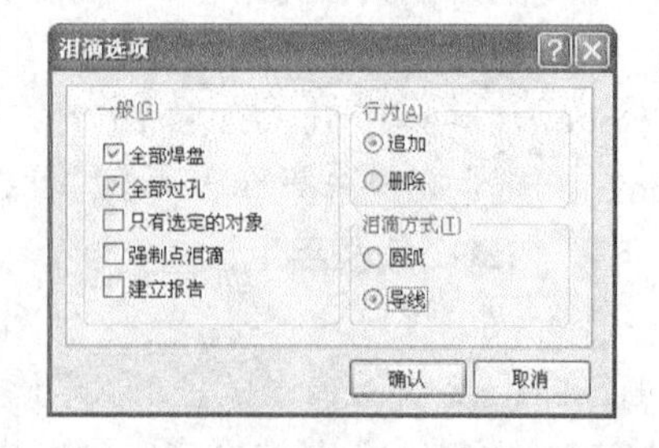

图 6-88　“泪滴选项”设置对话框

“一般”区：用于设置泪珠滴作用的范围，有“全部焊盘”、“全部过孔”、“只有选定的对象”、“强制点泪滴”及“建立报告”5 个选项，根据需要单击各选项前的复选框，则该选项被选中。

“行为”区：用于选择添加泪珠滴或删除泪珠滴。

“泪滴方式”区：用于设置泪珠滴的式样，可选择圆弧型或导线型。

本例中选中“全部焊盘”和“全部过孔”复选框，选中“圆弧”和“追加”， 参数设置完毕，单击“确认”按钮，系统自动添加泪珠滴。添加泪珠滴后的 PCB 如图 6-89 所示。

6.4.7 露铜设置

铜箔露铜一般是为了在过锡时能上锡，增大铜箔厚度，增大带电流的能力，通常应用于电流比较大的场合。

本例中的露铜主要是为了过锡使用，有两处必须设置露铜，即发射用的印制电感和编码开关的焊盘和过孔。

将工作层切换到底层阻焊层（Bottom Solder），在前述 24 个底层焊盘的位置放置略大于焊盘的矩形填充区；在印制电感的相应位置放置圆弧，这样在制板时该区域不会覆盖阻焊漆，而是露出铜箔，如图 6-90 所示，图中关闭了顶层，故只显示底层、通孔式元器件、通孔式焊盘和过孔，至此 PCB 布线完毕。

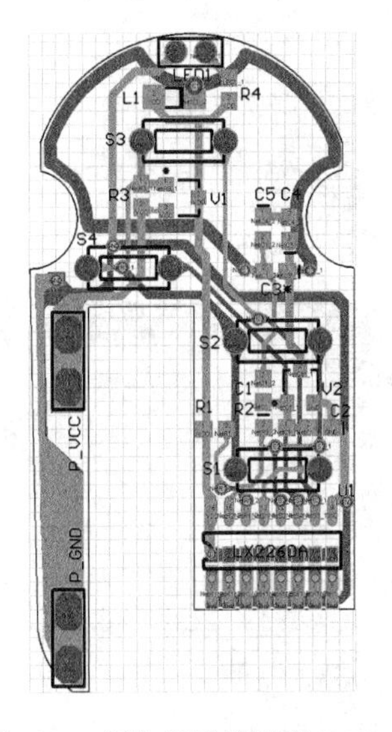

图 6-89　添加泪珠滴后的 PCB

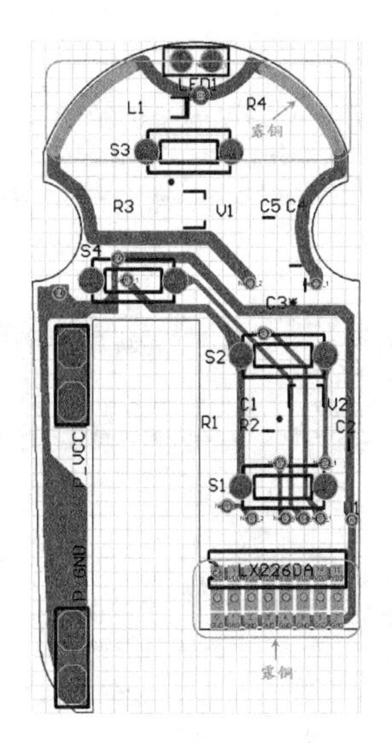

图 6-90　设置露铜

6.5　印制电路板打印输出

PCB 设计完成，一般需要输出 PCB 图，以便进行人工检查和校对，同时也可以生成相关文档保存。Protel DXP 2004 SP2 即可打印输出一张完整的混合 PCB 图，也可以将各个层面单独打印输出用于制板。

1．打印页面设置

执行菜单“文件”→“页面设定”，系统弹出图 6-91 所示的“打印页面”设置对话框。

图中“打印纸”区用于设置纸张尺寸和打印方向；“缩放比例”区用于设置打印比例；在“刻度模式”下拉列表框中选择“Fit Document On Page”则按打印纸大小打印，选择“Scaled Print”则可以在“刻度”栏中设置打印比例；“彩色组”区用于设置输出颜色。

一般打印检查图时，可以设置“刻度模式”为“Fit Document On Page”，“彩色组”设置为“灰色”，这样可以放大打印在图纸上的PCB，并便于分辨不同的工作层。

在打印用于PCB制板的图纸时，“刻度模式”应选择“Scaled Print”，并将“刻度”设置为“1”，　“彩色组”设置为“单色”，这样打印出来的图纸可以用于热转印制电路板。

2. 检查图输出

单击图6-91中的“高级…”按钮，屏幕弹出“打印层面”设置对话框，如图6-92所示。

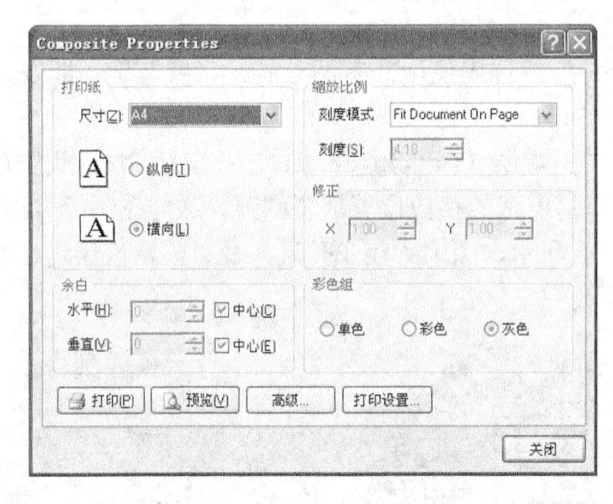

图6-91　“打印页面”设置对话框

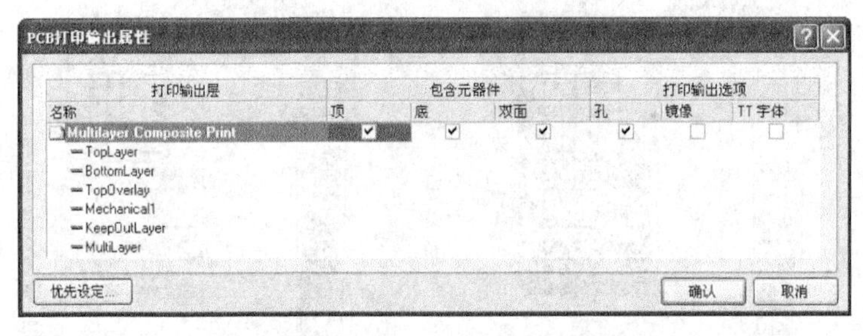

图6-92　“打印层面”设置对话框

图中系统自动形成一个默认的混合图输出，包括顶层（Top Layer）、底层（Bottom Layer）、顶层丝印层（Top Overlay）、机械层（Mechanical1）、禁止布线层（KeepOut Layer）及焊盘层（Multi Layer）。

一般制板时不需要输出机械层，可将该层删除，具体步骤如下所述。

1）用鼠标右键单击图6-92中的工作层Mechanical1，屏幕弹出输出设置快捷菜单，如图6-93所示。

2）选择图6-91中的菜单“删除”，将工作层Mechanical1删除。

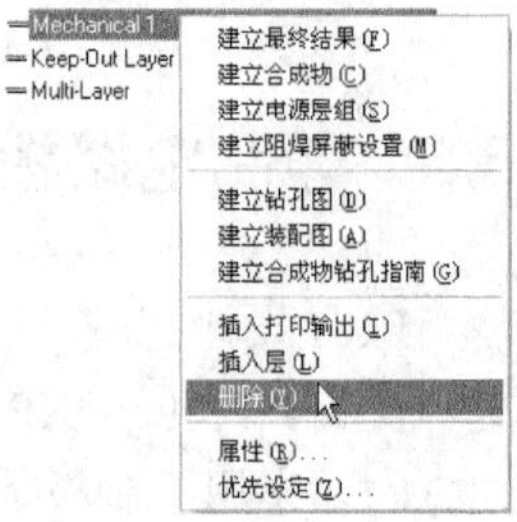

图6-93　输出设置

删除完毕，单击“确认”按钮完成设置。

在输出图样时还可以选择是否显示焊盘和过孔的孔，如果要显示孔，将图6-92中的“打印输出选项”中的“孔”下方的复选框选中即可。

如果制板时采用人工钻孔，一般将“孔”设置为选中状态，这样便于钻孔时定位。

所有参数设置完毕，执行菜单“文件”→“打印”输出检查图。

图 6-94 所示为某电路输出顶层、顶层丝印层、禁止布线层及焊盘层并显示孔的检查图，图 6-95 所示为输出底层、顶层丝印层、禁止布线层及焊盘层并不显示孔的检查图。

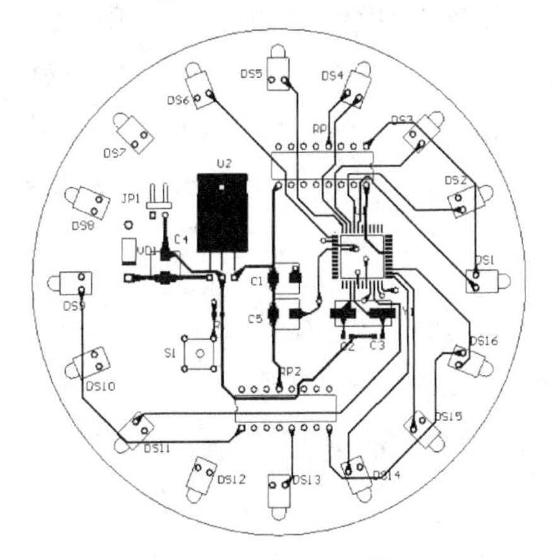

图 6-94　显示孔的检查图

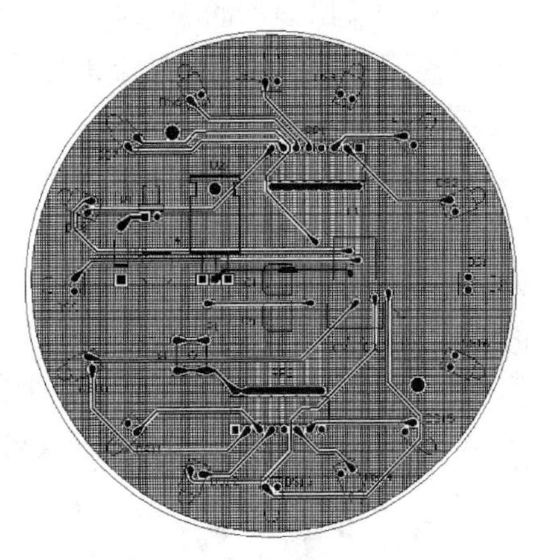

图 6-95　不显示孔的检查图

3. 单面板制板图输出

单面板进行制板时只需要输出底层（Bottom Layer），可以通过建立新打印输出图的方式进行。

执行菜单“文件”→“页面设定”，系统弹出图 6-91 所示的“打印页面”设置对话框，单击“高级”按钮，屏幕弹出“打印层面”设置对话框，在图中单击鼠标右键，屏幕弹出图 6-93 所示的输出设置快捷菜单，选中其中的“插入打印输出”子菜单建立新的输出层面，系统自动建立一个名为“New PrintOut 1”的输出层设置，如图 6-96 所示，默认的输出层为空，用鼠标右键单击“New PrintOut 1”，屏幕弹出输出设置快捷菜单，选中“插入层”，屏幕弹出“层属性”对话框，如图 6-97 所示。

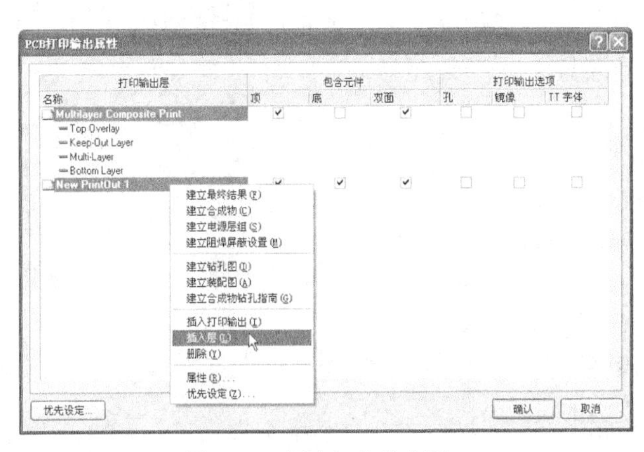

图 6-96　新建打印输出图

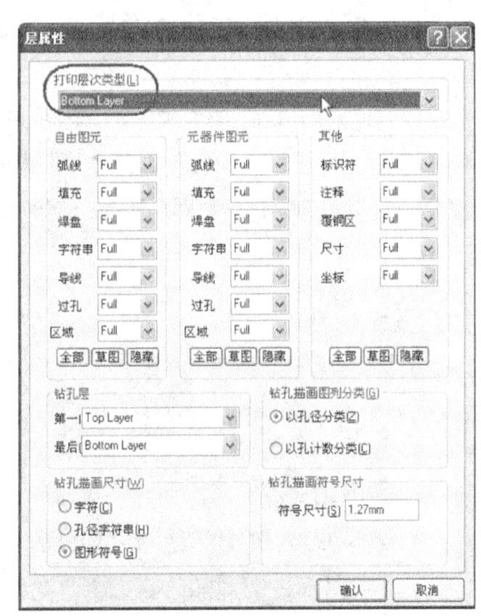

图 6-97　“层属性”对话框

图中选中打印输出“Bottom Layer”（底层）。

输出层设置完毕，单击“确定”按钮完成设置并退出对话框，此时“New PrintOut 1”的输出层设置为 Bottom Layer，用同样方法设置输出 Keep-Out Layer。

参数设置完毕，执行菜单“文件”→“打印”输出底层图，用于单面板制板。

4．双面板制板图输出

双面制板图的输出与单面板相似，但需要建立两个新的输出层面，一个用于底层输出，与单面板设置是相同的；另一个用于顶层输出，输出层面为“Top Layer”和 Keep-Out Layer，设置方式与前面相同，同时必须选中图 6-92 中“镜像”下方的复选框，输出镜像图样。

参数设置完毕，执行菜单“文件”→“打印”，分别输出顶层图和底层图，用于双面板制板，此时顶层图是镜像的。

5．打印预览及输出

打印预览可以观察输出图样设置是否正确，执行菜单“文件”→“打印预览”或单击图 6-91 中的“预览”按钮，屏幕产生一个预览文件，如图 6-98 所示。

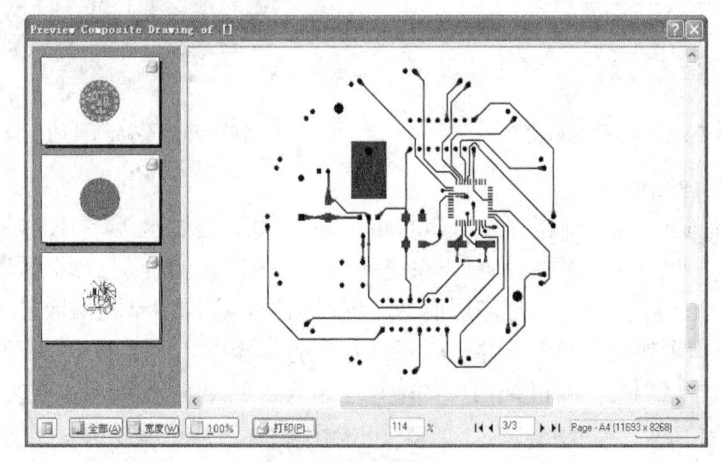

图 6-98　打印效果预览

图中 PCB 预览窗口显示输出的 PCB 图，由于前面设置了 3 张输出图，所以预览图中为 3 张输出图。

若对预览效果满意，可以单击图中的“打印”按钮，打印输出预览的 PCB 图。

一般情况下，在 PCB 制作时只需向生产厂家提供设计文档即可，具体的制造文件由制板厂家生成，如有特殊要求，用户必须做好说明。

6.6　实训

6.6.1　实训 1　双面 PCB 设计

1．实训目的

1）掌握双面 PCB 布局布线的基本原则。

2）掌握 PCB 自动布局、自动布线规则的设置。

3）掌握预布线的处理方法。

2. 实训内容

1）事先准备如图 6-2 所示的单片机开发系统板电路原理图文件，并熟悉电路原理。

2）进入 PCB 编辑器，新建 PCB“单片机开发系统板.PCBDOC”，新建元器件库“PcbLib1.PcBLib”，参考图 6-3～图 6-14 设计电解电容、电阻、发光二极管、晶振、晶体管、温度传感器、四脚按键、电源开关、四位数码管、红外接收头、蜂鸣器及 PS2 插座的封装形式。

3）载入表 6-1 中所示的元器件所在库和自制的 PcbLib1.PcBLib 元器件库。

4）编辑原理图文件，根据表 6-1 重新设置好元器件的封装。

5）设置单位制为英制 Imperial；设置可视栅格 1、2 分别为 5mil 和 100mil；捕获栅格 X、Y 为 5mil，元器件网格 X、Y 为 10mil，并将可视栅格 1（Visible Grid1）设置为显示状态；设置坐标原点为显示状态。

6）在 Keep out Layer 上定义 PCB 的矩形电气轮廓，尺寸为 2700mil×4900mil，定义完毕保存文件。

7）打开单片机开发系统板原理图文件，执行菜单“设计”→“Update PCB Document 单片调频发射.PCBDOC”加载网络表和元器件，根据提示信息修改错误。

8）执行菜单“工具”→“放置元件”→“自动布局”进行元器件自动布局，并根据布局原则参考图 6-18 进行手工布局调整，减少飞线交叉。

9）执行菜单“查看”→“显示三维 PCB”，显示元器件布局的 3D 视图，观察元器件布局是否合理，如不合理重新调整布局。

10）执行菜单“设计”→“规则”，设置自动布线规则为：安全间距规则设置为 10mil，适用于全部对象。导线宽度限制规则：电源、地线为 10mil，其他线宽为 10～20mil，优选为 10mil。布线拐弯规则为 45°转弯。布线层规则：Top Layer 选择“Vertical”，Bottom Layer 选择“Horizontal”。过孔类型规则：电源、地线过孔直径为 50mil，孔径为 28mil，其他过孔直径 40～50mil，优选为 40mil，孔径为 28mil。其他规则采用默认。

11）参考图 6-20，对 2*4 键盘在底层进行水平布线；对芯片的滤波电容 C3、C5、C6、C9、C10 及 C12 进行预布线，顶层采用垂直布线，底层采用水平布线，线宽为 20mil，预布线后锁定所有预布线。

12）对固定元器件的焊盘进行网络设置，串口插座 S2、PS2 接口插座 S6 的固定脚没有对应的网络，双击对应的焊盘，将其网络设置为“GND”，以实现外壳屏蔽功能。

13）执行菜单“自动布线”→“全部对象”，屏幕弹出“Situs 布线策略”对话框，选中“锁定全部预布线”前的复选框锁定预布线，单击“Route All”按钮对整个电路板进行自动布线。

14）参考图 6-44 进行手工布线调整，并调整好元器件丝网层的文字。

15）参考图 6-45，执行菜单“放置”→“覆铜”，设置“填充模式”为“实心填充（铜区）”，设置“连接到的网络”为“GND”，并选中“Pour Over All Same Net Objects”，对 PCB 进行双面接地覆铜。

16）保存 PCB 文件和项目文件。

3. 思考题

1）如何在同一种设计规则下设定多个限制规则？

2）如何锁定预布线？

3）如何进行接地覆铜？

6.6.2 实训 2 高频 PCB 设计

1. 实训目的

1）掌握高频 PCB 布局布线的基本原则。

2）进一步掌握自动布局、自动布线规则的设置。

3）学习使用地平面。

4）熟悉设计规则检查方法。

2. 实训内容

1）事先准备好图 6-47 所示的单片调频发射器电路原理图文件，并熟悉电路原理。

2）进入 PCB 编辑器，新建 PCB“单片调频发射器.PCBDOC”，新建元器件库“PcbLib1.PcBLib”，参考图 6-48～图 6-51 设计立式电阻、电解电容、电感线圈和电位器的封装形式。

3）载入 Miscellaneous Device.IntLIB 自制的 PcbLib1.PcBLib 元器件库。

4）编辑原理图文件，根据表 6-2 重新设置好元器件的封装。

5）设置单位制为公制；设置可视栅格 1、2 分别为 1mm 和 10mm；捕获栅格 X、Y，元器件网格 X、Y 均为 0.5mm。

6）规划 PCB，电气轮廓为 50mm×40mm。

7）打开单片调频发射器原理图文件，执行菜单“设计”→“Update PCB Document 单片调频发射器.PCBDOC”加载网络表和元器件，根据提示信息修改错误。

8）执行菜单“工具”→“放置元件”→“自动布局”进行元器件自动布局，并根据布局原则参考图 6-53 进行手工布局调整，减少飞线交叉。

9）地平面设置。将当前工作层设置为 Top Layer（顶层），执行菜单“放置”→“覆铜”，参考图 6-56 在离板四周 1mm 放置矩形接地覆铜。

10）执行菜单“设计”→“规则”，设置自动布线规则为：安全间距规则设置：0.254mm，适用全部对象；短路约束规则：不允许短路；导线宽度限制规则：所有线宽为 1mm；布线层规则：选中 Bottom Layer，去除 Top Layer 的选中状态，相当于单面布线；布线转角规则：45°；其他规则选择默认。

11）执行菜单“自动布线”→“全部对象”，锁定预布线，对整个电路板进行自动布线。

12）参考图 6-58 进行手工布线调整，调整结束更新地平面，并调整好元器件丝网层的文字。

13）执行菜单“工具”→“设计规则检查”，单击“运行设计规则检查”按钮对 PCB 进行设计规则检查，根据检查报告返回 PCB 进行调整。

14）保存 PCB 文件和项目文件。

3. 思考题

1）如何设置地平面？

2）微调元器件布局后如何更新地平面？

6.6.3 实训 3 贴片双面 PCB 设计

1. 实训目的

1）了解贴片元器件。

2）掌握贴片元器件的双面贴放方法。

3）进一步掌握自动布局、自动布线规则的设置。

2．实训内容

1）事先准备好图 6-60 所示的 USB 转串口插接器电路原理图文件，并熟悉电路原理。

2）进入 PCB 编辑器，新建 PCB“USB 转串口插接器.PCBDOC”，新建元器件库“PcbLib1.PcBLib”，参考图 6-6 和图 6-62 设计晶振和 USB 接口封装。

3）载入 Miscellaneous Device.IntLIB、Miscellaneous Connectors.IntLib 和自制的 PcbLib1.PcBLib 元器件库。

4）编辑原理图文件，根据表 6-3 重新设置好元器件的封装。

5）设置单位制为公制；设置可视栅格 1、2 为 1mm 和 10mm；捕获栅格 X、Y，元器件网格 X、Y 均为 0.5mm。

6）规划 PCB，定义电气轮廓为 48mm × 17mm。执行菜单“设计”→“PCB 形状”→“重定义 PCB 形状”，沿着电气轮廓定义为 48mm × 17mm 的长方形 PCB。

7）打开 USB 转串口插接器原理图文件，执行菜单“设计”→“Update PCB DocumentUSB 转串口插接器 PCBDOC”加载网络表和元器件，根据提示信息修改错误。

8）执行菜单“工具”→“放置元件”→“Room 内部排列”进行元器件布局。

9)底层元器件设置，本项目中小贴片元器件 R5～R8、C1～C6 放置在底层（Bottom Layer）。双击要放置在底层的元器件（如 R7），将“元器件属性”区的“层”设置为 Bottom Layer，设置后贴片元器件的焊盘变换为底层，元器件的丝网变换为底层丝网层（Bottom Overlay）。

10）执行菜单“设计”→“PCB 层次颜色”，设置“Bottom Overlay”为显示状态，设置后屏幕上将显示底层元器件的丝网，底层丝网与顶层丝网是镜像关系。

11）元器件手工布局调整。根据布局原则参考图 6-66 进行手工布局调整，减少飞线交叉。

12）执行菜单“查看”→“显示三维 PCB”，显示元器件布局的 3D 视图，观察元器件布局是否合理并进行调整。

13）执行菜单“设计”→“规则”，设置自动布线规则为：安全间距规则设置：全部对象为 0.254mm；短路约束规则：不允许短路；布线转角规则：45°；导线宽度限制规则：设置 4 个，VCC、VCC5、VCC3.3 网络均为 0.381mm，全板为 0.254mm，优先级依次减小；布线层规则：选中 Bottom Layer 和 Top Layer 进行双面布线；过孔类型规则：过孔尺寸为 0.9mm，过孔直径为 0.6mm；其他规则选择默认。

14）对除 GND 以外的网络进行手工布线。执行菜单“放置”→“交互式布线”，参考图 6-70～图 6-72 进行手工布线，布线完毕修改过孔直径为 0.9mm，孔径为 0.6mm，微调元器件丝网至合适的位置。

15）将两个螺钉孔焊盘的网络设置为 GND，执行菜单“放置”→“覆铜”，参考图 6-73 在顶层和底层分别放置接地覆铜。

16）参考图 6-74，在顶层丝网层对串口连接端的引脚和电源跨接线 J1 和发光二极管设置说明文字。

17）保存 PCB 文件和项目文件。

3．思考题

1）如何修改底层放置的元器件？

2）如何进行元器件微调？

3）如何在同一种设计规则下设定多个限制规则并定义优先级？

6.6.4 实训 4 贴片双面异形 PCB 设计

1．实训目的

1）进一步掌握元器件自动布局、自动布线规则的设置。

2）掌握印制电感的设计方法。

3）掌握露铜的使用。

4）掌握泪珠滴的使用。

5）掌握打印预览的方法。

2．实训内容

1）事先准备好图 6-76 所示的电动车遥控报警器原理图文件，并熟悉电路原理。

2）进入 PCB 编辑器，新建 PCB“遥控板.PCBDOC”，新建元器件库“PcbLib1.PcBLib”，参考图 6-77 设计 LED、按键开关和电池弹片的封装。

3）载入 Miscellaneous Device.IntLIB 和自制的 PcbLib1.PcBLib 元器件库。

4）编辑原理图文件，根据表 6-4 重新设置好元器件的封装。

5）设置单位制为公制；设置可视栅格 1、2 分别为 1mm 和 10mm；捕获栅格 X、Y，元器件网格 X、Y 均为 0.5mm。

6）参考图 6-79 规划 PCB 电气轮廓，在 Mechanical1 层定位发光二极管、按键和电池弹片的位置。

7）打开电动车报警器遥控板原理图文件，执行菜单“设计”→“Update PCB Document 遥控板.PCBDOC”加载网络表和元件，根据提示信息修改错误。

8）执行菜单“工具”→“放置元器件”→“自动布局”进行元器件自动布局，并根据布局原则参考图 6-80 进行手工布局调整，减少飞线交叉，注意将发光二极管、按键和电池弹片放置到指定位置。

9）执行菜单“设计”→“规则”，设置自动布线规则为：安全间距规则设置：全部对象为 0.254mm；短路约束规则：不允许短路；布线转角规则：45°；导线宽度限制规则：最小为 0.35mm，最大为 1mm，优选为 0.6mm；布线层规则：选中 Bottom Layer 和 Top Layer 进行双面布线；过孔类型规则：过孔尺寸为 0.9mm，过孔直径为 0.6mm；其他规则选择默认。

10）参考图 6-82、图 6-83 和图 6-84 分别对印制电感、顶层电源和地及底层电源和地进行预布线。

11）参考图 6-85 在底层放置贴片焊盘设计编码开关并进行预布线。

12）执行菜单“自动布线”→“全部对象”，选中“锁定全部预布线”复选框，单击“Route All”按钮对整个电路板进行自动布线，并参考图 6-86 进行手工布线调整。

13）参考图 6-89 为所有焊盘和过孔添加导线型泪珠滴。

14）参考图 6-90 为印制电感和编码开关设置底层露铜。

15）保存 PCB 文件和项目文件。

16）执行菜单“文件”→“打印预览”，预览 PCB。

3．思考题

1）露铜有何作用？如何设置底层露铜？

2）如何设置 SMD 元器件布线规则？

※知识拓展※　多层板设置与内电层分割

任何一块印制电路板都存在着与其他结构件配合装配的问题，所以印制电路板的外形与尺寸必须以产品整机结构为依据。但从生产工艺角度考虑，应尽量简单，一般为长宽比不太悬殊的长方形，以利于装配，提高生产效率，降低劳动成本。

层数方面，必须根据电路性能的要求、板尺寸及电路的密集程度而定。对多层印制电路板来说，以四层板、六层板的应用最为广泛，以四层板为例，就是两个导线层（元器件面和焊接面）、一个电源层和一个地层，如图 6-99 所示。

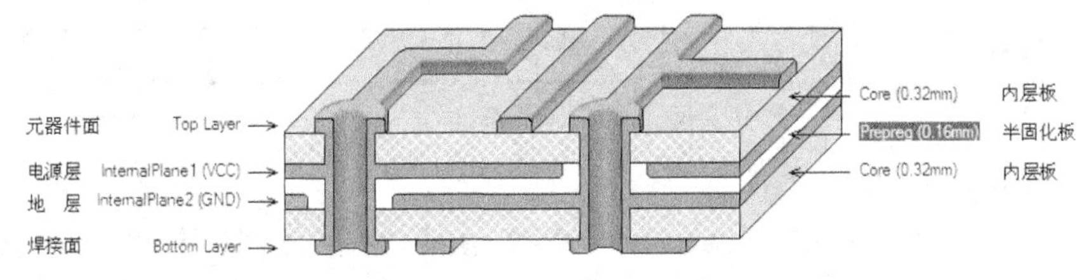

图 6-99　四层板结构

多层板的各层应保持对称，而且最好是偶数铜层，即四、六、八层等。因为不对称的层压，板面容易产生翘曲，特别是对表面贴装的多层板，更应该引起注意。

1．多层板设置

在 Protel DXP 2004 DXP 中，系统默认打开的信号层仅有顶层和底层，在实际设计时应根据需要自行定义工作层的数目。下面以四层板为例介绍多层板的设置方法，采用的电路原理图为“USB 转串口插接器.SCHDOC”。

（1）定义信号层数

执行菜单“设计”→“层堆栈管理器”，屏幕弹出图 6-100 所示的“图层堆栈管理器”对话框，在其中可以进行工作层设置。

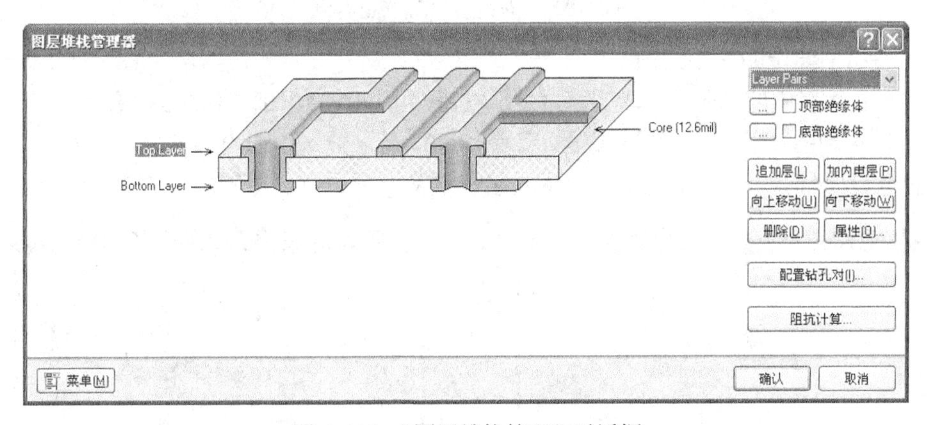

图 6-100　“图层堆栈管理”对话框

选中图中的顶层（Top Layer），单击右上角的“追加层”按钮，单击一次，添加一层，添加的中间层（Mid Layer）位于顶层之下，如图 6-101 所示，共可添加 30 层。

本例中采用四层板，即两个信号层一个电源层和一个地层，故无需添加中间层，选中图 6-101 中的中间层（如 Mid Layer1），单击右侧的“删除”按钮，屏幕弹出是否删除对话框，单击“Yes”按钮删除中间层，本例中仅保留 Top layer 和 Bottom Layer 两个信号层。

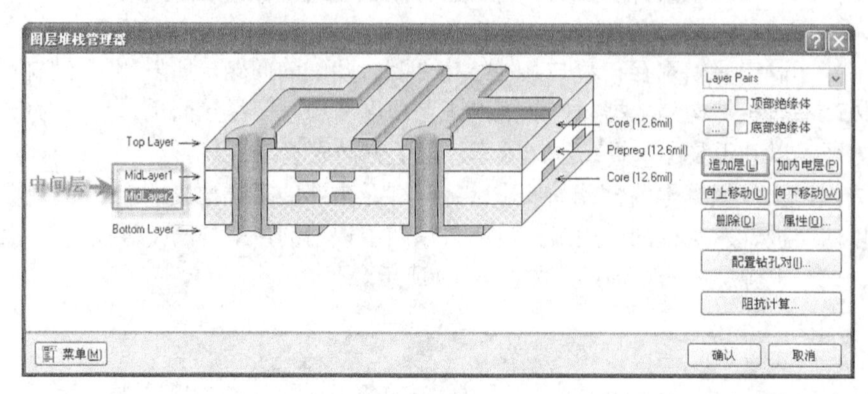

图 6-101　添加中间层

（2）添加内部电源/接地层

选中图 6-101 中的顶层（Top Layer），单击右上角的“加内电层”按钮，单击一次，添加一层，添加的层位于顶层之下，共可添加 16 层，图 6-102 中添加了两个内电层（电源和接地）。

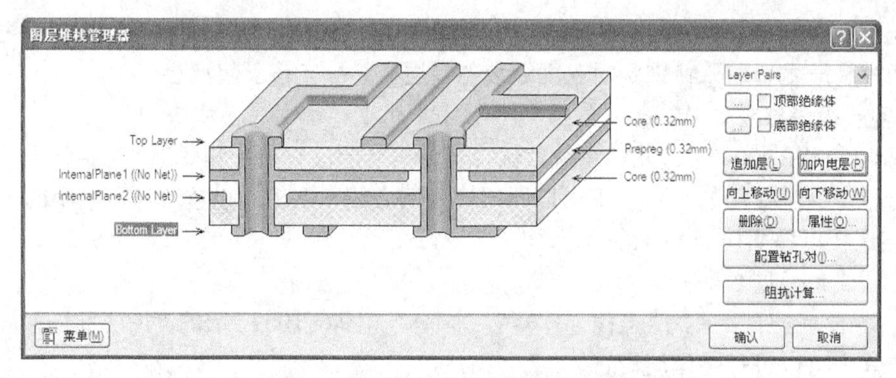

图 6-102　添加内部电源层和地层

（3）添加工作层的属性修改

选中图 6-102 中的信号层，单击“属性”按钮，可以打开内部工作层的“编辑层”对话框，可以设置信号层的名称、印制铜的厚度，如图 6-103 所示；选中内电层，单击“属性”按钮可以设置内电层的名称、印制铜的厚度、网络名及定义去掉边铜宽度等，如图 6-104 所示。

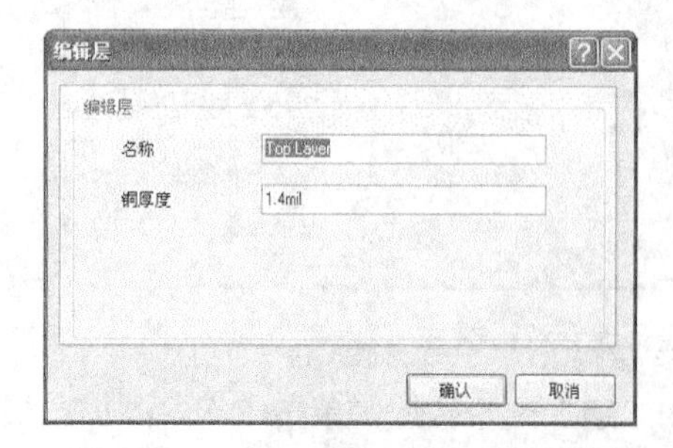

图 6-103 “编辑层”属性设置对话框

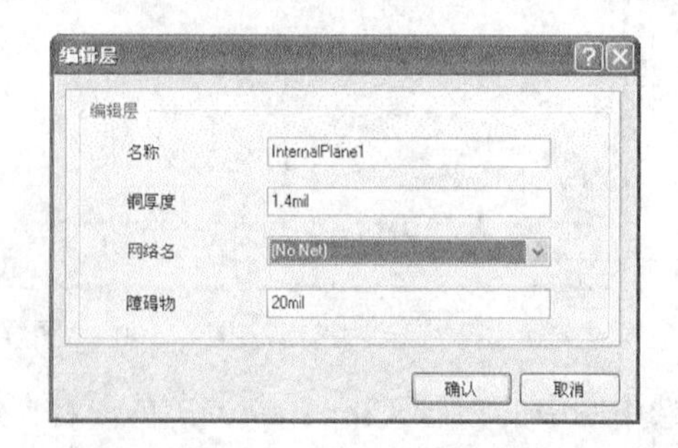

图 6-104　内电层属性设置

（4）内电层网络设置

在没有原理图网络表信息的情况下，内电层可以修改名称，但无法设置网络。在有网络节点的情况下，可以选择网络名对内电层进行网络定义，如图 6-105 所示。图中选中网络“VCC”，设定网络后该层的名称将自动修改为“InternalPlane1（VCC）”，如图 6-99 所示。

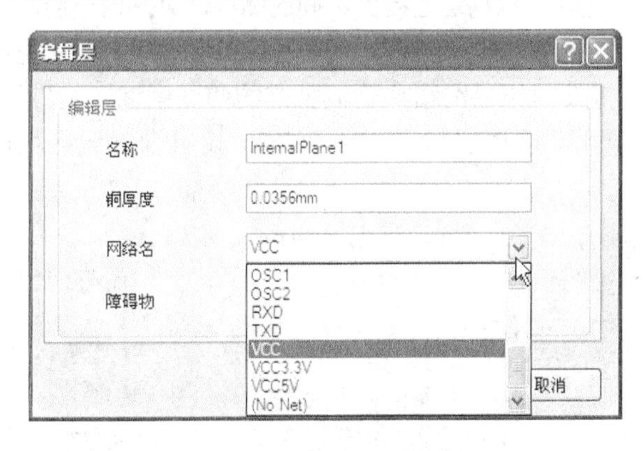

图 6-105　设置内电层网络

（5）工作层的移动

选中某工作层，单击“向上移动”按钮或“向下移动”按钮可以调节工作层面的上下关系；单击“删除”按钮可以删除选中的层。

2．内电层分割

在多层板中系统提供众多工作层，它们有两种电性图层，即信号层与内电层，这两种图层有着完全不同的性质和使用方法。

信号层被称为正片层，一般用于纯线路设计，包括外层线路和内层线路，而内电层被称为负片层，即不布线的区域完全被铜膜覆盖，而布线的地方是被腐蚀的部分，割开了铜膜。

（1）内电层的连接状态

图 6-60 所示的 USB 转串口插接器中有 3 组电源，在四层板设计中，可以在电源层为其进行分割，通过大面积铜膜连接电源，而不是通过信号层走线连接电源，这样可以有效减小线路阻抗。

图 6-106 所示为四层板中电源层的 PCB 图，由于前面的四层板设置中，将电源层的网络设置为 VCC，所以 VCC 网络的通孔式焊盘外围出现花孔形状，与当前电源层是相连的，而其他非 VCC 网络的通孔式焊盘外围则是一个完整的圆将其封闭，与电源层隔离。

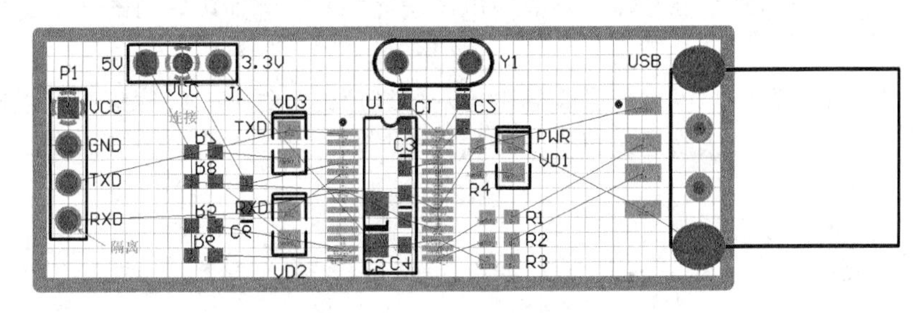

图 6-106　电源层的 PCB 图

注意：系统默认内电层是关闭的，要显示内电层必须在“PCB 层次颜色”中进行设置。

（2）内电层的分割

在多层板设计中，地层和电源层一般都是要用整片的铜皮来做线路，也可以将内电层分割成多个独立的区域，而每个区域可以指定连接到不同的网络。分割内电层，可以使用放置直线、放置弧线等命令来完成，只要画出的区域构成了一个独立的闭合区域，内电层就被分割开了。

如图 6-107 所示，将 3 组电源网络分割成独立的闭合区域，边界线可以共用。双击该区域屏幕弹出分割内部电源、接地层对话框，可以在其中设置该区域的网络，图中设置为 VCC5V。

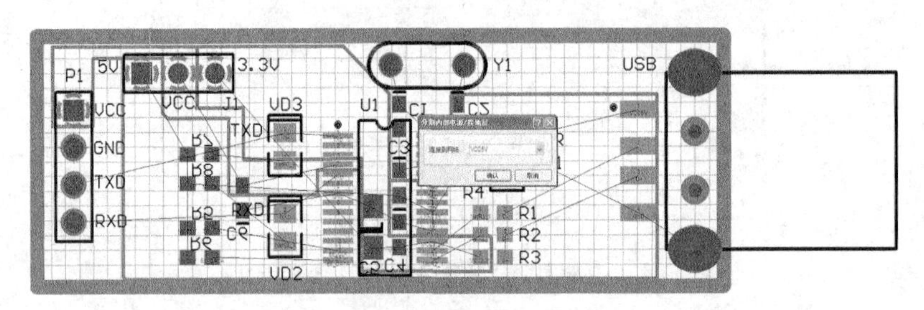

图 6-107　内电层分割示意图

3. 内电层分割基本原则

1）在同一个内电层中绘制不同的网络区域边界时，这些区域的边界线可以相互重合。因为在 PCB 的制作过程中，边界是铜膜需要被腐蚀的部分，也就是说，一条绝缘间隙将不同网络标号的铜膜给分割开来了，这样既能充分利用内电层的铜膜区域，也不会造成电气隔离冲突。

2）在绘制边界时，尽量不要让边界线通过所要连接区域的焊盘，由于边界是在 PCB 的制作过程中需要被腐蚀的铜膜部分，有可能出现因为制作工艺的原因导致焊盘与内电层连接出现问题。

3）在绘制内电层边界时，如果由于客观原因无法将同一网络的所有焊盘都包含在内，那么也可以通过信号层走线的方式将这些焊盘连接起来。但是在多层板的实际应用中，应该尽量避免这种情况的出现。如果采用信号层走线的方式将这些焊盘与内电层连接，就相当于将一个较大的电阻（信号层走线电阻）和较小的电阻（内电层铜膜电阻）串联，而采用多层板的重要优势就在于通过大面积铜膜连接电源和地的方式来有效减小线路阻抗，减小 PCB 接地电阻导致的地电位偏移，提高抗干扰性能。

4）将地网络和电源网络分布在不同的内电层层面中，以起到较好的电气隔离和抗干扰的效果。

5）对于贴片式元器件，可以从引脚处引出一段很短的导线（引线应该尽量粗短，以减小线路阻抗），并且在导线的末端放置过孔来连接内电层。

6.7 习题

1. 简述印制电路板自动布线的流程。

2．为什么在自动布线前要锁定预布线？如何锁定预布线？

3．如何在电路中添加泪珠滴？

4．如何设置自动布线设计规则？

5．如何设置有关 SMD 的设计规则？

6．如何在同一种设计规则下设定多个限制规则？

7．如何设置底层放置的贴片元器件？

8．如何打印输出双面 PCB 制板图？

9．设计图 6-108 所示的流水灯电路 PCB，采用双面 PCB 设计。

设计要求：采用个圆形 PCB，PCB 的机械轮廓半径为 51mm，电气轮廓为 50mm，禁止布线层距离板边沿为 1mm；注意电源插座和复位按钮的位置，并放置 3 个固定安装孔；三端稳压块靠近电源插座，采用卧式放置，为提高散热效果，在顶层对应散热片的位置预留大面积露铜；晶振靠近连接的 IC 引脚放置，采用对层屏蔽法，在顶层放置接地覆铜进行屏蔽；由于 16 个发光二极管采用圆形排列，采用预布局的方式，通过阵列式粘贴，先放置 16 个发光二极管，再载入其他元器件；地线网络线宽为 0.75mm，电源网络线宽为 0.65mm，其他网络线宽为 0.5mm。

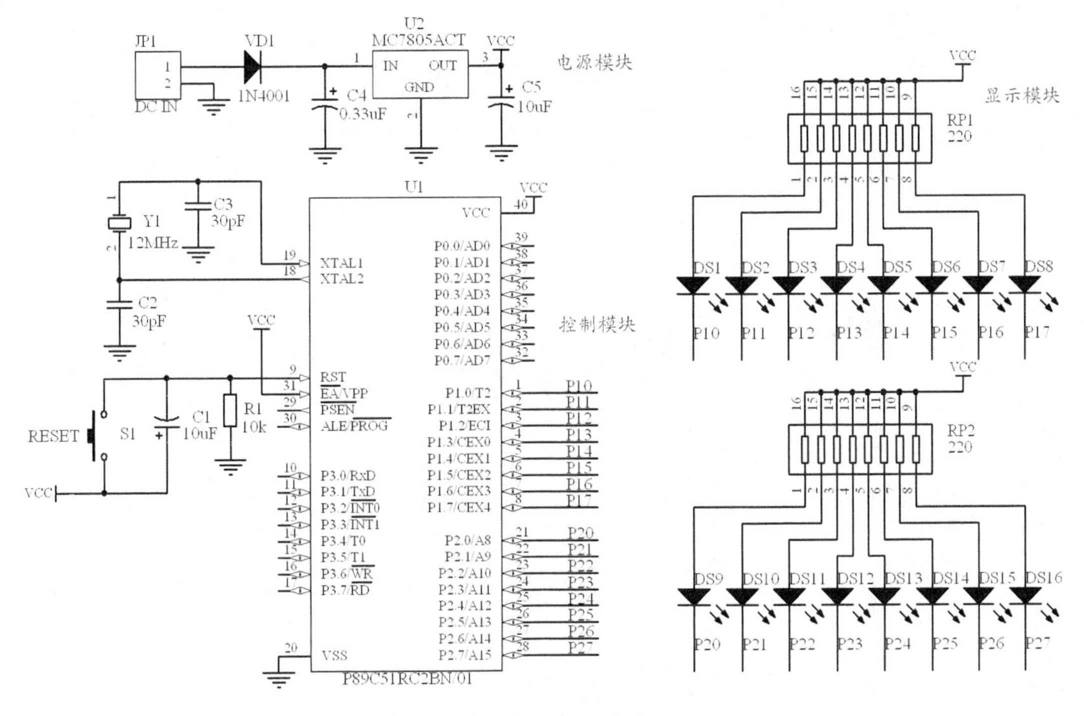

图 6-108　流水灯电路原理图

10．根据图 6-109 设计模拟信号采集电路 PCB。

设计要求：印制电路板的尺寸设置为 4340mil×2500mil；模拟元器件和数字元器件分开布置；注意模地和数地的分离；电源插座 J1 和模拟信号输入端插座 J2 放置在印制电路板的左侧；电源连线宽度为 25mil，地线为 30mil，其余线宽为 15mil；在印制板的四周设置为 3mm 的螺钉孔；设计完毕添加接地覆铜。

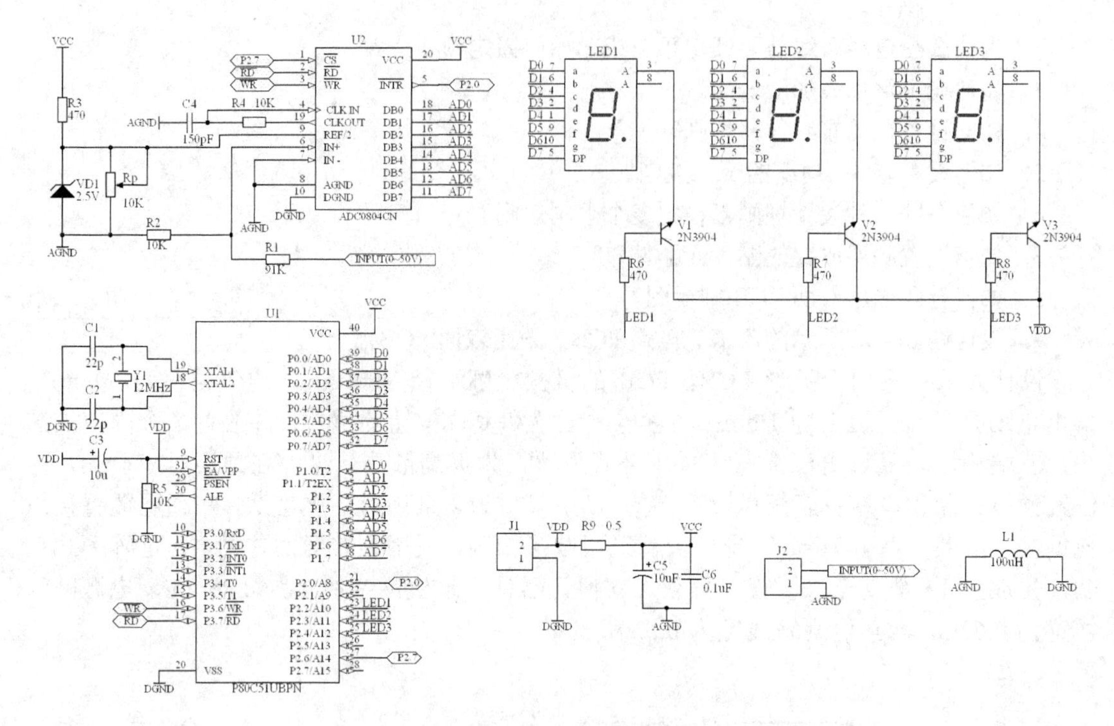

图 6-109　模拟信号采集电路原理图

第 7 章　综合项目设计——有源音箱设计

通过前面的几个实际产品的 PCB 仿制，读者已经熟悉了 Protel DXP 2004 软件的基本操作，掌握了 PCB 设计中布局和布线的基本原则，对 PCB 仿制有了较全面的理解。

本章通过一个自主设计的产品——有源音箱的设计与制作，初步掌握电子产品开发的基本方法，进一步熟悉 PCB 设计的方法。本项目给定产品外壳、指定芯片，读者通过查找芯片资料，改进并设计有源音箱电路，根据给定的外壳设计 PCB，最终完成有源音箱制作与调试。

电子产品开发的基本流程如图 7-1 所示。

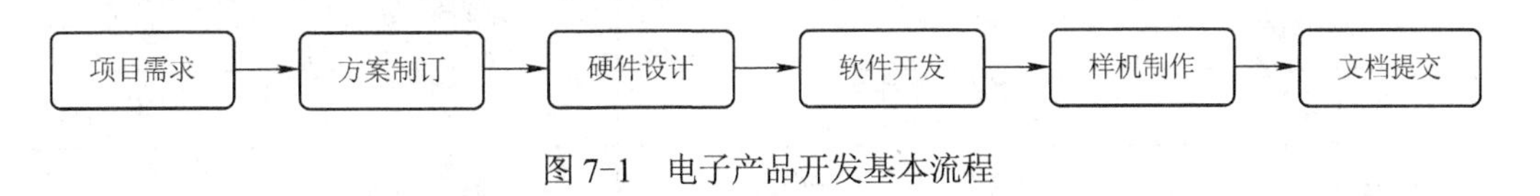

图 7-1　电子产品开发基本流程

在电子产品开发中，项目需求主要由客户提出功能需求。方案制定主要完成技术指标制订、开发进程安排、开发经费预算、产品成本估算等工作。硬件设计主要完成电路设计、PCB 设计等。软件开发主要完成相应的微处理器应用程序开发。样机制作主要完成 PCB 焊接、程序下载、样机调试等。文档提交主要完成提交电路原理图、PCB 图、元器件清单、软硬件技术资料等。

7.1　项目描述

1. 产品功能

有源音箱又称为“主动式音箱”，通常是指带有功率放大器的音箱，由于内置了功放电路，可以采用较低电平的音频信号直接驱动。

2.1 声道有源音箱由低音音箱和两个卫星音箱组成，一般功放电路和调节旋钮置于低音音箱中，其电路组成框图如图 7-2 所示。

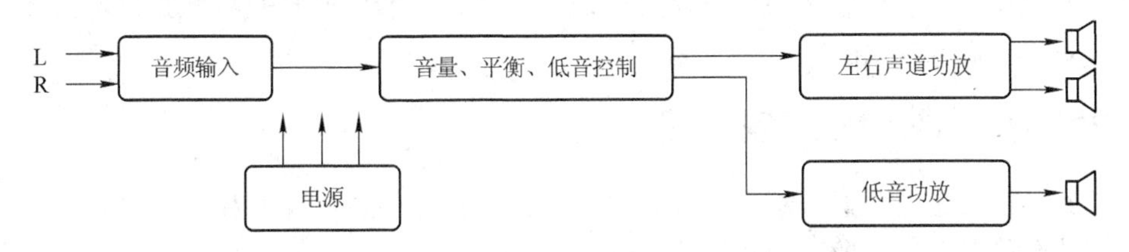

图 7-2　有源音箱电路组成框图

左、右声道音频信号通过音频输入插座输入后，经音量、平衡及低音 3 个电位器控制后送左、右声道功放和低音功放进行放大，最后推动扬声器发声。

该电路一般设计成两块 PCB，均置于低音音箱中，其中音量、平衡、低音控制电路为一块 PCB，置于音箱的前面板，便于进行调节；其他电路为一块 PCB，置于音箱的后背板，便于进行输入、输出连接及电源控制等。

2．项目分解

本项目课时为 12 学时，分散在 3～4 周时间中完成，便于讨论交流。

项目采用分组形式进行，每组 4～6 名学生，分工负责资料查找与电路设计、实施方案制订、产品外观分析、设计规范选择、分工设计产品 PCB（两块板、散热片加工等）、元器件采购、热转印制电路板、PCB 焊接、装配与调试，具体要求如表 7-1 所示。

表 7-1　有源音箱产品设计项目分解表

任务分解	学习目标	教学建议	课时安排
1. 功放芯片 TEA2025 资料查找与收集 2. 设计规范选择	学会使用互联网查找资料 学会合理选择设计规范	提供相关网站和资料 引导学生分析、收集资料	2
3. 电路设计与元器件选型	学会使用元器件说明书 学会进行电路改进和元器件选择	课外辅导 关键电路改进思路提示	课外进行
4. 项目实施方案制订与交流	学会编写项目实施方案	介绍方案制订方法 引导学生交流并进行点评	2
5. 元器件采购	熟悉元器件型号 练习选用元器件	课外辅导	课外进行
6. 产品外观分析	学会根据产品外观定义 PCB	提供产品外壳和游标卡尺 引导学生合理测量	1
7. 原理图绘制、元器件封装与 PCB 设计	分组进行原理图绘制和封装设计 合理选择布局布线规则 完成 PCB 设计，积累设计经验	引导学生合理选择设计规则 指导学生进行 PCB 设计，重点分析大小信号分开和接地处理 根据元器件实物设计特殊器件封装及自制散热片	3
8. 热转印制电路板及钻孔	学会 PCB 制作	指导学生进行热转印机制板及钻孔	课外进行
9. PCB 焊接与装配	提高焊接、装配能力 培养学生的产品设计意识	提出焊接的基本要求 提示散热片的处理方法	课外进行
10. 有源音箱调试	掌握电路工作原理 进一步熟悉调试方法	提出调试的基本要求	2
11. 汇报与答辩	培养团队协作意识 提高表达能力	每组准备汇报材料，选派二人进行汇报，教师点评	2

7.2　项目准备

本阶段主要完成资料收集与提炼、设计规范选择、元器件选择及特殊元器件封装设计，采用小组分工实施的方式进行。

7.2.1　功放芯片 TEA2025 资料收集

芯片资料收集通过搜索引擎进行搜索，一般芯片公司提供的资料为 PDF 文件，故搜索的关键词可以设置为“TEA2025 PDF”。

一般芯片资料中包含有芯片概述、极限参数、内部功能框图、引脚功能图、电特性、基本电路、封装及电气特性等内容。

图 7-3 所示为 TEA2025 芯片资料中的双列直插式芯片引脚功能图，图 7-4 所示为芯片功能框图，图 7-5 所示为芯片的基本应用电路，包含桥式电路和双声道电路。

一般芯片厂家提供的是该芯片的基本电路，实际应用中需要对基本电路进行扩展以满足设计要求。

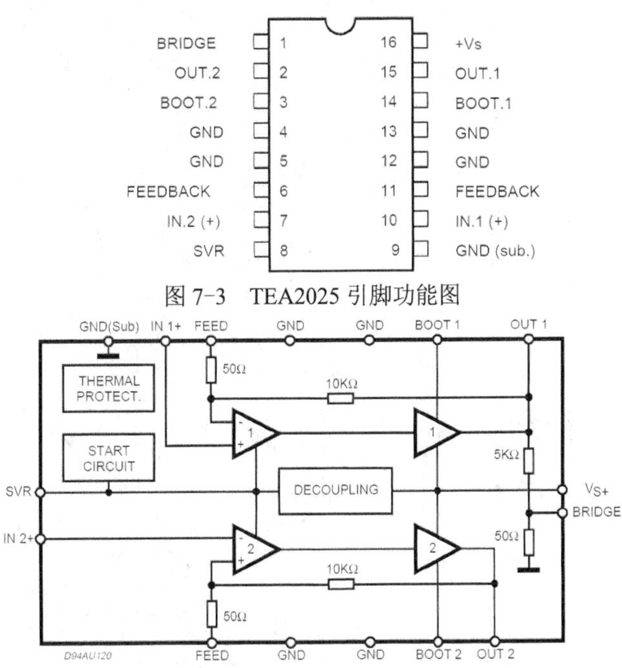

图 7-3　TEA2025 引脚功能图

图 7-4　TEA2025 功能框图

APPLICATION CIRCUIT

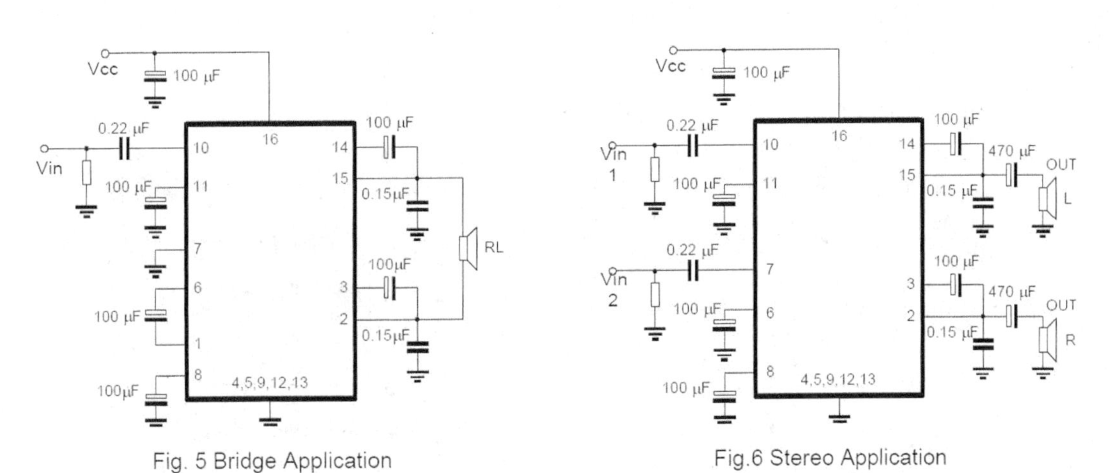

图 7-5　TEA2025 基本应用电路

7.2.2　有源音箱电路设计

由于在相同条件下桥式电路的功率增益是双声道电路的 4 倍，故将其应用于低音功放，双声道电路用于左、右声道功放，在基本电路上增加负反馈和抗干扰电路以提高性能。

电源供电电路需自行设计，可以采用桥式整流滤波电路，电源变压器选用次级 9V 输出；音频输入、输出接口采用莲花座；为便于控制，需设计音量、平衡、低音控制电路，单独一块印制电路板。为了提高抗干扰能力，两块 PCB 之间的连接导线采用屏蔽线。

参考电路如图 7-6 所示，图中 P1、P2 为输入、输出接口，RP1～RP3 为音量、平衡、低音控制双联电位器。

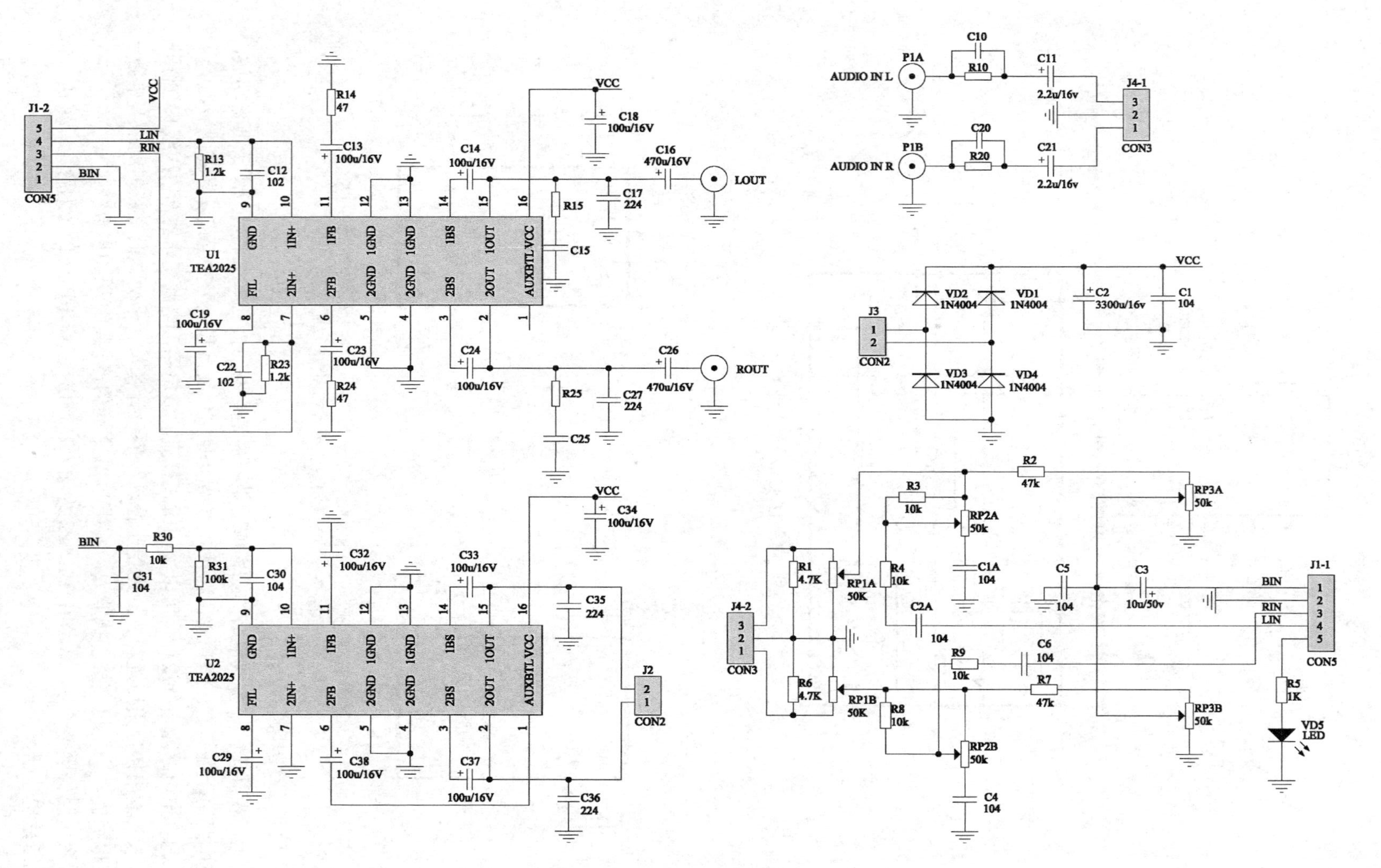

图 7-6　有源音箱参考电路

思考：

1．桥式（BTL）电路与 OTL 电路的区别。

2．音量、平衡、低音控制电路的工作原理。

7.2.3 产品外壳与 PCB 定位

由于有源音箱的 PCB 一般置于低音音箱中，本项目的 PCB 定位根据低音音箱的外壳进行。

某产品有源音箱的低音炮结构如图 7-7 所示，前面板主要有 3 个调节旋钮及指示灯，后背板主要有音频输入、输出及电源开关等，电源开关、变压器及功放 PCB 固定在后背板上。

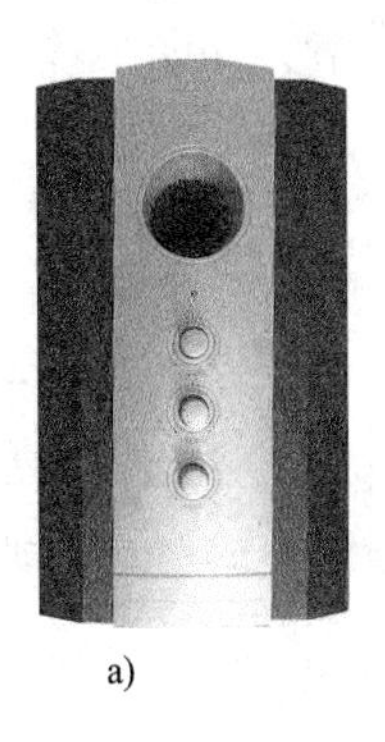

a)

b)

c)

图 7-7 低音炮结构图

a) 前面板 b) 后背板 c) 内部结构

设计时，根据实际提供的音箱外壳进行测量并做好定位，特别是指示灯、电位器之间的间距，音频输入与输出插座之间的间距应与音箱外壳上的尺寸对应。

7.2.4 元器件选择、封装设计及散热片设计

1．元器件选择

电阻选用 1/8W 碳膜电阻，极性电容采用耐压 16V 以上的电解电容，无极性电容采用瓷片电容，电位器采用双联电位器，输入、输出接口采用 RCA 同芯音频双口莲花插座，连接线采用屏蔽线。

2．封装设计

本项目中小容量电解电容采用 RB.1/.2 封装，双联电位器及莲花插座封装需根据实物测量设计，其余可选用软件自带的标准封装。

3．散热片设计

为减小散热片的占用面积，TEA2025 的散热片充分利用芯片 4、5 脚及 12、13 脚为接地脚的特点，采用立式散热片，直接贴在芯片上，为保证传热效果，散热片与芯片之间应打上硅胶，散热片的固定通过在芯片接地脚处打孔，将散热片的固定片穿过 PCB 并焊接在接地铜箔处。散热片的结构如图 7-8 所示，材质可以选用钢片或铜片。

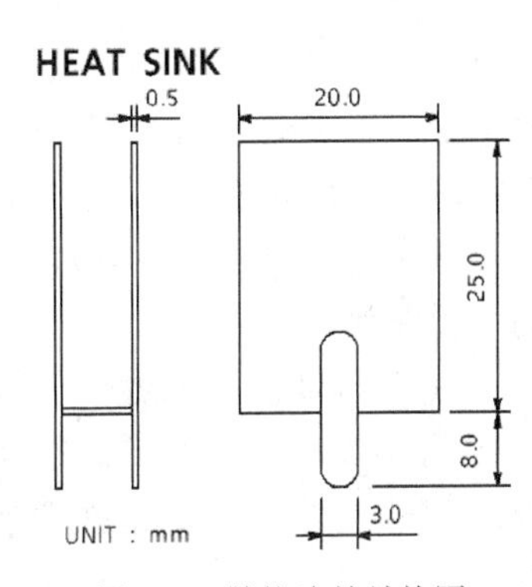

图 7-8 散热片的结构图

7.2.5 设计规范选择

设计中布局、布线应考虑的原则可以上网搜索关于音频电路设计的有关资料，也可在本书中有关布局、布线规则的部分选择适用的规则。

本项目中应重点考虑以下几个方面规范的选择。

1）笨重元器件的处理，如电源变压器。

2）大小信号的分离，如大信号的电源供电、音频输出，小信号的音频输入等。

3）可调元器件、接插件的放置问题。

4）地线的处理问题，应注意减小干扰，可以考虑单独走线，集中一点接地的方式。

5）芯片的地线布设应分析芯片内部模块布局，合理设置以减小声道之间的干扰。

6）电源工作电流较大，做好露铜设置，以提高带电流能力。

7.3 项目实施

项目实施阶段，为提高效率，培养团队协作精神，采用分工协作的方式进行。具体分解为原理图设计、PCB 设计、音箱加工、元器件采购、散热片制作与排线制作、PCB 制板与钻孔、电路焊接及调试等。

7.3.1 原理图设计

根据设计好的有源音箱电路图采用 Protel DXP 2004 SP2 软件进行原理图设计，其中集成电路 TEA2025、输入/输出莲花插座、双联电位器需要自行进行元器件设计，莲花插座和双联电位器可以通过复制库元器件 BNC 和 RES2 并增加功能单元套数的方式进行设计，它们都具有两套相同的功能单元。

若使用网络标号，应注意网络标号的规范使用，多功能单元元器件应设置好功能单元的套数。

设计结束进行编译检查，修改出现的问题。

设计中要注意元器件封装设置必须正确，以保证元器件封装的准确调用。

7.3.2 PCB 设计

PCB 设计通过加载网络表的方式调用元器件封装，采用手工布局和手工布线的方式完成 PCB 设计。有源音箱的 PCB 设计根据外壳的特点分成两块 PCB，一块 PCB 为音量、平衡、低音控制电路，其余电路设计在另一块 PCB 上。

设计中布局方面重点考虑大小信号分离问题、接插件位置及莲花插座、指示灯和电位器应与面板位置对应。

布线方面重点考虑各模块地的处理，考虑单独走线，集中一点接地的方式以减小干扰，不同模块地线之间的连接可以通过跨接线进行；芯片接地处理要根据内部模块合理分布；散热片位置应预留并做好开孔，以便与底层的地焊接；合理设置露铜，提高带电流能力。

设计后的参考 PCB 布局图如图 7-9 所示，参考布线图如图 7-10 所示。

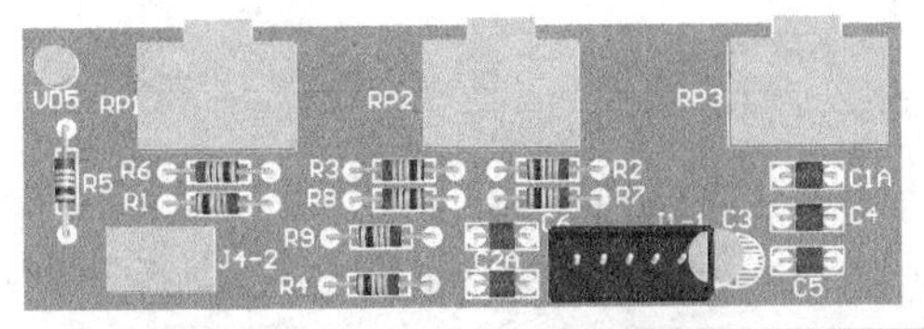

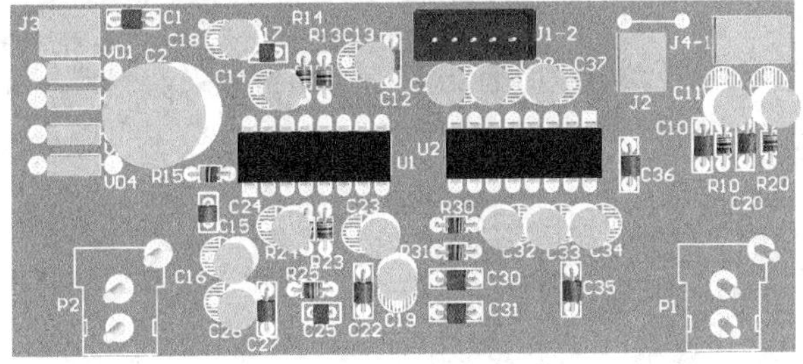

图 7-9　参考 PCB 布局图

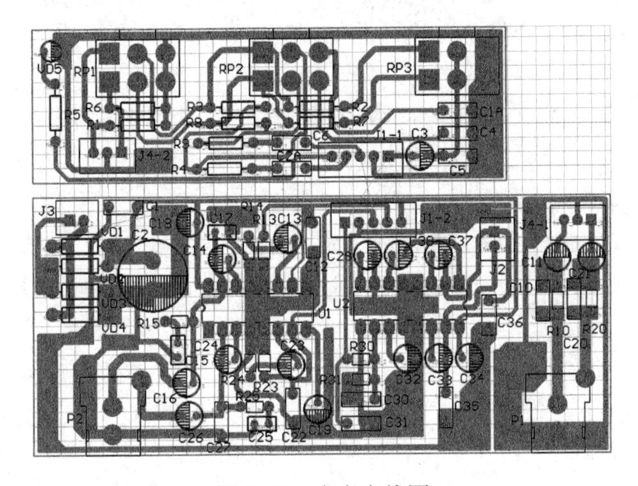

图 7-10　参考布线图

7.3.3　PCB 制板与焊接

PCB 制板可以采用热转印机转印或雕刻机雕刻的方式进行，钻孔采用高速台式电钻进行，针对电位器、莲花插座的钻头要大些，根据实物判断具体规格。

安装散热片对应位置的 IC 引脚边（即 IC 的 4、5 脚和 12、13 脚）要开槽以便散热片的固定片穿过 PCB 并焊接在接地铜箔处。

PCB 焊接采用手工焊接，对于设置为露铜的部分要上锡。

7.3.4　有源音箱测试

有源音箱测试主要针对焊接好的 PCB 进行功能模块测试、装配调试及参数测量，以期达到理想的设计效果。

在本项目的测试中仅作最大不失真输出功率测试，测试频率点为 1kHz，直流供电电源为 9V，扬声器内阻为 8Ω。使用的仪器有稳压电源、低频信号发生器、示波器及电子毫伏表，测试时负载扬声器用等值的水泥电阻代替。

要求：

1．画出电路测试连接图。

2．分别测量双通道输出功率和BTL输出功率。

3．比对芯片资料，调整电路，使最大不失真输出功率BTL约为4W，双通道约为1.2W，记录有关参数值。

4．接入扬声器和音频信号源，收听有源音箱的输出效果，调节各旋钮观察音质变化，如有问题则进行电路改进。

5．测试完毕进行整机装配。

7.4 课题答辩

小组上交材料要求：1份小组设计报告、电路源文件、汇报用PPT。

个人上缴交材料要求：1份个人设计总结报告，包含设计主要内容、自己的分工内容、设计的基本情况及本次设计的心得体会。

小组设计汇报答辩时间20分钟，每组派两名代表参加，具体要求：

1）项目实施安排，成员名单及分工。

2）设计电路的选定及工作原理。

3）音箱外壳定位，高、低音音箱区别与选择。

4）PCB设计，包括布局、布线的相关原则，元器件封装设计、PCB设计过程及设计结果图、元器件清单等。

5）装配与调试，装配方法、调试步骤及测试的左、右声道功率和低音炮功率。

6）思考与体会。

7）回答答辩组的提问。

附录　书中非标准符号与国标的对照表

元器件名称	书中符号	国标符号
电解电容	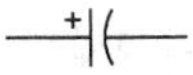 +	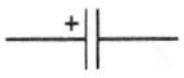 +
普通二极管		
稳压二极管		
发光二极管		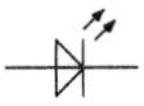
与非门	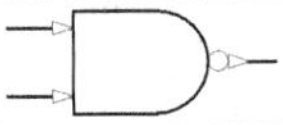	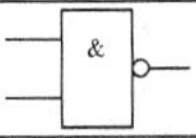 &
非门	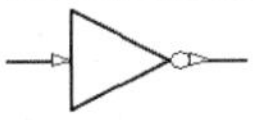	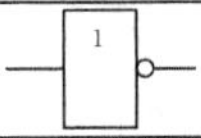 1

参 考 文 献

[1] 郭勇，董志刚. Protel 99 SE 印制电路板设计教程[M]. 2 版. 北京：机械工业出版社，2012.

[2] 许小菊. 图解贴片元器件技能.技巧问答[M]. 北京：机械工业出版社，2008.

[3] 李俊婷，等. 计算机辅助电路设计与 Protel DXP[M]. 北京：高等教育出版社，2010.

[4] 陈桂兰. 电子线路板设计与制作[M]. 北京：人民邮电出版社，2010.

[5] 梁瑞林. 贴片式电子元件[M]. 北京：科学出版社，2008.

精品教材推荐

计算机电路基础

书号：ISBN 978-7-111-35933-3

定价：31.00 元　　作者：张志良

推荐简言：

本书内容安排合理、难度适中，有利于教师讲课和学生学习，配有《计算机电路基础学习指导与习题解答》。

高级维修电工实训教程

书号：ISBN 978-7-111-34092-8

定价：29.00 元　　作者：张静之

推荐简言：

本书细化操作步骤，配合图片和照片一步一步进行实训操作的分析，说明操作方法；采用理论与实训相结合的一体化形式。

汽车电工电子技术基础

书号：ISBN 978-7-111-34109-3

定价：32.00 元　　作者：罗富坤

推荐简言：

本书注重实用技术，突出电工电子基本知识和技能。与现代汽车电子控制技术紧密相连，重难点突出。每一章节实训与理论紧密结合，实训项目设置合理，有助于学生加深理论知识的理解和对基本技能掌握。

单片机应用技术学程

书号：ISBN 978-7-111-33054-7

定价：21.00 元　　作者：徐江海

推荐简言：

本书是开展单片机工作过程行动导向教学过程中学生使用的学材，它是根据教学情景划分的工学结合的课程，每个教学情景实施通过几个学习任务实现。

数字平板电视技术

书号：ISBN 978-7-111-33394-4

定价：38.00 元　　作者：朱胜泉

推荐简言：

本书全面介绍了平板电视的屏、电视驱动板、电源和软件，提供有习题和实训指导，实训的机型，使学生真正掌握一种液晶电视机的维修方法与技巧，全面和系统介绍了液晶电视机内主要电路板和屏的代换方法，以面对实用性人才为读者对象。

电力电子技术　第 2 版

书号：ISBN 978-7-111-29255-5

定价：26.00 元　　作者：周渊深

获奖情况：普通高等教育“十一五”国家级规划教材

推荐简言：本书内容全面，涵盖了理论教学、实践教学等多个教学环节。实践性强，提供了典型电路的仿真和实验波形。体系新颖，提供了与理论分析相对应的仿真实验和实物实验波形，有利于加强学生的感性认识。

精品教材推荐

EDA技术基础与应用

书号：ISBN 978-7-111-33132-2

定价：32.00元　　作者：郭勇

推荐简言：

本书内容先进，按项目设计的实际步骤进行编排，可操作性强，配备大量实验和项目实训内容，供教师在教学中选用。

电子测量仪器应用

书号：ISBN 978-7-111-33080-6

定价：19.00元　　作者：周友兵

推荐简言：

本书采用“工学结合”的方式，基于工作过程系统化；遵循“行动导向”教学范式；便于实施项目化教学；淡化理论，注重实践；以企业的真实工作任务为授课内容；以职业技能培养为目标。

高频电子技术

书号：ISBN 978-7-111-35374-4

定价：31.00元　　作者：郭兵 唐志凌

推荐简言：

本书突出专业知识的实用性、综合性和先进性，通过学习本课程，使读者能迅速掌握高频电子电路的基本工作原理、基本分析方法和基本单元电路以及相关典型技术的应用，具备高频电子电路的设计和测试能力。

单片机技术与应用

书号：ISBN 978-7-111-32301-3

定价：25.00元　　作者：刘松

推荐简言：

本书以制作产品为目标，通过模块项目训练，以实践训练培养学生面向过程的程序的阅读分析能力和编写能力为重点，注重培养学生把技能应用于实践的能力。构建模块化、组合型、进阶式能力训练体系。

Verilog HDL与CPLD/FPGA项目开发教程

书号：ISBN 978-7-111-31365-6

定价：25.00元　　作者：聂章龙

获奖情况：高职高专计算机类优秀教材

推荐简言：

本书内容的选取是以培养从事嵌入式产品设计、开发、综合调试和维护人员所必须的技能为目标，可以掌握CPLD/FPGA的基础知识和基本技能，锻炼学生实际运用硬件编程语言进行编程的能力，本书融理论和实践于一体，集教学内容与实验内容于一体。

电子信息技术专业英语

书号：ISBN 978-7-111-32141-5

定价：18.00元　　作者：张福强

推荐简言：

本书突出专业英语的知识体系和技能，有针对性地讲解英语的特点等。再配以适当的原版专业文章对前述的知识和技能进行针对性联系和巩固。实用文体写作给出范文。以附录的形式给出电子信息专业经常会遇到的术语、符号。